“十四五”时期国家重点出版物出版专项规划项目
航天先进技术研究与应用系列
“双一流”建设精品出版工程

视觉伺服原理与应用

VISUAL SERVO PRINCIPLES AND APPLICATIONS

屈桢深 李 莉 朱 兵 著

哈爾濱工業大學出版社
HARBIN INSTITUTE OF TECHNOLOGY PRESS

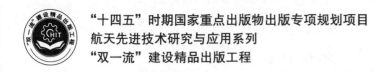

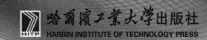

内 容 简 介

本书系统地阐述了视觉伺服的基本原理及应用。全书分为三部分,在概述视觉伺服概念和发展的基础上,首先介绍计算机视觉的基本内容,包括视觉感知、数字图像处理、特征检测、单目视觉位姿测量与标定、多视几何与三维重构等,为后续内容打下基础;其次讨论视觉伺服对象和视觉控制方法;最后通过多个实例展示视觉伺服在不同领域中的应用。每章后附有本章小结和参考文献。

本书结构清晰,图文并茂,具有系统性和应用性的特点。本书可作为高等院校理工类相关专业的本科高年级学生及研究生课程教材,也可供相关工程技术人员参考自学。

图书在版编目(CIP)数据

视觉伺服原理与应用/屈桢深,李莉,朱兵著. —
哈尔滨:哈尔滨工业大学出版社,2024.7
(航天先进技术研究与应用系列)
ISBN 978 - 7 - 5767 - 1153 - 0

Ⅰ.①视… Ⅱ.①屈…②李…③朱… Ⅲ.①计算机
视觉-伺服控制 Ⅳ.①TP302.7

中国国家版本馆 CIP 数据核字(2023)第 251606 号

策划编辑 杜 燕 鹿 峰
责任编辑 宋晓翠 庞亭亭
封面设计 朱 宇
出版发行 哈尔滨工业大学出版社
社 址 哈尔滨市南岗区复华四道街 10 号 邮编 150006
传 真 0451 - 86414749
网 址 http://hitpress.hit.edu.cn
印 刷 黑龙江艺德印刷有限责任公司
开 本 787 mm×1 092 mm 1/16 印张 17 字数 400 千字
版 次 2024 年 7 月第 1 版 2024 年 7 月第 1 次印刷
书 号 ISBN 978 - 7 - 5767 - 1153 - 0
定 价 78.00 元

(如因印装质量问题影响阅读,我社负责调换)

前　言

让机器具有像人一样的视觉感知和行动能力，是人类长久以来的梦想。近年来人工智能技术取得突破性进展，融合了感知智能和行为智能的视觉伺服技术也获得了迅速发展，并得到广泛应用。如今，视觉伺服不但在传统领域，如装配、焊接、检测等机器人控制任务中得到广泛应用，而且已渗透到自动驾驶、物流分类、安全监控、医疗手术等生活中的方方面面。

视觉伺服融合了图像处理、机器视觉、机器人、自动控制等多个学科，已成为一个充满活力的领域。对于那些希望最短时间内了解视觉伺服这一领域并能够在实践中应用的人员来说，一一学习掌握上述各学科是不切实际的。因此，三位作者基于多年的视觉伺服及相关方向科研成果积累，以及视觉伺服相关研究生及本科生课程教学实践，完成了本书撰写。本书定位于将相关内容有机结合，阐述各领域的基础知识，进而介绍实例应用。在内容选择和安排上，力求简洁、生动、实用，图片说明及应用实例贯穿全书，尽量减少过多的理论推导。

本书共 9 章，第 1 章绪论概述视觉伺服概念及发展，并给出教学建议，第 2~9 章为本书主体内容，包括三部分，即计算机视觉理论、视觉伺服控制原理，以及视觉伺服应用实例。计算机视觉理论是视觉伺服的重要组成部分，其内容相当丰富，这里仅介绍和视觉伺服密切相关的部分。根据这一思想，本书在第 2~6 章分别介绍视觉感知、数字图像处理、特征检测、单目视觉位姿测量与标定，以及多视几何与三维重构。视觉伺服控制原理部分包括视觉伺服对象和视觉控制方法，分别在第 7 章和第 8 章进行介绍。第 9 章介绍视觉伺服应用实例，通过几个具有代表性的实例引用全面演示了视觉伺服在各领域中的应用，以便读者掌握视觉伺服的发展动态。

本书编写分工如下：屈桢深负责第 1、2、9 章部分内容及第 7、8 章内容的编写；李莉负责第 3~6 章内容的编写；朱兵负责第 1、2、9 章部分内容的编写。全书由屈桢深统稿。

本书在撰写过程中，得到了哈尔滨工业大学空间控制与惯性技术研究中心王常虹教授及单位多位同事的大力支持，同时多位研究生对书稿进行了细致的整理工作，在此一并表示感谢。限于作者水平，书中难免存在不足之处，恳请读者批评指正。

作　者

2024 年 3 月

目　录

第1章　绪　　论

1.1　什么是视觉伺服

“百闻不如一见。”视觉作为人类最重要的感觉器官,感知外部世界75%~80%的信息。因此,根据视觉感知理解产生行为决策,并与周围环境实现交互,实现自动化的视觉控制完整回路,是人类“智能”最重要的体现方式。如何制造出“自动”的机器人,使其具有像人一样的、通过视觉与环境交互的智能,是人类长久以来的梦想。

自1959年世界第一台机器人诞生以来,机器人在各个工业领域中获得广泛应用。时至今日,人类的一些重复机械动作已经被完美替代,使得人们从纯体力的重复工作中解脱。而对于人类最高级别的脑力工作,如何通过机器人替代,让机器人具有像人一样的“智能”,实现对周围环境的智能视觉感知和行为反馈,即所谓的“视觉伺服”,是未来社会智能化革命的重要方向。

简单来说,视觉伺服通过视觉处理信息控制机械臂或其他伺服机构相对于目标的位置与姿态,实现伺服控制指定任务。视觉伺服系统框图如图1-1所示。误差信号e由任务给定的期望位姿或轨迹r与图像处理得到的实际位姿作差得到,控制器以e为输入,通过控制算法计算,得到控制器输出u,同时作为被控对象的输入,经由被控对象执行,得到系统输出y。该输出使用视觉传感器得到观测图像,并通过图像处理得到对象的观测位姿,构成反馈控制回路。据此,视觉伺服系统的研究主要包括以下三个方向:

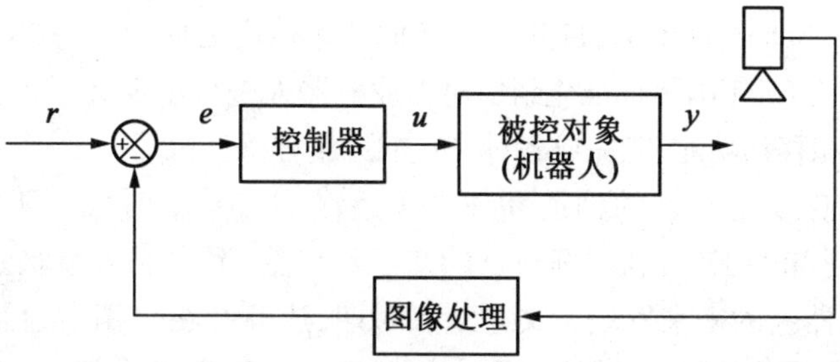

图1-1　视觉伺服系统框图

(1)计算机视觉。

通过视觉系统完成对周围环境和任务目标的感知。利用视觉算法,获取机器人的工作环境,提取机器人运动过程中可能遇到的障碍,为机器人的运动提供可靠信息保证。同时,在复杂未知的动态环境中,能够准确、可靠地实现目标检测与跟踪。

(2)机器人。

通过机器人或其他被控对象实现视觉伺服系统与周围环境的交互。一方面,对于给定形式的机器人,需要确定从输入到输出的动态映射关系,即被控对象的建模问题;另一方面,当被控对象可自由指定时,需要根据任务要求设计合适的执行机构,并由此确定被控对象模型,即上述问题的逆问题。

(3)视觉控制方法。

针对静态、动态等不同类型任务需求,设计相应视觉控制算法,引导机器人与周围环境的交互,准确完成目标任务,满足稳定性、精度、鲁棒性等系统指标要求。

视觉伺服概念提出至今,经过四十余年的发展,已广泛应用到工业制造、空间探索、医疗、服务等各行各业中,并且作为人工智能(AI)发展的重要方向,正在扮演越来越重要的角色。本章将对视觉伺服的发展与概念进行介绍,首先从历史角度回顾视觉伺服相关方向的发展,在此基础上介绍视觉伺服的相关概念及分类,进一步列出视觉伺服系统的几个典型应用领域,最后对本书的组织安排进行说明。

1.2 视觉伺服发展简史

如前所述,视觉伺服是一个相对新兴的方向。视觉伺服的发展主要建立在机器人学、计算机视觉、自动控制、人工智能等学科的基础上,因此首先对这些相关学科的发展加以简述。

1.2.1 机器人学

一切伺服系统都以执行机构为基础。机器人作为视觉伺服最重要的执行机构,首先对其进行讨论。有趣的是,尽管机器人是现代科学家和工程师的发明创造,但“机器人”这一名词却最早由科幻作家提出。1920 年,捷克作家 Capek 在科幻剧本《罗萨姆的万能机器人》中,叙述了一个叫罗萨姆的公司把机器人作为人类生产的工业品推向市场,让它充当劳动力代替人类劳动的故事。作者根据小说中 Robota(捷克文,原意为“劳役、苦工”)和 Robotnik(波兰文,原意为“工人”),创造出“Robot”这个词,自此这一名词开始被广为使用。为将机器人与其他的自动化装置区别开来,1987 年国际标准化组织对工业机器人进行了定义:“工业机器人是一种具有自动控制的操作和移动功能,能完成各种作业的可编程操作机。”

人类对类人的自动化机械的创造和憧憬可追溯到古希腊时代。亚里士多德曾提出:“人可以摆脱单调乏味的工作,利用好自己的知识与智慧,努力成为称职公民。”这一提法卓有远见地预见了机器人的未来发展。文艺复兴时期,达芬奇在手稿中绘制了第一款人形机器人,它用齿轮作为驱动装置,由此通过两个机械杆的齿轮再与胸部的一个圆盘齿轮咬合,机器人的胳膊就可以挥舞,可以坐或者站立。1928 年,W. H. Richards 发明出第一个人形机器人 Eric Robot,机器人内置马达装置,能够进行远程控制及声频控制。我国早在三国时期,就已成功创造出“木牛流马”用于运送军用物资,这些都可看作早期机器人的雏形。

第二次世界大战后科技水平获得迅速发展,为现代机器人的出现打下基础。1954 年 Geodge. C. Devol 提出了“通用重复操作机器人”的方案,并在 1961 年获得了专利。利用这一方案, Devol 和 Joseph F. EngelBerger 在 1959 年发明了世界上第一台工业机器人 Unimate,意为“万能自动”。两年后,第一台 Unimate 工业机器人在美国特伦顿的通用汽车公司安装运行。

自此机器人开始进入工业生产的各个领域，在替代人类的重复劳动上发挥了巨大的作用。据统计，2017 年全球工业机器人销量达 28.5 万台，并在未来三年保持近 15%的增长。机器人已经成为现代生产中必不可缺的一部分。

我国有关机器人的研究发展于 20 世纪 70 年代，且进展迅速，图 1-2 所示为我国机器人发展里程碑事件。1985 年，由中国科学院沈阳自动化所研制的中国第一台水下机器人“海人 1 号”在旅顺港下水作业获得成功。1986 年，我国开展了“七五”机器人攻关计划；同年哈尔滨工业大学傅佩琛教授课题组开始研究智能型双足机器人，如图 1-3(a)所示。1987 年，我国“863”高技术计划将机器人方面的研究开发列入其中。1993 年，北京自动化研究所研制喷涂机器人。此外，我国在搬运机器人、爬壁机器人、蛇形机器人、空间机械臂、纳米机器人等领域也取得巨大进展，目前基本已进入和世界领先水平同步发展阶段。2016 年，通过“天宫二号”空间机械臂，我国首次完成了航天员与机械手的人机协同在轨维修科学试验，如图 1-3(b)所示。

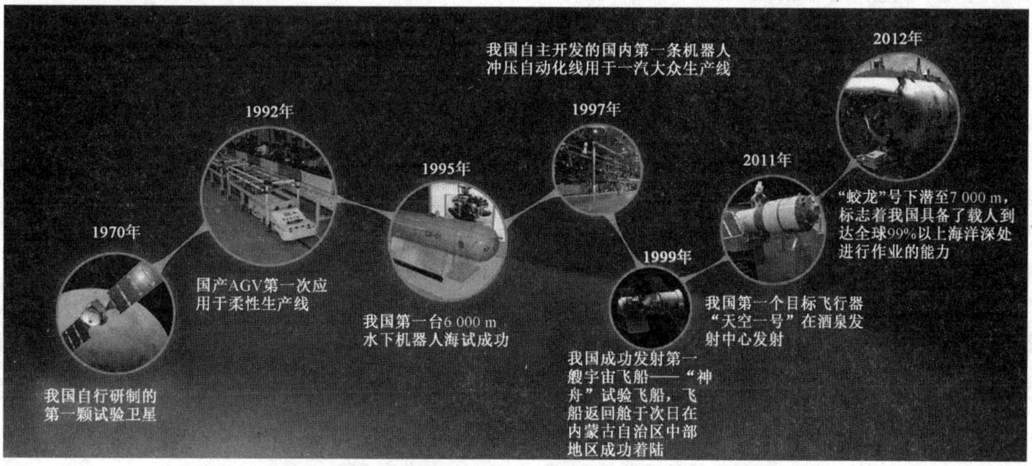

图 1-2　我国机器人发展里程碑事件

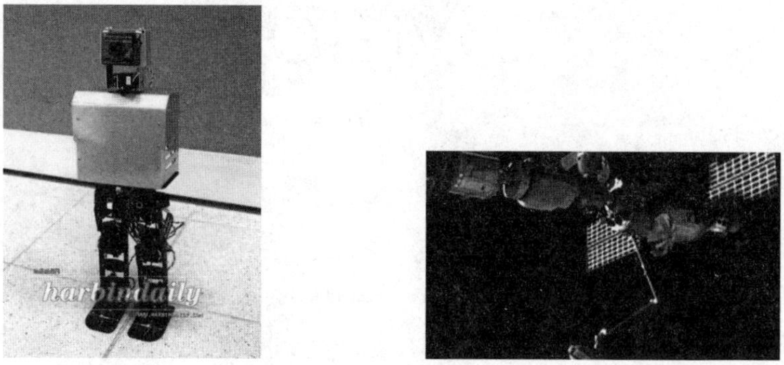

(a)哈尔滨工业大学研制的双足机器人　　(b)“天宫二号”机械臂示意图

图 1-3　机器人技术的诞生

从 1959 年第一台机器人诞生起，机器人技术的发展可分为三个阶段。

第一阶段为程序控制机器人，其特点是机器人完全按照事先设定的指令步骤进行工作。

这一代的机器人多采用“示教-再现”方式，在机器人执行任务之前，由人通过“示教”引导机器人去执行操作，机器人将其所有动作一步步以指令形式记录下来，示教结束后机器人通过执行这些指令重现同样操作以完成工作。这一阶段的机器人只能完全机械地重复动作，如果任务或环境发生了变化，就必须要重新进行示教设计。

第二阶段为自适应机器人。相比示教机器人，自适应机器人自身具有“感受”功能，即配备视觉、触觉等传感器，并由计算机对其进行控制。通过传感器获取作业环境、操作对象的简单信息，然后由计算机对获得的信息进行分析、处理，以控制机器人的动作。该阶段机器人通过与传感器结合实现了闭环控制功能，可随环境变化而改变自己的行为。此时机器人虽可根据环境调节操作，但还没有达到完全“自治”的程度。

第三阶段为智能机器人，该阶段的机器人不仅具有感知环境的能力，能从外部环境中获取有关信息，还具有学习和决策能力，只需告诉机器人要实现的目标，无须告诉它具体怎么去做，它就可通过以往的学习和自我“思考”自动形成操作步骤，实现最终目标。这也是未来发展的方向。

1.2.2 计算机视觉

尽管视觉是人类感知周围世界最重要的手段，但其复杂性和数据量使得自动化的视觉处理很晚才出现。1957 年 IBM 公司的 C. K. Chow(周绍康)将统计决策方法用于字符识别，随后 IBM 公司在 20 世纪 60 年代推出首个 OCR(自动光学字符识别)产品。1963 年，麻省理工学院(MIT)的 Larry Roberts 发表了名为“方块世界”的博士论文，论文中视觉世界被简化为简单的几何形状，而 Larry 试图从图像中解析出这些边缘和形状。这些都可看作是计算机视觉早期的尝试。1974 年起，David Marr 在 MIT 的 Minsky 教授引导下，在计算机视觉方向进行了开创性的工作。相应成果被其学生归纳成册，于 1982 年发表“*Vision*”一书，如图 1-4 所示。该著作标志着计算机视觉作为一个独立学科的诞生。

图 1-4 “*Vision*”一书

Marr 从信息处理系统的角度出发，对视觉系统的总的输入输出关系规定了一个总的目标，即输入二维图像，输出是由二维图像“重建”出来的三维物体的位置与形状。进一步，

Marr 从神经生理学原理出发,认为从二维图像恢复三维物体,经历了自下而上的三个阶段,即图像初始略图、物体 2.5 维描述及物体三维描述,如图 1-5 所示。其中,初始略图是指高斯-拉普拉斯滤波图像中的过零点、短线段、端点等基元特征;物体 2.5 维描述是指在观测者坐标系下对物体形状的一些粗略描述,如物体的法向量等;物体三维描述是指在物体自身坐标系下对物体的描述,如球体以球心为坐标原点的表述。这一理论框架直到今天仍然指导着计算机视觉的发展。

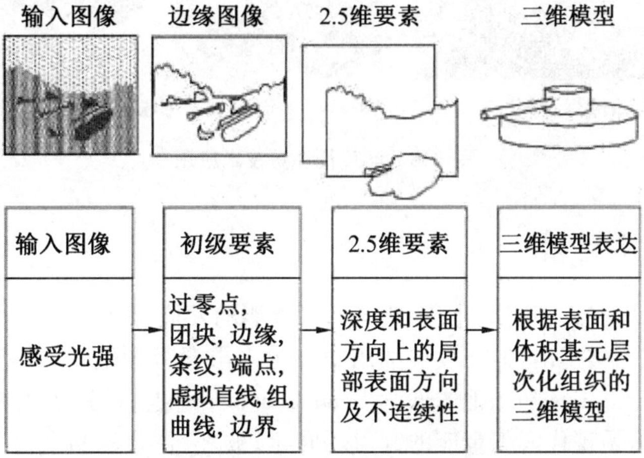

图 1-5　Marr 视觉计算的三个阶段

进入 20 世纪 80 年代后,由于计算机技术的迅速发展和普及,计算机视觉技术也得到蓬勃发展。20 世纪 80 年代,计算机视觉进入迅速发展的时期。一方面,各类重要的数学理论体系,如马尔可夫随机场模型、正则化方法、变分方法、射影几何、小波分析等框架纷纷被引入计算机视觉,并在相应的问题处理领域中取得丰富成果;另一方面,视觉在应用领域,特别是在工业生产应用中取得巨大成功。在制造业中,机器视觉技术成为自动化检测的核心手段,如识别生产线上的缺陷产品、对管道和设备进行远程监测、包装检查、通过条形码自动读取实现产品全程跟踪、文本分析等。如图 1-6(a) 所示的医用大输液灯检机实现了医用输液瓶内液体异物的高速自动化检测。同时视觉和机器人技术结合,通过视觉实现引导机器人实现操作及运动,计算机视觉技术也在产品装配、物料转移、微创手术等领域中得到不断发展应用,如图 1-6(b)所示的由美国 MIT 和 Heartport 公司开发的达芬奇手术机器人,已在多个国家中成功应用。

2010 年后,随着深度学习技术的爆发,人工智能的发展进入一个崭新的阶段,计算机视觉也获得突破性进展。2015 年,采用深度学习原理的计算机视觉图像分类器在 ImageNet 大规模视觉识别挑战赛(ILSVRC)中准确率首次超越了人类,计算机视觉技术的发展也上升到了一个新的高度。深度学习不仅为基于学习的新一代视觉研究开拓了新的思路,同时也为视觉伺服的发展提供了新的方向。

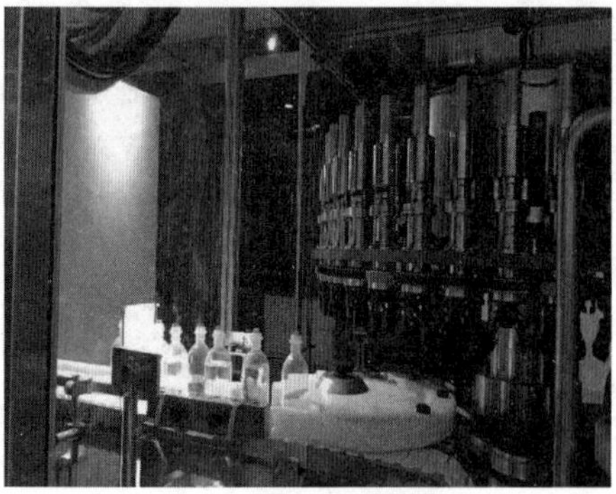

(a)医用大输液灯检机

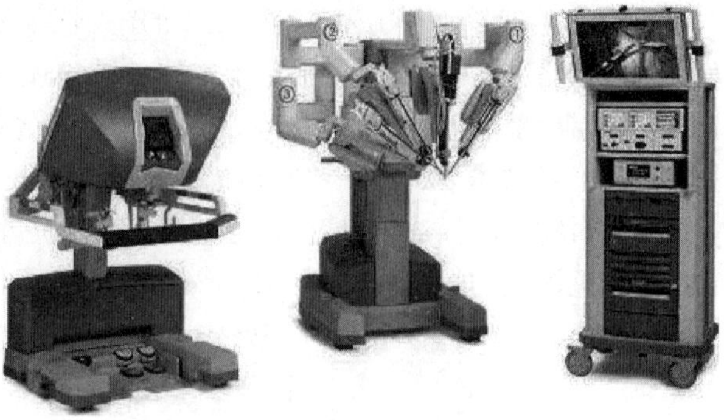

(b)达芬奇手术机器人

图 1-6 计算机视觉技术应用

1.2.3 人工智能

机器人未来的发展在于智能化,因此与人工智能的发展也密不可分。人工智能的概念早在古希腊时期就已被提出,但在发展的历史中更多限于哲学范畴。1950 年,当时还在美国普林斯顿的 Marvin Minsky 和他的同学 Dean Edmunds 一起,建造了世界上第一台神经网络计算机,这被认为是现代人工智能的起点。同年,被称为“计算机之父”的阿兰 · 图灵提出了图灵测试的设想。1956 年,在由达特茅斯学院举办的一次会议上,John McCarthy 等科学家聚在一起,正式提出 “人工智能”一词,人工智能就此诞生。1956 年达特茅斯学院会议邀请函如图 1-7 所示。

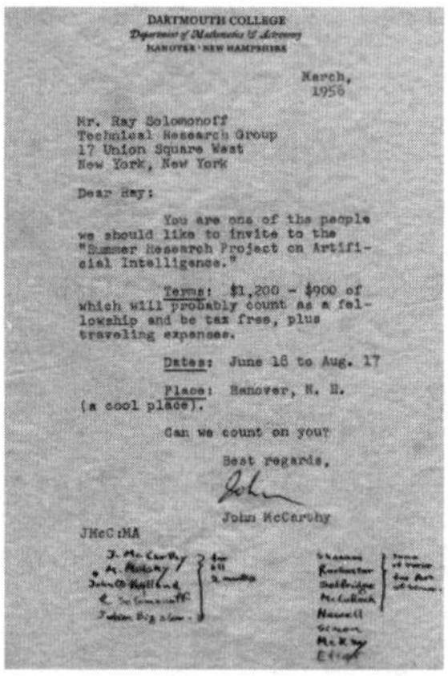

DARTMOUTH COLLEGE
HANOVER · NEW HAMPSHIRE

March,
1956

Mr. Ray Solomonoff
Technical Research Group
17 Union Square West
New York, New York

Dear Ray:

You are one of the people we should like to invite to the "Summer Research Project on Artificial Intelligence."

Terms: $1,200 - $900 of which will probably count as a fellowship and be tax free, plus traveling expenses.

Dates: June 18 to Aug. 17

Place: Hanover, N. H. (a cool place).

Can we count on you?

Best regards,

John McCarthy

JMcC:MA

图 1-7 1956 年达特茅斯学院会议邀请函

人工智能从诞生后即开始迅速发展,图 1-8 简要描述了人工智能的发展历程。20 世纪 50 年代末到 60 年代初是人工智能早期迅速发展的时期,这期间的成就包括:IBM 公司的 Nathaniel Rochester 和他的同事制作了最初的人工智能程序;Herbert Gelemter 构造了几何定理证明器;Arthur Samuel 从 1952 年起编写了系列西洋跳棋程序,并最终达到业余高手水平。1958 年,Rosenblatt 发明了感知机算法,该算法使用 MP 神经元模型对输入的多维数据进行二分类,且能够使用梯度下降法从训练样本中自动学习更新权值。同年,Minsky 在 MIT 指导学生在选定的微观世界(microworlds)问题上研究智能求解。最著名的微观世界是积木世界,它由放置在桌面的一组实心积木构成。典型人物是使用一只每次只能拿起一块积木的机械手,按某种方式调整这些积木。这一基本思想对后续的计算机视觉和智能机器人产生了深远的影响。1965 年,斯坦福大学成功研制 DENRAL 专家系统。但在 1969 年,Minsky 在其著作“*Perceptron*”一书中,证明了感知器本质上是一种线性模型,只能处理线性分类问题。由于实际中绝大多数问题均为非线性,因此这一结果使研究陷入悲观,人工智能也陷入了停滞期。进入 20 世纪 80 年代后,1986 年 Hinton 发明了适用于多层感知器(MLP)的 BP 算法,完美解决了非线性分类问题,Minsky 的疑问就此解决,以多层人工神经网络研究为代表的人工智能迎来发展高潮期。2006 年,Hinton 提出深度学习理论,并在其后与卷积神经网络结合形成新一代的深度学习算法,应用在视觉、语音、文本处理和大数据领域,人工智能开始高速发展。2016 年,人工智能选手 AlphaGo 战胜围棋世界冠军李世石,在人类历史上首次实现了被公认为不可能的机器围棋对弈问题,人工智能从此进入新的阶段。

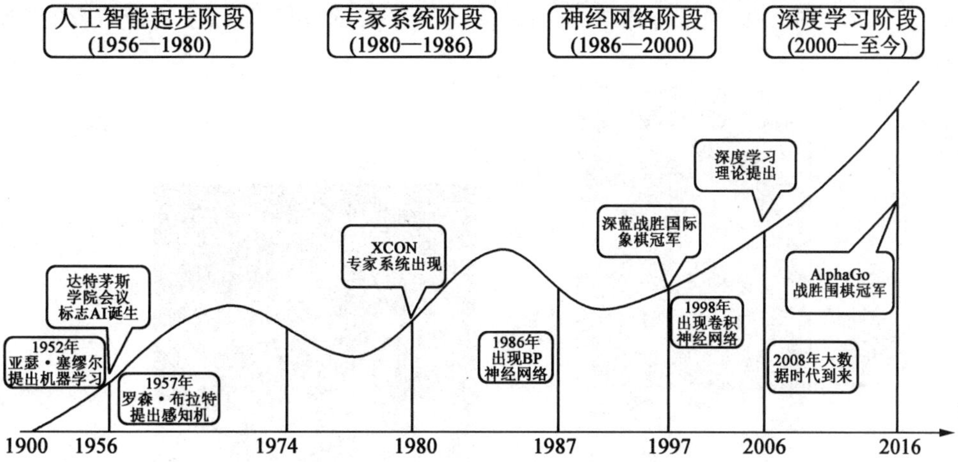

图 1-8　人工智能发展简史

与机器人及计算机视觉相比,人工智能更多强调方法论研究,为两者提供理论基础。如将搜索算法应用在机器人领域中,解决机械臂的轨迹规划和移动机器人的路径规划问题;将模拟退火算法、多层前馈神经网络等应用于计算机视觉中,解决图像分割、视觉识别等问题;以及将专家系统应用在机器人视觉控制中,解决高层逻辑决策、故障诊断等问题。近年来人工智能中学习技术的发展,特别是深度学习与强化学习的结合,已经在自动驾驶、机器人分拣等领域中获得巨大成功,从而为视觉伺服的研究开辟了一个新的思路。

1.2.4　自动控制

如果说机器人是视觉伺服系统的“手”,控制器就是该系统的“脑”,决定了系统如何操控。世界上首个公认的自动控制装置是 1788 年由英国工程师詹姆斯·瓦特设计的蒸汽机飞球调速器。它由一个锥摆结构通过连杆连接至蒸汽机阀门,利用负反馈原理控制蒸汽机的运行速度。1868 年,麦克斯韦发表的《论调节器》是有关反馈控制理论的第一篇正式的发表论文,其中用微分方程来描述分析调速器的运动状态。1892 年,李雅普诺夫(A. M. Lyapunov)给出了非线性系统的稳定性判据,为反馈系统的稳定性分析建立了较完善的解决框架。到了第二次世界大战前后,由于战争的需要,自动控制理论得到空前的发展,逐步形成了建立在频率法和根轨迹法基础上的理论,通常称之为经典控制理论。

1948年,美国著名科学家维纳出版了《控制论》一书,标志着控制论作为一个学科正式诞生(图1-9(a))。值得注意的是,该书的副标题为"或关于在动物和机器中控制和通信的科学"。书中内容结合控制科学、神经生理学与随机信号处理等学科,将生物体和机器在一个控制和通信框架下统一起来。20世纪60年代初,在经典控制理论的基础上,形成了现代控制理论。1954年Bellman提出的动态规划理论、1956年庞德里亚金的极大值原理和1960年卡尔曼的最优滤波理论为现代控制奠定了理论基础,现代控制理论因在1969年Apollo 11号登月中成功应用而获得广泛关注(图1-9(b))。现代控制理论在此基础上进行发展分化,诞生出最优控制、自适应控制、随机控制、鲁棒控制等方向。现代控制以微分方程和状态空间为系统建模手段,通过李雅普诺夫稳定性和最优化方法实现控制目标。这一框架与维纳的设想有所区别,因此通常称作"control science"或"automatica",以区别于后者的"cybernetics"。

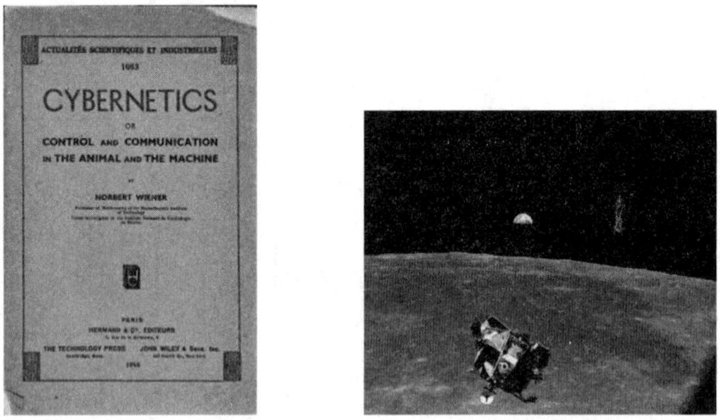

(a)维纳的《控制论》 (b)阿波罗11号登月舱

图1-9 人工智能发展简史

经典控制理论和现代控制理论在处理线性系统时可以得到非常完美的结果,但在非线性系统的处理上则遇到很多困难。与人类控制方式类比可以发现,人类在头脑中很难建立哪怕是很简单的微分方程模型,同时也无法区分现实对象的线性和非线性,但在各类情况下都能很好地完成控制,主要是在尝试中不断学习,逐步达到控制要求。这一思想与强化学习不谋而合,即研究用于描述和解决智能体在与环境的交互过程中通过学习策略以达成回报最大化或实现特定目标的问题。因此,与机器学习理论相结合形成的智能学习控制方法,特别是近年来随着深度学习的兴起而形成的深度强化学习控制方法,在理论和应用中都取得了突出进展,也成为新一代智能控制的发展方向。

1.2.5 视觉伺服

视觉伺服来源于机器人控制。目前使用最为广泛的第一代机器人的操作要求在确定环境中进行。当环境发生变化时,需要对系统进行重新编程与标定。制造业的发展使得对产品复杂性和多样性的要求越来越高,而机器视觉作为最重要的一类传感方式,将其引入机器人控制以适应环境变化,这一思路也在很早就已产生。早期的视觉控制基本思想是,通过机器视觉和坐标变换的方法,将观测到的二维视觉信息转化为目标在世界坐标系中的绝对位置信息,进一步根据机器人运动学,通过一系列坐标变换得到控制指令对应的机器人位置,并控制机器人最终到达该位置。这种早期的控制方法即先看后移动(looking then moving)的方式。

从控制系统角度来看,此类系统实质上是开环系统,精度直接决定于视觉传感器和机器人运动学解算精度。为提高系统的精度和对动态环境的适应性,Hill 和 Park 在 1979 年首次提出"视觉伺服"一词,将机器视觉作为闭环控制回路的一部分,以区别于早期的先看后移动方式。Sanderson 和 Weiss 对视觉伺服问题进行了系统研究,并将闭环视觉伺服分为两种结构,即基于位置的视觉伺服(Position-Based Visual Servoing,PBVS)和基于图像的视觉伺服(Image-Based Visual Servoing,IBVS),如图 1-10 所示。二者区别在于,前者的反馈信号来自于通过机器视觉重构的机器人与目标相对位置和姿态(以下简称位姿)信息,并将其与给定位姿比较形成闭环反馈;而后者则将图像处理的二维特征与给定信号直接进行比较,然后利用所获得的图像误差进行反馈,以形成闭环控制。这一分类方法得到广泛认可并被沿用至今。

(a)基于位置的视觉伺服

(b)基于图像的视觉伺服

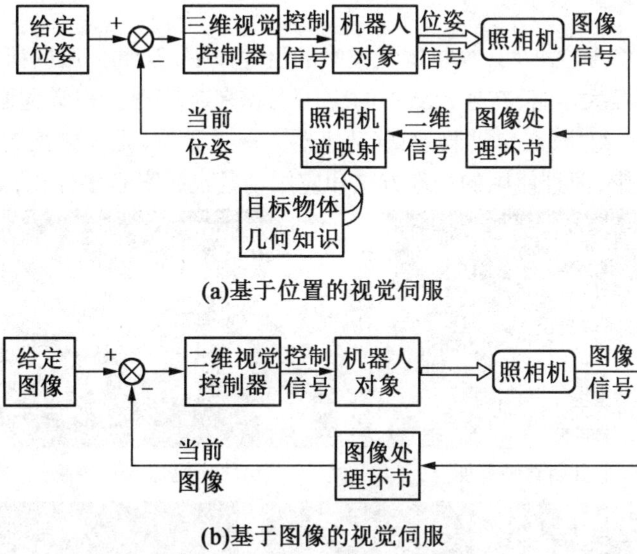

图 1-10　两种视觉伺服基本结构

进入 20 世纪 80 年代后,视觉伺服问题开始得到重视。PBVS 结构将机器视觉与控制问题解耦,此时控制器设计与常规控制方法差别不大,主要问题在于机器视觉中的三维相对位姿估计问题,即由观测到的目标图像及其在像平面成像恢复目标与相机的相对位姿。根据采集图像特征在相邻帧间对应方式的不同,可分为三维-三维特征对应,二维-三维特征对应和二维-二维特征对应。在三维-三维特征对应中,需利用特定的三维成像方式,如立体视觉或结构光视觉等,计算特征点在相机坐标系的空间三维坐标信息,进一步计算目标的相对位姿。这一方法直接提供了目标的三维空间信息,因此最易计算,但需借助特殊的三维成像设备。对于二维-三维特征对应,则利用相机的相平面特征点信息和特征在目标坐标系中的已知坐标信息,去解算目标相对位姿。该方法可适用于单相机,但须目标特征点的三维坐标已知,因此需要使用预设的特定目标或目标点,即需借助于合作目标。对于二维-二维特征对应,则利用不同帧间的二维特征对应求解相对位姿。该问题本质上属于由运动恢复结构的视觉问题。根据视觉理论,在无辅助信息的情况下,仅能得到相对姿态和相对位置的向量方向,无法得到确切的位移量。如何将机器视觉中的相关原理和视觉伺服结合,在相对位姿估计算法、特征选择、稳健估计以及相机参数在线标定等方面进行研究,成为 PBVS 的主流工作。在 IBVS 结构中则无须计算相对位姿,图像特征直接被选择为状态变量进行闭环反馈控制,但此时闭环回路变为复杂的多变量耦合强非线性系统,因而伺服控制算法成为研究的重点。早期的研究基于经典比例积分微分(Proportional Integral Derivative,PID)控制及改进,如基于 Smith 预估器或卡尔曼滤波的控制。

20 世纪 90 年代后,由于非线性控制理论的发展,很多新的控制算法被应用于 IBVS 中。如基于自适应控制的方法,基于线性二次型高斯(Linear Quadratic Gaussian,LQG)的最优控制方法,基于 H_∞ 控制的方法,基于 μ-综合的方法等。同时,综合基于位置和图像的混合视觉伺服方法(如 2.5 维视觉伺服等)也陆续出现。1996 年,电气与电子工程师协会(IEEE)机器人与自动化协会在此领域顶级期刊上开设了视觉伺服的专栏,从此视觉伺服成为相对独立的一个方向。

2000 年后,随着机器人及计算机视觉技术的迅速发展,视觉伺服的研究也不断提升,不仅在理论上得到了极大丰富,在各领域中的应用也越来越广泛。视觉伺服已不再是狭义的"机械臂+视觉控制"组合,在自动驾驶、移动机器人视觉导航、无人机控制、航空航天等领域中都能看到它的身影,而且使用的处理方式和应用场景也越来越多样化,如图 1-11 所示。

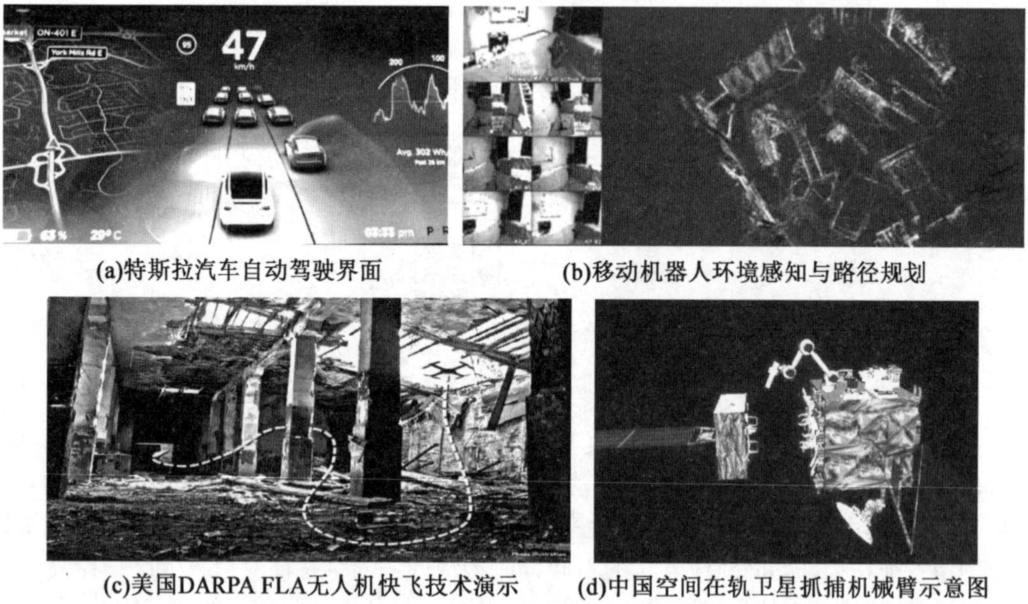

(a)特斯拉汽车自动驾驶界面 (b)移动机器人环境感知与路径规划

(c)美国DARPA FLA无人机快飞技术演示 (d)中国空间在轨卫星抓捕机械臂示意图

图 1-11 视觉伺服技术的应用

自2010年后，随着深度学习技术的兴起，有学者尝试将深度强化学习技术与计算机视觉与控制技术结合应用于视觉反馈控制。一个标志性的工作是Deepmind团队2015年在Nature发表的标志性论文“Human-Level Control Through Deep Reinforcement Learning”，该论文开创了新一代人工智能和视觉控制结合的先河。该方法结合深度学习的图像感知能力和强化学习的决策能力，通过离线学习实现对控制对象特性的记忆，进一步应用在线学习完成在线控制与神经网络控制器更新，可应用于复杂的甚至未知的任意对象控制中。值得注意的是，这一方法也开创了一类新的视觉伺服结构，即端到端(end-to-end)的控制。在该结构中，视觉处理和控制器不再是两个相互解耦的独立环节，而是在深度强化学习任务中由输入图像直接产生输出控制量，如图1-12所示。深度学习控制器在任务前首先利用历史数据进行离线学习，同时在任务运行过程中根据实时运行数据不断在线学习。该方法及扩展已成功应用于传统方式难以解决的复杂多自由度机械臂控制、双足仿人步行机器人控制及多智能体协作控制中。

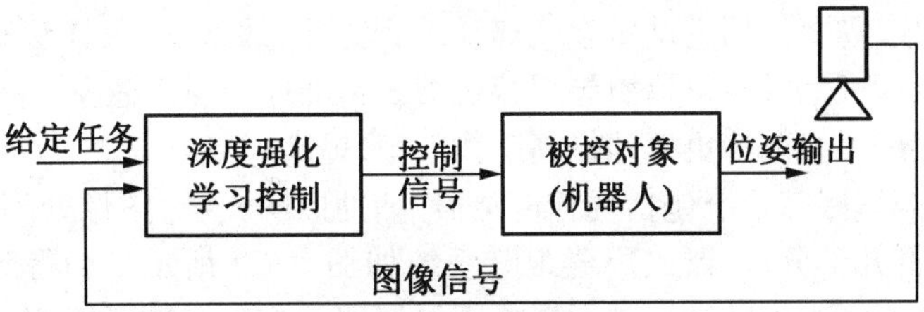

图1-12　端到端视觉伺服结构

纵观视觉伺服的发展，在未来主要聚焦在以下几个方向：

(1)基于深度学习的新一代视觉伺服控制方法。

近年来深度学习的爆发给视觉伺服控制带来了一个全新的发展方向。与传统视觉伺服与智能控制方法相比，新一代的学习控制适应性极强，方法通用性好，同时可将感知与控制问题在统一框架下处理，形成深度集成的端到端解决方案，也更符合人类的认知方式。按照这一思路探索如何模仿人类的感知及决策方式进行控制，是未来智能学习控制发展的重要方向。

(2)新一代传感方式与视觉伺服控制的集成。

一方面，近年来视觉成像技术取得了迅速进步，包括新型结构光测量、深度相机、动态视觉相机等不断出现，为视觉感知和测量提供了新的途径；另一方面，为了使机器人能够更全面地感知环境，可将多种传感器加入机器人视觉系统，如触觉、电、磁等。但新传感器以及多传感器融合的引入，需要解决机器人视觉系统的信息处理、信息融合和信息决策问题。

(3)建立视觉伺服控制的相关基础理论和系统平台。

目前的视觉伺服理论主要建立在计算机视觉及自动控制的相关理论基础之上，缺乏自有的、相对完整的理论体系架构。同时，目前的视觉伺服系统大多为分散开发，缺乏专用的软、硬件平台。因此，如何建立视觉伺服的通用平台以减少工作量，提高视觉伺服系统的性能和开发效率，也是未来视觉伺服应用发展的重中之重。

1.3 视觉伺服应用实例

经典的视觉伺服是指将视觉技术应用于机械臂（串联机器人）控制系统。随着技术的发展，各类机器人不断出现，视觉伺服的概念也从单纯的视觉引导机械臂控制扩展到移动机器人、内窥机器人、双足机器人、飞行机器人等领域。由于视觉伺服应用领域十分广泛，本节从机械臂视觉控制开始，仅就几个典型的应用进行介绍。

1.3.1 机器人焊接自动引导系统

焊接机器人是机械臂使用最为普遍的场景之一，在汽车、大型机械、造船、重工等行业均有广泛应用。使用机械臂替代手工进行焊接可很好地解决人工焊接效率低、精度差、手动作业难的问题。为完成自动焊接任务，需将焊缝的坐标信息发送机器人。通常情况下借助事先的路径规划完成，需要使用手动示教或离线编程方式，效率低下，无法适应焊缝位置变化的要求。利用焊缝跟踪系统，可以引导焊接机器人精准寻到焊接缝隙，并引导完成焊缝焊接工作，使用焊缝跟踪系统能够更好地提高工作效率，提高焊接质量。

基于视觉的焊缝跟踪系统包括视觉传感器、辅助照明光源、图像处理系统、运动控制系统及机器人本体等几部分，机器人焊缝跟踪系统如图 1-13 所示。为得到更为准确的检测结果，通常采用使用激光辅助光源进行焊缝区域照明的主动光视觉方案。视觉焊缝测量基于光学三角测量原理。激光器发出的光经透镜形成平面光幕，并在被测物上形成一条轮廓线。视觉传感器采集被测物体反射光线，形成数字图像，得到被测物体的轮廓线。在此基础上沿焊缝方向扫描，即可得到表面的三维信息。进一步给出机器人的控制指令，完成对机器人位置和姿态的控制。

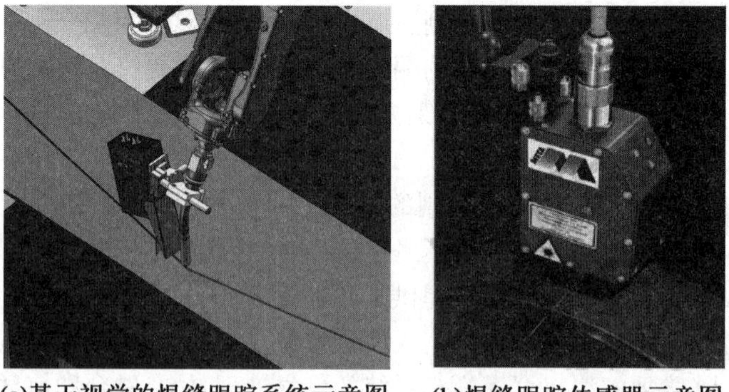

(a)基于视觉的焊缝跟踪系统示意图　(b)焊缝跟踪传感器示意图

图 1-13　机器人焊缝跟踪系统

1.3.2 手术机器人

外科手术机器人可有效克服传统外科手术精确度差、手术时间过长、医生疲劳和缺乏三维精度视野等问题。目前最成功的为达芬奇机器人手术系统，该系统以麻省理工学院研发的机器人外科手术技术为基础，随后 Intuitive Surgical 公司与 IBM 公司、麻省理工学院和

Heartport 公司联手对该系统进行了进一步开发，并分别在 1999 年和 2000 年被欧洲合格认证和美国食品药品监督管理局批准投入使用。目前达芬奇手术机器人已经发展到第 5 代。

达芬奇机器人是一类高级机器人平台，就现阶段技术而言，本质上是一个“看-移动”结构的开环视觉伺服系统。达芬奇手术机器人由外科医生主控台、床旁机械臂系统、成像系统三部分组成，其整体如图 1-14 所示。其中外科医生主控台提供操作界面，操作医生使用双手（通过操作两个主控制器）及脚（通过脚踏板）来控制器械和一个三维高清内窥镜，如图 1-15（a）所示。系统将医生的眼睛和手部自然延伸到患者身上，将医生的手、手腕和手指运动准确地翻译成手术器械的微细而精确的运动，手术器械尖端与外科医生的双手同步运动。床旁机械臂系统是病人端机器人系统，具有 4 个固定于可移动基座的机械臂，通过线缆与主控台相连。中心机械臂是持镜臂，负责握持摄像机系统；其余机械臂是持械臂，负责握持特制外科手术器械，如图 1-15（b）所示。微器械尖端通过独特机械设计实现 6 种自由度，可以通过活动器械本身提供第 7 种自由度（如切割或抓持），比人类手腕的运动范围更大。每种仪器工具均做特定任务设计，如夹紧、切割、凝固、解剖、缝合及其对人体组织进行的相关操作。每条臂都有很多小关节，手腕器械弯曲度和旋转度远远超出人手，可完成人手难以完成的复杂动作。成像系统主要由三维内窥镜、摄像机及处理器和观察系统组成，分别位于持镜臂、成像系统和控制台上，内装有手术机器人的核心处理器以及图像处理设备，如图 1-15（c）所示。手术机器人的内窥镜为高分辨率三维镜头，能为主刀医生带来患者体腔内三维立体高清影像。放置于成像系统中的两台摄像机构成双目视觉系统发送至术者的左右眼，从而形成高质量的三维图像，同时采用内窥镜来获得需要的体内观察区域和放大图像。成像系统还包括两个图像同步器和一个聚焦控制器，以实现可控的高质量三维图像。

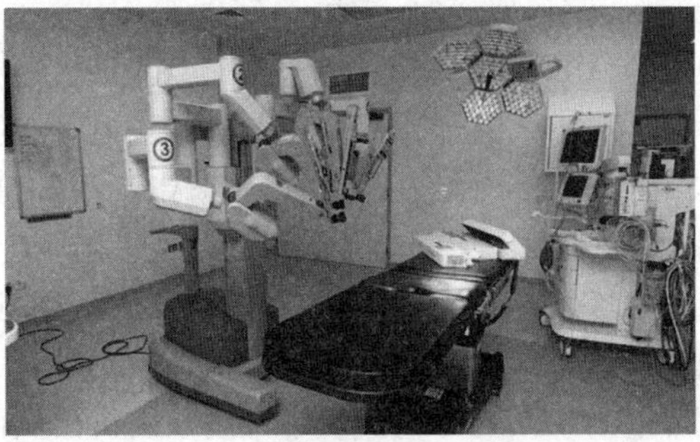

图 1-14　达芬奇手术机器人整体

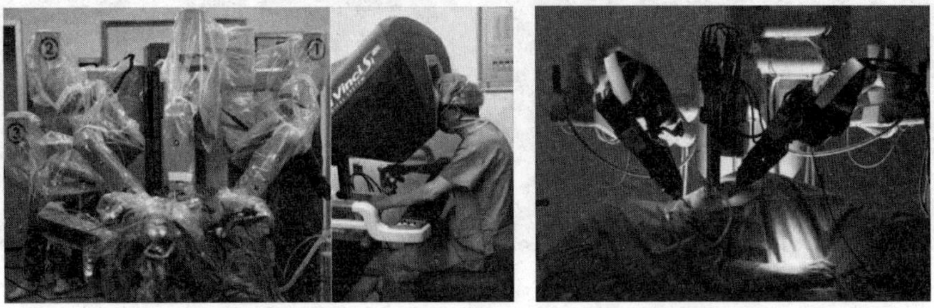

(a)外科医生主控台　　(b)床旁机械臂系统

图 1-15　达芬奇手术机器人系统组成

(c)成像系统

续图 1-15

1.3.3 双足机器人

双足直立行走是人类最基本的特征之一。尽管这一动作看似简单,但直到今天,制造出像人一样行走的双足机器人仍未彻底实现。在 2010 年之前日本的双足机器人研究处于领先状态。1973 年早稻田大学的加藤一郎研究室成功研制出第一台真正意义上的仿人机器人 WABOT-1。2000 年本田公司的 ASIMO 机器人诞生,并在随后多次升级,代表了世界双足机器人的最高水平。但此时机器人仍只能实现双足慢速稳定行走,其主要困难在于,双足机器人是一个多关节多自由度耦合的强非线性系统,无论是经典还是现代控制理论都无法设计出满意的控制器。

就在双足机器人研究看似陷入僵局时,美国一家创新公司——波士顿动力公司开展了双足机器人的研究。2013 年,Atlas 机器人首次向公众亮相,该机器人配备了两个视觉系统,包括一个激光测距仪和一个立体照相机,由一个机载电脑控制,它的手具有精细动作技能的能力,它的四肢共拥有 28 个自由度。虽然此时 Atlas 行走还很笨拙,但已经可保持单脚站立。3 年后,Atlas 升级版出现,身高 1.75 m, 质量 82 kg,已完全与人类相同,同时在行走技术上取得了巨大的进步,可以完成独立雪地行走,可摔倒爬起,可搬运货物。此后 Atlas 的研究一路领先,从 2016 年起,开始每年的升级展示,实现了慢跑、跳高、爬楼梯、后空翻、跳舞等大多数的人类技能,如图 1-16 所示。Atlas 代表了人类双足机器人研究的最高水平。

(a)2013年第一代Atlas

(b)2016年Atlas雪地行走

图 1-16 Atlas 双足机器人

(c)2018年Atlas野地跑　　(d)2021年Atlas跑酷展示

续图 1-16

1.3.4　光学制导导弹

导弹是“长着眼睛”的飞行炸弹。1939 年世界上第一枚导弹从德国成功发射，揭开了人类军事武器的新时代。导弹利用计算机视觉技术，将目标的光学信息转化为电子信号，并进行识别、跟踪与打击。依照打击目标和作战区域不同，导弹可分为多类，下面以美国的战斧式巡航导弹为例进行说明。

“战斧式”巡航导弹是美军最常用的一款防区外打击武器，其系统结构图如图 1-17 所示。导弹长 5.56 m，起飞质量 1.2 t，按照实际用途不同，其作战距离和弹头装药量也不同，射程最大达 2 500 km，最大时速达 891 km，攻击精度 2 000 km 内不超过 10 m。为了精确打击到目标，它的制导系统采用了惯性制导、全球定位系统(GPS)与新型数字式景象匹配的复合制导体制。在末制导阶段，由于导弹攻击的地面目标背景环境复杂多变，因此辨识目标难度高。为了准确识别目标，导弹采用新型数字式景象匹配结合红外成像的视觉制导系统。前者通过弹上设备拍摄目标区域的景物图像，数字化处理后与预先储存的数字式参照图像进行相关比较以进行目标定位，减小了导弹在复杂背景环境中丢失目标的可能，提高了最后阶段识别、攻击目标的准确度；后者的全天候工作能力保证了导弹在夜间环境及恶劣气候条件下的命中精度，使导弹能在各种复杂天气中投入使用。依赖于高精度侦察卫星，可满足高精度成像和目标识别的需求。

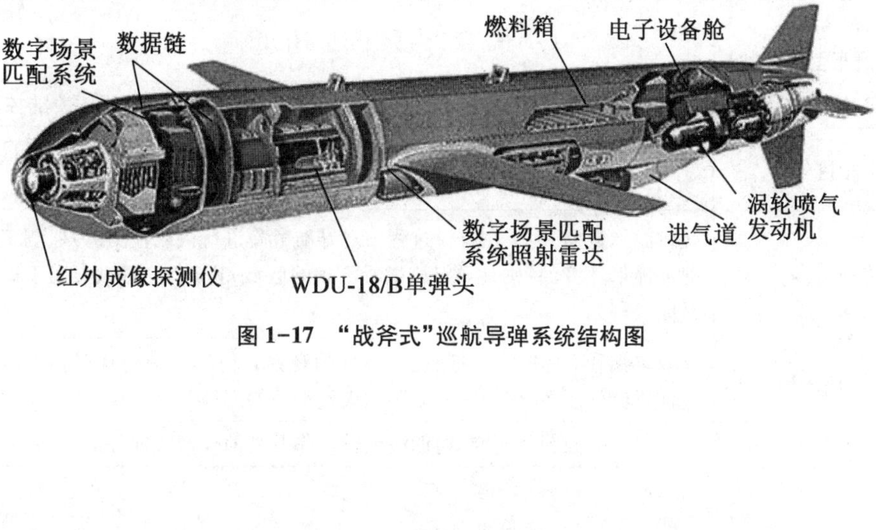

图 1-17　“战斧式”巡航导弹系统结构图

1.3.5 火星探测车视觉伺服系统

火星被认为是离我们最近的最有可能存在生命的地方，这也是人类对火星的研究充满兴趣和期待的原因。火星车是在火星表面进行巡视探测的首要手段。通过火星车上安装的视觉系统及机械臂，可引导火星车完成着陆、导航、探索、避障等任务。美国宇航局的火星探测车如图 1-18 所示。下面以美国宇航局 2004 年发射的“机遇”号火星车为例，介绍视觉及伺服控制结合在其执行火星任务中的关键作用。

“机遇”号火星车在一个相对较小的自主车上携带了十个相机，包括下降相机、导航相机(Navcam)、避险相机(Hazcam)、全景相机(Pancam)和显微成像器(MI)相机。围绕这些相机实现了多类视觉伺服控制，包括着陆控制，火星表面导航规划、避障，以及火星车前端机器人的样本采集控制。火星探测车视觉系统相机描述与作用见表 1-1。在任务的驱动阶段，局部地形的前向和后向图像将用于自主检测和避免危险。在驱动结束时，全景图像将被采集并分析传送到地球上，以表征探测器相对于周围地形的位置。最后，仪器部署设备(IDD)的操作需要 IDD 工作空间的图像，以便正确地规划和驱动火星探测车现场仪器到达特定位置。

(a)“好奇”号火星车

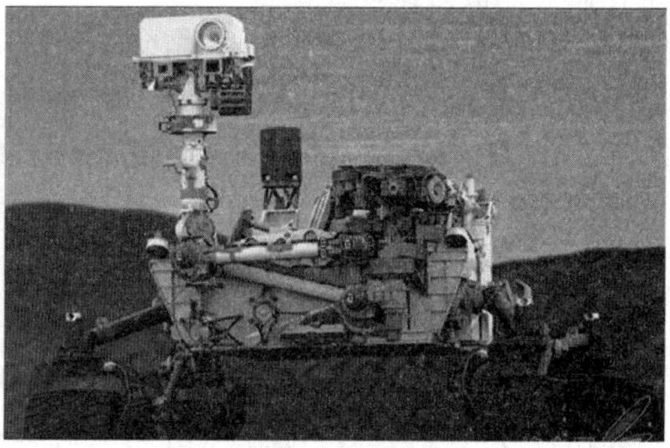

(b)“机遇”号火星车

图 1-18 美国宇航局的火星探测车

表 1-1 火星探测车视觉系统相机描述与作用

相机名称（每个探测车上的个数）	描述与作用
下降相机(1)	在下降过程中，获取火星表面 1 200~2 000 m 之间的图像，用于着陆控制
导航相机(2)	为路径规划和全景相机、微热放射光谱仪指向提供地形背景，采用双目视觉方案，双目极限长度 30 cm，测距距离 100 m，用于导航路径规划控制
避险相机(4)	提供图像数据，用于在航行过程中对导航危险进行机载检测，为探测车提供即时的地形环境（特别是导航相机看不到的区域）进行轨迹规划，用于局部避障及路径规划
全景相机(1)	获取单视和立体图像拼接，在一系列的观察几何学范围内获得多光谱可见的短波近红外图像，用于获取太阳和火星天空的图像
MI 相机(2)	火星自然表面图像研究，协助机械臂操作及其他仪器数据分析

1.4　内容组织与教学建议

1.4.1　内容组织

根据视觉伺服的知识体系，本书内容分为四部分，即数字图像处理篇、视觉几何与三维重构篇、视觉伺服方法篇及系统实现与应用篇。图 1-19 所示为本书内容结构，从左至右为篇章划分，每篇内容从上至下按顺序展开，箭头标识了对应内容的依赖关系。就本书整体而言，第 2 章介绍数字图像的形成过程。第 3 章介绍视觉伺服中必要的图像处理基本内容。第 4 章介绍特征的检测和匹配，它一方面建立在数字图像处理内容的基础上，同时也是后续 2.5 维视觉和三维重构的基础；另一方面，也为基于图像的视觉伺服提供支撑。第 5 章介绍基于单目视觉的位姿测量和相机标定方法，第 6 章介绍由运动恢复结构、立体视觉与三维重构问题，这两章内容构成 2.5 维视觉和三维视觉的核心，也为后续基于位置的视觉伺服方法提供支撑。第 7、8 章围绕伺服对象模型、两类视觉伺服架构和具体视觉伺服方法介绍了视觉伺服内容。第 9 章围绕串联机械臂、二维随动系统等常见场景讨论视觉伺服的具体应用。

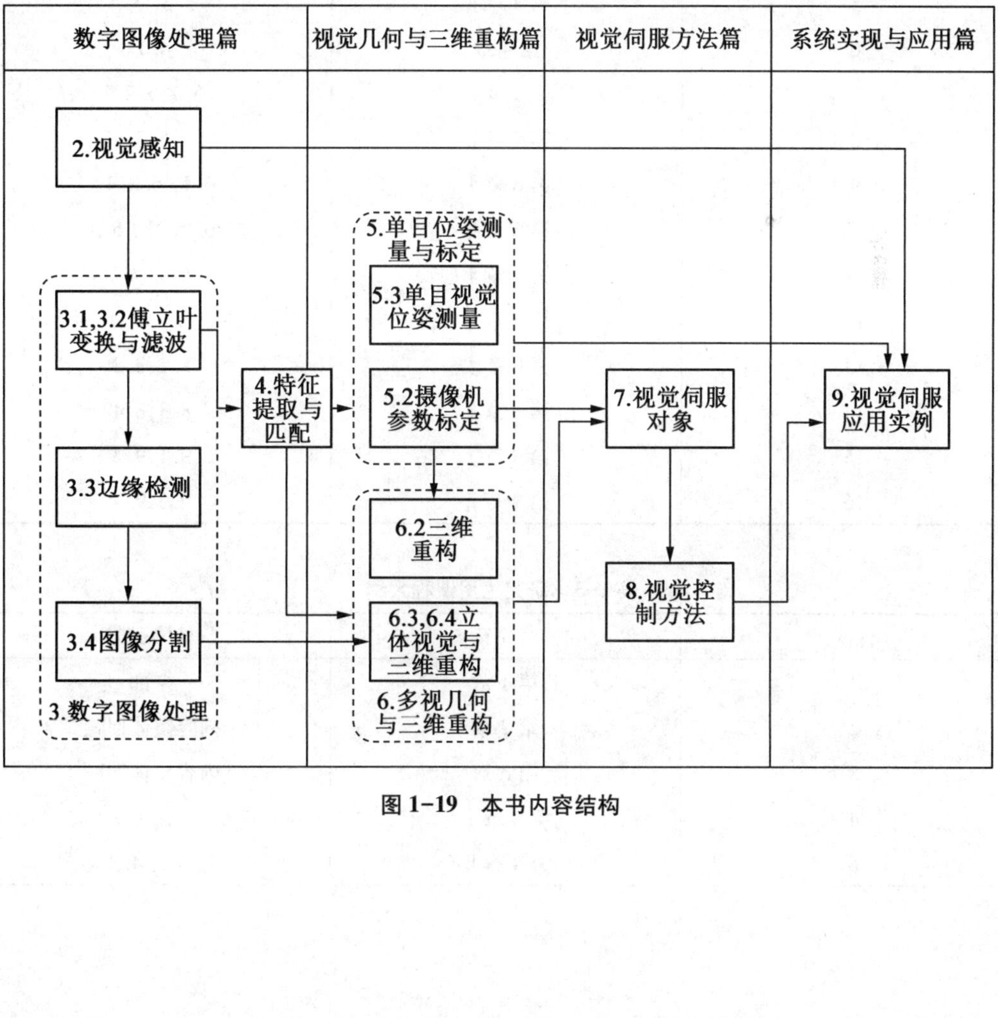

图 1-19　本书内容结构

1.4.2 教学建议

本书可供控制科学与工程、计算机、人工智能、机电工程等相关学科、专业的高年级本科生或研究生在一学期内使用。按每周 2 次、每次 2 课时计算，通过 8 周可把书中的基本内容讲述完毕。表 1-2 给出了针对本科生高年级的课程大纲。基于本科生特点，不需要之前学习数字图像处理或类似先导课程。表 1-3 给出了针对研究生的课程大纲。对研究生课程而言，假设之前已学过数字图像处理，因此第 2、3 章内容更多为总结回顾。同时在理论内容相对较多的 5~8 章中讲述更为深入，节奏也更快些。

表 1-2 本科高年级用课程大纲

课次	对应章	具体章节
1	第 1 章	全部
2	第 2 章 Ⅰ	2.1
3	第 2 章 Ⅱ	2.2, 2.3
4	第 3 章 Ⅰ	3.1, 3.2
5	第 3 章 Ⅱ	3.3, 3.4
6	第 4 章	4.1
7	第 5 章 Ⅰ	5.1,5.2.1
8	第 5 章 Ⅱ	5.3
9	第 6 章 Ⅰ	6.1, 6.2(1)
10	第 6 章 Ⅱ	6.2(2), 6.3
11	第 7 章 Ⅰ	7.1, 7.2
12	第 7 章 Ⅱ	7.3, 7.4
13	第 8 章 Ⅰ	8.1,8.2
14	第 8 章 Ⅱ	8.3,8.4
15	第 9 章 Ⅰ	9.1,9.2
16	第 9 章 Ⅱ	9.3,9.4

表 1-3 研究生用课程大纲

课次	对应章	具体章节
1	第 1 章	全部
2	第 2 章	内容整体回顾
3	第 3 章	内容整体回顾
4	第 4 章 Ⅰ	4.1
5	第 4 章 Ⅱ	4.2, 4.3

续表 1-3

课次	对应章	具体章节
6	第5章Ⅰ	5.1, 5.2.1
7	第5章Ⅱ	5.2.2, 5.3
8	第6章Ⅰ	6.1, 6.2(1)
9	第6章Ⅱ	6.2(2),6.3
10	第6章Ⅲ	6.4,6.5
11	第7章Ⅰ	7.1~7.3
12	第7章Ⅱ	7.4~7.6
13	第8章Ⅰ	8.1~8.3
14	第8章Ⅱ	8.4, 8.5
15	第9章Ⅰ	9.1~9.3
16	第9章Ⅱ	9.4,9.5

1.5　本章小结

本章首先定义了视觉伺服,进一步对视觉伺服相关学科及视觉伺服的起源与发展、典型应用做了概括介绍,最后给出了教学建议。本章对应要点如下:

①视觉伺服通过视觉处理信息控制机械臂或其他伺服机构相对于目标的位置与姿态,实现伺服控制指定任务。

②视觉伺服的名称于1979年首次提出,其发展与机器人、计算机视觉、人工智能、自动控制等学科密切相关。

③随着时代的发展,视觉伺服已由单纯引导机械臂控制扩展到医用机器人、双足机器人、武器系统、无人系统等领域。

④随着人工智能与深度学习技术的迅速发展,基于深度强化学习的端到端的控制方式为视觉伺服提供了一类新的思路,可成功应用于传统方式难以解决的复杂多自由度非线性控制问题。

本章参考文献

[1]　GONZALEZ R C, WOODS R E. 数字图像处理[M]. 阮秋琦,阮宇智,译. 3版. 北京:电子工业出版社,2017.

[2]　SZELISKI R C. 计算机视觉——算法与应用[M]. 艾海舟,兴军亮,译. 北京:清华大学出版社,2012.

[3]　HORN B. 机器视觉[M]. 王亮,蒋欣兰,译. 北京:中国青年出版社,2014.

[4]　RUSSELL S J, NORVIG P. 人工智能:一种现代的方法[M]. 殷建平,祝恩,刘越,等

译. 3 版. 北京:清华大学出版社,2013.
[5] MARRD. Vision: A Computational Investigation into the Human Representation and Processing of Visual Information [M]. Cambridge: The MIT Press, 2010.
[6] 马颂德,张正友. 计算机视觉[M]. 北京:科学出版社,2000.
[7] MNIH V, KAVUKCUOGLU K, SILVER D, et al. Human-level control through deep reinforcement learning [J]. Nature, 2015, 518(7540): 529-533.
[8] SCHMIDT S F. The Kalman filter: its recognition and development for aerospace applications [J]. Journal of Guidance and Control, 1981, 4(1): 4-7.
[9] GRAN R J. Numerical computing with simulink volume Ⅰ: creating simulations [M]. [S. l.]:Society for Industrial and Applied Mathematics,2007.
[10] WIENER N. 控制论:或关于在动物和机器中控制和通信的科学 [M]. 郝季仁,译. 2 版. 北京:科学出版社,2009.
[11] HUTCHINSON S, HAGER G D, CORKE P I. A tutorial on visual servo control [J]. IEEE Transactions on Robotics and Automation, 1996, 12(5):651-670.
[12] CORKE P. 机器人学、机器视觉与控制——MATLAB 算法基础 [M]. 刘荣,等译. 北京:电子工业出版社,2016.
[13] 徐德,谭民,李原. 机器人视觉测量与控制 [M]. 3 版. 北京:国防工业出版社,2016.
[14] 方勇纯. 机器人视觉伺服研究综述[J]. 智能系统学报,2008, 3(2):109-114.
[15] 王社阳. 机器人视觉伺服系统的若干问题研究[D]. 哈尔滨:哈尔滨工业大学,2006.
[16] 屈彦呈. 机器人鲁棒视觉伺服控制研究[D],哈尔滨:哈尔滨工业大学, 2003.
[17] MAKI J N, BELL J F, HERKENHOFF K E, et al. Mars exploration rover engineering cameras. Journal of geophysical research: planets [J]. Journal of Geophysical Research E: Planets, 2003, 108(E12): 1-17.
[18] BODNER J, AUGUSTIN F, WYKYPIEL H, et al. The da Vinci robotic system for general surgical applications: a critical interim appraisal [J]. Swiss medical weekly, 2005, 135(45-46): 674-678.

第 2 章　视觉感知

视觉伺服以数字化的图像和视频作为输入,因此视觉感知、图像的采集及传输就成为整个视觉伺服处理过程的起点。类比于人类视觉,我们的关注点在于对环境光照及颜色如何感知,如何形成数字图像和数字视频,以及这些内容如何传输到数字处理及终端显示设备上,重新形成我们可以看到的图像。2.1 节首先简述了人眼结构与视觉特性,这也是数字感知设备构建的依据,进一步分别介绍光通量、辐照度及颜色空间等概念。2.2 节讨论图像采集设备,主要介绍目前广泛使用的电荷耦合器件(CCD)和互补金属氧化物半导体器件(CMOS)传感器,同时也对新出现的深度摄像机进行了简介。2.3 节介绍图像采集与量化,将采集到的模拟信号转化为可处理的数字信号。2.4 节介绍了数字视频标准,以及视频的传输接口与显示。本章内容为后续的数字图像处理部分提供基础,同时也作为后续数字化图像和视频输入的来源。

2.1　视觉感知机理

由于计算机视觉的基本思想来自人类视觉感受和认知的方式,因此有必要先了解人类的视觉感知机理。

2.1.1　人眼结构与视觉特性

人类通过眼睛完成对外界环境的成像感知。为了更好地理解人眼的功能,把其结构类比照相机进行解读,如图 2-1 所示。具体结构包括:

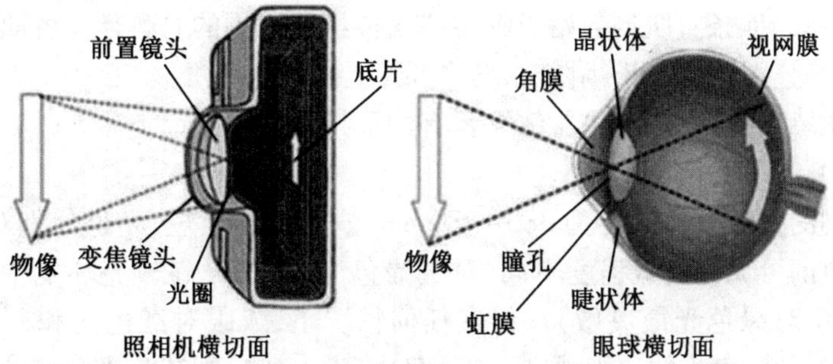

图 2-1　人眼与照相机结构类比

(1) 角膜——前置镜头。

角膜是光线进入眼球的第一道关口,其本身是透明的,但由于眼球内壁呈不透明黑色,因此当通过角膜看黝黑的眼内时,才产生黑的感觉。角膜上皮层有十分敏感的感觉神经末梢。

(2)虹膜——光圈。

虹膜呈环圆形,位于晶状体前,虹膜中央为一直径 2.5~4 mm 的圆孔,即瞳孔。睫状体前接虹膜根部,后接脉络膜,外侧为巩膜,内侧则通过悬韧带与晶状体相连。脉络膜位于巩膜和视网膜之间。脉络膜的血循环提供给视网膜外层营养,其含有的丰富色素,起遮光暗房作用。

(3)晶状体——变焦镜头。

晶状体位于瞳孔虹膜后面,呈双凸透镜结构。依靠睫状肌的调节,晶状体的凸凹形状会产生变化,改变屈光力,保证光线聚焦在视网膜黄斑上。

(4)视网膜——底片(图像传感器)。

视网膜具有感光功能,感光细胞主要是视锥细胞和视杆细胞,如图 2-2 所示。视锥细胞主要负责明视觉和色觉。人眼对色彩的感知通过视锥细胞完成,包含大概 600~700 万个视锥细胞。有三类视锥细胞,分别对应三种不同颜色的感应:其中约 65%对应红色,33%对应绿色,2%对应蓝色。视杆细胞主要负责暗视觉。

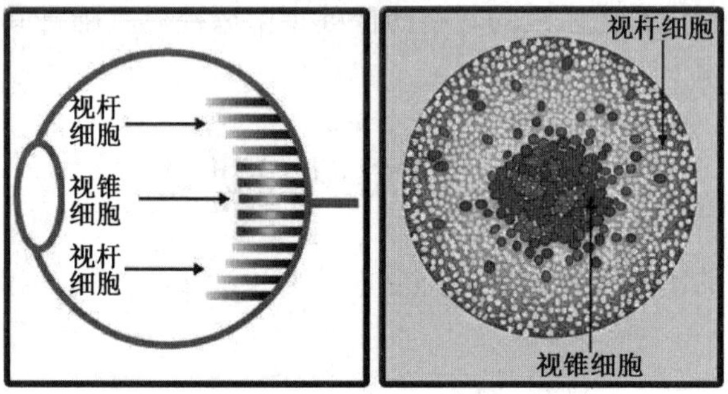

图 2-2 人眼的视锥细胞和视杆细胞

(5)眼外肌——转向云台。

眼外肌是控制眼球运动的横纹肌,按其走行方向分直肌和斜肌,控制眼球向不同方向转动,如图 2-3 所示。四条直肌均起始于眶尖部视神经孔周围的总腱环。各肌的肌纤维自成一束,包围视神经分别向前展开,附着在眼球巩膜上。

人眼为视觉感知提供了物理“器件”,具有如下特性:

(1)光谱灵敏度和感受亮度。

人眼可识别的电磁波长大约为 380~780 nm,波长由长至短,光色分别对应由红到紫。人眼对不同颜色的可见光灵敏程度不同,对黄绿色光最灵敏(在较亮环境中对黄色光最灵敏,在较暗环境中对绿色光最灵敏)。但在任何情况下,人眼对红色光和蓝紫色光都不灵敏,假如将人眼对黄绿色光的比视感度(灵敏度)设为 100%,则蓝色光和红色光的比视感度(灵敏度)只有 10%左右。在很暗的环境中(亮度低于 10^{-2} cd/m^2 时),如无月光的夜间野外,人眼敏感颜色的锥状细胞将失去作用,视觉功能由杆状细胞产生,此时人眼成为“黑白相机”,仅能敏感灰度。人眼能感受的亮度范围约为 10^{-3}~10^{6}cd/m^2,具体范围由环境平均光照决定。当平均亮度良好时(亮度范围约为 10~10^4 cd/m^2),能分辨的最大和最小亮度比为 1 000:1(当亮度为 1 000 cd/m^2 时具有最好的识别能力);当平均亮度很暗时,可分辨的最大和最小亮度比不到 10:1。

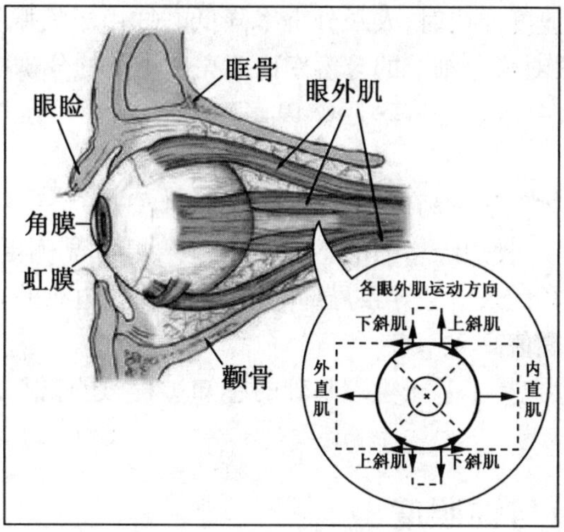

图 2-3　眼外肌及控制运动方向

(2)视敏特性。

如前所述,人眼对 380~780 nm 内不同波长的光具有不同的敏感程度,称为人眼的视敏特性。在辐射功率相同的情况下,不同波长的光不仅对应不同颜色,而且也给人以不同的亮度感觉。

视敏度定义为辐射功率的倒数。在相同亮度感觉的前提下,测出波长 λ 的辐射功率为 $P_\lambda(\lambda)$,定义

$$K(\lambda)=\frac{1}{P_\lambda(\lambda)} \tag{2-1}$$

为波长 λ 的光的视敏度。显然,$K(\lambda)$越大,获得相同亮度感觉需要辐射的功率越小,说明人眼对该波长灵敏度越高。实验表明,人眼对波长为 555 nm 的黄绿色光最为敏感。进一步,把波长为 λ 的光的视敏度与最大视敏度的比值称为相对视敏函数,即

$$V_s(\lambda)=\frac{K(\lambda)}{K_m}=\frac{P(555)}{P_\lambda(\lambda)} \tag{2-2}$$

相对视敏函数值越大,人眼对该波长的光越敏感。

(3)对比灵敏度。

人眼对光强变化和对运动目标的响应呈非线性。通常把人眼主观上刚刚可辨别亮度差别所需的最小光强差值称为亮度的可见度阈值。假设光强为 I,I 的增大在一定幅度内无法被感知,需增量超过一定值 ΔI 时,人眼才能感觉到亮度有变化,$\Delta I/I$ 也称为对比灵敏度。此外,对于运动目标,人眼的对比灵敏度与时间轴信息的变化速度有关,即随着时间变化频率的增加,人眼可分辨的图像信息的误差阈值呈上升趋势,这种对比灵敏度的动态变化特性表现为图像序列之间相互掩盖效应。

(4)分辨率。

人眼的视觉感知通过视网膜细胞完成,这意味人的视觉存在一定的分辨率。可以观察到,当空间平面上两个黑点相互靠拢到小于一定距离时,观察者就开始无法区分,这个极限值就是分辨率。研究表明,人眼分辨率具备如下特点:①当照度太强、太弱时,人眼分辨率降

低。②当视觉目标运动速度加快时,人眼分辨率降低。③由于人眼视锥细胞的数量远少于视杆细胞数量,因此人眼对彩色细节的分辨率比对亮度细节的分辨率要差,如果黑白分辨率为 1,则黑红分辨率为 0.4,绿蓝分辨率为 0.19。

(5)马赫效应。

马赫效应由奥地利物理学家马赫(Mach)在 1868 年发现,是一种主观的边缘对比效应。当亮度发生跃变时,会有一种边缘增强的感觉,视觉上会感到亮侧更亮,暗侧更暗,结果使得轮廓表现得更为明显。马赫效应会导致局部阈值效应,即在边缘的亮侧,靠近边缘像素的误差感知阈值比远离边缘阈值高 3~4 倍。

此外,人的视觉不仅包括了基于生理基础的感知过程,还有很多先验知识在起作用,通常被归结为视觉心理学知识。

2.1.2 光通量与辐照度

光是视觉感知的来源。简单来说,光度学是研究光强弱的科学。光通量和辐照度是光度学中的基本概念,分别定义了人眼能感觉到的辐照功率和单位面积上投射的辐照能量。光度学基本概念示意图如图 2-4 所示。

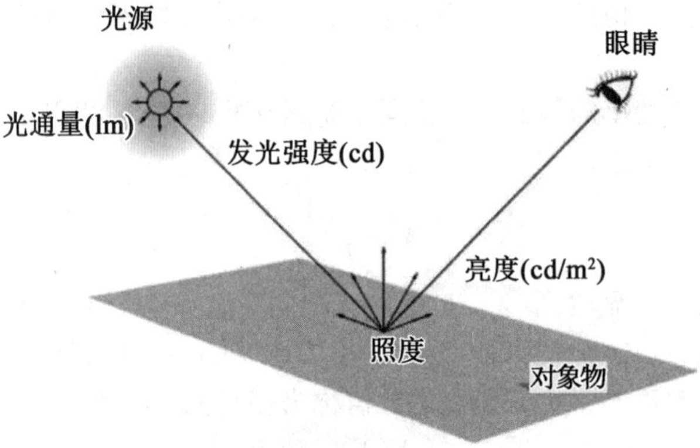

图 2-4 光度学基本概念示意图

(1)光通量。

光通量指人眼所能感觉到的辐射功率,它等于单位时间内某一波段的辐射能量和该波段的相对视见率的乘积。光通量以符号 φ 表示,对应波长 λ_i 的单色光通量定义为

$$\varphi(\lambda_i)=P_\lambda(\lambda_i)\cdot V_s(\lambda_i) \tag{2-3}$$

其中,$P_\lambda(\lambda_i)$为辐射功率,表示单位时间内物体表面单位面积上所发射的对应波长 λ_i 的总辐射能;$V_s(\lambda_i)$为相对视敏函数。在环境明亮时,人眼对于波长 $\lambda=555$ nm(环境黑暗时为 507 nm)的光线最为敏感,根据前述定义,此时的相对视敏度为 1。当 λ 为其他值时,$V_s(\lambda)$均小于 1。

可见光的光通量 φ 定义为

$$\varphi = 680\int_{380\lambda}^{780}(\lambda)\cdot V_s(\lambda)\mathrm{d}\lambda \tag{2-4}$$

其中,380~780 nm 是人眼能够敏感到的可见光波长范围。

光通量的国际单位为流明(lm),1 lm 相当于波长为 555 nm 的单色光源在 1.46 mW 功率下辐射出的电磁能,即

$$1\ \text{lm}=0.001\ 46\ \text{W}$$

根据国际照明委员会规定,绝对黑体在铂的凝固温度(2 045 K)下,从 $5.305\times10^{-3}\ \text{cm}^2$ 面积上辐射的光通量为 1 lm。

典型光源的光通量见表 2-1。

表 2-1　典型光源的光通量

光源	光通量/光视效能	说明
太阳	3.566×10^{28} lm	
烛光	12.56 lm	根据定义,1 lm 数值上等于在某一方向的发光强度为 1 cd 的点光源(烛光)在该方向上的单位立体角(对应$\frac{1}{4\pi}$)内传送出的光通量
白炽灯/卤钨灯	12~24 lm/W	根据定义,100 W 的白炽灯可产生约 1 200~1 500 lm 的光通量,其余能量转换为热能和电磁波
荧光灯和气体放电灯	50~120 lm/W	气体放电灯(如钠灯、汞灯和金属卤化物灯等)具有比白炽灯更高的照明效率
LED 灯	110~150 lm/W	新型 LED 器件具有更高的照明效率,且寿命长、光效高、无辐射、低功耗,因此得到广泛应用

(2)发光强度。

和光通量密切相关的另一个概念是发光强度,简称光强,表示光源在单位立体角内光通量的多少。光强用符号 I 表示,国际单位是坎德拉,符号为 cd。光强代表了光源在不同方向上的辐射能力,通俗来说,就是光源所发出的光的强弱程度。1 lm 又等于由一个具有 1 cd 均匀的发光强度的点光源在 1 sr(球面度)单位立体角内发射的光通量,即 1 lm = 1 cd · sr。基于历史原因,1 cd 和一只烛光的光强近似相等。

(3)照度。

光通量是光源辐照功率的度量——照度则定义了单位面积上所接受可见光的能量,用于指示光照的强弱和物体表面积被照明程度。照度定义为

$$E=\mathrm{d}\varphi/\mathrm{d}S \tag{2-5}$$

其中,S 为被照射物体表面面积。照度的单位是勒克斯(lx),1 lx = 1 lm/m^2。表 2-2 给出了一些典型环境下的照度。

表 2-2 一些典型环境下的照度

环境条件	照度/lx
黑夜	0.001~0.02
月夜	0.02~0.2
阴天室内	5~50
阴天室外	50~500
晴天室内	100~1 000
晴天室外	1 000~10 000

对于我们看到的物体表面的亮度,即反射辐射强度,其分布取决于入射光辐照度的分布和物体表面在该点的反射系数函数。有两类反射类型,漫反射和镜面反射。漫反射在所有方向上具有相等的能量分布,镜面反射在入射光的反射方向上强度最大。只呈现漫反射的表面称为朗伯表面,如粗糙的布表面和水泥墙。除了镜子外,通常的表面既有漫反射也有镜面反射。

假设物体表面不透明,并且光照明方向不变,则反射辐射强度的分布是

$$C(x,\boldsymbol{n},t,\lambda)=r(x,\boldsymbol{n},t,\lambda)\cdot E(x,\boldsymbol{n},t,\lambda) \tag{2-6}$$

其中,x 是物体表面的位置;$\boldsymbol{n}$ 为位置 x 处的表面法向量;E 为入射光照度;标量函数 r 定义为反射光强度与入射光强度之间的比值,称为漫反射系数,或简称为反射系数;$E(t,\lambda)$ 代表时刻 t 环境光的强度,λ 是光的波长。反射可被分解为两个分量:漫反射,在所有方向上具有相等的能量分布;以及镜面反射,在入射光的镜像方向上强度最大。仅呈现漫反射的表面称为朗伯表面。表 2-3 列出了一些常用表面的反射系数。

表 2-3 一些常用表面的反射系数

表面类型	反射系数
黑天鹅绒	0.01
不锈钢	0.65
粉刷的白墙面	0.80
镀银器皿	0.90
白雪	0.93

进一步,如入射光为平行光(或当光源远离物体表面时),物体表面为漫反射(此时 r 与方向无关)且时不变,则有

$$C(x,\boldsymbol{n},\lambda)=r(x,\lambda)\cdot E(\boldsymbol{n},\lambda) \tag{2-7}$$

2.1.3 颜色模型与颜色变换

我们生活的世界充满色彩。色彩的本质是什么?如何对它进行建模和描述?下面来回

答这些问题。

(1)色彩与三原色。

1666 年,牛顿发现色散现象,即白光由多种颜色的单色光构成。对人眼而言,可见光由波长在 380~780 nm 的电磁波构成,感知颜色由对应的波长决定,如图 2-5 所示。比红色波长更长的一端包括红外、微波、调频广播等电磁波;比紫色波长短的一端则包括 X 射线、γ 射线等。可见光波长和频率对照表见表 2-4。

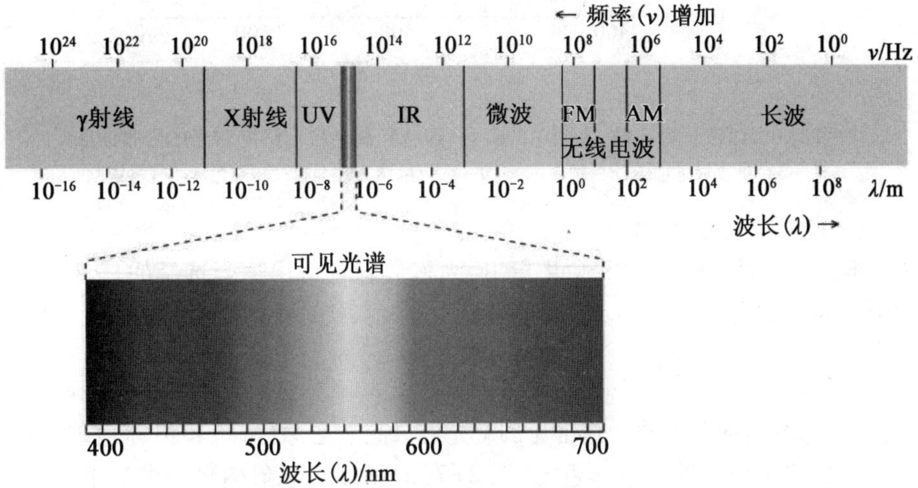

图 2-5　电磁波及可见光波段组成(彩图见附录)

表 2-4　可见光波长和频率对照表

颜色	波长/nm	频率/THz
红色	约 625~740	约 480~405
橙色	约 590~625	约 510~480
黄色	约 565~590	约 530~510
绿色	约 500~565	约 600~530
青色	约 485~500	约 620~600
蓝色	约 440~485	约 680~620
紫色	约 380~440	约 790~680

人眼中的锥状细胞是负责彩色视觉的传感器。锥状细胞可分为 3 类,分别对应于红色、绿色和蓝色,其归一化吸收曲线如图 2-6 所示。人眼的吸收特性决定了所看到的彩色是红、绿、蓝三种颜色的组合,因此称为三原色。国际照明委员会(CIE)据此在 1931 年制定了三原色标准,每种原色对应的典型波长为:蓝色 435.8 nm,绿色 546.1 nm,红色 700 nm。注意这一标准只是近似对应于实验数据。应当注意到,没有单一的颜色可称为红色、绿色或蓝色。

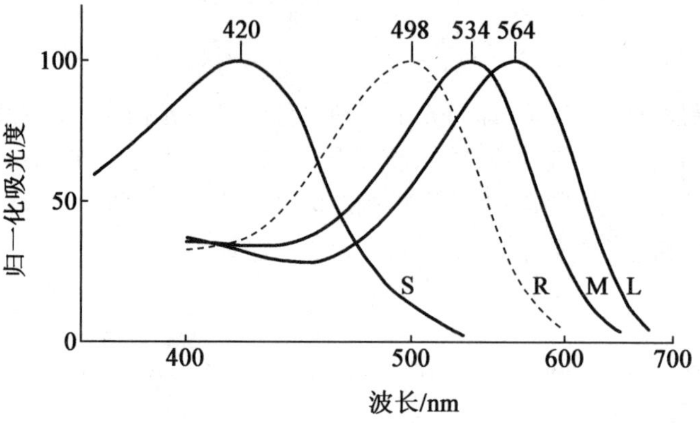

图 2-6 以波长为函数,人眼中的红色、绿色和蓝色锥状细胞对光的吸收曲线

S—蓝色敏感视锥细胞;R—视杆细胞;M—绿色敏感视锥细胞;L—红色敏感视锥细胞

(2)三基色原理及颜色空间。

1855 年,杰出的物理学家 Maxwell 指出,大多数彩色可由适当选择的三种基色混合产生,这就是三基色原理。令 $C_k, k=1, 2, 3$ 代表三基色,C 是任一种给定的彩色,则

$$C = \sum_{k=1}^{3} C_k \tag{2-8}$$

三基色的选择有多种方式。最常见的就是红、绿、蓝三原色,即 RGB 基色。三种基色以不同比例混合,可形成几乎任意颜色,如图 2-7(a)所示。想象构建一个基于 RGB 的立方体,其中各轴分别为归一化的 RGB 值,RGB 原色值位于 3 个角上,二次色青色、品红色和黄色位于另外 3 个角上,黑色位于原点处,白色位于离原点最远的点上,如图 2-7(b)、(c)所示。在该模型中,灰度(RGB 值相等的点)沿着连接这两点的直线从黑色延伸到白色,不同颜色是位于立方体上的或立方体内部的点。

三基色的选择并非唯一。另一类经常用到的颜色模型为 CMYK,在印刷和纺织等行业中广为使用。CMYK 基于补色模型。一种颜色的补色是指该颜色与原始颜色按适当比例混合后呈现白色或灰色。对于 RGB 三原色,其对应的补色分别为青色(Cyan)、品色(或称品红色,Magenta)和黄色(Yellow),简称为 CMY。之所以使用补色,是因为人眼看到的颜色是颜料吸收了相应频段的光线后的反射光线,对应其补色。CMYK 补色模型如图 2-8 所示。

根据图 2-8,等量的颜料原色,青色、品红色和黄色,可以产生黑色。实际中为产生黑色而混合这些颜色,不仅产生的黑色不纯,本身也不经济。因此再加入黑色原色,即得到 CMYK 彩色模型。

(3)HSI 彩色模型。

尽管 RGB 三基色模型从生理学角度很好地模拟了人眼接受颜色的方式,但无法很好地解释人类对颜色的认知。色调、饱和度和亮度是另一种更符合人类颜色认知的表达方式。色调描述的是一种纯色(如纯黄色或纯红色)的颜色属性;饱和度描述了颜色的纯正或鲜艳程度,决定于颜色中混入其他波长光的数量;亮度表征了无色的光强。我们将该模型称为 HSI(色调,饱和度和强度)彩色模型。

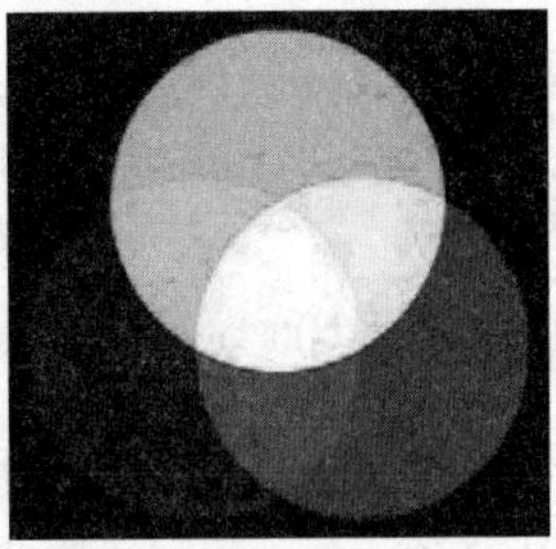

(a)RGB三基色

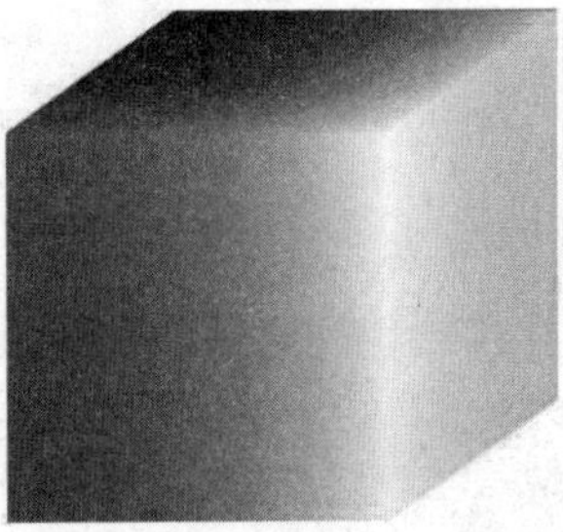

(b)RGB 24比特彩色立方体

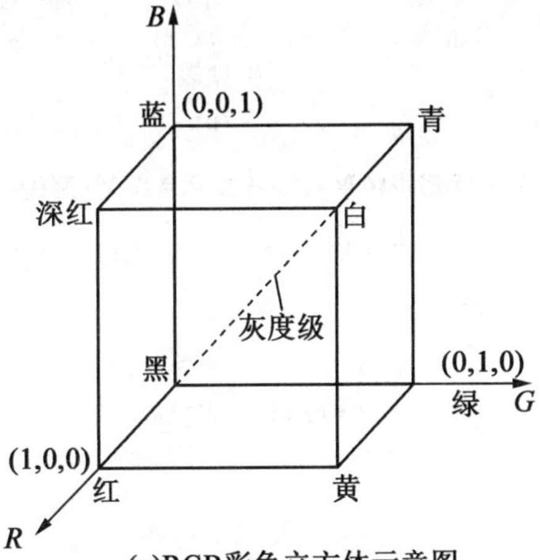

(c)RGB彩色立方体示意图

图 2-7 RGB 三基色

(a)CYMK补色空间

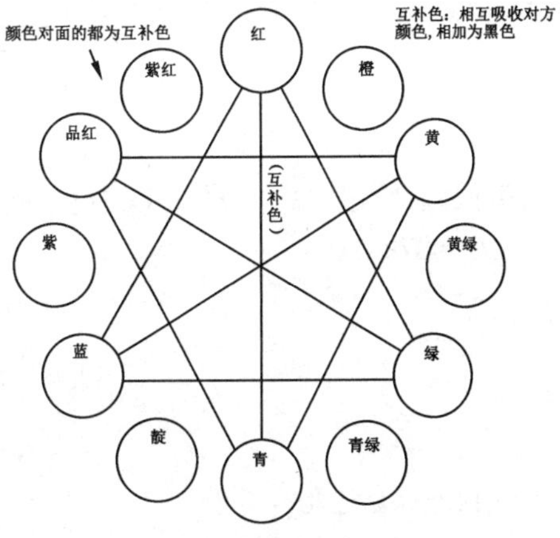

(b)原色及补色

图 2-8 CMYK 补色模型

HSI 可用双圆锥模型来表示，如图 2-9(a)所示。为方便起见，沿腰部剖开，得到半圆锥如图 2-9(b)所示。每一个横截圆对应了某一定值 I 下的颜色表达，圆内的一点对应特定颜色，该点到原点的距离对应饱和度，该点到原点连线形成的辐角对应色度，取值 0~2π 按顺序分别对应红~紫各颜色。

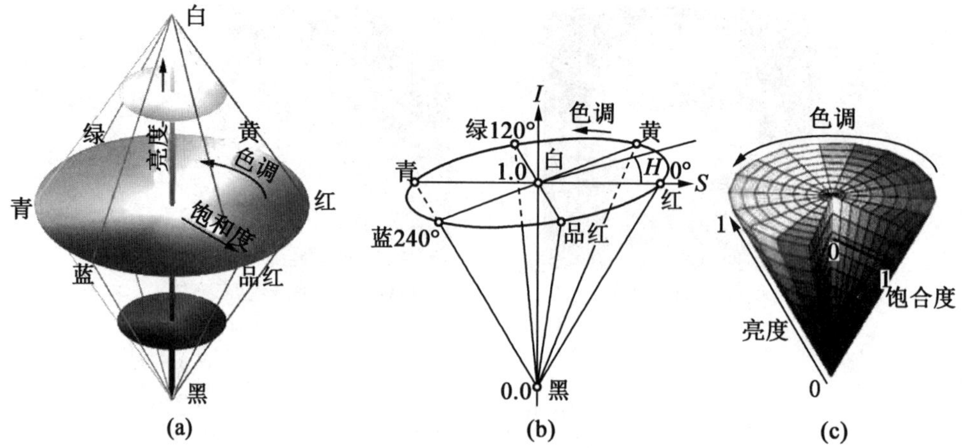

图 2-9 基于圆形彩色平面的 HSI 彩色模型(彩图见附录)

RGB 和 HSI 颜色模型可进行相互转换。给定一幅 RGB 格式的图像,其中 RGB 分量已归一化到区间[0,1]内,则对应 HSI 分量计算如下:

$$H=\begin{cases}\theta, & B\leqslant G\\ 360-\theta, & B>G\end{cases} \tag{2-9}$$

其中

$$\theta=\arccos\frac{\frac{1}{2}[(R-G)+(R-B)]}{[(R-G)^2+(R-B)(G-B)]^{\frac{1}{2}}}$$

$$S=1-\frac{3}{R+G+B}\min(R,G,B)$$

$$I=\frac{1}{3}(R+G+B)$$

类似地,给定归一化的 HSI 颜色空间表达,则对应 RGB 值如下计算:

①$0^\circ\leqslant H<120^\circ$:

$$B=I(1-S)$$

$$R=I\left[1+\frac{S\cos H}{\cos(60^\circ-H)}\right]$$

$$G=3I-(R+B)$$

②$120^\circ\leqslant H<240^\circ$:

$$H=H-120^\circ$$

$$R=I(1-S)$$

$$G=I\left[1+\frac{S\cos H}{\cos(60^\circ-H)}\right]$$

$$B=3I-(R+G)$$

③$240^\circ\leqslant H<360^\circ$:

$$H=H-240^\circ$$

$$G=I(1-S)$$

$$B=I\left[1+\frac{S\cos H}{\cos(60°-H)}\right]$$

$$R=3I-(R+G)$$

以一幅实际图像为例，观察对应的 HSI 分量：图 2-10(a)为经典的 Lena 图像，1973 年南加州大学的 A. Sawchuk 首次将该图引入图像处理领域中，之后成为使用最为广泛的测试图。Lena 图像对应 H、S、I 分量分别在图 2-10(b)～(d)图中给出，注意各图用灰度表示对应分量的强弱。

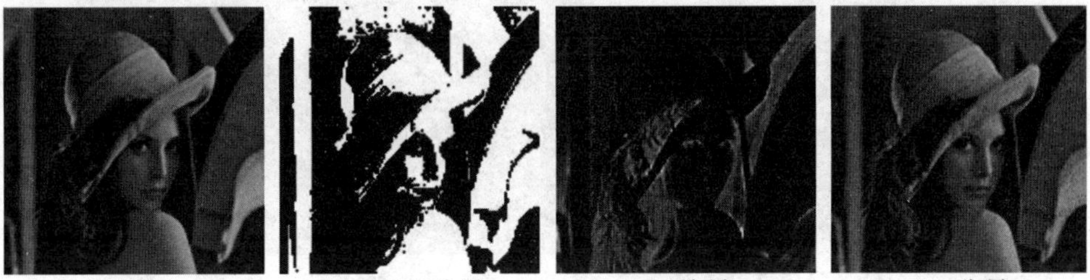

(a)原图　(b)H分量　(b)S分量　(b)I分量

图 2-10　Lena 图的 HSI 表示

(4)其他常用颜色模型。

颜色的感知带有一定的主观性。由于色彩在各领域广泛应用，如电视广播、印刷、数字图像处理、显示设备等，不同的应用需求和关注点导致了不同的颜色空间定义。除了之前介绍的颜色模型之外，还包括 YUV、YIQ、HSV 等颜色模型，分别在电视系统、视频传输等领域中使用。同一颜色在不用颜色模型中的表达可进行相互换算。

2.2　图像采集设备

图像采集设备相当于人的视网膜，完成从场景图像到电信号的转换。根据转换原理的不同，可分为模拟采集设备和数字采集设备。现代图像采集设备绝大多数均采用数字方式。

2.2.1　数字采集设备

数字采集设备将我们看到的环境转化为计算机可以处理的数字信号。借助光电器件的光电转换功能，图像传感器将感光面上的光像转换为与光像成相应比例关系的电信号。CCD 和 CMOS 传感器是最常见的数字图像传感器，它们都采用光传感阵列，将环境转换为二维图像。图 2-11 所示为 CCD 传感器和 CMOS 传感器。

CCD 传感器由二维传感器阵列组成，每个小构成单元对应一个像素，将到达的光信号转换为电信号。每次摄得的图像帧先存储在缓冲器中，再一次一行地相继读出，形成标准的模拟光栅信号或数字信号，如图 2-12 所示。CMOS 传感器是另一类广为应用的数字图像传感器，近年来得到迅速发展，已取代 CCD 传感器成为主流传感器。CMOS 传感器在光检测方面和 CCD 传感器相同，都利用了硅的光电效应原理，不同点在于光产生电荷的读出方式。

典型的 CMOS 像素阵列是一个二维可编址传感器阵列。传感器的每一列与一个位线相连，行允许线允许所选择的行内每一个敏感单元输出信号送入它所对应的位线上，位线末端是多路选择器，按照各列独立的列编址进行选择，如图 2-13 所示。由于 CMOS 传感器可快速随机寻址，因此其可以更快的帧率进行图像刷新。CMOS 传感器从原理上在一个感光单元区域内需要更多器件，因此传统传感器填充率不高，但随着技术进步，这一问题已得到极大改善，如采用背照式技术可实现近 100%的填充因子。

(a)CCD传感器　　(b)CMOS传感器

图 2-11　CCD 传感器和 CMOS 传感器

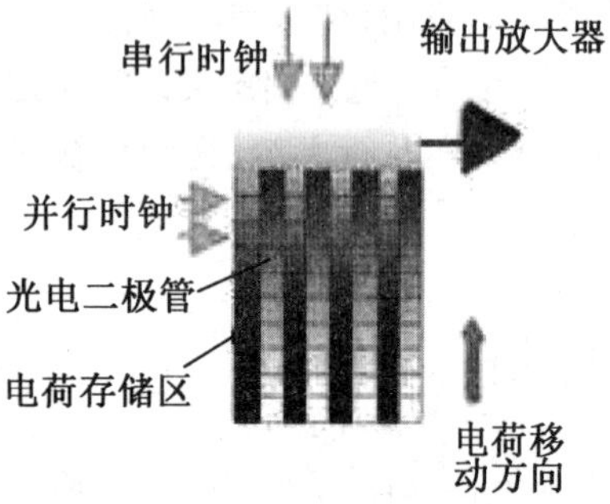

图 2-12　面阵型 CCD 图像传感器

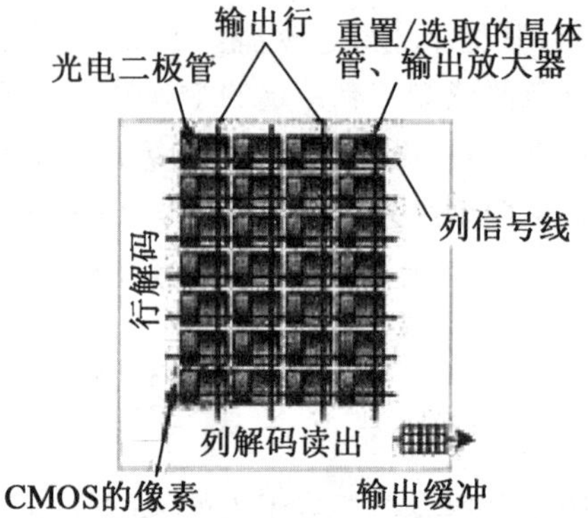

图 2-13　CMOS 图像传感器

在实际中，要想根据需求在众多图像传感器中进行选择，需要首先了解图像传感器的参数，主要包括传感器尺寸、分辨率(像素数)、灵敏度、动态范围等。

(1)传感器尺寸。

传感器尺寸是图像传感器重要的参数之一。在同等分辨率前提下，大尺寸的传感器感光效率更高，热噪声更低，因此成像效果更好。由于制造成本及标准化等因素，传感器尺寸并非可任意选择，而是定义了一些标准尺寸。按传感器感光平面，即靶面的对角线长度，常见图像传感器的尺寸见表 2-5。其中 1 in(1 in=0.025 4 m)及以上尺寸传感器通常称为“大底”，更多在专业数码相机和成像设备中使用。图 2-14 所示为 CCD 面积尺寸比例示意图。

表 2-5　面阵图像传感器常见尺寸对照表

尺寸名称	宽×高/(mm×mm)	对角线长度/mm
中画幅(645)	56×41.5	69
135 全画幅	36×24	43
APS-C	24×16	29
4/3	18×13.5	22
1 in	12.7×9.6	16
2/3 in	8.8×6.6	11
1/1.8 in	7.18×5.32	9
1/2 in	6.4×4.8	8
1/2.5 in	5.76×4.29	7.2
1/3 in	4.8×3.6	6
1/4 in	3.2×2.4	4

注:120 传感器中画幅具有多种不同的尺寸,表中仅给出中画幅(645)对应值。

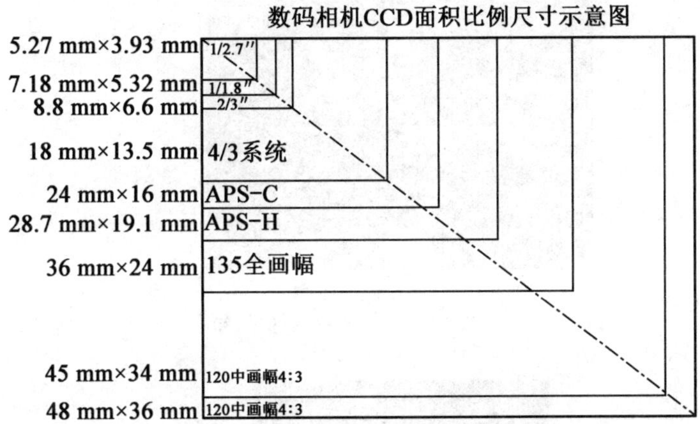

图 2-14　CCD 面积尺寸比例示意图

(2)分辨率。

图像传感器的分辨率指传感器芯片每次采集的像素数,传感器分辨率同样也定义了一组标准尺寸。分辨率为 100 万及以上的通常称为高清。

(3)灵敏度。

灵敏度也称为最小照度,是图像传感器对环境光线的敏感程度,即正常成像时所需要的最暗光线。照度单位为勒克斯(lx),数值越小,表示摄像头越灵敏。目前普通摄像机灵敏度在 1 lx 左右,月光级和星光级等微光摄像机可工作在 0.01 lx 甚至更低的条件下。

(4)动态范围。

动态范围是指在规定信噪比、失真等条件下,输出的最小有用信号和最大不失真信号之间的电平差,即信号的幅度变化范围,通俗来说就是分辨明暗变化的能力。动态范围越大,图像越有层次,细节越清楚。一般相机的动态范围是 60~80 dB;宽动态相机的动态范围则可超越 120 dB,多见于 CMOS 传感器。

2.2.2 彩色传感器

绝大多数图像传感器,包括广泛使用的 CCD 传感器和 CMOS 传感器,仅能敏感光线的强弱。为获得彩色图像,需要同时敏感颜色空间的不同分量,这样的传感器不仅难以获得,制造工艺也极为复杂。为解决彩色图像传感的问题,实际中在常规传感器表面覆盖一个含特定图案排列,且含红绿蓝三色单元的滤膜,再加上对其输出信号的处理算法,就可以实现一个图像传感器输出彩色图像数字信号。常见的彩色成像系统使用彩色滤色片阵列,也被称为 Bayer(拜耳)滤色镜,排列在感光区上方,单图像传感器彩色成像示意图如图 2-15 所示。一般 Bayer 滤色镜包含 50%绿色、25%红色和 25%蓝色阵列,这与人眼对绿色敏感度高的机制相一致。图 2-16 所示为 Bayer 滤色镜排列模式,由 2×2 四个像素点组成一个循环单元,其中 2 个像素点为绿色,其余 2 个分别为红色和蓝色。

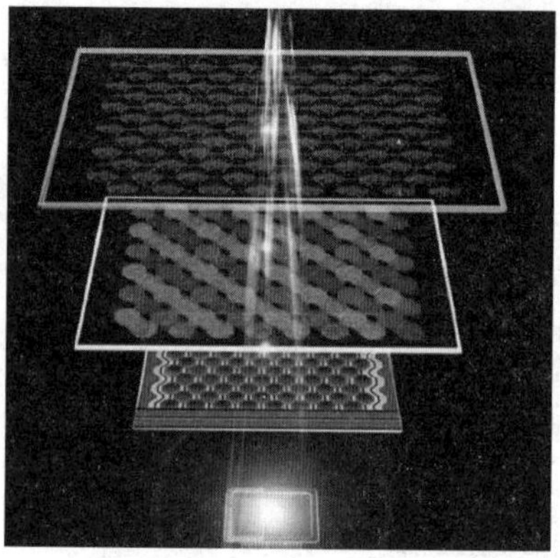

图 2-15 单图像传感器彩色成像示意图

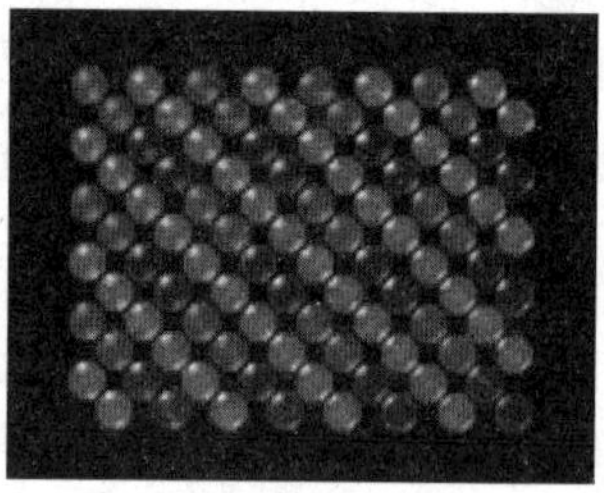

图 2-16 Bayer 滤色镜排列模式

不难注意到,按 Bayer 滤色镜采集到的彩色传感器的输出信号不是一个完整的 RGB 图像,其中放置蓝色和红色像素的位置缺少绿色分量,蓝色值布置缺少绿色和红色分量。那么如何计算在某一像素位置处的全部三个颜色分量呢? 可通过 Bayer 变换,以插值的方式进行计算,如图 2-17 所示。如对应像素缺失蓝色或红色分量,则计算方式如图 2-17 所示,可利用上下/左右的蓝红分量或对角的蓝红分量计算。如图中 G 测试点的蓝色和红色分量分别利用左右的蓝色和上下的红色分量计算，而右侧的 B 测试点，其红色分量则利用四角的红色分量计算。红、蓝像素处的绿色分量按照其十字四邻域的绿色分量计算。

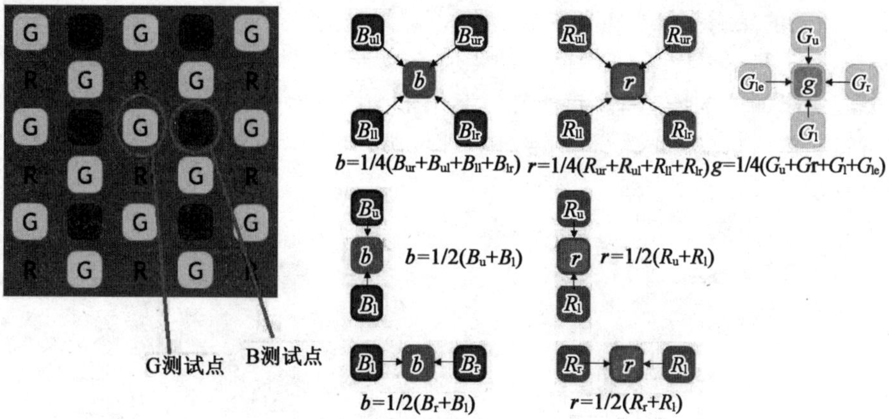

图 2-17　通过 Bayer 变换计算各像素值

2.2.3　深度图像传感器

深度图像传感器除了能够获取平面图像以外，还可以获得拍摄对象的深度信息，也就是三维的位置和尺寸信息，使得整个计算系统获得环境和对象的三维立体数据。按技术分类，深度相机可分为以下三类主流技术：结构光、双目视觉和飞行时间法（Time of Flight，ToF）。

（1）结构光。

结构光是目前一类广泛使用的深度感知方案，包括在消费类设备上使用的深度感知装置、商用三维扫描仪及很多激光雷达均采用结构光方案。其基本原理是由结构光投射器向被测物体表面投射可控制的光点、光条或光面结构，并由图像传感器获得图像，通过系统几何关系，利用三角原理计算得到物体的三维坐标，如图 2-18 所示。

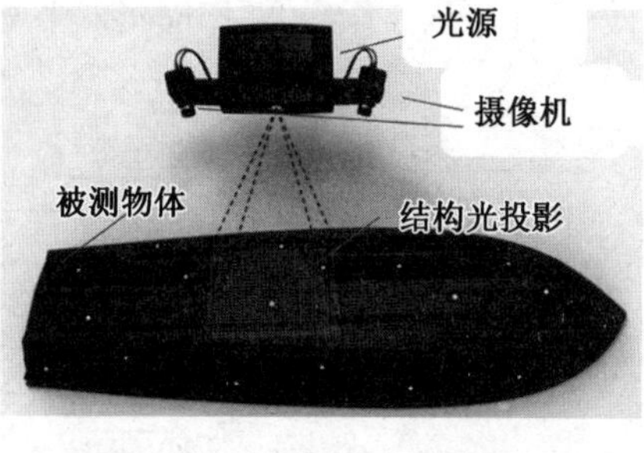

图 2-18　结构光法测量原理

结构光图像传感器也在消费级产品中广为应用。2017 年苹果公司发布的 iPhone X 就采用了基于结构光原理的深度相机。微软与 Xbox 配套的 Kinect 一代深度相机也采用了结构光方案。

（2）双目视觉。

双目视觉成像方案类似人眼，利用双目立体视觉成像原理，通过两个摄像机来提取包括三维位置在内的信息进行深度感知,如图 2-19 所示。物体在双目相机左右摄像头上分别成像以后,在视觉的传感器上会形成视差,通过简单的三角函数关系,把这样的一个视差转化为对距离精确的探测。与结构光方案相比,双目视觉的方案不容易受到环境光线的干扰,适合室外环境,满足 7×24 h 的长时间工作要求,不易损坏。同时,由于不涉及额外的光学系统,因此双目视觉的成本是三种深度感知方案中最低的。但这种技术需要庞大的程序计算量,对硬件设备有一定配置要求,同时受外界环境影响大,比如环境光线昏暗、背景杂乱、有遮挡物等情况下不适用。

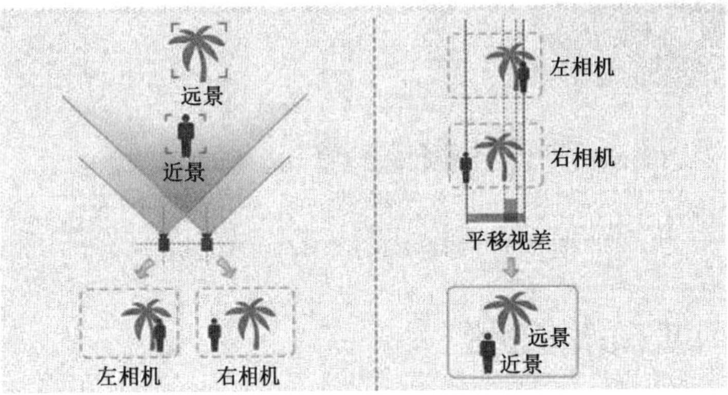

图 2-19 双摄像头模拟双目视觉成像原理

(3)飞行时间法。

ToF 即飞行时间法深度成像,通过给目标连续发送光脉冲,然后用传感器接收从物体返回的光,通过探测光脉冲的飞行(往返)时间来得到对应目标距离,如图 2-20 所示。与前述两种方式不同,ToF 技术采用主动光探测方式,其中照射单元的目的不是目标照明,而是利用入射光信号与反射光信号的变化来进行距离测量,因此采用对光先进行高频调制之后再进行发射的方式。相对结构光三维成像和双目视觉来说,ToF 受环境影响小,响应速度快,同时深度计算精度不因距离改变而变化。微软的 Kinect 2、谷歌的 Tango 项目中均采用了 ToF 技术。

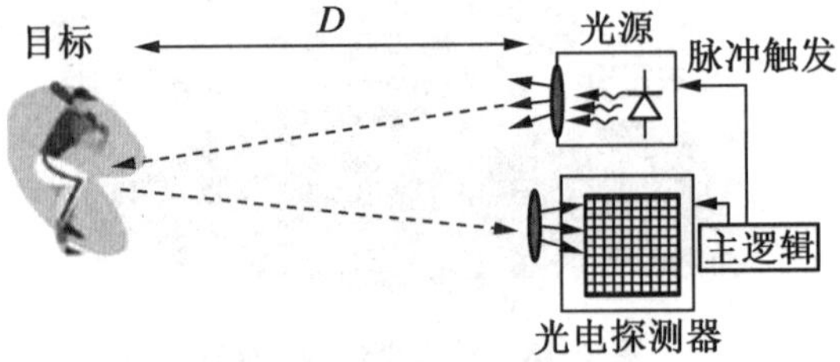

图 2-20 ToF 深度传感器原理

表 2-6 列出了三种深度传感技术的主要指标对比。

表 2-6　三种深度传感技术的主要指标对比

传感类型	ToF	双目视觉	结构光
测距方式	主动式	被动式	主动式
工作原理	根据光飞行时间测量	三角测量间接计算	投射编码图案,通过特征计算
测量精度	mm~cm 级,与距离基本无关	与距离相关,精度近距可达 mm 级	与距离相关,精度近距可达 mm 级
测量范围	测量距离相对远,几米到几十米内	由于基线限制,一般为几米以内	一般几米以内
影响因素	不受光照变化和物体纹理影响,受多重反射影响	受光照和物体纹理影响大,夜晚和无纹理物体表面无法使用	基本不受光照变化和物体纹理影响,但受反光影响。环境光照不能太强
户外环境使用	受光强影响	基本无影响	受光强影响

2.3　图像采样与量化

2.3.1　采样和量化的基本概念

由于历史原因,尽管图像传感器大多为数字信号,但传感器输出一般为模拟信号。由于计算机需要的输入为数字图像,因此需要将模拟信号转化为数字图像。这一过程由图像的取样与量化来完成,其中数字化图像的横纵坐标值称为采样,数字化幅值称为量化。

1. 图像的采样

图像采样实现对图像空间坐标的离散化。采样的过程相当于用一个网格把原始图像覆盖,然后通过采样算法计算格子的值,采样格子如何选取决定了图像的空间分辨率。采样又可分为均匀采样和非均匀采样。形象来说,均匀采样在整幅图像中采用均匀大小的网格,非均匀采样即采用非均匀大小的网格。为达到更高的采样精度,非均匀采样一般对图像中像素灰度值频繁出现的灰度值范围,量化间隔取小一些;而对那些像素灰度值极少出现的范围,则量化间隔取大一些。正方形均匀采样网格是最常采用的一类图像采样方式,如图 2-21 所示。

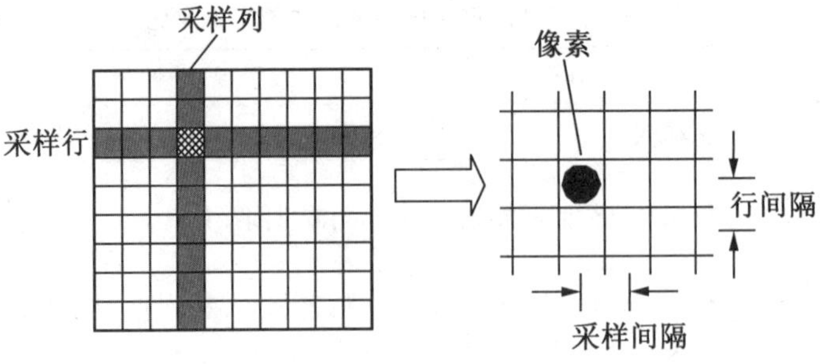

图 2-21 图像采样示意图

在采样时,若横向的像素数(列数)为 N,纵向的像素数(行数)为 M,则图像总像素数为 $M \times N$ 个像素。显然,采样间隔越大,图像像素数越少,空间分辨率越低;反之所得图像像素数越多,空间分辨率越高,但数据量大。图 2-22 演示了这一过程,其中 2-22(a)为原始 Lena 图像,图 2-22(b)~(f)分别为原始图像按 2、4、6、8、16 像素采样后得到的图像,从中可以明显看出图像分辨率与采样间隔的关系。

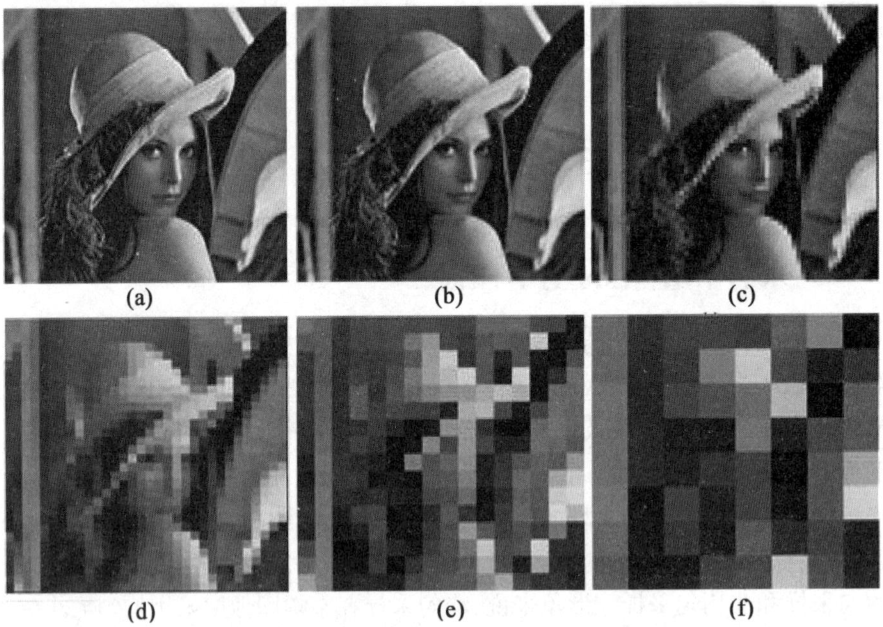

图 2-22 不同的采样间隔对图片质量的影响

2. **图像的量化**

对每一个格子的光强或颜色幅值进行数字化的过程称为图像的量化。图 2-23 演示了这一过程,其中图 2-23(a)为在第 i 级进行量化的示意图,图 2-23(b)为量化后的 256 级灰度级。显然,量化等级越多,所得图像层次越丰富,图像质量越好,但数据量大;反之则图像质量变差,但数据量小。图像灰度量化常采用 256 灰度级,对应 2^8,可用 8 位来表示,恰好对应计算机中 1 个字节的长度。图 2-24(a)~(f)分别为具有 256、32、16、8、4 和 2 个灰度级的 Lena 图像。

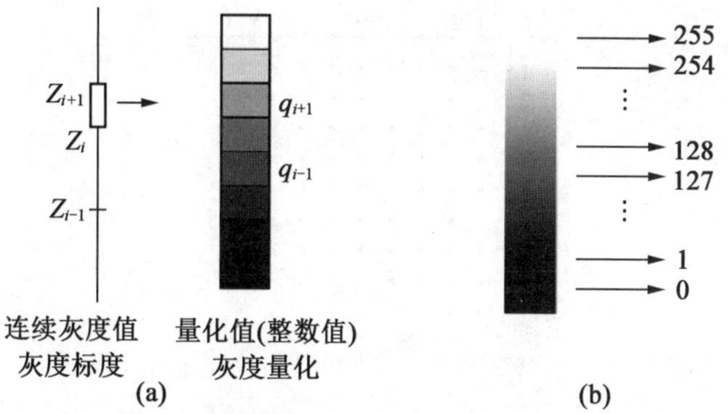

图 2-23　图像量化示意图

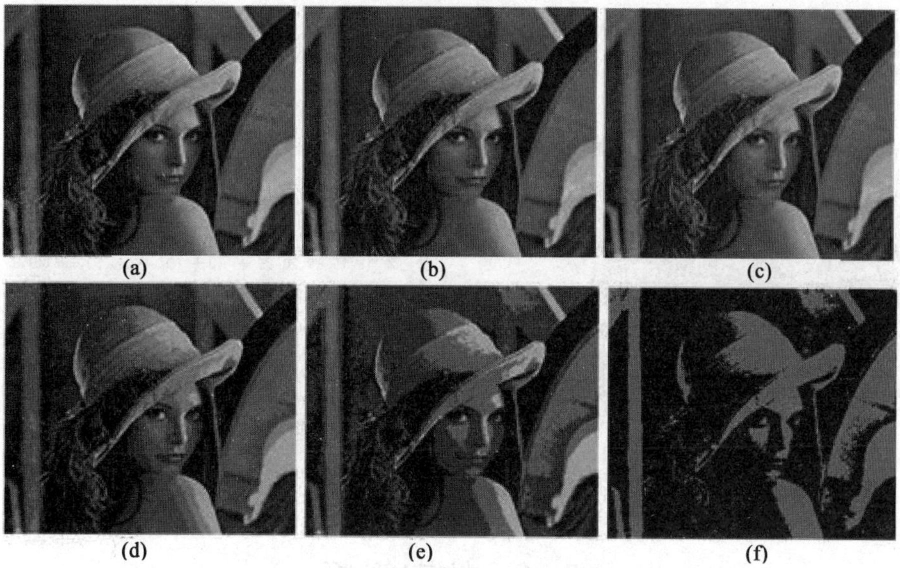

图 2-24　量化等级对图像质量的影响

2.3.2　图像的数字表示

令 $f(s,t)$ 表示一幅具有两个连续变量 s 和 t 的连续图像函数。通过采样和量化，可把该函数转换为数字图像。将该连续图像采样为一个二维阵列 $f(x,y)$，大小为 $M\times N$，即具有 M 行 N 列，其中 (x,y) 是离散坐标，可用如下矩阵形式表示：

$$f(x,y)=\begin{bmatrix} f(0,0) & f(0,1) & \cdots & f(0,N-1) \\ f(1,0) & f(1,1) & \cdots & f(1,N-1) \\ \vdots & \vdots & & \vdots \\ f(M-1,0) & f(M-1,1) & \cdots & f(M-1,N-1) \end{bmatrix}$$

图像像素点的坐标表示如图 2-25 所示。注意二维图像中惯例为 y 轴指向下，这与正常的坐标轴方向正好相反。图 2-26 展示了 Lena 图像眼睛局部对应的数字矩阵，图像像素量化为 0~255。

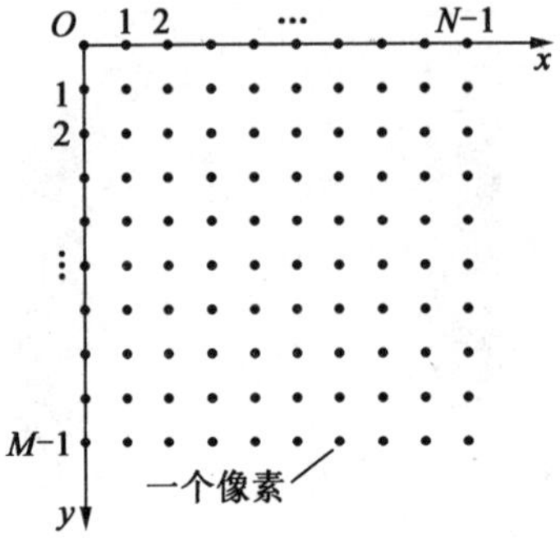

图 2-25 图像像素点的坐标表示

(a)示例图像

18	17	19	17	21	29	45	59	65	59	58	66	67	61	69	60
22	20	20	17	19	25	51	65	82	90	84	74	73	78	57	56
27	23	23	18	17	21	42	47	66	90	97	90	84	86	58	61
28	25	24	21	19	21	24	24	30	50	77	95	93	84	79	77
26	24	24	23	22	23	26	38	37	28	43	77	93	88	102	91
24	20	20	21	22	23	40	68	75	47	29	48	80	97	109	97
23	16	15	17	19	19	36	55	73	68	44	33	58	92	108	103
23	14	11	13	15	15	16	12	36	69	64	35	42	77	108	110
18	21	20	19	16	7	8	14	31	60	63	30	32	79	106	118
19	18	13	13	18	17	5	11	23	48	57	38	45	84	122	128
21	18	10	13	28	35	29	42	51	53	46	40	63	104	140	137
22	24	15	18	35	46	58	77	82	60	35	42	90	140	152	140
21	27	19	21	35	44	46	53	52	38	36	72	131	172	164	146
20	26	24	31	46	54	28	14	13	31	70	128	174	187	180	156
20	26	36	60	88	101	74	55	63	99	138	178	196	186	190	163
22	28	50	91	133	152	149	140	160	189	197	201	198	182	192	165

(b)部分图像的二维函数表示

图 2-26 图像数字表示示意图

2.4 数字视频

数字视频即连续的数字图像序列。数字视频包括了数字视频的产生(采集)方式、存储方式和显示方式。传统的视频处理多采用模拟方式,如模拟磁带、阴极射线管(CRT)模拟显示器等。随着时代的发展,数字视频已成为主流。

2.4.1 数字视频标准

数字视频标准规定了数字视频信号编解码的要求方式。由于视频产生、存储和显示设备的多样性,同时不断有新技术出现增加这种多样性,因此需要数字视频标准保证这些设备在互操作之间的通用性。电视系统是数字视频标准产生的基础。早期的电视系统基于模拟视频,所有的彩色信号复用成一路单一的复合信号。模拟电视系统使用逐行光栅扫描方式进行视频显示,如图 2-27 所示,显示设备的电子束(阴极射线管发出)连续扫描图像区域,从顶部到底部最后再回到顶部。一般称一幅完整的图像为一帧。实际中更常使用的是隔行扫描。在隔行扫描中,每帧被分成两场,即奇场和偶场,每场包含半数扫描行,如图 2-28 所示,每两场之间的时间间隔(场间隔)是帧间隔的一半。隔行光栅扫描中使用奇偶场生成一幅完整图像如图 2-29 所示。

由于数字视频的格式与模拟电视系统密切相关,因此有必要先了解电视系统的制式。目前主要有三种不同的彩色电视系统,即美国国家电视系统委员会(National Television Systems Committee,NTSC)制式系统,用于北美和包括日韩、中国台湾在内的部分亚洲国家和地区;正交平衡调幅逐行倒相(Phase-Alternative Line,PAL)制式系统,用于德国、英国等大多数西欧国家以及中国、朝鲜及一些中东国家;以及塞康制(SECAM)系统,用于法国、俄罗斯、东欧及部分中东国家。不同的制式在视频的时间和空间分辨率、彩色坐标等方面有所不同,表 2-7 列出了主要的区别。

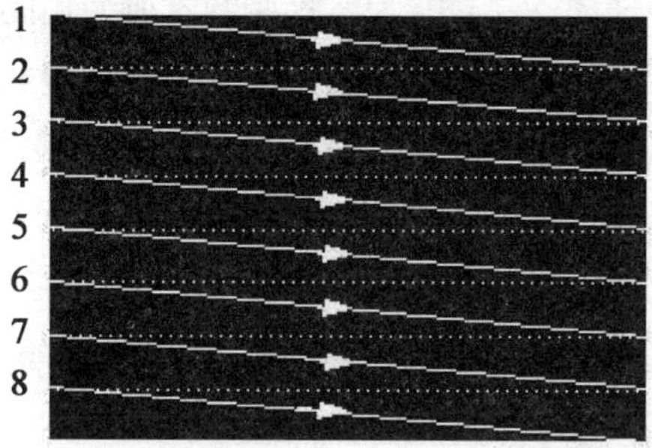

图 2-27　逐行光栅扫描格式

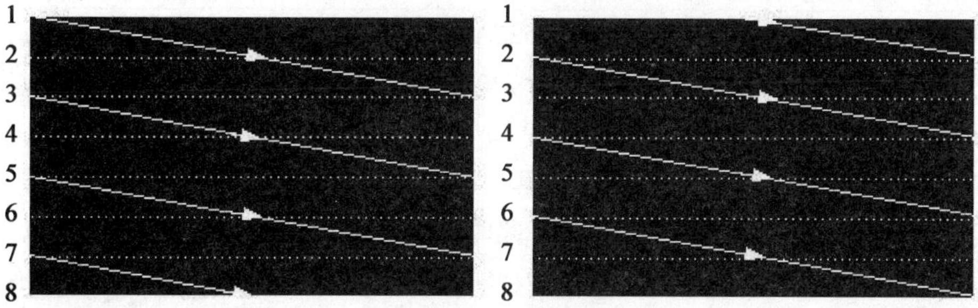

图 2-28　隔行光栅扫描格式

图 2-29　隔行光栅扫描中使用奇偶场生成一幅完整图像

表 2-7 不同模拟电视系统对照

制式	分辨率(行·帧$^{-1}$)/@帧速(帧·s^{-1})	宽高比	颜色模型
NTSC	525@30,隔行扫描 实际画面行数 480 行	4:3	YIQ
PAL	625@25,隔行扫描 实际画面行数 576 行	4:3	YUV
SECAM	625@25,隔行扫描 实际画面行数 576 行	4:3	YDbDr

由于现存多种不同的模拟电视制式,为将这些制式所使用的数字视频格式标准化,1982 年,国际电信联盟-无线电部门(ITU-R)提出了第一个彩色电视信号数字编码标准的建议 BT.601。ITU-R 的前身为国际无线电咨询委员会(CCIR),因此这一格式又称为 CCIR601 格式。前面介绍的模拟光栅格式已经在扫描行上离散化,因而只需对一维行扫描信号离散化。选择的采样频率应满足:

(1)在考虑兼容性的前提下,为便于处理,同样的采样率应该应用于 PAL、NTSC 和 SECAM 系统,而且应该是这些系统中行率的倍数。

(2)水平与垂直采样分辨率匹配,即 $\Delta_x=\Delta_y$。

这样可确定采样率为 $f_s=13.5$ MHz。对应 NTSC,每行的像素数为 858,对于 PAL/SECAM 为 864,如图 2-30 所示,分别称为 525/60 和 625/50 信号。在两种信号中每行有效行数分别为 480 和 576,有效像素数则均为 720 像素,有效像素周围的白色区域对应水平和垂直回扫时间。同时,其宽高比分别为 8/9 和 16/15,注意到它们都不是 1/1,因此,当在像素显示宽高比为 1 的设备上显示时(如计算机显示器),525/60 的信号将在水平方向被拉长,而 625/50 信号将在垂直方向被拉长。此时应对信号重采样(或直接对原模拟光栅采样)。对 525/60 信号,每行应有 720×8/9=640 像素;而对 625/50 信号,则每行有 720×16/15=768 像素。这也是图像采集卡或视频采集卡输出图像的每帧标准像素尺寸(PAL:768×576。NTSL:640×480)。

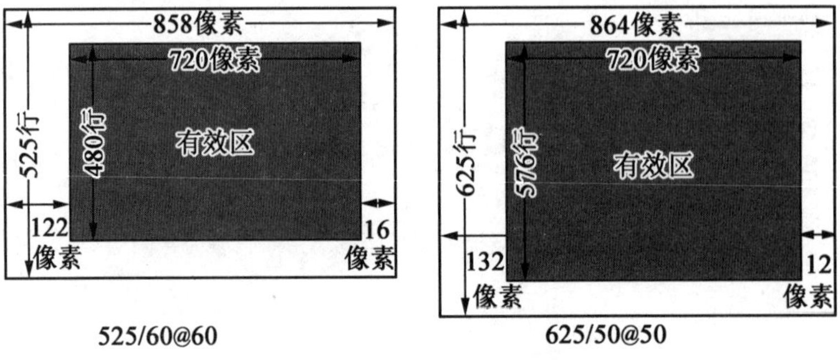

图 2-30 BT.601 视频格式

BT. 601 还定义了 YCbCr 彩色坐标，是 YUV 分量的伸缩和偏移形式。其中 Y 对应亮度，取值范围是 16～235；C_b 和 C_r 对应色差，取值范围是 16～240。C_r 最大值对应红色，最小值对应青色；C_b 最大值对应蓝色，最小值对应黄色。其与 RGB 坐标的换算关系如下：

$$\begin{bmatrix} Y \\ C_r \\ C_b \end{bmatrix} = \begin{bmatrix} 0.299 & 0.587 & 0.114 \\ 0.500 & -0.4187 & -0.0813 \\ -0.1687 & -0.3313 & 0.500 \end{bmatrix} \begin{bmatrix} R \\ G \\ B \end{bmatrix} + \begin{bmatrix} 0 \\ 128 \\ 128 \end{bmatrix} \tag{2-10}$$

前面已经提到，亮度分量在人的视觉感知中占主导地位，因而在数字采样时，对亮度具有比色度更高的采样率。前面介绍的空间采样率针对亮度分量 Y。如果对所有分量使用相同的采样率，则称为 4:4:4格式，如图 2-31(a)所示。如果对色度分量 C_b 和 C_r 使用这个采样率的一半，但每帧行数相同，则称为 4:2:2格式，意味着每 4 个 Y 采样点对应 2 个 C_b 和 2 个 C_r 采样点，如图 2-31(b)所示。同样，BT. 601 还定义了 4:1:1和 4:2:0格式，分别如图 2-31(c)和图 2-31(d)所示。对于 4:2:2格式，等效的比特率为 16 bit；对于 4:1:1格式则为 12 bit。不同 BT. 601 亚采样格式如图 2-31 所示。由于对应模拟视频标准均为隔行扫描，注意格式中两个相邻行属于相邻的不同场。

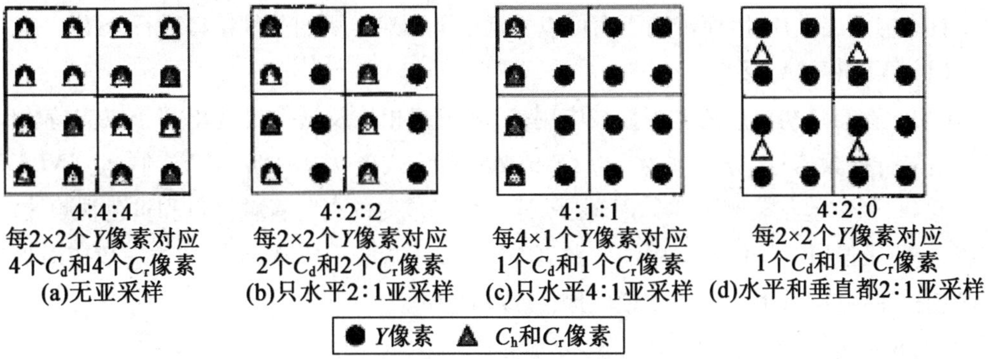

(a)无亚采样　(b)只水平2:1亚采样　(c)只水平4:1亚采样　(d)水平和垂直都2:1亚采样

图 2-31　不同 BT. 601 亚采样格式

2.4.2　视频显示与视频接口

显示设备是图像和视频被人类感知的终端设备。显示设备包括显示器、电视、投影设备等，它们有着不同宽高比及分辨率。显示设备需要通过传输接口与视频处理或采集设备连接。本节将对视频接口及数字视频显示进行介绍。

1. 视频接口

根据传输信号形式的不同，视频接口包括模拟接口与数字接口，常见视频接口分类如图 2-32 所示。

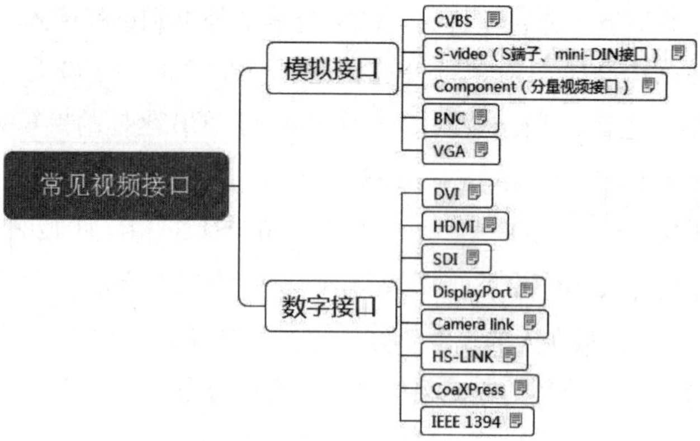

图 2-32 常见视频接口分类

模拟视频接口传输的是模拟信号，包括复合视频广播信号标准(Composite Video Broadcast Signal，CVBS)、同轴电缆(Bayonet Nut Connector，BNC)、视频图形阵列(VGA)等，不同接口对应的外观形状、电气及信号传输规范等均有不同。模拟信号抗干扰能力较差，因此模拟传输接口一般用于近距离的视频信号传输，传输距离在几米之内，且带宽有限。BNC 接口由于具有屏蔽层设计，因而传输距离可以更远。下面对常用的几种接口进行介绍。

(1)CVBS(RCA)接口。

CVBS 接口最初在广播电视领域应用，后来很多相机及摄像机输出都予以支持。CVBS 信号是隔行视频信号，分辨率为 720×576(PAL 制)或者 720×480(NTSC 制)。CVBS 采用 RCA 接口，俗称莲花插座，又叫 AV 端子，通常都是成对的白色音频接口和黄色视频接口，是传统电视/录像机等设备最常用的一种音/视频接线端子。RCA 音频端子一般成对地用不同颜色标注：右声道用红色，左声道用黑色或白色。

(2)BNC 接口。

BNC 接口采用同轴电缆卡环形接口，主要用于连接传统模拟显示器、模拟图像采集卡、家庭影院产品及专业视频设备。BNC 接口现仍在监控领域使用，因为同轴电缆是一种屏蔽电缆，传送距离长、信号相对稳定；此外，由于接口的特殊设计，连接不易松动，因此可靠性更高。

(3)VGA 接口。

VGA 接口是日常显示器及投影仪最常用的接口之一。VGA 接口共有 15 针，分成 3 排，每排 5 个孔，各针独立传输红、绿、蓝模拟信号以及同步信号(水平和垂直信号)。使用 VGA 连接设备，线缆长度通常不超过 5 m，而且要注意接头是否安装牢固，否则可能因信号针接触不良而引起图像中出现缺色虚影。

以上各接口的外观如图 2-33 所示。

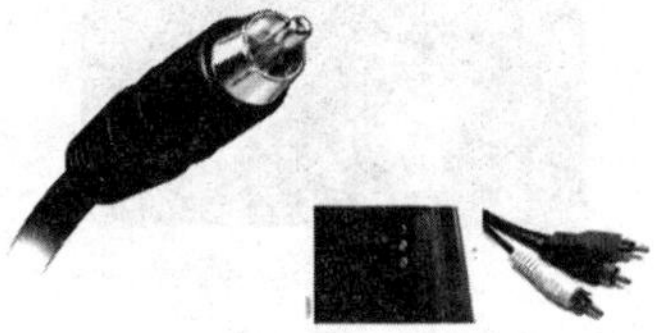

CVBS(RCA)接口

BNC接口

VGA接口

图 2-33　模拟视频接口

数字视频接口近年来得到普及，已经开始取代模拟接口成为主流接口方式。与后者相比，数字视频接口传输带宽更高，抗干扰能力强。顾名思义，在数字视频接口上传输的是数字化的连续视频信号。目前常用的数字视频接口包括：

(1) DVI 接口。

数字视频接口(Digital Visual Interface, DVI)包括 DVI-D 和 DVI-I 两种。前者只能接收数字信号，接口上只有 3 排 8 列共 24 个针脚，其中右上角的一个针脚为空，其不兼容模拟信号。后者同时兼容模拟信号(可以通过一个 DVI-I 转 VGA 转接头实现模拟信号的输出)和数字信号，目前多数显示设备皆采用这种接口。

(2) HDMI 接口。

高清多媒体接口(High Definition Multimedia Interface, HDMI)是一种全数字化视频和声音发送接口，可以发送未压缩的音频及视频信号。HDMI 功能跟射频接口相同，不过由于采用了全数字化的信号传输，支持更高的带宽和分辨率，传输效果也更好。HDMI 规范下规定有多种接口，其中新式的 HDMI 2.0 支持最高 18 Gbit/s 的传输带宽，最高可支持 4K 60 Hz 的视频输出。

(3) SDI 接口。

串行数字接口(Serial Digital Interface, SDI)是一种广播级的高清数字输入和输出端口，常用于广播电视的摄像机接口，SDI 接口的传输速率上限为 2.97 Gbit/s。SDI 接口采用和 CVBS 接口一样的 BNC 接口，采用单根铜轴进行信号传输，布线施工非常方便，传输距离可达 300 m，在最初的广电领域和安防领域使用广泛。

(4) DP 接口。

显示接口(DisplayPort, DP)可看作是 DVI 接口的升级版，在传输视频信号的同时加入对高清音频信号传输的支持，同时支持更高的分辨率和刷新率。此外，DP 还支持 Mini-DP 等不同尺寸的多种接口方式，可在台式机和笔记本上使用。

DP 接口设计带宽比 HDMI 更高。如 DP1.4 标准可提供的带宽达 32.4 Gbit/s，支持 8K 显示器，或以 120 Hz 刷新率显示 4K 画面，优于 HDMI 2.0，可适应大尺寸显示设备和娱乐设备对更高分辨率的需求。

(5) Type-C 接口。

USB Type-C 接口本身并不支持视频输出，但是它有替代模式，可通过转接到其他芯片上来实现不同功能，它实际使用的是 DP 标准的信号传输，好处是可以通过一根线解决显示器的画面输出和供电问题。

图 2-34 给出了上述的常用接口外形。

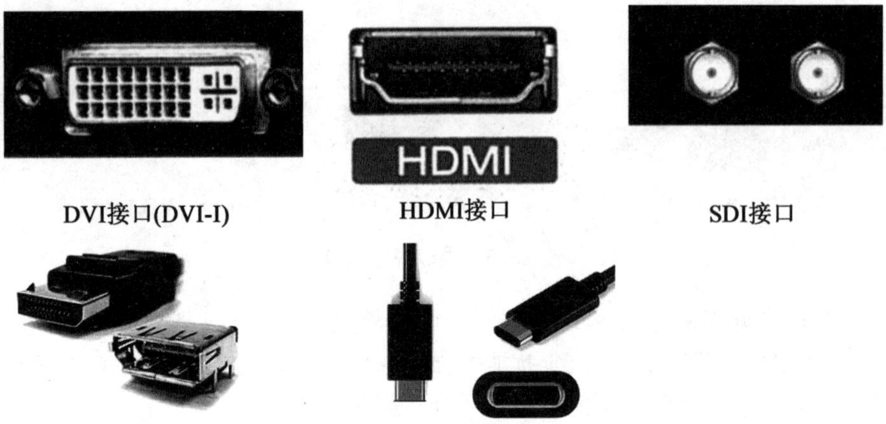

图 2-34 数字视频接口

不同视频接口支持的最高传输带宽不同,导致其支持的显示分辨率及刷新速率不同。表 2-8 以 60 Hz 刷新率为标准,列出了一些常见接口支持的显示规格。当显示刷新率更高时,支持分辨率按比例相应减小。

表 2-8 各类视频接口规格表

接口类型	支持分辨率
VGA	低于 2 560×1 600
DVI-D	最高 2 560×1 600
HDMI 1.4b	2 560×1 600
HDMI 2.0b	3 840×2 160
DisplayPort(DP)1.2	4 096×2 160
DisplayPort(DP)1.4	7 680×4 320
USB Type-C	2 680×4 320

2. **数字视频显示**

数字视频通过模拟或数字接口,可在模拟或数字显示设备上显示。由于历史原因,存在多类显示标准。前面介绍的 VGA 本身既是传输接口也是显示标准,由 IBM 在 1987 年提出,也是至今仍广为应用的第一个彩色视频显示设备标准。如今 VGA 这个术语常常不论其图形装置,而直接用于指称 640×480 的分辨率。随着技术的发展,更高分辨率的显示器开始出现,因此由多个厂商组建的视频电子标准协会(Video Electronics Standards Association,VESA)开始制订并推广显示相关标准。这些扩充的模式就称为 VESA 的 Super VGA 模式,具有比 VGA 更高的分辨率以及不同的宽高比,如图 2-35 所示。

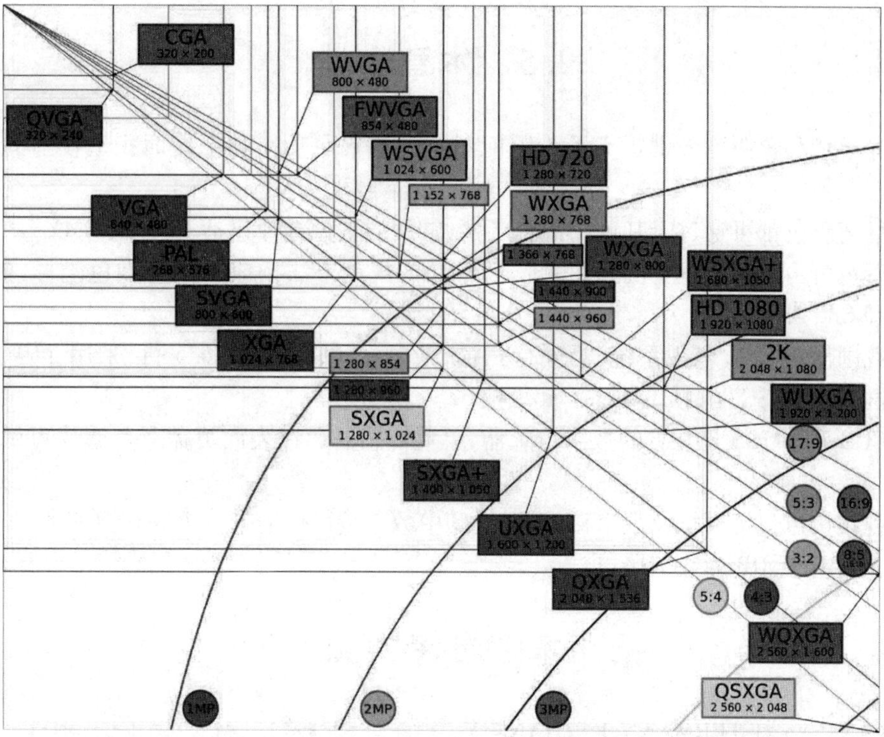

图 2-35 数字视频不同分辨率对比，其中弧线标识显示总像素数为 1,2,3,4,5 百万像素区域

一些常用的视频显示标准见表 2-9。在实际应用时，需要根据显示分辨率选择合适的视频接口，避免出现因接口不支持高分辨率而导致无法显示的情况。

表 2-9 常用视频显示标准

视频显示标准	支持分辨率	总像素数	宽高比
VGA	640×480	307 200	4:3
SVGA	800×600	480 000	4:3
XGA	1 024×768	786 432	4:3
HD（高清）	1 280×720	921 600	16:9
WXGA	1 280×800	1 024 000	16:10
UXGA	1 600×1 200	1 920 000	4:3
FHD(全高清)	1 920×1 080	2 073 600	16:9
无，有时称为超宽全高清或 UW-UXGA	2 560×1 080	2 764 800	21:9
QHD（2K）	2 560×1 440	3 686 400	16:9
UHD（4K）	3 840×2 160	8 294 400	16:9

2.5 本章小结

①光通量和辐照度分别定义了人眼能感觉到的辐照功率和单位面积上投射的辐照能量。

②任何彩色都可通过三基色的混合产生，常用的基色选择包括 RGB 及 CMY。

③彩色可由三基色或亮度+色度规定，不同的规定方法构成不同的颜色坐标，如 RGB、YUV、YCbCr。

④我国使用 PAL 电视系统，为隔行扫描，帧率 25 帧/s，每帧 625 行，采用 YUV 颜色坐标。美国采用 NTSC 制，帧率 30 帧/s，每帧 525 行。

⑤CCD 和 CMOS 是常见的数字传感器，单色传感器通过表面覆盖彩色滤片可敏感彩色图像。

⑥视频接口包括模拟及数字接口两类，其中数字接口传输带宽更高。典型的 VGA 为模拟接口，HDMI 及 DP 为数字接口。

本章参考文献

[1] WANG Y, OSTERMANN J, ZHANG Y. 视频处理与通信[M]. 侯正信，杨喜，王文全，译. 北京：电子工业出版社，2003.

[2] JÄHNE B, HAUβECKER H, GEIβLER P. Handbook of computer vision and applications. volume 1: sensors and imaging[M]. London: Academic Press, 1999.

[3] MCHUGH S. Tutorials: color perception. Cambridge in Colour: Cambridge in Colour: A learning community for photographers[EB/OL]. [2023-4-16]. https://www.cambridgeincolour.com/tutorials/color-perception.htm.

[4] Computer display standard[EB/OL]. [2023-4-28]. https://en.wikipedia.org/wiki/Computer_display_standard.

[5] GONZALEZ R C, WOODS R E. 数字图像处理[M]. 阮秋琦，阮宇智，译. 3 版. 北京：电子工业出版社，2017.

第3章　数字图像处理

本章主要介绍图像的滤波处理、边缘检测与图像分割。

图像滤波是计算机视觉系统中的重要组成部分，主要目的是消除图像噪声或者获取某些特定的信息。通常噪声信号来自于成像设备成像过程，影响计算机对图像进行图像分割、特征提取等后续处理，需要对图像信息进行滤波处理。滤波处理的运算空间主要分为空间域滤波和变换域滤波，空间域滤波是在图像所在二维图像像素坐标空间进行滤波；变换域滤波是对二维图像进行傅立叶变换、小波变换等变换处理，在变换域中进行滤波操作，最后再逆变换至变换前的二维图像像素坐标空间中得到滤波结果。本章主要讨论把图像从空间域变换到频域中进行滤波处理的频域滤波。

很多计算机视觉任务还需要获取图像的边缘特征，本章介绍了边缘特征的一般特点，说明了一阶微分检测边缘的检测原理，并列出了一阶微分的经典实现算子，如 Roberts 算子、Prewitt 算子、Sobel 算子和 Laplacian 算子。

图像分割是图像自动分析的关键环节，其目的是根据图像的灰度、颜色、纹理和边缘等特征，将图像分割为不同的区域，这些区域内部具有某种相似属性。本章介绍了以灰度为相似属性的阈值化分割法、最大类间方差法和基于区域生长的图像分割法。

3.1　频域图像滤波与空间域图像滤波

3.1.1　频域图像滤波

1. 傅立叶变换与傅立叶逆变换

傅立叶变换是19世纪数学界重要的科研成果，它的主要内容为任何周期性函数都可以表示为傅立叶级数，即将时域信号分解为不同频率的正弦信号或余弦函数叠加之和。傅立叶变换成立的数学条件为：连续情况下要求原始信号在一个周期内满足绝对可积条件；离散情况下，傅立叶变换一定存在。傅立叶变换本质上是将函数基于频率分解为不同的成分，它能够定量地对数字信号处理领域中的绝大多数问题进行分析，诸如采样、卷积、滤波、降噪等，在信号处理领域的应用非常广泛。在图像处理领域中，傅立叶变换理论将空间图像信息分解为不同频率的频域信息，是处理图像平滑、去噪声、图像边缘检测等问题的有力工具。

数字图像的傅立叶变换是二维离散傅立叶变换。假设有二维连续函数 $f(x,y)$ 在 $(-\infty, +\infty)$ 范围内可积分，其傅立叶变换为

$$F(u,v)=\int_{-\infty}^{\infty}\int_{-\infty}^{\infty}f(x,y)\,\mathrm{e}^{-\mathrm{j}(2\pi ux+2\pi vy)}\,\mathrm{d}x\mathrm{d}y \tag{3-1}$$

式中，(u,v) 为变换后的频域中的频率变量。

傅立叶变换 $F(u,v)$ 的逆变换为

$$f(x,y)=\int_{-\infty}^{\infty}\int_{-\infty}^{\infty}F(u,v)\,e^{j(2\pi ux+2\pi vy)}\,du\,dv \tag{3-2}$$

为了数字图像中公式表示的连续性，使用$f(x,y)$表示二维离散函数，变量 x 和 y 的取值为离散量，$x=0,1,\cdots,N-1$；$y=0,1,\cdots,M-1$。该二维离散函数$f(x,y)$通常用来描述一幅二维数字图像，(x,y)表示图像某像素在该图像中的坐标，$f(x,y)$表示图像中(x,y)坐标处的像素灰度值。则数字图像$f(x,y)$的二维离散傅立叶变换 $F(u,v)$ 的变换公式如下：

$$F(u,v)=\sum_{x=0}^{M-1}\sum_{y=0}^{N-1}f(x,y)\,e^{-j2\pi\left(\frac{x}{M}u+\frac{y}{N}v\right)},\quad u=0,1,\cdots,N-1;v=0,1,\cdots,M-1 \tag{3-3}$$

在二维离散频域中，(u,v)指定了该频域中某点的坐标，$F(u,v)$给出了该点的傅立叶变换值。通过代入欧拉变换公式 $e^{j\theta}=\cos\theta+j\sin\theta$，$F(u,v)$ 还可以表示为复数形式或指数形式，即

$$\begin{aligned}F(u,v)&=\sum_{x=0}^{M-1}\sum_{y=0}^{N-1}f(x,y)\left[\cos\left(2\pi u\frac{x}{M}+2\pi v\frac{y}{N}\right)-j\sin\left(2\pi u\frac{x}{M}+2\pi v\frac{y}{N}\right)\right]\\&=R(u,v)+jI(u,v)\end{aligned} \tag{3-4}$$

式中，$R(u,v)$和 $I(u,v)$分别表示 $F(u,v)$的实部和虚部。

转换为指数表现形式，$F(u,v)$为

$$F(u,v)=|F(u,v)|\,e^{-j\varphi(u,v)} \tag{3-5}$$

式中，$|F(u,v)|$ 为傅立叶变换 $F(u,v)$ 的幅值，称为傅立叶谱或傅立叶频谱，$|F(u,v)|=[R^2(u,v)+I^2(u,v)]^{1/2}$，$\varphi(u,v)=\arctan\dfrac{I(u,v)}{R(u,v)}$，其中 $\varphi(u,v)$ 为傅立叶变换 $F(u,v)$ 的相位角或相位谱。

数字图像与其傅立叶频谱图如图 3-1 所示，其中图 3-1(a)、(c)为数字图像原图，图 3-1(b)、(d)分别为图 3-1(a)、(c)的傅立叶频谱图。

数字图像$f(x,y)$的二维离散傅立叶逆变换公式如下：

$$f(x,y)=\frac{1}{MN}\sum_{u=0}^{M-1}\sum_{v=0}^{N-1}F(u,v)\,e^{j2\pi\left(\frac{ux}{M}+\frac{vy}{N}\right)} \tag{3-6}$$

图像$f(x,y)$通过二维离散傅立叶变换得到 $F(u,v)$，利用二维离散傅立叶逆变换，给定图像$f(x,y)$在频域的变换矩阵 $\boldsymbol{F}(u,v)$，即可以得到原图像$f(x,y)$。

2. 数字图像傅立叶变换特点

假设$f(x,y)$是大小为 $M\times N$ 的图像，作为二维离散信号其频域是周期复数函数，一个周期的大小为 $M\times N$。经傅立叶变换，得到$f(x,y)$在频域中的表现形式 $F(u,v)$。根据傅立叶变换性质，图像$f(x,y)$的傅立叶变换主要具有以下特点。

(1)空间域采样与频域采样。

假设数字图像$f(x,y)$在 x 和 y 方向的采样间隔分别为 Δx 和 Δy，则图像$f(x,y)$在空间

域 x 维度和 y 维度的周期分别为 $M\times\Delta x$ 和 $N\times\Delta y$。对 $F(u,v)$ 在 u 和 v 方向上的采样，采样间隔为 Δu 和 Δv。频域采样间隔 Δu、Δv 和空间域采样间隔 Δx、Δy 之间成反比关系，具体如下式所示：

$$\begin{cases}\Delta u=\dfrac{1}{M\Delta x}\\ \Delta v=\dfrac{1}{N\Delta y}\end{cases}\tag{3-7}$$

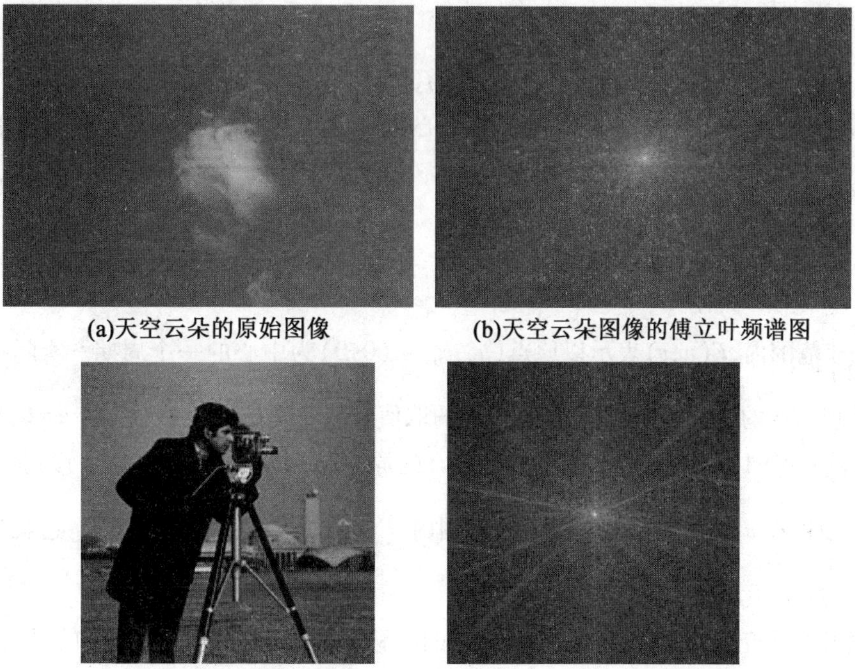

(a)天空云朵的原始图像　(b)天空云朵图像的傅立叶频谱图

(c)"Cameraman"原始图像　(d)"Cameraman"图像的傅立叶频谱图

图 3-1　数字图像与其傅立叶频谱图

(2)周期性。

假设数字图像 $f(x,y)$ 是二维周期函数，$x=0,1,\cdots,N-1$；$y=0,1,\cdots,M-1$ 范围内 $f(x,y)$ 具有完整单周期，该周期性表示为

$$f(x,y)=f(x+mM,y)=f(x,y+nN)=f(x+mM,y+nN)\tag{3-8}$$

式中，n、m 为整数。则数字图像 $f(x,y)$ 的傅立叶变换 $F(u,v)$ 也同样具有周期性，即

$$F(u,v)=F(u+mM,v)=F(u,v+nN)=F(u+mM,v+nN)\tag{3-9}$$

(3)对称性。

数字图像 $f(x,y)$ 的傅立叶变换为共轭对称，其数学描述为

$$F(u,v)=F^*(-u,-v)\tag{3-10}$$

图像 $f(x,y)$ 的频谱信息是其傅立叶变换的幅值，根据其计算公式可知，频谱呈现原点对称的特点，如下式所示：

$$|F(u,v)|=|F(-u,-v)| \tag{3-11}$$

(4)平移性。

数字图像$f(x,y)$在空间域发生的平移变换,其傅立叶变换$F(u,v)$在频域也发生对应的平移,变换关系如下:

$$f(x-x_0,y-y_0)\Leftrightarrow F(u,v)\mathrm{e}^{-\mathrm{j}2\pi\left(\frac{x_0u}{M}+\frac{y_0v}{N}\right)} \tag{3-12}$$

而图像在频域发生平移变换,即$F(u,v)$变换为$F(u-u_0,v-v_0)$时,对应的情况也发生在空间域,具体变换关系如下:

$$F(u-u_0,v-v_0)\Leftrightarrow f(x,y)\mathrm{e}^{\mathrm{j}2\pi\left(\frac{x}{M}u_0+\frac{y}{N}v_0\right)} \tag{3-13}$$

平移性可用于解决图像傅立叶变换的中心化问题。由二维连续函数$f(x,y)$的二维傅立叶变换的定义式$F(u,v)=\int_{-\infty}^{\infty}\int_{-\infty}^{\infty}f(x,y)\mathrm{e}^{-\mathrm{j}2\pi(ux+vy)}\mathrm{d}x\mathrm{d}y$可知,$F(u,v)$为周期复数函数,其频率$u$、$v$的取值均为$-\infty\sim+\infty$。具体而言,该周期复数函数在$u=\left[-\frac{M}{2},+\frac{M}{2}\right]$,$v=\left[-\frac{N}{2},+\frac{N}{2}\right]$范围内,$F(u,v)$表示以原点$(u_0,v_0)=(0,0)$为中心的一个周期。实际在计算机中编程实现图像的傅立叶变换时,频率u、v的取值是从0开始的正整数,即$u=0,1,\cdots,M-1$;$v=0,1,\cdots,N-1$,也就是说需要将$F(u,v)$的原点从$(u_0,v_0)=(0,0)$平移到$(u_0,v_0)=\left(\frac{M}{2},\frac{N}{2}\right)$,使得在$u=[0,M]$、$v=[0,N]$的范围内,$F(u,v)$是一个完整的周期。这就是图像傅立叶变换的中心化问题。

根据傅立叶变换的平移性质,频域原点的平移会在空间域中产生对应的平移,具体而言,如果频域原点(u_0,v_0)由$(0,0)$移动到$\left(\frac{M}{2},\frac{N}{2}\right)$,也就是说$F(u,v)$平移变换为$F(u-M/2,v-N/2)$,那么根据平移性质公式,图像$f(x,y)$在空间域产生的对应变换为

$$f(x,y)\mathrm{e}^{\mathrm{j}2\pi\left(\frac{x}{M}u_0+\frac{y}{N}v_0\right)}\Big|_{u_0=\frac{M}{2},v_0=\frac{N}{2}}=f(x,y)\mathrm{e}^{\mathrm{j}(x+y)\pi} \tag{3-14}$$

这时再次引入欧拉公式$\mathrm{e}^{\mathrm{j}\theta}=\cos\theta+\mathrm{j}\sin\theta$,$\theta=(x+y)\pi$,$f(x,y)\mathrm{e}^{\mathrm{j}(x+y)\pi}$还可以更直观地表示为$f(x,y)(-1)^{x+y}$,具体过程如下:

根据欧拉公式

$$\mathrm{e}^{\mathrm{j}\theta}=\cos\theta+\mathrm{j}\sin\theta,\quad \theta=(x+y)\pi$$

有

$$f(x,y)\mathrm{e}^{\mathrm{j}(x+y)\pi}=f(x,y)\{\cos[(x+y)\pi]+\mathrm{j}\sin[(x+y)\pi]\} \tag{3-15}$$

式中,x的取值范围是$0,1,2,\cdots,M-1$;y的取值范围是$0,1,2,\cdots,N-1$。因此

$$\sin[(x+y)\pi]=0$$

所以有

$$f(x,y)e^{j(x+y)\pi}=f(x,y)\{\cos[(x+y)\pi]+j\sin[(x+y)\pi]\}$$
$$=f(x,y)\cos[(x+y)\pi] \tag{3-16}$$

式中，$\cos[(x+y)\pi]$ 可以继续简化为 $(-1)^{x+y}$，故可以表示为

$$f(x,y)e^{j(x+y)\pi}=f(x,y)(-1)^{x+y} \tag{3-17}$$

由公式(3-17)可知，在空间域中对数字图像 $f(x,y)$ 进行 $(-1)^{x+y}$ 的乘操作，就可以将该图像频域的原点从 $(u_0,v_0)=(0,0)$ 平移到 $(u_0,v_0)=\left(\frac{M}{2},\frac{N}{2}\right)$，因而当 $u=0,1,\cdots,M-1,v=0,1,\cdots,N-1$ 时，得到一个周期的 $F(u,v)$。

(5)导数性质。

对图像空间域信息进行导数操作后再进行傅立叶变换，其傅立叶变换具有倍增作用，如下式所示：

$$f(x,y)\Leftrightarrow j\times u\times v\times F(u,v) \tag{3-18}$$

从公式(3-18)可以看出，在高频范围内，图像的傅立叶频谱值大幅增长，所以导数可以提取图像中的高频成分，譬如边缘特征。

(6)二维卷积定理。

假设有 $m=2a-1,n=2b-1$ 大小的空间滤波器 $h(x,y)$，其中 $a=1,2,\cdots;b=1,2,\cdots$。$h(x,y)$ 的大小 $m\times n$ 一般远小于数字图像的大小 $M\times N$。$h(x,y)$ 傅立叶变换为 $H(u,v)$。数字图像 $f(x,y)$ 在空间域中利用卷积核 $h(x,y)$ 进行卷积操作，卷积运算定义公式为

$$f(x,y)*h(x,y)=\sum_{m=0}^{M-1}\sum_{n=0}^{N-1}f(m,n)h(x-m,y-n) \tag{3-19}$$

卷积定理是指空间域中的卷积对应了频域中的乘积，公式如下：

$$f(x,y)*h(x,y)\Leftrightarrow F(u,v)H(u,v)$$
$$f(x,y)h(x,y)\Leftrightarrow F(u,v)*H(u,v) \tag{3-20}$$

卷积定理说明空间域滤波和频域滤波可以互相转换，例如图像中的纹理信息在空间域中很难单独提取，转换到频域中通过频率滤波的方式能方便地检测出来。在这个过程中需要先将图像通过傅立叶变换转换为频谱信息，然后与频域滤波器做点积操作处理，处理后的频谱信息再通过傅立叶逆变换得到滤波后的空间图像。

3. 频域滤波器

通过傅立叶变换将数字图像转换为频域信息之后，频域滤波利用频域滤波器在保留某些频率分量的同时，限制或消除另一些频率分量。频域滤波器是频域滤波的基本工具，下面介绍常用的低通滤波器和高通滤波器。

(1)滤波器。

①理想低通滤波器。

低通滤波器将图像频谱中的高频成分直接置零实现抑制高频信息，其数学表达 $H(u,v)$ 为

$$H(u,v)=\begin{cases}1, & D(u,v)\leqslant D_t\\0, & D(u,v)>D_t\end{cases}\tag{3-21}$$

式中，$D(u,v)$表示频域中坐标(u,v)到原点的距离；D_t 表示 $D(u,v)$的一个阈值（threshold）。当 $D(u,v)$低于该阈值时，滤波器 $H(u,v)$值为 1，滤波器对低于该阈值的频域信息没有影响；当 $D(u,v)$高于该阈值时，滤波器 $H(u,v)$值为 0，也就是说经滤波器滤波后高于该阈值频率区域信息被置 0。通过这种方式，低通滤波器实现了在滤除高频信息的同时，允许低频信息通过，因此称为低通滤波器。

②高斯低通滤波器。

在二维频域中，高斯低通滤波器是二维高斯函数，其表达式为

$$H(u,v)=\frac{1}{2\pi\sigma^2}e^{\frac{-(u-u_0)^2-(v-v_0)^2}{2\sigma^2}}\tag{3-22}$$

式中，参数 σ 表征了该滤波器的分散程度，其值越大，说明高斯低通滤波器的低通带宽越宽；中心点(u_0,v_0)则指示了滤波器的聚集中心位置。二维高斯函数在各方向具有相同的平滑程度，所以高斯低通滤波器在滤波时对各方向的像素进行相同的滤波处理，如图 3-2 所示。二维高斯函数是单极值函数，每一点的值随该点与中心点的距离单调增减，也就是说远离滤波器中心的像素具有较小的权值，这与实际滤波需求是一致的。

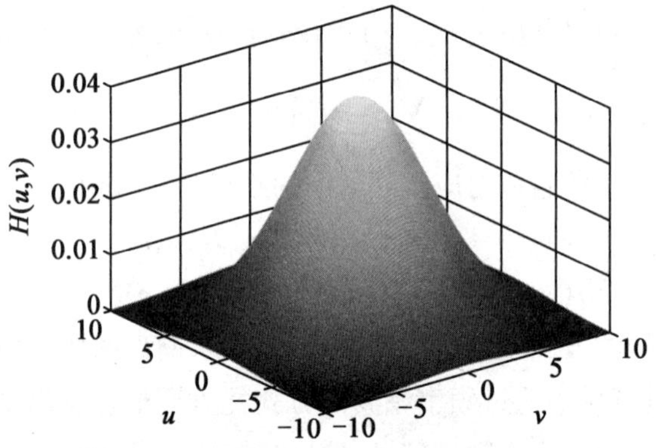

图 3-2　频域高斯低通滤波器

③巴特沃思低通滤波器。

巴特沃思低通滤波器在频域中的数学描述为

$$H(u,v)=\frac{1}{1+[D(u,v)/D_t]^{2n}}\tag{3-23}$$

式中，D_t 为截止频率；n 为函数的阶数；$D(u,v)=\sqrt{(u-u_0)^2+(v-v_0)^2}$，$(u_0,v_0)$为滤波器中心坐标。

理想低通滤波器要求在半径为 D_t 的圆内，所有频率分量都无损地通过滤波器；而在此半径的圆外所有频率响应为 0。巴特沃思滤波器模拟理想低通滤波器的这种特点，阶数 n

越高效果越好。在式(3-23)中,当 $D(u,v)=D_t$,且 $n=1$ 时, $H(u,v)=0.5$。图 3-3 为截止频率为 30 Hz 的 2 阶巴特沃斯低通滤波器。

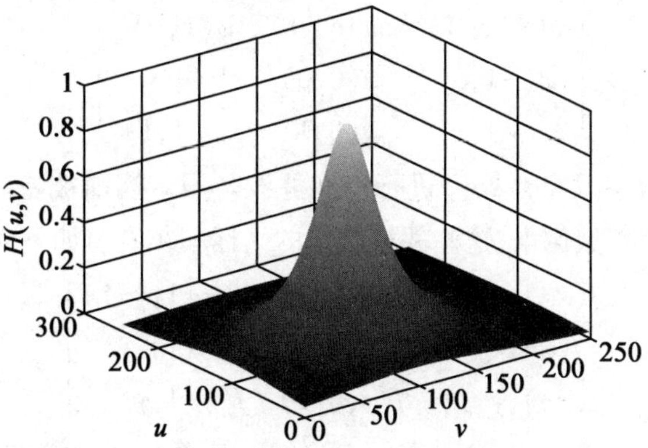

图 3-3　频域巴特沃思低通滤波器

(2)频域高斯滤波的基本步骤。

下面以频域高斯滤波器为例,说明一般频域滤波的基本步骤。假设有数字图像 $\boldsymbol{f}(x,y)$ 以及频域高斯滤波器 $\boldsymbol{H}(u,v)$,$\boldsymbol{f}(x,y)$ 和 $\boldsymbol{H}(u,v)$ 均是大小为 $M\times N$ 的矩阵。频域滤波的主要步骤如下:

①将原图像 $\boldsymbol{f}(x,y)$ 乘 $(-1)^{x+y}$,得到图像 $\boldsymbol{f}'(x,y)$,$\boldsymbol{f}'(x,y)=\boldsymbol{f}(x,y)(-1)^{x+y}$,通过这一步,使 $\boldsymbol{f}(x,y)$ 的傅立叶变换的原点平移到频域中的 $\left(\frac{M}{2},\frac{N}{2}\right)$。

②对 $\boldsymbol{f}'(x,y)$ 进行傅立叶变换得到 $\boldsymbol{F}(u,v)$,$\boldsymbol{F}(u,v)$ 是大小为 $M\times N$ 的矩阵,原点坐标为 $\left(\frac{M}{2},\frac{N}{2}\right)$。

③进行矩阵 $\boldsymbol{H}(u,v)$ 和矩阵 $\boldsymbol{F}(u,v)$ 之间的点积运算,计算结果表示为 $\boldsymbol{G}(u,v)$,$\boldsymbol{G}(u,v)$ 的原点在坐标 $\left(\frac{M}{2},\frac{N}{2}\right)$ 处。

④对 $\boldsymbol{G}(u,v)$ 进行傅立叶逆变换,得到 $\boldsymbol{g}'(x,y)$,取其实部,虚部忽略不计,因为虚部由计算的舍入误差产生。

⑤对 $\boldsymbol{g}(x,y)$ 乘 $(-1)^{x+y}$,得到滤波后空间域信息,也就是滤波后图像 $\boldsymbol{g}(x,y)$。

综上所述,频域滤波是根据卷积定理通过傅立叶变换将图像转换到频域,在频域空间与滤波器进行点积操作完成频域滤波,之后再经傅立叶逆变换到空间域,得到滤波后的二维图像。

3.1.2　空间域图像滤波

空间域图像滤波使用的滤波器称为空间滤波器,也被称为模板、核函数、掩模、邻域算子等,其常用形状有正方形、圆形、矩形和十字形等。滤波器的大小一般取奇数尺寸,其最小尺寸为 3×3。假设滤波器 w 为 3×3 的方形窗口，其 9 个元素用 $w(-1,-1)$、$w(-1,0)$、$w(-1,1)$、$w(0,-1)$、$w(0,0)$、$w(0,1)$、$w(1,-1)$、$w(1,0)$、$w(1,1)$表示，如下式所示：

$$\begin{bmatrix} w(-1,-1) & w(0,-1) & w(1,-1) \\ w(-1,0) & w(0,0) & w(1,0) \\ w(-1,1) & w(0,1) & w(1,1) \end{bmatrix} \tag{3-24}$$

使用滤波器 w 对数字图像 $f(x,y)$ 进行空间滤波。假定当前被滤波的像素为位于坐标 (x,y) 的像素，它有 8 个邻域像素，这些邻域像素的坐标和灰度值如下式所示：

$$\begin{bmatrix} f(x-1,y-1) & f(x,y-1) & f(x+1,y-1) \\ f(x-1,y) & f(x,y) & f(x+1,y) \\ f(x-1,y+1) & f(x,y+1) & f(x+1,y+1) \end{bmatrix} \tag{3-25}$$

将滤波器 w 的中心元素 $w(0,0)$ 对准 (x,y) 像素，计算 w 滤波器的 9 个元素与 (x,y) 像素的 9 个邻域像素灰度值乘积之和，得到的新灰度值即为 (x,y) 像素的滤波结果，这里记为 $f'(x,y)$。描述滤波过程的数学公式为

$$\begin{aligned} g(x,y) &= \sum_{s=-a}^{a}\sum_{t=-b}^{b} w(s,t)f(x+s,y+t) \\ &= w(-1,-1)f(x-1,y-1) + w(-1,0)f(x-1,y) + \cdots + \\ &\quad w(0,0)f(x,y) + \cdots + w(1,0)f(x+1,y) + w(1,1)f(x+1,y+1) \end{aligned} \tag{3-26}$$

式中，x 和 y 是可变的，以便 w 中的每个像素可访问 f 中的每个像素，$m \times n$ 大小的模板一般假设 $m=2a+1$ 且 $n=2b+1$，其中 a、b 为正整数，w 滤波器即 $a=b=1$。

利用滤波器遍历图像中每个像素重复进行以上滤波过程，得到每个像素滤波后的灰度值，该过程称为空间图像滤波。空间滤波耗费大量运算，为提高运算速度，通常利用卷积定理将图像转换到频域中进行频域滤波，也就是与频域滤波器做点乘操作，之后再逆变换到空间域中。滤波后的图像中，每个像素是由对应的输入像素及其一个邻域内的像素共同决定的，如果输出像素是输入像素邻域像素的线性组合则称为线性滤波（例如最常见的均值滤波和高斯滤波），否则称为非线性滤波（中值滤波、边缘保持滤波等）。另外，由于图像滤波器在频域中物理意义明确，形式简洁，常在频域中设计滤波器，再逆变换到空间域形成空间滤波器。

3.2 图像平滑与去噪

图像滤波常被用来对图像进行平滑处理（smoothing）和去噪处理。现实中的数字图像在数字化和传输过程中常受到成像设备与外部环境噪声干扰等影响，称为含噪图像或噪声图像。减少数字图像中噪声的过程称为图像去噪。平滑处理也称模糊处理（blurring），是一种简单且使用频率很高的图像处理方法。平滑处理的用途有很多，最常见的是用来减少图像上的噪点或者失真。在涉及降低图像分辨率时，平滑处理是非常好用的方法。

噪声是图像干扰的重要原因。一幅图像在实际应用中可能存在各种各样的噪声,这些噪声可能在传输中产生,也可能在量化等处理中产生。现实中的数字图像在数字化和传输过程中,常受到成像设备与外部环境噪声干扰等影响,成为含噪图像。去除或减轻所获取数字图像中的噪声称为图像去噪。

假设 $f(x,y)$ 表示给定原始图像,$g(x,y)$ 表示图像信号,$n(x,y)$ 表示噪声。

(1)加性噪声。

此类噪声与输入图像信号无关,含噪图像仅由原始图像叠加上一个随机噪声形成,含噪图像可表示为 $g(x,y)=f(x,y)+n(x,y)$。信道噪声及光导摄像管的摄像机扫描图像时产生的噪声就属于这类噪声。

(2)乘性噪声。

此类噪声与图像信号有关,含噪图像可表示为 $g(x,y)=f(x,y)+n(x,y)f(x,y)$。扫描图像时的噪声,电视图像中的相关噪声,胶片中的颗粒噪声就属于此类噪声。

(3)量化噪声。

此类噪声与输入图像信号无关,是量化过程存在的量化误差反映到接收端而产生。

绝大多数的常见图像噪声采用加性噪声模型,噪声源头通常采用均值为零、方差不同的高斯白噪声。

3.2.1　均值滤波

均值滤波是典型的空间域图像线性滤波。均值滤波的基本思想是用邻域像素灰度平均值来代替每个像素的灰度。滤波器中各元素值为 $\frac{1}{n}$,n 表示该均值滤波器的元素个数,大小为 3×3 的均值滤波器如下式所示:

$$\frac{1}{9}\begin{bmatrix}1 & 1 & 1\\ 1 & 1 & 1\\ 1 & 1 & 1\end{bmatrix}$$

均值滤波遍历图像所有像素点重复以下计算过程以完成滤波:

$$g(x,y)=\sum_{s=-a}^{a}\sum_{t=-b}^{b}w(s,t)f(x+s,y+t)=\frac{1}{n}\sum_{s=-a}^{a}\sum_{t=-b}^{b}f(x+s,y+t) \tag{3-27}$$

式中,$w(s,t)$ 表示均值滤波器,$s\in[-a,a]$,$t\in[-b,b]$,滤波器的尺寸为 $a\times b$; $f(x,y)$ 表示图像中 (x,y) 坐标处的像素在滤波前的灰度值;$g(x,y)$ 表示滤波后的像素灰度值。

图 3-4 给出了均值滤波对椒盐噪声的滤波效果。

(a)原图　(b)加入密度为0.01的椒盐噪声

(c)3×3的均值滤波器滤波效果　(d)7×7的均值滤波器滤波效果

图 3-4　均值滤波对椒盐噪声的滤波效果

3.2.2　高斯滤波

在空间域中也可以对图像进行高斯滤波处理，如图 3-5 所示，高斯滤波函数在空间域中的公式为

$$h(x,y)=\frac{1}{2\pi\sigma^2}\mathrm{e}^{\frac{-(x-x_0)^2-(y-y_0)^2}{2\sigma^2}} \tag{3-28}$$

式中，参数 σ 表示高斯分布标准差；(x_0,y_0) 为滤波器中心坐标。

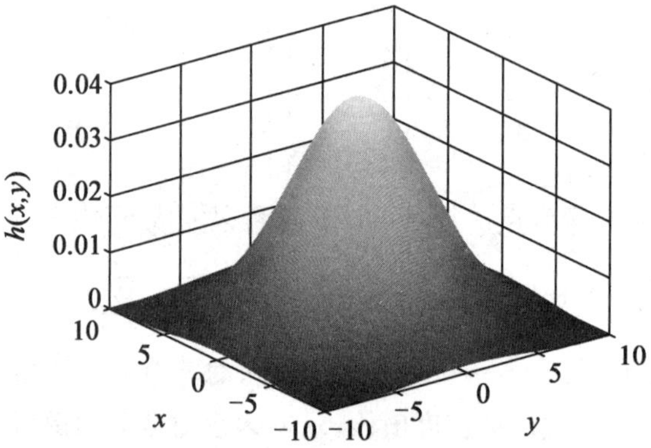

图 3-5　空间域高斯滤波器

参数 σ 为 0.8 时，3×3 大小的高斯滤波器模板为

$$\begin{bmatrix} 0.052 & 0.114 & 0.052 \\ 0.114 & 0.249 & 0.114 \\ 0.052 & 0.114 & 0.052 \end{bmatrix}$$

其整数表现形式为

$$\frac{1}{16}\times\begin{bmatrix}1 & 2 & 1\\2 & 4 & 2\\1 & 2 & 1\end{bmatrix}$$

在空间域中，高斯滤波的实现是对图像中每个像素点进行加权平均的过程，计算公式如下：

$$g(x,y)=\sum_{s=-a}^{a}\sum_{t=-b}^{b}w(s,t)f(x+s,y+t) \tag{3-29}$$

式中，$w(s,t)$表示高斯滤波器各元素；$f(x,y)$表示图像中(x,y)坐标处的像素在滤波前的灰度值；$g(x,y)$表示滤波后的像素灰度值；a、b 分别表示滤波器长度和宽度。滤波器的大小一般取 6σ，以使滤波器涵盖高斯函数的 99%以上范围。

编程实现时，将图像中的一个像素对准高斯滤波器中心元素，覆盖图像中的每一个像素，按公式进行加权平均计算得到该像素滤波后的灰度值。对整幅图像的处理，按照 3. 1. 2 小节中的空间域滤波进行，在此不再赘述。

参数 σ 的变化对高斯滤波器平滑效果的影响如图 3-6 所示，其中图 3-6(a)为原图，图 3-6(b)、(c)为高斯滤波后的效果，σ 取值分别为 1 和 3，可以看出 σ 越大，模糊效果越强，滤波后的图像失去更多细节，显示出更大的轮廓和结构。

(a)原图

(b)σ=1的高斯滤波效果

(c)σ=3的高斯滤波效果

图 3-6　标准差 σ 对高斯滤波的影响

3.3 边缘检测

边缘检测是图像处理和计算机视觉中的基本问题,边缘检测的目标是标识数字图像中亮度变化明显的像素点,代表了场景中区域与区域之间的边界,对人的视觉具有重要的意义。它们对应了图像场景在视觉深度、表面方向、物体材质或者场景照明方面发生突变的区域,可以说边缘信息呈现了图像重要的结构属性。因此边缘检测技术在医学图像分析、车牌识别、人脸识别等计算机视觉领域应用广泛。

3.3.1 边缘检测原理

下面以图 3-7 为例,说明边缘检测原理。假定图中△*ABC* 内部像素为均匀的灰色,这里设定其灰度值均统一为 125,△*ABC* 外部区域像素统一为白色,灰度值为 255;向量 $\boldsymbol{p}_1$、$\boldsymbol{p}_2$、$\boldsymbol{p}_3$ 分别指向 3 条线段 *AB*、*BC*、*AC* 的法线方向。线段 *AB*、*BC*、*AC* 上不存在像素灰度值的变化,而在法线 $\boldsymbol{p}_1$、$\boldsymbol{p}_2$、$\boldsymbol{p}_3$ 方向上,位于边缘两侧的像素灰度值变化显著。如在法线 $\boldsymbol{p}_1$ 上,*AB* 线段左侧的像素灰度值为 255,*AB* 线段右侧的像素灰度值为 125。在法线方向上 *AB* 线段两侧的像素灰度值变化量达到 130。

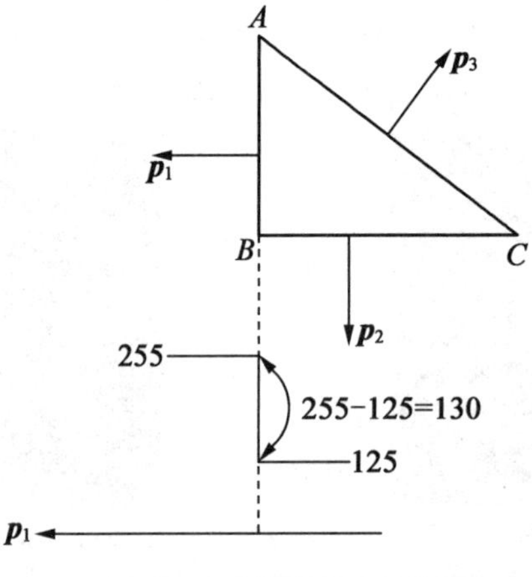

图 3-7 边缘检测原理示意图

从图 3-7 可以看出,像素灰度值变化显著之处即为边缘所在位置。边缘检测的原理就是利用了边缘的这种特性,并引入了一阶微分的概念来计算边缘两侧像素灰度值的变化。由于图像是二维函数,其一阶微分常使用梯度向量幅值定义。对于数字图像 $f(x,y)$ 中坐标 (x,y) 像素点的梯度可以表示为向量形式,即

$$\nabla \boldsymbol{f}=\begin{bmatrix} g_x \\ g_y \end{bmatrix}=\begin{bmatrix} \dfrac{\partial f}{\partial x} \\ \dfrac{\partial f}{\partial y} \end{bmatrix} \tag{3-30}$$

梯度向量的幅值为

$$\nabla f=\mathrm{mag}(\nabla \boldsymbol{f})=[g_x^2+g_y^2]^{\frac{1}{2}}=\left[\left(\frac{\partial f}{\partial x}\right)^2+\left(\frac{\partial f}{\partial y}\right)^2\right]^{\frac{1}{2}} \tag{3-31}$$

为简化计算,实际应用中梯度幅值常用的另一个公式为

$$\nabla \boldsymbol{f} \approx |g_x| + |g_y| \tag{3-32}$$

一阶微分边缘检测的实现思路是遍历图像中所有像素点,根据公式计算该点的梯度幅值,梯度幅值超过一定阈值的像素点被认为是边缘所在像素点。

3.3.2　边缘检测线性算子

为计算边缘处像素的梯度,图像的一阶偏微分 g_x、g_y 常使用各种算子实现,如 Prewitt 算子、Roberts 算子、Laplacian 算子、Sobel 算子等。图 3-8 给出了 Roberts 算子、Prewitt 算子、Sobel 算子、Laplacian 算子边缘检测示例。

(1) Roberts 算子。

利用对角线方向上相邻两像素之间灰度差分定义一阶微分,如下所示:

$$\begin{cases} g_x = f(x+1, y+1) - f(x, y) \\ g_y = f(x, y+1) - f(x+1, y) \end{cases} \tag{3-33}$$

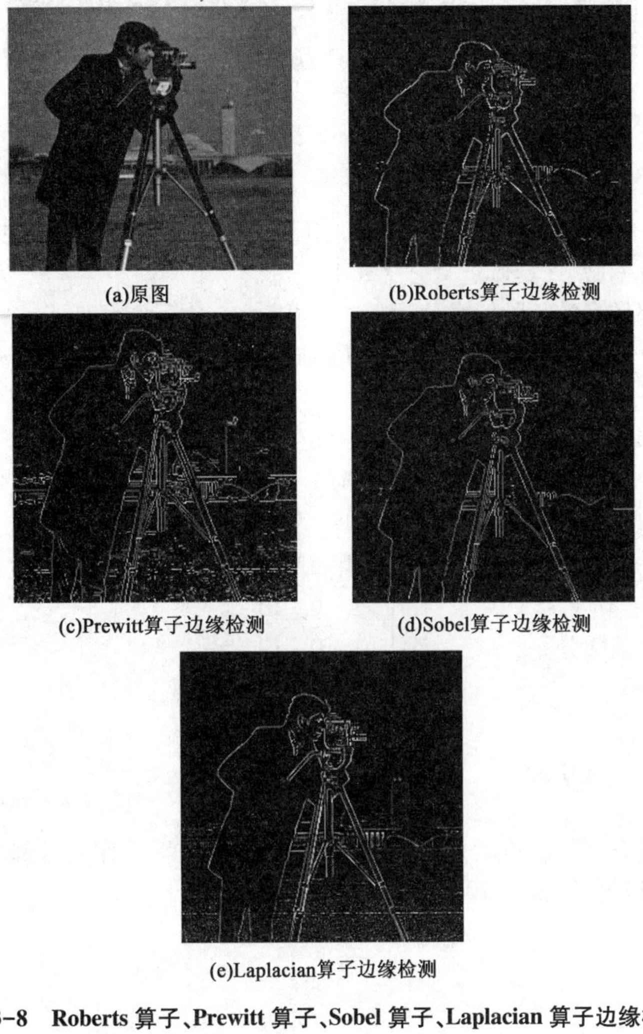

(a)原图　(b)Roberts算子边缘检测

(c)Prewitt算子边缘检测　(d)Sobel算子边缘检测

(e)Laplacian算子边缘检测

图 3-8　Roberts 算子、Prewitt 算子、Sobel 算子、Laplacian 算子边缘检测

Roberts 算子构建如下所示 2×2 大小线性滤波器：

水平方向一阶偏微分 g_x： $\begin{bmatrix} 1 & 0 \\ 0 & -1 \end{bmatrix}$

垂直方向一阶偏微分 g_y： $\begin{bmatrix} 0 & -1 \\ 1 & 0 \end{bmatrix}$

Roberts 算子定位精度高，但对噪声非常敏感，因此适用于低噪声图像。图 3-9(a)、(b)展示了 Roberts 算子的水平和垂直方向滤波器的边缘检测效果。

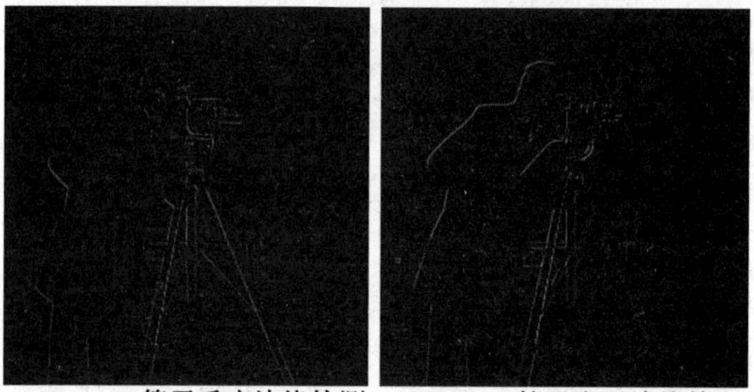

(a)Roberts算子垂直边缘检测 (b)Roberts算子水平边缘检测

图 3-9 Roberts 算子边缘检测

(2) Prewitt 算子。

与 Roberts 算子不同，Prewitt 算子引入了更多的邻域像素灰度差分表示垂直或水平方向相邻像素的一阶偏微分，具体定义公式如下：

垂直方向相邻像素的一阶偏微分为

$$g_y=[f(x-1,y+1)+f(x,y+1)+f(x+1,y+1)]-[f(x-1,y-1)+f(x,y-1)+f(x+1,y-1)] \tag{3-34}$$

水平方向相邻像素的一阶偏微分为

$$g_x=[f(x+1,y-1)+f(x+1,y)+f(x+1,y+1)]-[f(x-1,y-1)+f(x-1,y)+f(x-1,y+1)] \tag{3-35}$$

式(3-34)、式(3-35)的偏微分计算可由如下所示 3×3 大小线性滤波器模板实现：

水平方向一阶偏微分 g_x： $\begin{bmatrix} -1 & 0 & 1 \\ -1 & 0 & 1 \\ -1 & 0 & 1 \end{bmatrix}$

垂直方向一阶偏微分 g_y： $\begin{bmatrix} -1 & -1 & -1 \\ 0 & 0 & 0 \\ 1 & 1 & 1 \end{bmatrix}$

Prewitt 算子具有平均滤波的效果，对噪声起到一定的平滑作用，同时也引起定位精度不够高，边缘宽等问题，如图 3-10 的边缘检测效果所示。

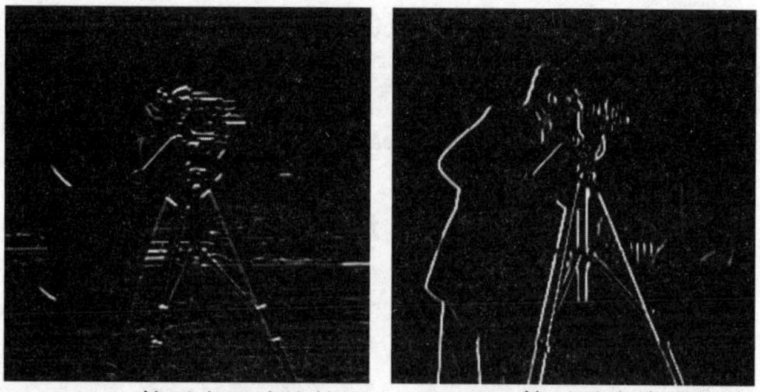

(a)Prewitt算子水平边缘检测　(b)Prewitt算子垂直边缘检测

图 3-10　Prewitt 边缘检测

(3) Sobel 算子。

Sobel 算子强调了中心像素的作用,为中心像素赋值 2 的权重,水平和垂直方向的一阶偏微分差分定义如下:

$$\begin{cases} g_x = [f(x+1,y-1)+2f(x+1,y)+f(x+1,y+1)]-[f(x-1,y-1)+2f(x-1,y)+f(x-1,y+1)] \\ g_y = [f(x-1,y+1)+2f(x,y+1)+f(x+1,y+1)]-[f(x-1,y-1)+2f(x,y-1)+f(x+1,y-1)] \end{cases} \tag{3-36}$$

根据 Sobel 算子定义式可构建如下所示线性滤波器:

水平方向一阶偏微分 g_x:
$$\begin{bmatrix} -1 & 0 & +1 \\ -2 & 0 & +2 \\ -1 & 0 & +1 \end{bmatrix}$$

垂直方向一阶偏微分 g_y:
$$\begin{bmatrix} -1 & -2 & -1 \\ 0 & 0 & 0 \\ +1 & +2 & +1 \end{bmatrix}$$

Sobel 算子具有平滑作用,既能够过滤噪声,同时也模糊了图像,过程中产生边缘响应,适用于边缘灰度突变较大的图像,Sobel 算子垂直边缘特征和水平边缘特征的检测效果如图 3-11 所示。

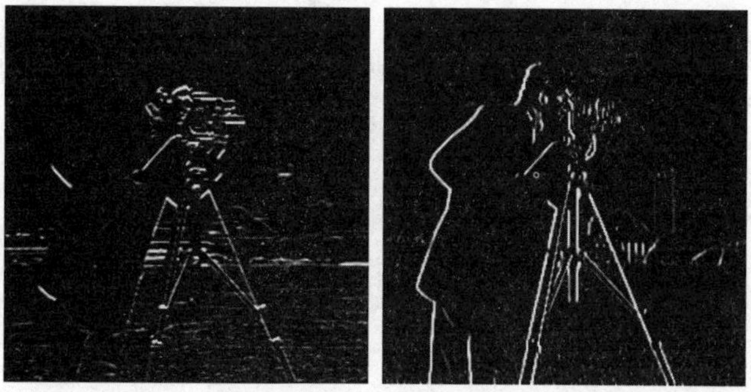

(a)Sobel算子水平边缘检测　(b)Sobel算子垂直边缘检测

图 3-11　Sobel 边缘检测

(4) Laplacian 算子。

在像素值突变剧烈的边缘区域,像素值可由阶跃函数描述,在阶跃位置也就是边缘所在之处两侧的二阶导数正负符号相反，利用边缘的这个特点，可以通过计算图像的二阶偏导数的过零点来定位边缘。Laplacian 算子是一种二阶微分运算算子，它的定义式为

$$\nabla^2 f(x,y)=\frac{\partial^2}{\partial x^2}f(x,y)+\frac{\partial^2}{\partial y^2}f(x,y) \tag{3-37}$$

通常用差分代替二阶偏导数，$\nabla^2 f(x,y)$的计算方法如下：

$$\begin{aligned}\frac{\partial^2}{\partial x^2}f(x,y)&\approx f(x+1,y)+f(x-1,y)-2f(x,y)\\ \frac{\partial^2}{\partial y^2}f(x,y)&\approx f(x,y-1)+f(x,y+1)-2f(x,y)\end{aligned} \tag{3-38}$$

Laplacian 算子定义为

$$\nabla^2 f(x,y)=\frac{\partial^2}{\partial x^2}f(x,y)+\frac{\partial^2}{\partial x^2}f(x,y)=f(x+1,y)+f(x-1,y)+f(x,y-1)+f(x,y+1)-4f(x,y) \tag{3-39}$$

根据式(3-39)构造 Laplacian 算子如下：

$$\begin{bmatrix}0 & 1 & 0\\ 1 & -4 & 1\\ 0 & 1 & 0\end{bmatrix}$$

若考虑对角线像素影响，Laplacian 算子还可以构造为

$$\begin{bmatrix}1 & 1 & 1\\ 1 & -8 & 1\\ 1 & 1 & 1\end{bmatrix}$$

Laplacian 算子具有各向同性特点，既可以有效检测各个方向的边缘特征，同时还可以消除低噪声的干扰。图 3-8(e)展示了 Laplacian 算子的检测结果，算子对断点具有良好的检测能力。

3.4 图像分割

计算机实现自动分析图像内容首先要把图像分割成不同的区域，然后各区域中提取分析任务关注的特征，通过特征建立图像场景的结构信息，从而实现图像内容的自动分类和识别。图像分割区域的依据来自于图像的灰度、颜色、纹理和边缘等特征，分割后的区域是具有某种相似性的、互相之间连通的像素的集合。在这个过程中，图像分割的效果直接影响后续特征提取和识别效果，因而它是图像识别的关键技术。

3.4.1 图像直方图

图像直方图统计了图像中所有像素的灰度信息。假设图像的像素灰度值分布在[0,L-1]范围内，那么图像直方图可由下式表示：

$$p(l)=\frac{n_l}{N},\quad l\in[0,L-1] \tag{3-40}$$

式中，l 表示灰度值；N 是图像像素总数；n_l 为灰度值为 l 的像素个数；L 取值为 256。

图 3-12(a)是一幅 4×4 大小、共 16 个像素的图像，各像素灰度值由图中数字标示。由公式(3-40)可得该图像直方图如图 3-12(b)所示。图 3-12(b)中像素值为 100 的像素数量与总像素数占比为 0.5，即 $p(100)=\frac{8}{16}=0.5$，灰度值为 100 的像素数量与总像素数占比为 0.25，灰度值为 200 与 250 的像素数量与总像素数占比均为 0.125。

50	50	50	50
100	100	100	100
100	100	100	100
200	200	250	250

(a)4×4大小的图像原图

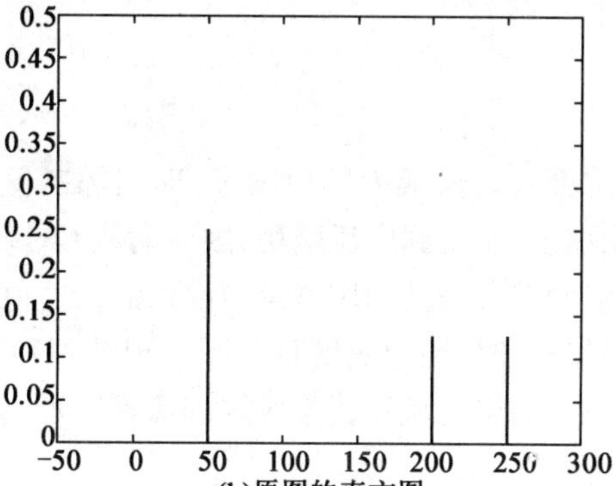

(b)原图的直方图

图 3-12　图像直方图计算示意

一般来说，直方图的横轴的灰度值范围设为 0~255，纵轴为像素数量。若一幅图像所有像素点灰度值均匀分布在 0~255 的范围内，则该图像会有高对比度的外观和灰度细节丰富的特点，如图 3-13 所示。

(a)原图1

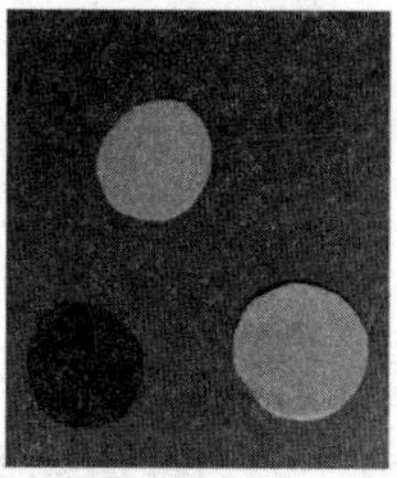

(b)原图2

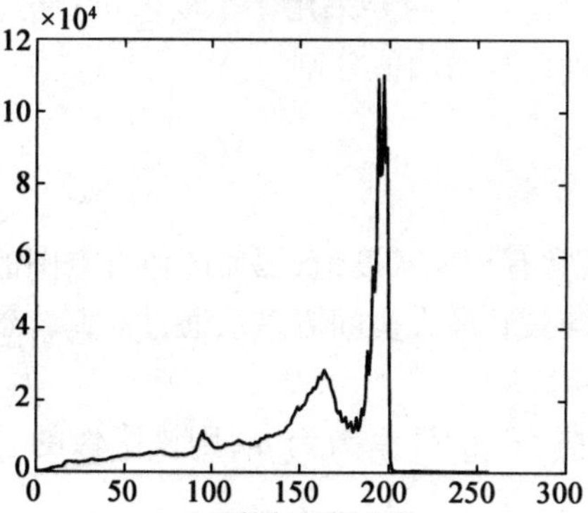

(c)原图1的直方图

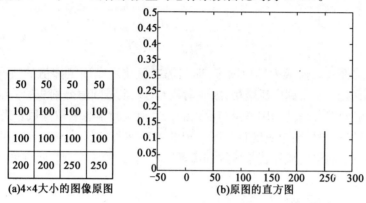

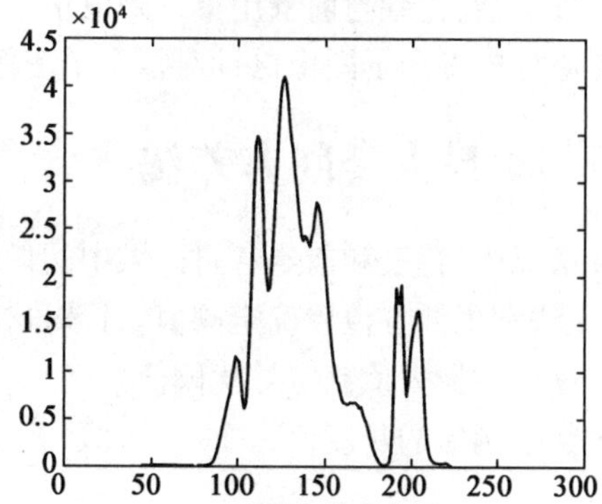

(d)原图2的直方图

图 3-13　不同对比度的图像及其直方图

3.4.2 阈值化分割

阈值化分割根据灰度值大小将像素分为两个集合，其思想是假定图像包含前景和背景两种区域，前景区域和背景区域在各自的区域内部具有相似的灰度值，两个区域之间的灰度值具有显著差异。针对数字图像$f(x,y)$，设定阈值t，将每个像素的灰度值与阈值t比较，分割的数学原理为

$$\hat{f}(x,y)=\begin{cases}1, & f(x,y)\geqslant t\\0, & f(x,y)<t\end{cases} \tag{3-41}$$

分割后的图像$\hat{f}(x,y)$成为黑白图像，即图像二值化。在确定阈值的情况下，阈值分割法运算效率高、速度快，得到广泛应用，因而阈值t的确定是阈值分割法的关键。

常见的阈值确定方法是利用背景与前景的灰度值统计信息获取阈值。当前景与背景的像素灰度值差异较大时，图像灰度直方图呈现波峰和波谷的形状，如图3-14所示，图中两个波峰分别对应了前景区域和背景区域的像素。通过搜索波谷的最低点可以确定阈值，这种方法称为双峰法。

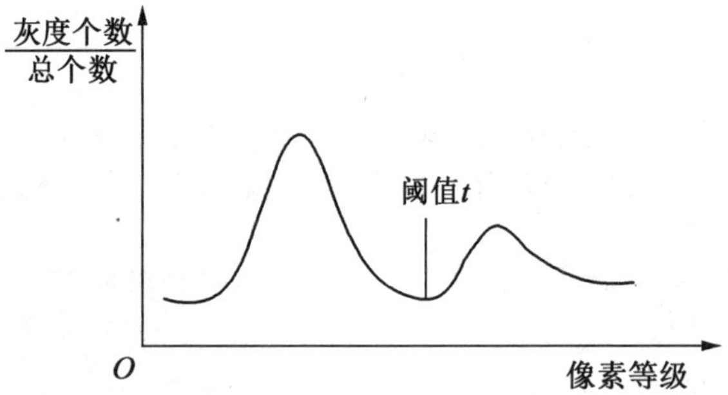

图3-14 双峰法思想

双峰法利用图像全局灰度信息确定最优阈值，这种分割方法属于全局阈值法。除了双峰法之外，全局阈值法还包括最大类间方差法、最大熵阈值法等其他方法。实际应用中，很多图像场景复杂，背景与前景用单一阈值很难区分，这时需要采用多个阈值进行分割，也可以先将图像分成多个子图像再针对每个子图像进行全局阈值分割。

3.4.3 最大类间方差法

实际情况中，背景和前景各自区域中的像素常有相似灰度值，因而图像直方图的峰谷并不明显，无法利用波谷位置确定阈值。针对这种问题，最大类间方差法通过计算背景与前景的区域灰度方差极大值确定最优阈值。

假设数字图像的灰度值为1~L−1级，灰度值为j的像素数为n_j，则该图像的总像素数为

$$N=\sum_{j=1}^{L-1} n_j \tag{3-42}$$

灰度值为j的像素在图像中出现的概率为

$$P_j=\frac{n_j}{N},\quad j=1\sim m \tag{3-43}$$

设有灰度阈值 t 将像素分为 C_0、C_1 两类，有

$$C_0=(1\sim t),\quad C_1=(t+1\sim L-1) \tag{3-44}$$

C_0 类别的像素发生概率为

$$w_0=\sum_{j=0}^{t}P_j=w(t)$$

平均值为

$$\mu_0=\sum_{j=0}^{t}\frac{jP_j}{w_0}$$

C_1 类别的像素发生概率为

$$w_1=\sum_{j=t+1}^{L-1}P_j=1-w(t)$$

平均值为

$$\mu_1=\sum_{j=t+1}^{L-1}\frac{jP_j}{w_1} \tag{3-45}$$

令 $\mu=\sum_{j=0}^{L-1}jP_j$ 为整体图像的灰度均值，C_0、C_1 两种类别的像素灰度值方差为

$$\sigma^2(t)=w_0(\mu_0-\mu)^2+w_1(\mu_1-\mu)^2=w_0w_1(\mu_1-\mu_0)^2\ \frac{[\mu w(t)-\mu(t)]^2}{w(t)[1-w(t)]} \tag{3-46}$$

最大类间方差法的实现思路是遍历 $0\sim L-1$ 所有 t 值，计算对应的类间方差 $\sigma^2(t)$，$\sigma^2(t)=\sigma^2_{max}(t_{opt})$ 对应的阈值 t_{opt} 即为最优阈值。图 3-15 为最大类间方差法的分割效果。

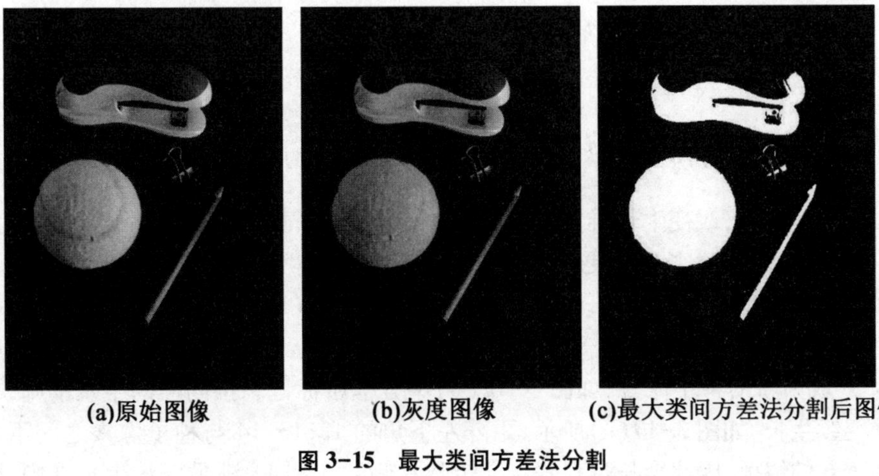

(a)原始图像　(b)灰度图像　(c)最大类间方差法分割后图像

图 3-15　最大类间方差法分割

3.4.4　区域生长分割法

基于区域生长的图像分割是一种聚类分割方法，分割的思路是根据一定的准则将图像中的像素点聚合成多个集合。分割实现的方法是，在图像中确定种子像素，以种子像素为中

心检测其邻域中像素是否与种子像素相似,如相似则将其与种子像素合并为同一集合,直至所有像素得到检测结束。这个过程称为区域生长,判断相似与否的条件称为区域生长准则。例如,若邻域像素与种子像素之间的灰度差值不超过某个阈值,则判定该邻域像素与种子像素隶属于同一个集合。在这里,灰度差值不超过某个阈值就是一种简单的区域生长准则。根据该准则找到所有满足相似条件的邻域像素,以它们为新种子,继续搜索过程。当生长过程满足停止条件时,分割过程结束。

下面给出一个简单示例,说明该原理实现过程。设有 4×4 大小图像 I,其像素值如图 3-16(a)所示,假设区域生长准则为邻域像素与种子像素的灰度差值小于等于阈值 $t=4$,邻域范围定义为四连通。取图 3-16(a)中种子像素,以方框标示,种子像素值为 4。图 3-16(b)、(c)、(d)显示了图像 I 的区域生长过程。图 3-16(a)中,种子像素的四连通邻域像素值为 0、5、8,它们与种子像素的灰度差值小于等于阈值 $t=4$,因此这三个邻域像素与种子像素 4 归于同一集合,灰度值重新定义为 4,同时成为新的种子,如图 3-16(b)所示。按同样的生长准则,四连通邻域中继续生长。分割结果如图 3-16(d)所示,在四连通邻域中的像素值为方框标记的 9、9、10、12,这些像素不能满足生长准则,区域生长过程结束。

$$I=\begin{bmatrix}0&1&2&3\\\boxed{4}&5&6&9\\8&9&10&11\\12&13&14&15\end{bmatrix}\xrightarrow[\text{四连通}]{t=4}\begin{bmatrix}\boxed{4}&1&2&3\\4&\boxed{4}&6&9\\\boxed{4}&9&10&11\\12&13&14&15\end{bmatrix}\xrightarrow[\text{四连通}]{t=4}\begin{bmatrix}4&\boxed{4}&2&3\\4&\boxed{4}&\boxed{4}&9\\\boxed{4}&9&10&11\\12&13&14&15\end{bmatrix}$$

(a) (b) (c)

$$\xrightarrow[\text{四连通}]{t=4}\begin{bmatrix}4&4&4&4\\4&4&4&\boxed{9}\\4&\boxed{9}&\boxed{10}&11\\\boxed{12}&13&14&15\end{bmatrix}$$

(d)

图 3-16　以 4 为种子像素灰度差值为 4 的区域生长

针对同一幅图像,改变生长准则,分割结果大为不同。如图 3-17 所示,种子像素为图 3-17(a)中像素 5,区域生长准则更新为邻域像素与种子像素的灰度差值小于等于阈值 $t=6$,邻域空间定义仍然是其连通邻域,区域分割过程如图 3-17(b)、(c)、(d)所示。图 3-17(a)中,5 的四连通邻域像素为 1、4、6、9,它们与 5 的灰度差值小于等于阈值 $t=6$,因此灰度值重新定义为 5,成为新的种子像素,如图 3-17(b)中方框所标记。按同样的生长准则,在四连通邻域中继续生长,如图 3-17(c)所示,矩阵左下角的 12、13、14 与种子像素之间不满足灰度差值小于 6 的情况,因此生长过程停止。矩阵右侧的 3 和 11 满足区域生长准则,则与种子像素合并为同一集合,如图 3-17(d)所示。

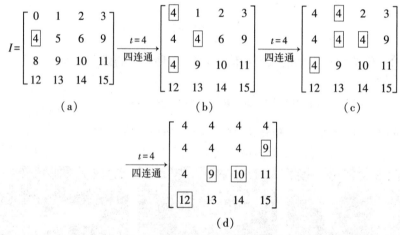

$$I=\begin{bmatrix}0&1&2&3\\4&\boxed{5}&6&9\\8&9&10&11\\12&13&14&15\end{bmatrix}\xrightarrow[\text{四连通}]{t=6}\begin{bmatrix}0&\boxed{5}&2&3\\\boxed{5}&5&\boxed{5}&9\\8&\boxed{5}&10&11\\12&13&14&15\end{bmatrix}\xrightarrow[\text{四连通}]{t=6}\begin{bmatrix}5&5&\boxed{5}&3\\5&5&5&\boxed{5}\\\boxed{5}&\boxed{5}&\boxed{5}&11\\12&13&14&15\end{bmatrix}$$

(a)　　　　(b)　　　　(c)

$$\xrightarrow[\text{四连通}]{t=6}\begin{bmatrix}5&5&5&5\\5&5&5&5\\5&5&5&5\\12&13&14&15\end{bmatrix}$$

(d)

图 3-17　以 5 为种子像素灰度差值为 5 的区域生长

另一方面，种子像素选取不同也会产生不同的分割结果，如图 3-18 所示。种子像素一般需要满足 3 个条件：①种子像素与邻域像素的灰度值相似；②不同区域至少挑选 1 个种子点；③不同区域的种子像素之间不满足任何连通形式。

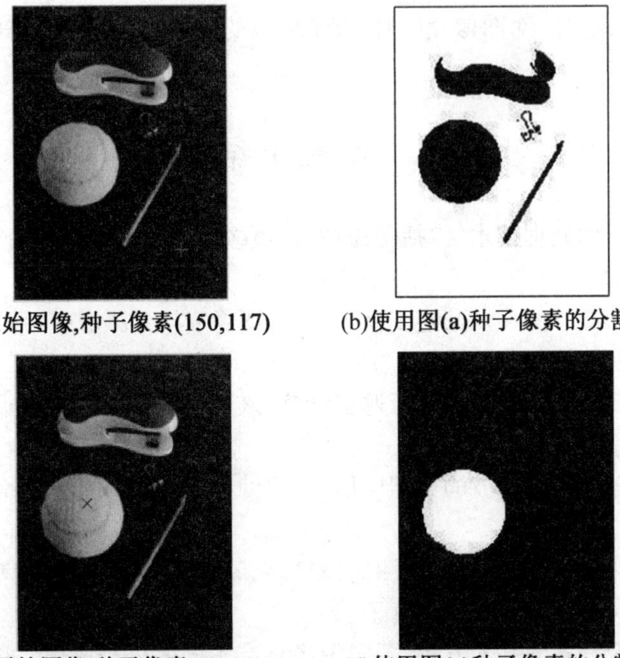

(a)原始图像，种子像素(150,117)　　(b)使用图(a)种子像素的分割结果

(c)原始图像，种子像素(97,46)　　**(d)使用图(c)种子像素的分割结果**

图 3-18　种子像素选取影响分割效果

为满足种子像素的选取条件，一种可行的思路是对图像进行预分割，例如采用最大类间方差法分割后，在前景和背景区域中选取种子像素。另一种方式是利用图像直方图的峰值位置来确定种子像素，这是因为图像中的多个区域在直方图中体现为多个峰值，其中最高的峰值往往对应图像中比较大的区域。选取峰值所在灰度值作为种子像素通常可以代表各区域的一般性质。

针对同一幅图像采用不同的生长准则分割得到的结果亦有不同，常用区域生长准则包括基于区域内灰度相似性的生长准则、基于区域内灰度统计特征的生长准则和基于区域形状的生长准则。图 3-16 和图 3-17 中的示例属于基于区域内灰度相似性的生长准则。区域中灰度变化缓慢时，这种生长准则可能会错误地合并不同区域。为解决该问题，需要对生长准则进行调整，用种子像素所在区域的平均灰度值与各自邻域像素的灰度进行比较。区域内灰度分布均匀时，分割效果较好；部分像素点灰度值有剧烈变化时，生长过程中会产生无法正确归类的情况，产生大量空洞或过多的分割区域。

基于区域内灰度统计特征的生长准则，通过判断区域灰度直方图之间的相似性实现区域增长，编程实现采用迭代的方法，首先将图像分为多个区域并建立各区域的灰度直方图，然后比较相邻区域的灰度直方图相似性，若满足相似条件则合并两个区域，反复进行该过程直到所有区域之间不满足灰度直方图相似的生长条件。灰度直方图相似性的度量通常使用向量距离作为判断依据。

基于区域形状的生长准则利用区域间公共边界两侧的灰度相似性判断是否生长。检测区域间公共边界总长度 L，确定边界上两侧灰度差值小于一定阈值的像素位置，并统计该类像素数量 L'，L'/L 大于一定阈值时，两相邻区域合并为一个区域。不断对所有区域重复以上过程，最终得到分割结果。对图像分区时，多个区域的区域内灰度差值需要控制在很小的范围内。

3.5 本章小结

本章介绍了数字图像处理技术，包括图像滤波、边缘检测和图像分割的原理与具体实现方法。本章对应要点如下：

①频域滤波基于傅立叶变换及其逆变换展开，将图像变换到频域中，采用频域滤波器滤波，之后逆变换到空间域完成滤波。

②空间域滤波需要空间域滤波器进行遍历计算，该过程可转换为频域滤波实现，保证滤波效果同时减少运算量。

③作为频域滤波与空间域滤波的典型应用，均值滤波器和高斯滤波器常用于数字图像去噪和平滑。

④边缘检测根据图像像素值梯度检测边缘区域，常用的像素值梯度算子有 Prewitt 算子、Roberts 算子、Laplacian 算子和 Sobel 算子。

⑤阈值分割是图像分割的基本方法，不同图像具有不同的分割阈值。最大类间方差法根据图像的像素值统计信息——类间方差确定图像的最佳分割阈值。

⑥区域生长分割法采用聚类的思想，设计生长准则将图像中的像素点聚合成多个具有相似属性的图像区域。

本章参考文献

[1] GONZALEZ R C, WOODS R E. 数字图像处理[M]. 阮秋琦，阮宇智，译. 3 版. 北京：电

子工业出版社,2017.

[2] MARR D, HILDRETH E. Theory of edge detection[J]. Proceedings of the Royal Society of London. Series B. Biological Sciences,1980,207(1167):187-217.

[3] DAVIS L S. A survey of edge detection techniques[J]. Computer graphics and image processing,1975,4(3):248-270.

[4] PREWITT J M. Object enhancement and extraction[J]. Picture processing and Psychopictorics,1970,10(1):15-19.

[5] ROBERTS L G. Machine perception of three-dimensional solids[M]. Cambridge: MIT Press,1965.

[6] CANNY J. A computational approach to edge detection[J]. Pattern Analysis and Machine Intelligence. IEEE Transactions,1986(6):679-698.

[7] OTSU N. A threshold selection method from gray-level histograms[J]. IEEE Transactions on Systems, Man, and Cybernetics,1979,9(1):62-66.

[8] PRATT W K. Digital image processing[M]. 3rd. New York: John Wiley and Sons, Inc., 2001.

第 4 章　特征检测

在图像匹配、目标跟踪、视觉三维重建等高级视觉任务中，常需要提取图像中的特征属性，包括颜色特征、角点特征、轮廓特征、纹理特征等。因为特征属性保留了图像重要结构信息，能有效减少图像表达所需信息量，所以为了检测这些特征，人们开发了不同的特征检测方法。本章介绍角点检测、特征匹配、Hough 变换，以及直线特征和圆特征的检测。

4.1　角点检测

角点为图像中像素值变化剧烈或边缘曲率函数最大值的像素点，理想的角点具有旋转不变性、光照变换不敏感特性和抗噪声的特点。常用角点检测方法有基于边缘的角点检测法（如基于边缘链码的角点检测、基于轮廓曲率的角点检测）、基于小波变换的角点检测和形态学角点检测等。下面介绍 Harris 角点检测方法。

4.1.1　Harris 角点检测

图像中存在像素灰度值均匀的区域，也存在像素灰度值变化的区域。边缘由邻域内灰度值变化剧烈的像素组成，特点是灰度值变化具有方向性，灰度值变化存在于与边缘垂直的邻近像素之间，沿着边缘方向相邻像素之间灰度值变化是和缓或平滑的。与边缘不同，角点是在一个局部范围内，沿各个方向都出现灰度值突变的像素点，Harris 角点检测算法原理示意如图 4-1 所示，图中矩形窗口确定了局部范围的大小和位置。当窗口在垂直和水平方向上的像素灰度值变化平滑时，说明窗口覆盖的局部区域为像素灰度值均匀的区域，如图 4-1（a）所示；当窗口在垂直或水平方向上有像素灰度值变化时，说明窗口覆盖的局部区域有边缘，如图 4-1（b）所示；当窗口在垂直以及水平方向上全部存在像素灰度值剧烈变化时，说明窗口覆盖的局部区域内有角点，如图 4-1（c）所示。Harris 角点检测的思路是通过在图像上移动矩形窗口，检测窗口覆盖的局部区域的像素灰度值变化情况，像素灰度值变化最大的位置即为角点位置，具体原理分析如下。

假设有 $M\times N$ 大小的数字图像表示为 $f(x,y)$，$x\in[0,M-1]$，$y\in[0,N-1]$，下面度量任意一像素点 $f(x,y)$ 的邻域范围内像素灰度值的变化。一个 $(2a-1)\times(2b-1)$ 大小的窗口，窗口的长宽为奇数大小，一般取 $a=b$ 的正方形窗口形状。在窗口偏移之前，其中心位置对准像素 $f(x_0,y_0)$，此时窗口覆盖的像素坐标范围为 (x,y)，$x\in[x_0-a,x_0+a]$，$y\in[y_0-a,y_0+a]$。窗口以 (x_0,y_0) 为初始位置，分别在 x 和 y 方向滑动 $(\Delta x,\Delta y)$ 的偏移量，窗口滑动前后覆盖的像素灰度值变化差异由灰度值差异函数 $E(\Delta x,\Delta y)$ 描述，其定义为

$$E(\Delta x,\Delta y)=\sum_{x=x_0-a}^{x_0+a}\sum_{y=y_0-b}^{y_0+b}[f(x+\Delta x,y+\Delta y)-f(x,y)]^2 \tag{4-1}$$

式中，自变量是表征偏移量的$(\Delta x,\Delta y)$，$(\Delta x,\Delta y)$控制了窗口滑动的方向，从而实现对$f(x_0,y_0)$周边不同区域之间像素的灰度值差异的测量。$E(k,l)$表示所有像素在窗口滑动前后产生的灰度值差异的累积，所有像素对结果的影响权重是均等的，然而像素位置对角点检测的影响是不同的，譬如当窗口中心点是角点时，窗口滑动前后，该点的灰度值变化应该最为剧烈，为了提高算法的敏感性，对$E(\Delta x,\Delta y)$引入权重矩阵$\boldsymbol{w}(x,y)$，有

$$E(\Delta x,\Delta y)=\sum_{x=x_0-a}^{x_0+a}\sum_{y=y_0-b}^{y_0+b}\boldsymbol{w}(x,y)[f(x+\Delta x,y+\Delta y)-f(x,y)]^2 \tag{4-2}$$

式中，权重矩阵$\boldsymbol{w}(x,y)$的大小与窗口大小一致。常用的权重矩阵有高斯滤波器和均值权重。

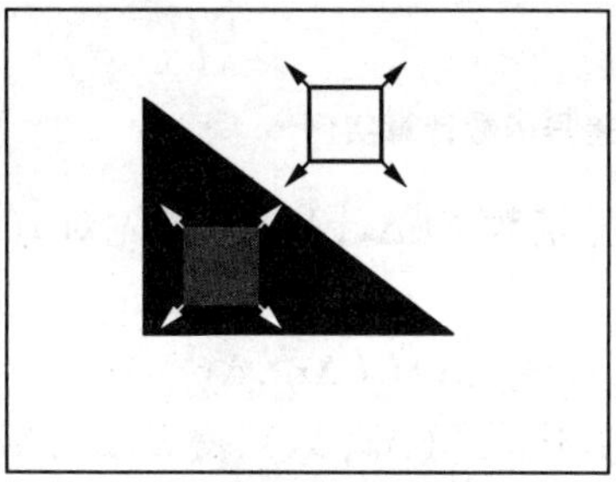

(a)变化平坦区域

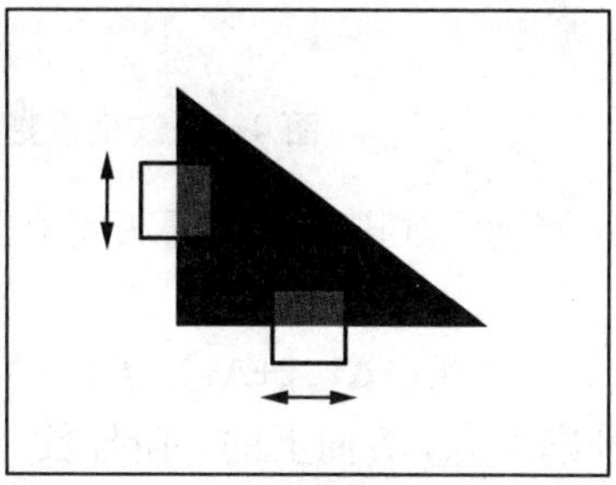

(b)边缘

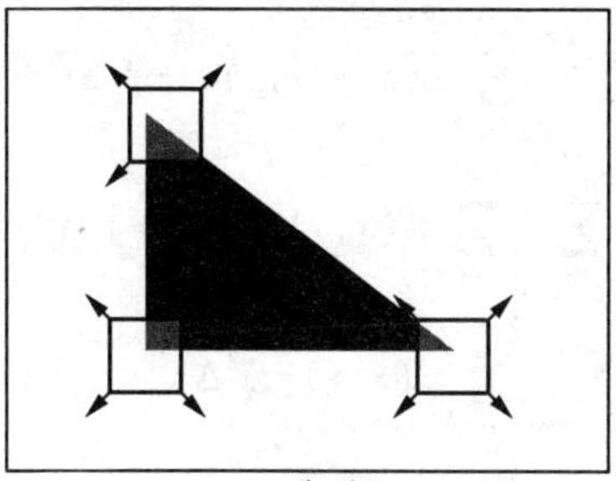

(c)角点

图 4-1　Harris 角点检测算法原理示意

如图 4-2 所示，利用 3×3 滑动窗口计算像素灰度值变化差异函数。为简化计算，令权重矩阵$\boldsymbol{w}(x,y)$各元素为 1。图像大小为 5×5，窗口大小为 3×3，即$a=3,b=3$。窗口的起始位置在$(x_0=0,y_0=0)$，则窗口在图像中覆盖的区域为黑色实线内像素$(x=0,1,2,y=0,1,2)$，假设窗口向下向右各平移 1 个像素，即$(\Delta x,\Delta y)$为$(1,1)$，得到图中虚线框内像素区域，平移前后两个区域的灰度值差异为

$$\begin{aligned}E(1,1)&=\sum_{x=0}^{2}\sum_{y=0}^{2}[I(x+1,y+1)-I(x,y)]^2\\&=[I(1,1)-I(0,0)]^2+[{}^{I}(2,1)-I(1,0)]^2+[I(3,1)-I(1,0)]^2+\\&\quad[I(1,2)-I(0,1)]^2+[I(2,2)-I(1,1)]^2+[I(3,2)-I(2,1)]^2+\\&\quad[I(1,3)-I(0,2)]^2+[I(2,3)-I(1,2)]^2+[I(3,3)-I(2,2)]^2\end{aligned} \tag{4-3}$$

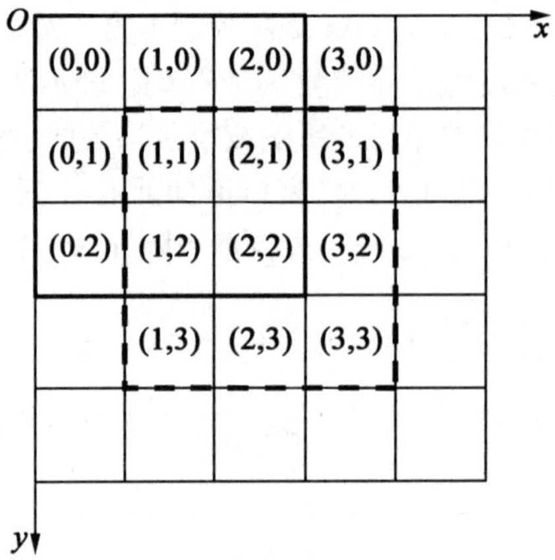

图 4-2 灰度值变化差异函数计算实例

Harris 利用泰勒级数进一步展开灰度值差异函数 $E(\Delta x,\Delta y)$。首先对 $f(x+\Delta x,y+\Delta y)$ 展开泰勒级数，有

$$f(x+\Delta x,y+\Delta y)=f(x,y)+f_x\Delta x+f_y\Delta y+O(\Delta x^2,\Delta y^2) \tag{4-4}$$

式中，f_x 和 f_y 分别为 x、y 方向上的一阶导数，将其代入 $E(\Delta x,\Delta y)$，得 $E(\Delta x,\Delta y)$ 的矩阵表达形式如下：

$$\begin{aligned}
E(\Delta x,\Delta y) &= \sum_{x=x_0-a}^{x_0+a}\sum_{y=y_0-b}^{y_0+b} w(x,y)[f_x\Delta x+f_y\Delta y+O(\Delta x^2,\Delta y^2)]^2 \\
&\approx \sum_{x=x_0-a}^{x_0+a}\sum_{y=y_0-b}^{y_0+b} w(x,y)[f_x\Delta x+f_y\Delta y]^2 \\
&= \sum_{x=x_0-a}^{x_0+a}\sum_{y=y_0-b}^{y_0+b} w(x,y)[f_x{}^2\Delta x^2+f_y{}^2\Delta y^2+2f_x\Delta x f_y\Delta y] \\
&= \sum_{x=x_0-a}^{x_0+a}\sum_{y=y_0-b}^{y_0+b} w(x,y)[\Delta x,\Delta y]\begin{bmatrix} f_x^2 & f_xf_y \\ f_xf_y & f_y^2 \end{bmatrix}\begin{bmatrix} \Delta x \\ \Delta y \end{bmatrix}
\end{aligned} \tag{4-5}$$

式中，Δx、Δy 与变量 x 和变量 y 无关，则 Δx、Δy 可换到求和符号外侧，$E(\Delta x,\Delta y)$ 可以表示为

$$\begin{aligned}
E(\Delta x,\Delta y) &= [\Delta x,\Delta y]\left(\sum_{x=x_0-a}^{x_0+a}\sum_{y=y_0-b}^{y_0+b} w(x,y)\begin{bmatrix} f_x^2 & f_xf_y \\ f_xf_y & f_y^2 \end{bmatrix}\right)\begin{bmatrix} \Delta x \\ \Delta y \end{bmatrix} \\
&= [\Delta x,\Delta y]\boldsymbol{M}\begin{bmatrix} \Delta x \\ \Delta y \end{bmatrix}
\end{aligned} \tag{4-6}$$

式中，$\boldsymbol{M}$ 为 2×2 大小的矩阵，称为 Harris 矩阵，表示为

$$\boldsymbol{M}=\sum_{x=x_0-a}^{x_0+a}\sum_{y=y_0-b}^{y_0+b} w(x,y)\begin{bmatrix} f_x^2 & f_xf_y \\ f_xf_y & f_y^2 \end{bmatrix}$$

$$
=\begin{bmatrix}\sum\limits_{x=x_0-a,y=y_0-b}^{x_0+a,y_0+b} w(x,y)f_x^2 & \sum\limits_{x=x_0-a,y=y_0-b}^{x_0+a,y_0+b} w(x,y)f_xf_y \\ \sum\limits_{x=x_0-a,y=y_0-b}^{x_0+a,y_0+b} w(x,y)f_xf_y & \sum\limits_{x=x_0-a,y=y_0-b}^{x_0+a,y_0+b} w(x,y)f_y^2\end{bmatrix}
$$

$$
=\begin{bmatrix} a & c \\ c & b \end{bmatrix} \tag{4-7}
$$

将以上结果代入公式(4-6)，灰度值差异函数表示为 $E(\Delta x,\Delta y)=a\Delta x^2+2c\Delta x\Delta y+b\Delta y^2$，可看出，灰度值差异函数 $E(\Delta x,\Delta y)$ 是三维空间 $(E(\Delta x,\Delta y),\ \Delta x,\ \Delta y)$ 中的平面。平面的形状由 $\boldsymbol{M}$ 矩阵决定，且与角点有关：如图 4-3 (a) 所示，$E(\Delta x,\Delta y)$ 变化平坦时，窗口中图像灰度值变化平缓，不含角点或边缘特征；如图 4-3 (b) 所示，$E(\Delta x,\Delta y)$ 呈山脊状时，意味着图像在某个方向上灰度值差异变化剧烈，图像中含有边缘特征；如图 4-3 (c) 所示，$E(\Delta x,\Delta y)$ 呈山峰形状时，窗口内各个方向均存在较大的像素灰度值变化，说明图像中含有角点特征。

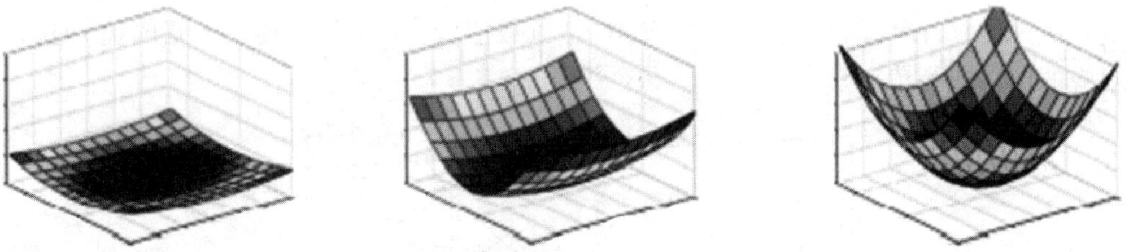

(a)平滑区域　(b)边缘　(c)角点

图 4-3　不同区域灰度值差异函数的形状

因为 $\nabla f=[f_x \quad f_y]'$ 为 (x,y) 处图像的梯度，$\boldsymbol{M}$ 矩阵是 (x,y) 处图像梯度的协方差矩阵，所以 $\boldsymbol{M}$ 矩阵的特征值与灰度值差异函数的主曲率成正比，灰度值差异函数 $E(\Delta x,\Delta y)$ 的形状由 $\boldsymbol{M}$ 矩阵特征值决定，也就是说可通过 $\boldsymbol{M}$ 矩阵特征值检测窗口中的角点特征。$\boldsymbol{M}$ 矩阵的特征值与平滑区域、边缘和角点的对应关系如图 4-4 所示。设坐标 λ_1 和 λ_2 代表矩阵 $\boldsymbol{M}$ 的两个特征值，若 λ_1 和 λ_2 均为大值，说明窗口的灰度值差异函数在两个正交方向上的主曲率值均较大，函数的形状对应图 4-3(c)，窗口内为角点特征；λ_1 很大、λ_2 很小或者 λ_2 很大、λ_1 很小时，灰度值差异函数在某个正交方向上的主曲率值较大，图像中含有边缘特征，如图 4-3(b) 所示；λ_1 和 λ_2 均为接近 0 的小值时，灰度值差异函数在 2 个正交方向上的主曲率值都很小，函数的形状对应图 4-3(a)，窗口中图像灰度变化平缓。

为了描述 $\boldsymbol{M}$ 矩阵特征值与平滑区域、边缘或角点之间的这种对应关系，Harris 定义响应函数 R 如下：

$$
\begin{gathered}
R=\det(\boldsymbol{M})-k[\operatorname{tr}(\boldsymbol{M})]^2 \\
\det(\boldsymbol{M})=\lambda_1\lambda_2 \\
\operatorname{tr}(\boldsymbol{M})=\lambda_1+\lambda_2
\end{gathered} \tag{4-8}
$$

式中，系数 k 的经验取值范围为 $k=0.04\sim0.06$。

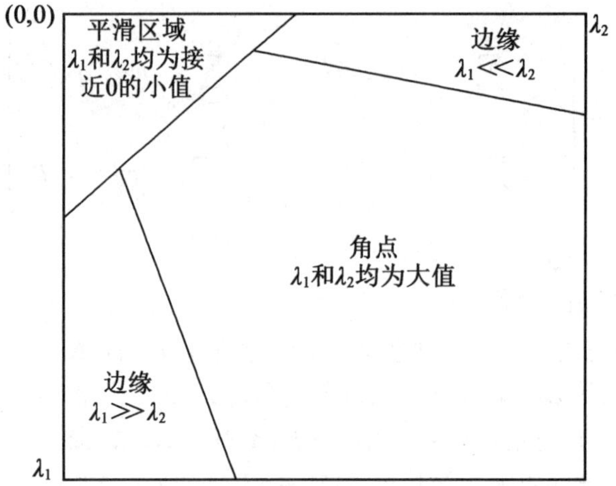

图 4-4 *M* 矩阵的特征值与平滑区域、边缘和角点的对应关系

无须计算 $\boldsymbol{M}$ 矩阵特征值,响应函数 $R(\lambda_1,\lambda_2)$ 值的大小揭示了窗口覆盖区域的特征类别,如图 4-5 所示。如果 $R(\lambda_1,\lambda_2)$ 为较小的负值,则对应于边缘区域;如果 $R(\lambda_1,\lambda_2)$ 为较小的正值,则对应图像的平坦区域;当 $R(\lambda_1,\lambda_2)$ 数值较大(一般指其大于某阈值)时,认为其对应的像素点为角点。

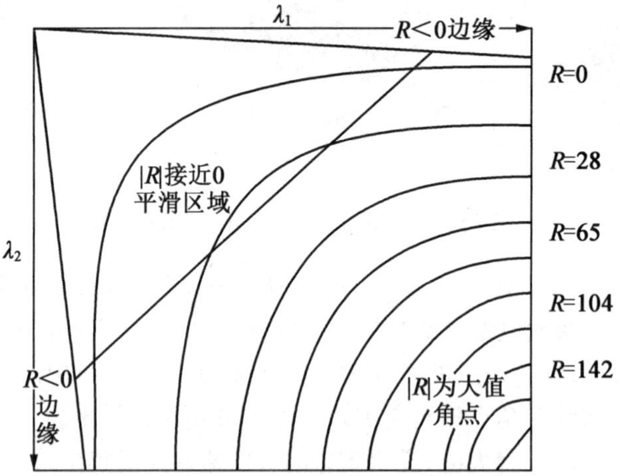

图 4-5 平滑区域、角点和边缘的响应函数 *R*

响应函数 $R(\lambda_1,\lambda_2)$ 的定义避免了直接求取特征值 λ_1、λ_2 的计算过程,仅通过计算 $\boldsymbol{M}$ 矩阵的行列式和迹即可得到,同时又能表征 $\boldsymbol{M}$ 特征值 λ_1、λ_2 的大小,指明了角点特征。

根据以上原理,Harris 角点检测实现过程包括空间滤波和响应函数计算。先进行空间滤波,采用梯度算子对图像进行卷积操作,计算各个像素在 x 和 y 方向上的一阶导数 f_x、f_y,以及两者的乘积 f_xf_y,然后计算每个像素的响应函数 R 值。

响应函数 R 值大于一定阈值的像素点被判定为角点。不同图像的响应函数阈值亦不同,需通过实验确定,Harris 角点检测如图 4-6 所示。

(a)原始图像

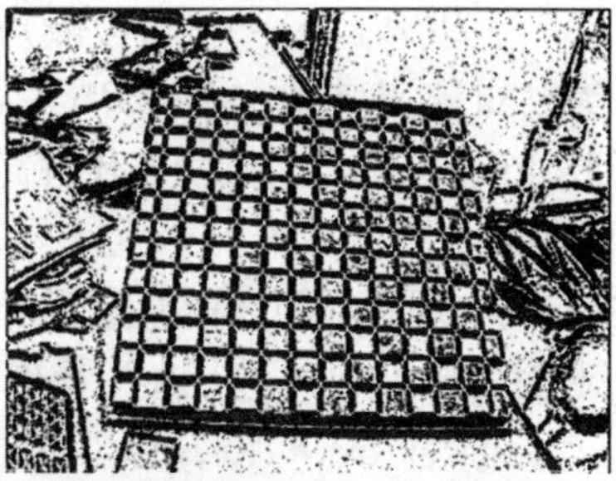

(b)各像素的响应函数R值的图像显示

(c)检测角点

图 4-6　Harris 角点检测

4.1.2　SIFT 角点检测

尺度不变特征转换(Scale-invariant feature transform,SIFT)角点检测算法是 David Lowe 提出的实用高效的图像特征提取方法,广泛应用于目标识别、机器人地图感知与导航等视觉处理任务。算法在提取图像中灰度变化差异大的特征点方面准确度高,有利于精确定位角点、边缘点、暗区的亮点及亮区的暗点等特征,同时对尺度变化、角度变化、光照变化以及仿射变换具有很强的鲁棒性。

1. 特征点提取原理

2002 年 Mikolajczyk 发现尺度归一化的高斯-拉普拉斯算子的极值对应了稳定的图像特征。而后 Lindeberg 提出高斯差分函数(Difference of Gaussian,DOG)算子与尺度归一化的高斯拉普拉斯函数 $\sigma^2 \nabla^2 G$(乘上 σ^2 就是尺度归一化)非常近似,可用于提取图像特征。

高斯差分函数由高斯函数 $G(x,y,\sigma)$ 组成,$G(x,y,\sigma)$ 的定义式为

$$G(x,y,\sigma)=\frac{1}{2\pi\sigma^2}e^{-\frac{(x-m/2)^2+(y-n/2)^2}{2\sigma^2}} \tag{4-9}$$

高斯函数 $G(x,y,\sigma)$ 对图像进行平滑处理,式(4-9)中参数 σ 为尺度参数,表征了图像中被高斯函数 $G(x,y,\sigma)$ 平滑的图像区域大小。尺度参数 σ 越大,被高斯函数平滑后,原图像中空间尺寸比较大的特征结构保留越多,尺寸较小的特征被高斯函数过滤;尺度参数 σ 越小,原图像的细节特征留存得越多。

高斯差分算子 $D(x,y,\sigma)$ 的定义式如下:

$$D(x,y,\sigma)=G(x,y,k\sigma)-G(x,y,\sigma)\approx(k-1)\sigma^2\nabla^2 G \tag{4-10}$$

式中,常数 k 为已知量,高斯差分算子 $D(x,y,\sigma)$ 为尺度归一化的高斯-拉普拉斯函数的倍数,因而高斯差分算子 $D(x,y,\sigma)$ 能够代替高斯-拉普拉斯算子模拟高斯-拉普拉斯算子提取角点等图像特征。

特征点提取的实现是利用高斯差分算子 $D(x,y,\sigma)$ 对图像滤波的过程,即用高斯差分算子 $D(x,y,\sigma)$ 对图像 $I(x,y)$ 进行卷积操作,有

$$D(x,y,\sigma)*I(x,y)=(G(x,y,k\sigma)-G(x,y,\sigma))*I(x,y) \tag{4-11}$$

式中,$*$ 表示卷积运算。式(4-11)还可以表示为

$$D(x,y,\sigma)*I(x,y)=L(x,y,k\sigma)-L(x,y,\sigma) \tag{4-12}$$

式中,$L(x,y,k\sigma)$、$L(x,y,\sigma)$ 分别定义为

$$L(x,y,k\sigma)=G(x,y,k\sigma)*I(x,y)$$
$$L(x,y,\sigma)=G(x,y,\sigma)*I(x,y) \tag{4-13}$$

其中,$L(x,y,k\sigma)$ 表示一个尺度为 $k\sigma$ 的高斯函数 $G(x,y,k\sigma)$ 与原图像 $I(x,y)$ 的卷积;$L(x,y,\sigma)$ 表示一个尺度为 σ 的高斯函数 $G(x,y,\sigma)$ 与原图像 $I(x,y)$ 的卷积。

综合以上推导可知利用高斯差分算子 $D(x,y,\sigma)$ 提取特征点是对图像分别使用高斯滤波器 $G(x,y,k\sigma)$ 和 $G(x,y,\sigma)$ 低通滤波,得到滤波后的图像 $L(x,y,k\sigma)$ 和图像 $L(x,y,\sigma)$,然后对图像 $L(x,y,k\sigma)$ 和图像 $L(x,y,\sigma)$ 进行作差操作,得到的图像称为高斯差分图。高斯差分图含有特征点信息,包括图像中的角点、边缘、暗区的亮点及亮区的暗点等。这些特征点在高斯差分图中以极值点(极大值和极小值)的形式体现出来,这为 SIFT 算法检测特征点提供了思路,即通过提取高斯差分图的极值点筛选图像特征点。

SIFT 算法的实现主要包括三个环节:第一个环节是通过构建多尺度高斯空间,建立多尺度高斯差分空间,在多尺度高斯差分空间中检测局部极值点;第二个环节是对检测到的极值点进一步估计其精确坐标,并对极值点进行筛选,排除高斯差分函数的边缘响应,得到的极值点为真实特征点;第三个环节是建立特征点邻域内梯度方向直方图,为特征点分配梯度变化主方向。在此基础上,为特征点建立特征向量作为其唯一描述符。

2. 多尺度高斯空间

多尺度高斯空间的构建方法是对原始图像进行多个尺度的高斯低通滤波。高斯滤波器表示为 $G_i(x,y,\sigma_i)$,参数 i 表示第 i 个高斯滤波器,其取值范围为 $i=\{0,1,\cdots,s+2\}$,共 $s+3$ 个高斯滤波器。高斯滤波具有对图像平滑、模糊的效果,被大尺度高斯滤波器处理后,图像显示场景中物体大的结构或轮廓信息;反之,小尺度的高斯滤波器平滑后的图像则包含场景中更多细节信息。

滤波完成后,得到 $s+3$ 幅高斯图像,它们组成多尺度高斯空间中的 1 阶(an Octave)高斯图像,其中第 i 层图像为原始图像经高斯滤波器 $G_i^1(x,y,\sigma_i)$ 滤波后的图像,滤波器的尺度参数 $\sigma_i=k^i\sigma$。此处,定义 1 阶高斯图像中的第 0 层图像为多尺度高斯空间的底层图像,由高斯滤波器 $G_0^1(x,y,\sigma_0)$ 对原始图像滤波得到,$\sigma_0=\sigma$;第 1 层图像位于底层图像的上一层,由高斯滤波器 $G_1^1(x,y,\sigma_1)$ 对原始图像滤波后得到,$\sigma_1=k\sigma$;如图 4-7 所示,由下到上,第 $s+3$ 层图像,由高斯滤波器 $G_{s+2}^1(x,y,\sigma_{s+2})$ 对原始图像滤波得到,$\sigma_{s+2}=k^{s+2}\sigma$。具体而言,空间中

每层高斯图像的高斯滤波器参数 k 取值为 $2^{\frac{1}{s}}$，即第 0 层图像的高斯滤波尺度为 σ，第 1 层图像的尺度为 $2^{\frac{1}{s}}\sigma$，……，第 $s+1$ 层图像的高斯滤波尺度为 $(2^{\frac{1}{s}})^{s+1-1}\sigma=2\sigma$，第 $s+2$ 层图像的高斯滤波尺度为 $2^{\frac{s+1}{s}}\sigma$，第 $s+3$ 层图像的高斯滤波尺度为 $2^{\frac{s+2}{s}}\sigma$。图 4-7 给出的多尺度高斯空间由 3 阶高斯图像组成，每阶含有 4 个尺度的高斯图像，即 $s=1$。

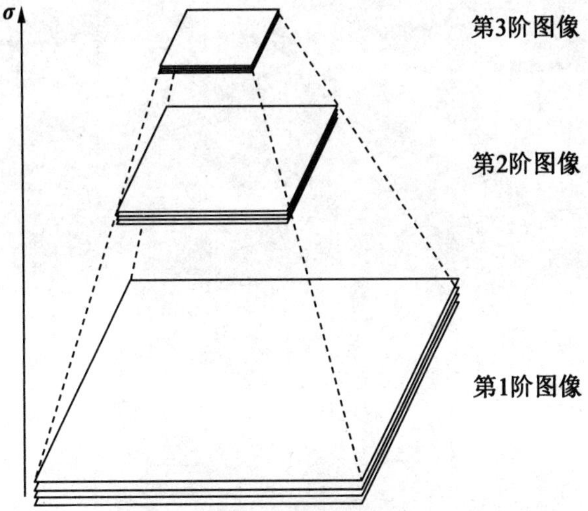

图 4-7　多尺度高斯空间

多尺度高斯空间中的 2 阶图像通过对 1 阶高斯图像进行每 2 行取 1 行、每 2 列取 1 列的下采样得到。类似于 1 阶图像，2 阶图像的第 0 层图像位于第 2 阶图像的最底层，表示由高斯滤波器 $G_0^2(x,y,\sigma_0)$ 对原始图像滤波，$\sigma_0=2k^0\sigma=2\sigma$；第 1 层图像位于第 0 层图像的上一层，表示由高斯滤波器 $G_1^2(x,y,\sigma_1)$ 对原始图像滤波，$\sigma_1=2k^1\sigma$；直到 2 阶高斯图像中的第 $s+3$ 层图像，由高斯滤波器 $G_{s+2}^2(x,y,\sigma_{s+2})$ 对原始图像滤波得到，$\sigma_{s+2}=2k^{s+2}\sigma$。参数 k 取值不变仍为 $2^{\frac{1}{s}}$，则第 $s+1$ 层图像的高斯滤波尺度为 $(2^{\frac{1}{s}})^{s+1-1}2\sigma=4\sigma$。

按照同样方式得到多阶高斯图像，建立如图 4-7 所示的多尺度高斯空间，1 阶图像在最底层，从下往上每阶图像都由下面相邻的一阶图像下采样而成，图像尺寸不断减小呈金字塔状，亦称为金字塔图像空间。图 4-8 给出了一个 4 阶高斯金字塔图像空间的例子。

3. 多尺度高斯差分空间与特征点提取

高斯差分空间是在多尺度高斯空间的基础上建立的。已知多尺度高斯空间的 1 阶图像有 $s+3$ 幅高斯图像，其中相邻两层高斯图像作差，得到对应尺度的高斯差分图。如图 4-9 所示，令 $s=3$，则 1 阶高斯图像共 6 层高斯图像，其中第 1 层图像与第 0 层（即第 1 阶图像的底层）高斯图像作差，得到第 0 层高斯差分图。

对多尺度高斯空间中每一阶图像，重复相邻图像之间的作差操作，得到多阶高斯差分图像，每一阶高斯差分图像有 $s+2$ 层。这些多阶高斯差分图像共同组成了高斯差分空间，图 4-9 给出了该过程。

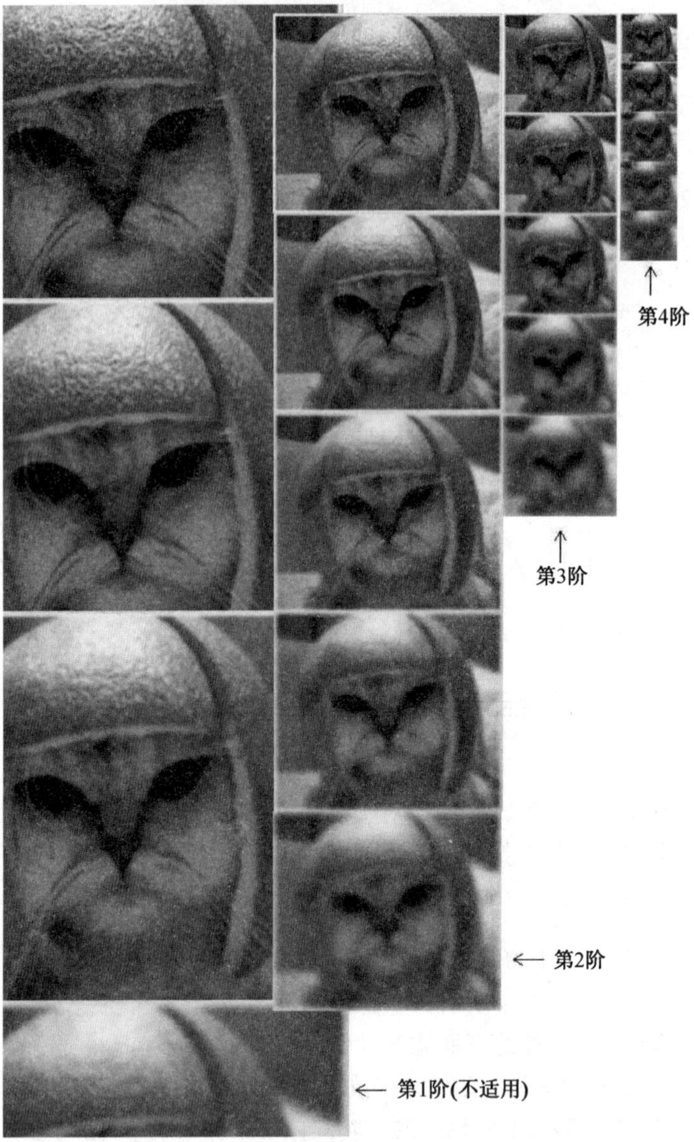

图 4-8 4 阶高斯金字塔图像

在建立高斯差分空间的过程中,图像的结构特征按尺度分层,每个尺度的图像特征蕴含在每一层高斯差分图中。空间中,第 1 阶第 0 层高斯差分图反映了高斯滤波尺度为 σ 的图像特征,第 1 阶第 1 层高斯差分图反映了高斯滤波尺度为 $k\sigma$ 的特征,第 1 阶第 2 层高斯差分图反映了高斯滤波尺度为 $k^2\sigma$ 的特征,……,第 1 阶第 $s+2$ 层高斯差分图反映了高斯滤波尺度为 $k^{s+2}\sigma$ 的特征。空间中,第 2 阶第 0 层高斯差分图反映了高斯滤波尺度为 2σ 的图像特征,第 2 阶第 1 层高斯差分图反映了高斯滤波尺度为 $k\times2\sigma$ 的特征,第 2 阶第 2 层高斯差分图反映了高斯滤波尺度为 $k^2\times2\sigma$ 的特征,……,第 2 阶第 $s+2$ 层高斯差分图反映了高斯滤波尺度为 $k^{s+2}\times2\sigma$ 的特征。同理,第 n 阶高斯差分图像保持同样的尺度规律。图 4-10 中左侧图像为同一阶高斯金字塔图像,高斯尺度从上到下逐渐增大,两两图像之间作差,得到高斯差分图像，由差分图像可以看出图像各高斯尺度特征。

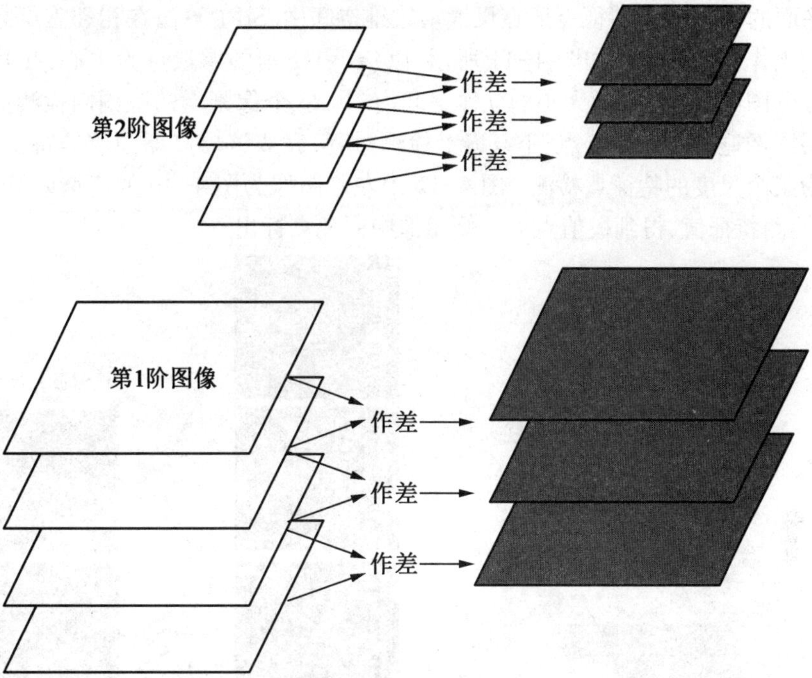

图 4-9　高斯差分空间

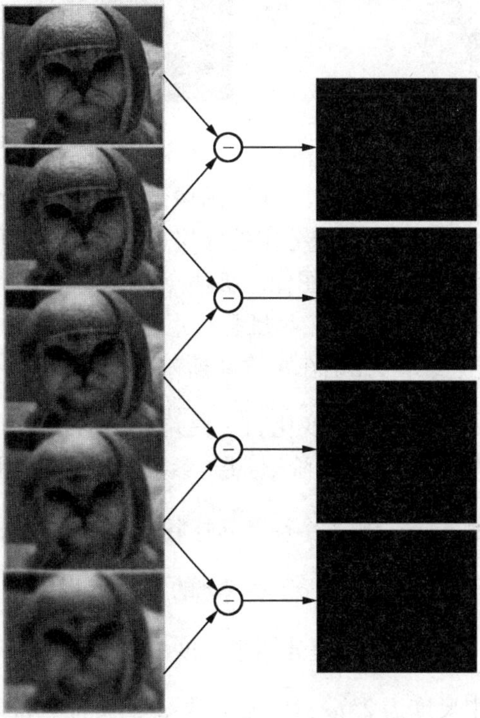

图 4-10　高斯差分图像

多尺度高斯差分空间有 x、y、σ 三个维度，x 轴和 y 轴表示特征点所在图像空间坐标，垂直于 x,y 平面的 σ 轴表示特征点所在尺度。三维空间中，SIFT 算法在相邻三层高斯差分图中检测极值点作为特征点。如图 4-11 所示，以(x,y)所示的像素点为中心，在其相邻上下两层高斯差分图中，共 3×3×3 大小的立体空间内，共 26 个像素点的范围内检测极值点。对图中中间层图像遍历所有像素点，重复以上检测过程，完成该层高斯图像的特征点检测，这个过程称为某个尺度的特征点检测。图 4-12 中左侧图像为图 4-10 的高斯差分图像，按图 4-11 方式检测特征值，得到极值点如右侧图像中白色点标出。

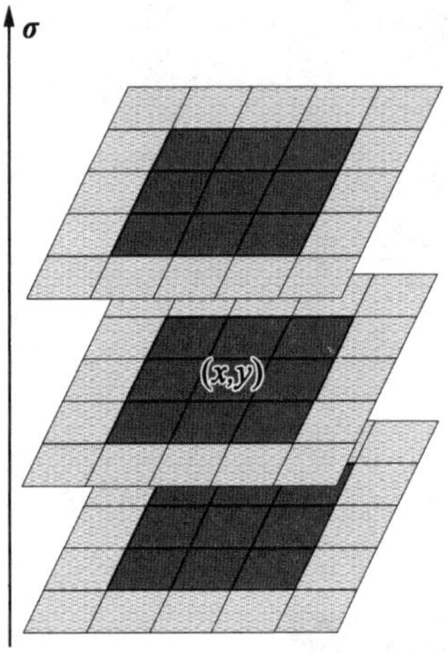

图 4-11　特征点搜索空间

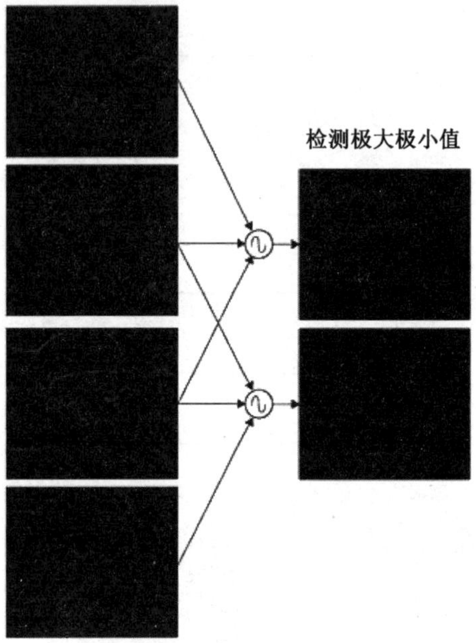

图 4-12　最大值特征点

多尺度高斯空间中每阶高斯图像有 s+3 层图像，经过差分得到每阶含有 s+2 层高斯差分图的高斯差分空间。由于每阶高斯差分图的底层(第 0 层)和顶层(第 s+2 层)图像位于本阶图像组的两端，它们没有相邻三层图像的极值点搜索空间，因而这两层图像无法完成特征点检测，所以每阶高斯差分图支持 s 个尺度特征点检测。

特征点检测具有尺度连续性，无论在每阶高斯差分图内，还是各阶高斯差分图之间，特征点的检测尺度均以 $2^{\frac{1}{s}}\sigma$ 的间隔连续变化。一幅差分图的尺度表示为 $k^i t\sigma$，参数 t 和 i 分别表示差分图位于高斯差分空间的第 t 阶第 i 层，参数 t 的取值范围由多尺度高斯空间的总阶数决定，i 的取值范围为[1,…,s]。当 $k=2^{\frac{1}{s}}$ 时，各阶高斯差分图中检测所得特征点的尺度情况为：1 阶差分图中尺度为 $2^{\frac{1}{s}}\sigma,2^{\frac{2}{s}}\sigma,\cdots,2\sigma$ 的特征点得到检测；2 阶差分图中 $2^{1+\frac{1}{s}}\sigma$, $2^{1+\frac{2}{s}}\sigma,\cdots,4\sigma$ 的特征点得到检测；3 阶差分图中尺度为 $2^{2+\frac{1}{s}}\sigma,2^{2+\frac{2}{s}}\sigma,\cdots,8\sigma$ 的特征点得到检测；一直到第 t 阶差分图中尺度为 $2^{\frac{1}{s}}t\sigma,2^{\frac{2}{s}}t\sigma,\cdots,k^s t\sigma$ 的特征点得到检测。特征点检测空间的尺度范围为[$2^{\frac{1}{s}}\sigma,2^{\frac{2}{s}}\sigma,\cdots,2\sigma,2^{1+\frac{1}{s}}\sigma,2^{1+\frac{2}{s}}\sigma,\cdots,4\sigma,2^{2+\frac{1}{s}}\sigma,2^{2+\frac{2}{s}}\sigma,\cdots,8\sigma,\cdots,2^{\frac{1}{s}}t\sigma$,

$2^{\frac{2}{s}}t\sigma,\cdots,k^{s}t\sigma]$。所以说,SIFT 算法实现了在多尺度高斯差分空间中在尺度方向上以 $2^{\frac{1}{s}}\sigma$ 为间隔进行连续检测特征点。图 4-13 给出了 $s=3$ 特征点检测的连续性示例,尺度间隔为 $2^{\frac{1}{3}}\sigma$。

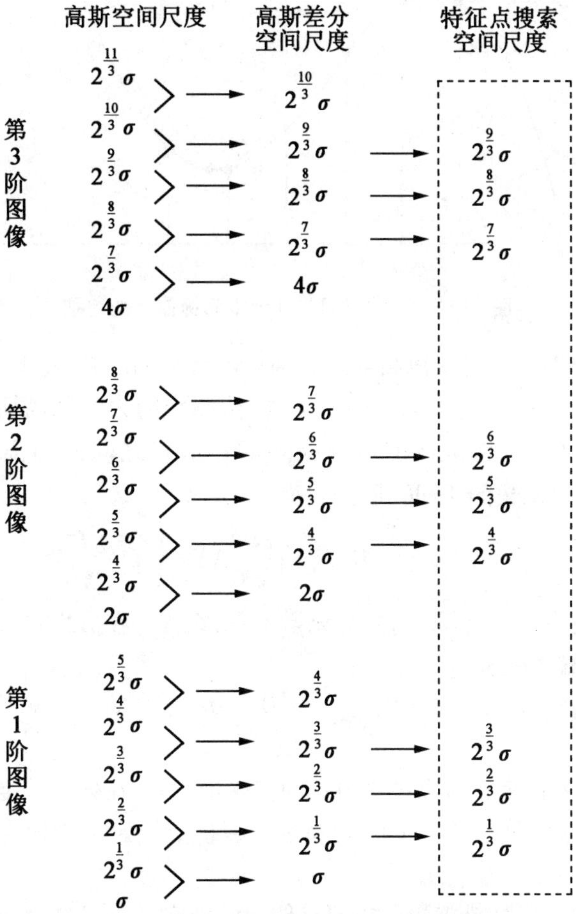

图 4-13　$s=3$ 特征点检测的连续性示例

图 4-13 中,1 阶高斯差分图包含的图像信息的高斯滤波尺度为$[\sigma,2^{\frac{1}{3}}\sigma,2^{\frac{2}{3}}\sigma,2^{\frac{3}{3}}\sigma,2^{\frac{4}{3}}\sigma]$,检测了尺度为 $2^{\frac{1}{3}}\sigma,2^{\frac{2}{3}}\sigma,2^{\frac{3}{3}}\sigma$ 的特征点;同理,2 阶高斯差分图中检测了尺度为 $2^{\frac{4}{3}}\sigma,2^{\frac{5}{3}}\sigma,2^{\frac{6}{3}}\sigma$ 的特征点;3 阶高斯差分图中检测了尺度为 $2^{\frac{7}{3}}\sigma,2^{\frac{8}{3}}\sigma,2^{\frac{9}{3}}\sigma$ 的特征点。由图 4-13 中虚线方框内特征点搜索空间尺度可以看出,特征点在尺度方向上的搜索范围是连续的,尺度范围为$[2^{\frac{1}{3}}\sigma,2^{\frac{2}{3}}\sigma,2^{\frac{3}{3}}\sigma,2^{\frac{4}{3}}\sigma,2^{\frac{5}{3}}\sigma,2^{\frac{6}{3}}\sigma,2^{\frac{7}{3}}\sigma,2^{\frac{8}{3}}\sigma,2^{\frac{9}{3}}\sigma]$。

4. 特征点精确定位的拟合估计

多尺度高斯差分空间是离散三维空间,尤其在尺度方向上的采样间隔较大,以致检测到的极值点与真实特征点之间存在偏移量。这种偏移来自于离散空间与连续空间的极值点差异，图 4-14 显示了二维函数情况下两者之间的差别，图中连续极值点为 B 点和 D 点，离散极值点为 A 点和 C 点，A 点与 C 点是离散过程中得到的距离真实极值点 B 点和 D 点最近的点。

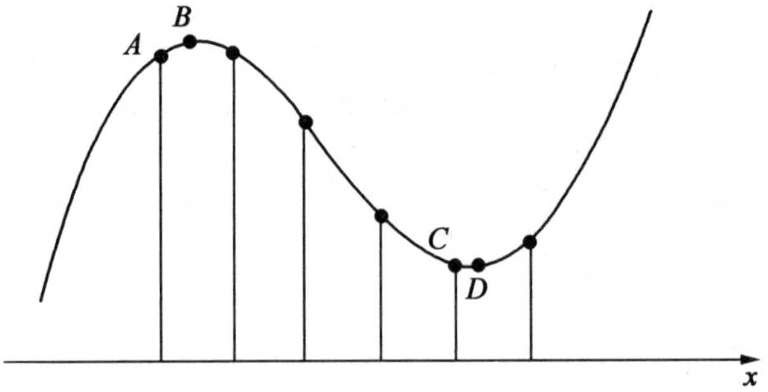

图 4-14　离散空间与连续空间极值点的差别

SIFT 算法的解决办法是对离散高斯差分函数进行泰勒展开，将其拟合为连续高斯差分函数。连续高斯差分函数表示为 $\boldsymbol{D}(\Delta\boldsymbol{X}+\boldsymbol{X}_0)$，$\boldsymbol{X}_0$ 检测到的为离散高斯差分函数的极值点，$\boldsymbol{X}_0=[x_0 \quad y_0 \quad \sigma_0]^{\mathrm{T}}$，$\Delta\boldsymbol{X}$ 为真实极值点与检测的极值点之间的距离，$\Delta\boldsymbol{X}=[\Delta x_0 \quad \Delta y_0 \quad \Delta\sigma_0]^{\mathrm{T}}$。则 $\boldsymbol{D}(\Delta\boldsymbol{X}+\boldsymbol{X}_0)$ 函数的 Taylor 展开式为

$$\boldsymbol{D}(\Delta\boldsymbol{X}+\boldsymbol{X}_0)=\boldsymbol{D}(\boldsymbol{X}_0)+\frac{\partial\boldsymbol{D}^{\mathrm{T}}}{\partial\boldsymbol{X}}\Delta\boldsymbol{X}+\frac{1}{2}\boldsymbol{X}^{\mathrm{T}}\frac{\partial^2\boldsymbol{D}}{\partial\boldsymbol{X}^2}\boldsymbol{X} \tag{4-14}$$

为求得真实极值点，对连续高斯差分函数 $\boldsymbol{D}(\Delta\boldsymbol{X}+\boldsymbol{X}_0)$ 在 $\Delta\boldsymbol{X}$ 方向上求导，并令导数取零，则得到极值点的偏移量为

$$\Delta\boldsymbol{X}=-\frac{\partial^2\boldsymbol{D}^{-1}}{\partial\boldsymbol{X}^2}\frac{\partial\boldsymbol{D}}{\partial\boldsymbol{X}} \tag{4-15}$$

求得的偏移量 $\Delta\boldsymbol{X}$ 代表相对离散极值点的偏移量，当它在任一维度上的偏移量大于 0.5 时，说明离散极值点偏移到其邻近点上，应将邻近极值点设定为极值点拟合后的结果，即极值点的精确位置。

SIFT 算法还采取了多种措施提高极值点估计的稳定性，一种方法是在拟合后的极值点处多次估计直到拟合结果收敛或超过迭代次数；另一种方法是剔除 $|D(X)|$ 小于某经验阈值的极值点，这些极值点容易受噪声的干扰。

5. 边缘响应剔除

高斯差分函数具有边缘响应特性，产生的边缘响应点与真实极值点同时被提取。SIFT 算法利用 Hessian 矩阵剔除这些不稳定的边缘响应点。

计算极值点处 Hessian 矩阵为

$$\boldsymbol{H}=\begin{bmatrix} D_{xx} & D_{xy} \\ D_{xy} & D_{yy} \end{bmatrix} \tag{4-16}$$

$\boldsymbol{H}$ 的特征值 α 和 β 代表 x 和 y 方向的梯度，即

$$\begin{aligned} \operatorname{tr}(\boldsymbol{H}) &= D_{xx}+D_{xy}=\alpha+\beta \\ \det(\boldsymbol{H}) &= D_{xx}D_{yy}-D_{xy}^2=\alpha\beta \end{aligned} \tag{4-17}$$

式中，tr($\boldsymbol{H}$)表示矩阵 $\boldsymbol{H}$ 对角线元素之和；det($\boldsymbol{H}$)表示矩阵 $\boldsymbol{H}$ 的行列式。

令 α 表示较大的特征值，β 表示较小的特征值，且 $\alpha=r\beta$，则

$$\frac{\mathrm{tr}(\boldsymbol{H})^2}{\det(\boldsymbol{H})}=\frac{(\alpha+\beta)^2}{\alpha\beta}=\frac{(r\beta+\beta)^2}{r\beta^2}=\frac{(r+1)^2}{r} \tag{4-18}$$

$\frac{(r+1)^2}{r}$的值与 r 大小有关，$r=1$ 时，公式$\frac{(r+1)^2}{r}$最小，r 增大时，$\frac{(r+1)^2}{r}$迅速增大。r 较大时，极值点处的梯度变化在一个方向上较大，在另一个方向很小，意味着极值点属于边缘响应点。

SIFT 算法剔除极值点中的边缘响应点后，得到的极值点称为 SIFT 特征点。

6. 特征点方向

除了尺度信息外，SIFT 算法还可以检测特征点的旋转角度，主要通过统计特征点邻域范围内所有像素的梯度方向实现。

直方图统计对象为多尺度高斯空间中的高斯图像，高斯图像的尺度由特征点尺度决定，选取与特征点尺度距离最近的高斯图像。在该高斯图像中，以某特征点为中心依次计算邻域内所有像素点的梯度幅值与梯度方向，计算公式如下：

$$m(x,y)=\sqrt{[L(x+1,y)-L(x-1,y)]^2+[L(x,y+1)-L(x,y-1)]^2}$$

$$\theta(x,y)=\arctan\frac{L(x,y+1)-L(x,y-1)}{L(x+1,y)-L(x-1,y)} \tag{4-19}$$

式中，L 为高斯图像像素值。

图 4-15 给出一个分配特征点梯度方向的实例。如图 4-15 (a)所示，特征点位置为 z5 像素，根据其邻域 3×3 范围内所有像素(z1～z9)的梯度信息为特征点分配梯度变化方向。为便于表示，设 z1～z5 像素的梯度幅值均为 1，如图 4-15 (b)所示，z1～z5 像素的梯度方向如图 4-15 (c)、(d)所示。

z1	z2	z3
z4	z5	z6
z7	z8	z9

(a)高斯图像

1	1	1
1	1	1
1	1	1

(b)各像素梯度幅值

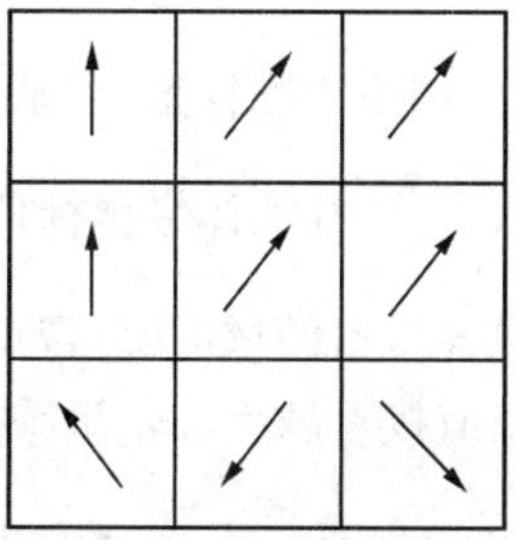

(c)各像素梯度方向图形

$$\begin{bmatrix}\frac{\pi}{2} & \frac{\pi}{4} & \frac{\pi}{4}\\ \frac{\pi}{2} & \frac{\pi}{4} & \frac{\pi}{4}\\ \frac{3\pi}{4} & \frac{5\pi}{4} & \frac{7\pi}{4}\end{bmatrix}$$

(d)各像素梯度方向数值

$$\frac{1}{16}\times\begin{bmatrix}1 & 2 & 1\\ 2 & 4 & 2\\ 1 & 2 & 1\end{bmatrix}$$

(e)高斯分布权重系数

图 4-15　特征点方向分配

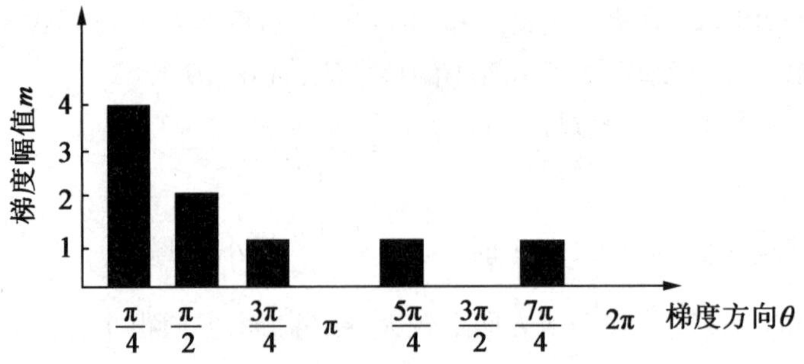

(f)梯度方向直方图(未采用高斯分布加权)

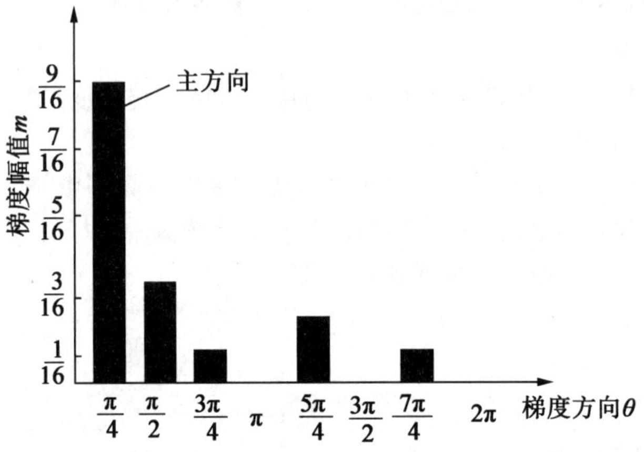

(g)梯度方向直方图(采用高斯分布加权)

续图 4-15

梯度方向直方图的横轴表示梯度方向,方向的范围为[0°,360°],分为 8 组,每组的角度范围为$\left[\frac{\pi}{4}\quad\frac{\pi}{2}\quad\frac{3\pi}{4}\quad\pi\quad\frac{5\pi}{4}\quad\frac{3\pi}{2}\quad\frac{7\pi}{4}\quad2\pi\right]$,其纵轴表示梯度幅值的求和。求和分两种情况,一种不考虑权重,对某个方向的像素点梯度幅值直接求和,如图 4-15(f)所示,图中梯度方向为$\frac{\pi}{4}$,柱状体纵坐标值为 4,表示 z2、z3、z5、z6 的梯度幅值求和为 4。另一种情况考虑为邻域各像素的梯度幅值赋予一定权重,Lowe 使用高斯分布函数,使离特征点越近的像素梯度幅值权重越大。这里采用图 4-15 (e)所示的高斯分布函数,建立梯度方向直方图如图 4-15 (g)所示。由于 z5 的权重值最高,因此图 4-15 (g)中梯度方向为$\frac{\pi}{4}$的柱体为直方图峰值。

SIFT 算法利用梯度方向直方图为特征点处邻域梯度变化分配方向。通常将直方图的峰值所在梯度方向设为该特征点的主方向。而直方图中存在多个峰值时,则峰值大于主方向峰值 80%的梯度方向就设为该特征点的辅方向。图 4-15(g)中,梯度方向为$\frac{\pi}{2}$的峰值远低于 80%的比例,因而没有辅方向。

除了主方向之外,辅方向的定义是有重要意义的,可以明显提高 SIFT 特征匹配效果的稳定性。编程实现时，处理具有辅方向的特征点的方法是将其看作多个特征点，这些特征点具有相同的空间位置和尺度坐标，以及不同的梯度方向。

至此，SIFT 算法检测了特征点的位置、尺度、方向信息，下面将为每个特征点定义一个特征向量作为其描述符。

7. SIFT 特征描述符

SIFT 特征描述符不但包括特征点位置、尺度、梯度信息，也包含其邻域像素点的位置、尺度、梯度方向信息，具有较高独特性。描述符的建立过程如下。

首先将特征点邻域范围内的像素坐标根据特征点主方向进行旋转，以确保旋转不变性。旋转后邻域内像素点的新坐标为

$$\begin{bmatrix} x' \\ y' \end{bmatrix} = \begin{bmatrix} \cos\theta & -\sin\theta \\ \sin\theta & \cos\theta \end{bmatrix} \begin{bmatrix} x \\ y \end{bmatrix} \tag{4-20}$$

然后根据特征点在尺度空间中的位置，确定特征点所在高斯模糊图像。以特征点为中心，在邻域范围内对像素点分区，如图 4-16 所示。邻域范围包括 8×8 共 64 个像素点，按 4×4 大小共 16 个子区域。计算每个子区域中所有像素点的梯度信息，并按 8 个方向进行分类统计子区域梯度方向直方图。则该特征点的 SIFT 描述符为 4×4×8 共 128 维的梯度方向向量。Lowe 进一步对方向向量进行了归一化操作，消除了图像整体上均匀变化的光照影响。

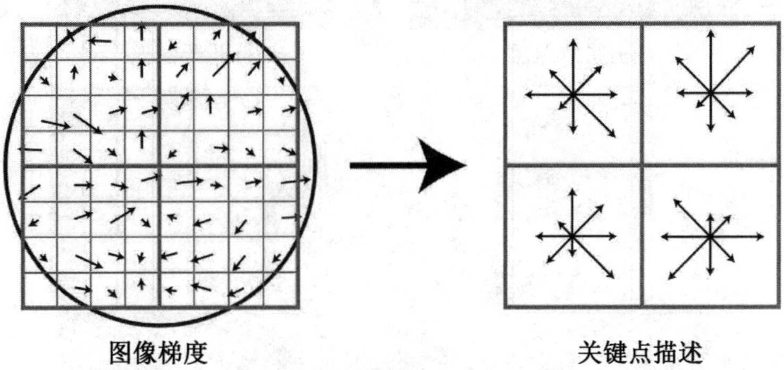

图 4-16　特征描述符

8. SIFT 特征匹配

图像匹配是 SIFT 角点检测的典型应用，常见的匹配思路是对两幅图像分别检测其特征点，建立特征点描述符，得到两组特征点描述符集合，然后两幅图像的所有特征点描述符集合进行相似性匹配。相似性的判断依据通常采用欧式距离计算，两组集合中的描述符之间的欧式距离越小，两者相似性越高，超过一定阈值，则两个特征点之间具有匹配关系，过程如图 4-17 所示。

图 4-18 展示了利用 SIFT 特征提取图像匹配，根据匹配结果实现图像拼接的实例。其中，图 4-18(a)和图 4-18(b)为由一台摄像机拍摄的两幅图像，两者具有水平变换关系。图 4-18(c)给出了两幅图像的 SIFT 特征匹配效果。

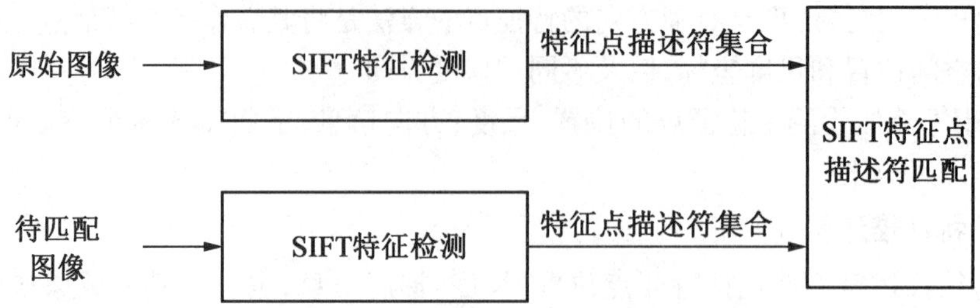

图 4-17 SIFT 特征匹配

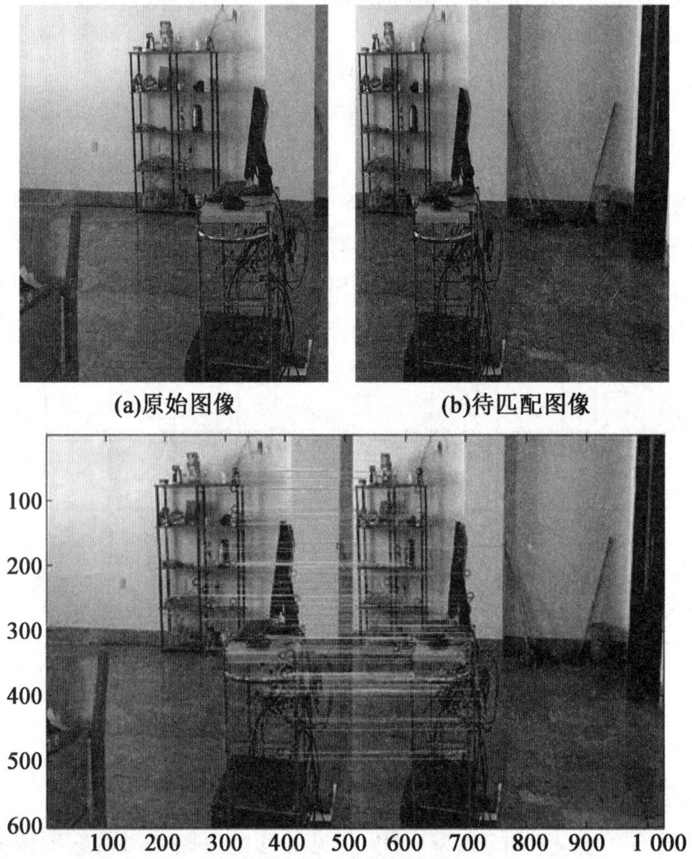

(a)原始图像 (b)待匹配图像

(c)特征点匹配效果

图 4-18 SIFT 特征匹配实例

4.1.3 ORB 角点检测

有向 FAST 角点和旋转 BRIEF 描述子(Oriented FAST and Rotated BRIEF,ORB)是一种快速特征点提取和描述的算法。检测算法由两部分构成,即 Oriented FAST 和 Rotated BRIEF,分别对应特征点提取和描述。ORB 算法最大的特点就是计算速度快,运行时间大概只有 SIFT 算法的 1%,SURF 算法的 10%。由于使用 FAST 加速了关键点提取和使用 BRIEF 方法快速计算二进制串形式的描述子,因此 ORB 算法不仅节约了存储空间,还大大缩短了计算和匹配时间。

1. oFAST **角点提取**

ORB 算法采用 oFAST 检测角点位置。oFAST 即快速旋转(Oriented FAST)，是 FAST 角点检测的改进算法，与 FAST 算法相比，oFAST 角点提取进一步减少了运算量并提出了角点特征的方向信息的计算方法，使得 ORB 角点检测法能够处理图像场景中物体发生旋转变换的情形。

为说明 oFAST 算法，下面首先分析 FAST 提取角点过程。FAST 判断某个像素是否为角点的依据是，对比该像素与邻近像素的灰度值大小，若两者差异较大，则该像素为角点。如图 4-19 所示，当前像素为阴影区域内 p 点，以 p 点为圆心作圆，圆的上半部分经过的像素点全为白色，圆的下半部分经过的像素点全部为黑色。圆周上每个像素点相对于 p 点的明暗对比关系分为 3 种情况：①圆周上像素点与 p 点相比，像素值更高，更明亮，如公式(4-21)中 b 描述；②圆周上像素点与 p 点相比，像素值接近，亮度接近，如公式(4-21)中 s 描述；③圆周上像素点与 p 点相比，像素值更低、更暗，如公式(4-21)中 d 描述。

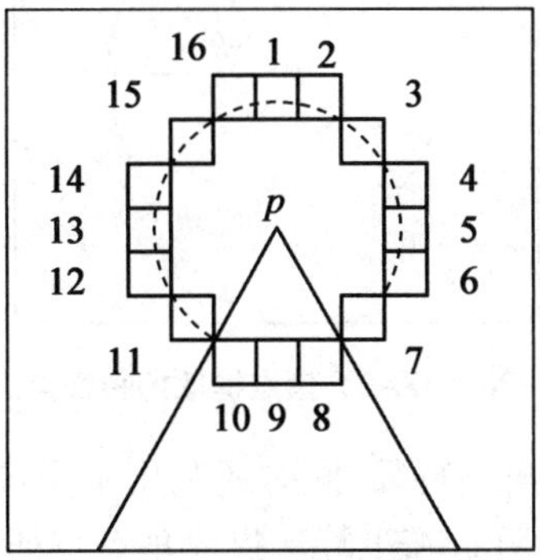

图 4-19　FAST 特征点

$$S_{p,x}=\begin{cases}d, & I_{p,x}\leqslant I_p-t, \text{更暗}\\ s, & I_p-t\leqslant I_{p,x}<I_p+t, \text{相似}\\ b, & I_p+t\leqslant I_{p,x}, \text{更亮}\end{cases} \tag{4-21}$$

式中，$I_{p,x}$ 表示圆周上的像素灰度值；I_p 表示 p 点的灰度值。FAST 算法在圆周上连续对比 n 个像素点的灰度值与 p 点的灰度值差异，若都超过一定的阈值 t，则 p 点为角点。

考虑到如果 p 点是特征点，则 p 点周围前后左右 4 个方向上的 3 个或 3 个以上的像素值应该都大于或者小于 p 点的灰度值。oFAST 进一步简化了该判断过程，省略对比圆周经过所有像素点与 p 点的环节，仅对比 p 点邻近 4 个像素，即图 4-19 中的 1、9、5、13 号像素与 p 点像素的灰度值大小，从而评估 p 点是否为角点。通过这种方式，oFAST 提高了角点检测速度。

oFAST 算法利用图像矩的概念定义特征点的方向向量。如图 4-20 所示，p 点为特征点，C 点是以特征点为圆心、r 为半径的邻域范围图像质心。oFAST 首先计算质心 C 点的坐标，如下所示：

$$C=\left(\frac{m_{10}}{m_{00}},\frac{m_{01}}{m_{00}}\right)$$

$$m_{pq} = \sum_{x,y \in \mathbf{Z}} x^p y^q I(x,y), \quad p = 0,1; q = 0,1 \tag{4-22}$$

式中，$I(x,y)$为像素灰度值。

oFAST 对特征点的方向向量定义是：特征点指向区域图像质心的向量，计算过程如下。令特征点 p 的坐标为笛卡儿坐标系的原点(0,0)，则特征点 p 指向质心 C 的向量方向为该特征点的方向，该方向由角度 θ 描述，如图 4-20 所示，其计算公式为

$$\theta = \arctan \frac{m_{01}}{m_{10}} \tag{4-23}$$

得到角度 θ 后，oFAST 对特征点邻域范围内的像素点以特征点为圆心旋转角度 θ，使特征点及其周围邻域范围内的像素对齐特征点方向，从而使得 ORB 算法具有旋转不变性。

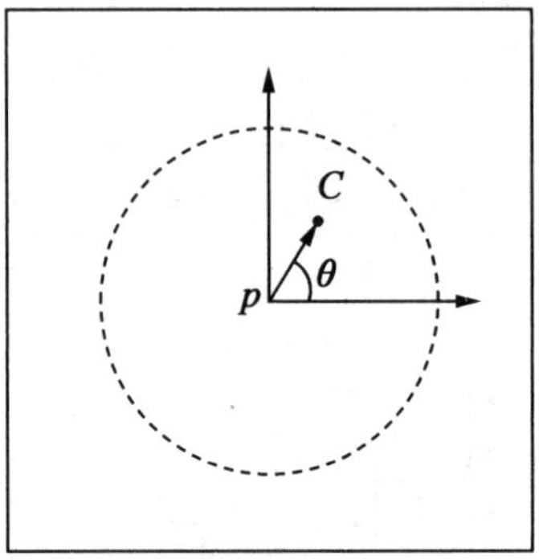

图 4-20 oFAST 角点提取的特征点方向

ORB 算法采用 oFAST 检测角点特征，同时还利用了图像金字塔的概念，建立图像尺度高斯空间，在多个尺度空间中使用 oFAST 算法提取角点特征，因而 ORB 算法能够短时间内提取大量的角点特征。其中部分特征点可能由边缘响应产生，Harris 角点响应函数（如公式(4-8)所示）在 ORB 算法中亦得到应用，以筛选出真正的角点特征，具体方法是通过计算所有 FAST 特征点的响应值，选取其中响应值最大的多个特征点为角点特征，其过程在此不再赘述。

2. BRIEF **特征描述符与** steered BRIEF **特征描述符**

ORB 角点检测为角点设定一个描述向量，称为鲁棒的二进制独立描述子描述符（Binary Robust Independent Elementary Features，BRIEF）。BRIEF 描述符是一组元素为 0 或 1 的向量。BRIEF 描述符的构建过程是以特征点为中心，在邻域内选取 n 对像素点(p_i,q_i)，$i=1,\cdots,n$，一般 n 取值 128 或 256，并比较它们的灰度值大小，根据公式建立 BRIEF 描述符。描述符为长度为 n 的二值向量，向量的第 i 个元素的取值由下式设定：

$$B(i) = \begin{cases} 1, & I(p_i) > I(q_i) \\ 0, & I(p_i) \leqslant I(q_i) \end{cases} \tag{4-24}$$

式中，$B(i)$称为该特征点的 BRIEF 描述符第 i 个 bit 位，其数值为 0 或 1。

BRIEF 特征描述符并不包含特征点的方向信息，因而当图像场景中物体发生旋转时，同一个物体的 BRIEF 特征描述符在旋转前后差异很大。

为解决该问题，研究者们提出了 Steered BRIEF 特征描述符，在描述特征点时带入了特

征点方向向量的角度信息 θ。Steered BRIEF 特征描述符的计算过程如下：

(1)对齐特征点邻域内像素点坐标。设某特征点邻域范围内的 n 个像素对(p_i,q_i),$i=1,\cdots,n$,这些像素的点坐标记为(x_i,y_i),$i=0,1,\cdots,n$。设该特征点方向向量旋转角度为 θ,则 n 个像素对(p_i,q_i)可根据该旋转角度 θ 旋转对齐,对齐后的新坐标记为 $\boldsymbol{M}'$,则 $\boldsymbol{M}'$可由其原坐标(x_i,y_i),$i=0,1,\cdots,n$ 计算得到,求取公式为

$$\boldsymbol{M}'=\boldsymbol{M}\boldsymbol{R}^*,\quad \boldsymbol{M}=\begin{bmatrix} x_1 & y_1 \\ \vdots & \vdots \\ x_n & y_n \end{bmatrix},\quad \boldsymbol{R}^*=\begin{bmatrix} \sin\theta & \cos\theta \\ \cos\theta & -\sin\theta \end{bmatrix} \tag{4-25}$$

式中,$\boldsymbol{M}$ 为邻域内像素的原坐标。

(2)在坐标对齐后的像素点中,按照 BRIEF 方式选取像素点对,并使用式(4-24)取得的 BRIEF 特征描述符,称为 steered BRIEF 特征描述符。steered BRIEF 特征描述符具有旋转不变性。

3. rBRIEF 特征描述符

研究者 Rublee 通过统计 1×10^5 个特征点的 BRIEF 描述符和 steered BRIEF 描述符,对比了两种描述符的 bit 位方差分布和相关性情况。BRIEF 描述符 bit 位平均值呈现以 0.5 为中心的高斯分布,方差分布大,相关性低;与 BRIEF 描述符相比,steered BRIEF 描述符 bit 位平均值分布于 0~1 范围内,方差分布小,相关性高。这说明 steered BRIEF 特征描述符区分特征点的能力较弱,不利于图像匹配应用。

针对该问题,ORB 算法提出了 rBRIEF 特征描述符,该描述符的 bit 位通过学习训练获取。训练样本集由 PASCAL2006 图像集的 m 个角点特征组成($m=300\ 000$),学习原则是大方差、低相关性。根据学习结果选取 256 个像素对形成 bit 位作为 rBRIEF 特征描述符,具体计算过程如下。

首先定位特征点。采用 oFAST 算法提取 PASCAL2006 图像集的特征点坐标,得到 30 万个特征点作为待学习的训练集。然后建立特征点描述符训练集。设定特征点描述符的选取像素区域,如图 4-21 所示,31×31 大小的正方形中心为特征点,在该区域内选择一定数量的像素点对以决定其描述符各 bit 位的数值。图 4-21 中显示了 2 个像素点,对应了特征点描述符的第 1 个和第 2 个 bit 位。实际应用时噪点是广泛存在的,针对这种情况,Rublee 先采用高斯加权窗口对像素点周围 5×5 区域内加权平均,平均后的像素值再根据公式进行比对,确定 bit 1 和 bit 2 的值。图 4-21 中显示了这个过程,高斯加权窗口由彩色方块表示,方块中心为高斯滤波后的像素点,一对像素点决定描述符的某个 bit 位数值,如 bit 1、bit 2。像素对的数量 N 由邻域范围和高斯窗口大小决定。列举 31×31 大小的邻域范围内所有可能的像素对,$N=C((31-5)^2,2)$,再排除重叠的像素对,得到 205 590 个像素对,也就是说特征点描述符有 205 590 个 bit 位。

30 万个特征点的描述符向量组成特征点描述符训练集,表示为矩阵 $\boldsymbol{M}$,各元素为 0 或 1。矩阵中每一行对应某个特征点的描述符,$M(i,j)$的实际意义为第 i 个特征点的描述符中第 j 个 bit 位,如图 4-22 所示。

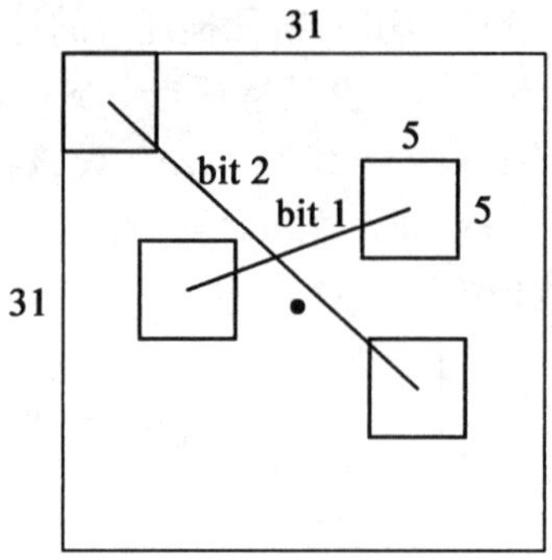

图 4-21 像素点对的选取

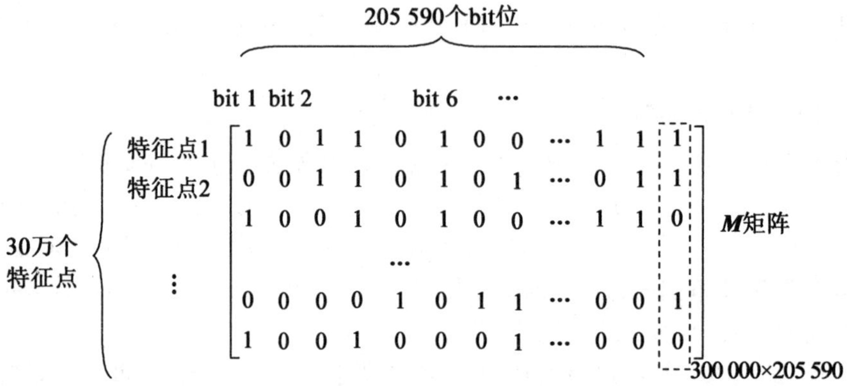

图 4-22 特征点描述符训练集示例

描述符越真实描述角点特征,对角点的区别能力越强,反映到描述符的统计特性上,是要求描述符各 bit 位数值具有方差大的特点。特征点的描述符向量之间的相关性越低,特征匹配的准确性越高。以大方差和低相关两个原则为设计目标,Rublee 提出了 rBRIEF 描述符,采用两步法保证 rBRIEF 具有这两个特性。

第一步,确定方差最大的 bit 位。计算矩阵 ***M*** 每一列的均值与 0.5 的差值,并排序,同时 ***M*** 各列按照同样顺序排序得到新的矩阵 ***T***,如图 4-23 所示,这里假设 bit 6、bit 2 和 bit 7 的列向量在序列中分别处于第 1、2、3 位,其中 bit 6 列的均值与 0.5 的差距最小,位于矩阵 ***T*** 的第 1 列。矩阵 ***T*** 的首列数据的均值与 0.5 的差距最小,也就是说这一列数据方差最大,因而该 bit 位需要保留下来成为 rBRIEF 的一部分。rBRIEF 以矩阵 ***R*** 的形式存储, ***T*** 的第一列数据存储在 ***R*** 矩阵的第一列向量位置,就是说 ***R*** 矩阵的第一列保存的是 30 万个特征点的 rBRIEF 描述符的第 1 个 bit 位。图 4-23 中箭头表示,bit 6 列数据赋予 ***R*** 矩阵的第 1 列。

rBRIEF 描述符共有 256 个 bit 位。Rublee 的第二步是确定剩余 255 个 bit 位的数据。先在矩阵 ***T*** 中删除首列 bit 6,取矩阵 ***T*** 第 2 列向量,计算它与矩阵 ***R*** 中第 1 列数据向量之间的相关性。如图 4-24 所示,若相关性低于某阈值,把矩阵 ***T*** 的下一列向量放入矩阵 ***R*** 第 2 列,如虚线箭头指向所示。之后,在矩阵 ***T*** 中删除第 2 列 bit 2,取第 3 列 bit 7 与矩阵 ***R*** 中已存在的前两列向量计算相关性,若有相关性高于某个阈值的情况,就在矩阵 ***T*** 中删除 bit 7 列,继续取第 4 列与 ***R*** 中已存在的向量计算相关性,并根据相关性阈值的大小决定是否在

R 中保留第 4 列向量。不断重复该过程，直到矩阵 ***R*** 的 256 个列向量全部筛选出。若 ***T*** 中所有列向量全部比较过后，筛选出的列向量数量少于 256，则适当提高相关性阈值重新筛选。

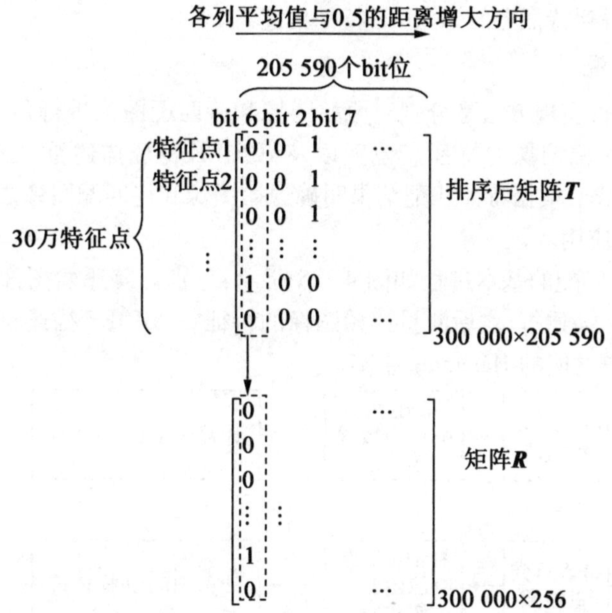

图 4-23　rBRIEF 描述符的大方差 bit 位生成过程演示

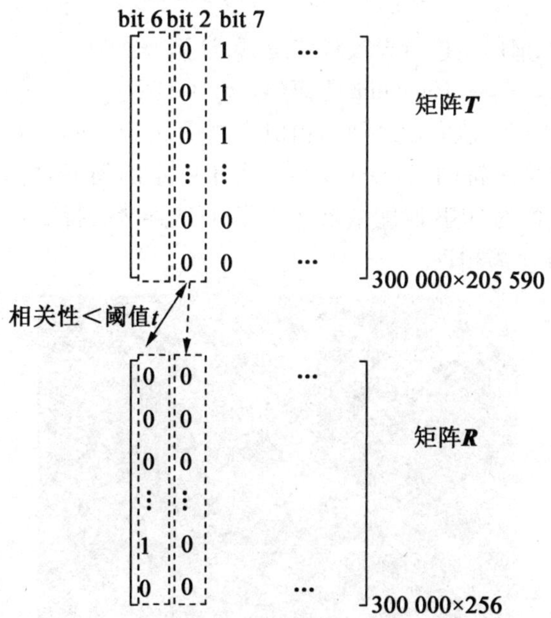

图 4-24　rBRIEF 描述符的低相关性 bit 位生成过程演示

搜索算法选用贪心搜索法。搜索过程结束后，矩阵 ***R*** 的 256 个列向量为所有特征点的 rBRIEF 特征描述符。综上所述，ORB 角点检测算法的原理是通过 oFAST 算法快速提取图像中各尺度疑似角点特征，实现多尺度不变性检测；之后使用 Harris 角点响应函数精确定位真正的角点，并为计算特征点方向，旋转各特征点邻域图像对准特征点方向，使得 ORB 算法能够应对图像场景存在旋转变换的情况；根据学习过程得到的像素点对坐标，对比特征点邻域内的像素点对，得到特征点的 rBRIEF 特征描述符。

4. ORB **特征匹配**

图像匹配的一种实现方法是分别对原始图像和待匹配图像进行角点特征能检测，如通过 ORB 算法得到两幅图像的特征点位置以及 rBRIEF 特征描述符，之后对所有特征点的 rBRIEF 进行特征匹配，根据特征匹配结果明确原始图像和待匹配图像之间的变换关系。这是特征匹配的典型应用。

ORB 角点特征匹配的基本过程如图 4-25 所示，分别计算原始图像与待匹配图像中每个特征点的 rBRIEF 描述符，之后测量原始图像的特征点 rBRIEF 描述符与待匹配图像的特征点 rBRIEF 描述符之间的 Hamming 距离。

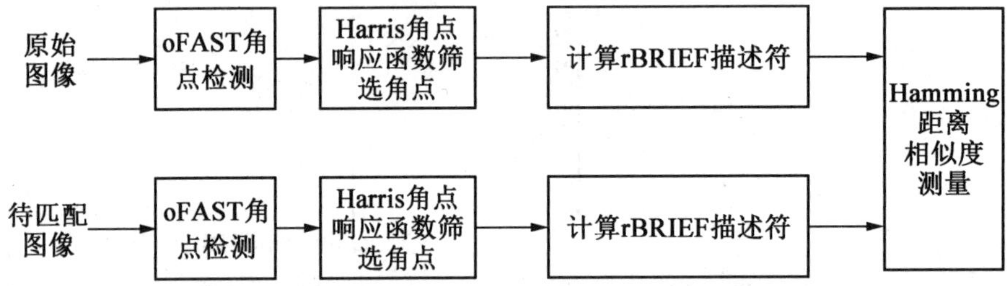

图 4-25　ORB 角点特征匹配

Hamming 距离对二值向量进行异或求和运算，计算公式为

$$\text{Hamming 距离}(\boldsymbol{v}_1,\boldsymbol{v}_2)=\boldsymbol{v}_1\oplus\boldsymbol{v}_2 \tag{4-26}$$

Hamming 距离适用于二值向量之间的相似度测量，Hamming 距离越大说明两个特征点越相似，当两个特征点描述符的 Hamming 距离大于一定的阈值时，两个特征点完成匹配。图 4-26 给出了两幅图像的 ORB 匹配结果，两幅图直线连接的特征点为匹配上的特征点，两者 rBRIEF 的 Hamming 距离相近。

图 4-26　ORB 特征匹配效果图

4.2　RANSAC 图像匹配

计算机视觉任务中，特征匹配常用于图像匹配，原始图像与待匹配图像之间的几何变换模型由特征匹配的结果估算得到，特征匹配的精度决定了图像匹配的效果。随机抽样一致 Random Sample Consensus，RANSAC）算法是一种对被观测数据建模的迭代算法，在迭代中排除各种原因造成的坏点数据干扰，得到更符合真实情形的数据模型。应用在计算机视觉任务中，RANSAC 算法对特征点信息进行更准确的图像匹配。Harris、SIFT 或 ORB 角点检测法得到的角点特征数量众多，由于噪声干扰或者角点检测失误，其中部分特征点是虚假的角点，不能反映真实场景的特征。这些特征点用于图像匹配时影响匹配精确度。RANSAC 图像匹配算法采用迭代的方式筛选出更精确的特征点，在此基础上估计原始图像与待匹配图像之间的几何变换模型参数，以完成图像拼接等后续视觉处理任务。

RANSAC 算法假定特征点的集合中总是包含有效的特征点和一定数量的无效特征点（坏点），坏点越多，估计的几何变换模型越偏离真实模型。为消除坏点影响几何模型估计的准确性，RANSANC 算法通过迭代的方法筛选出有效特征点，算法设计思路为：在所有特征点中选择一部分特征点，称为内点；除了内点之外，其余特征点称为外点。首先使用内点数据估计模型参数，再检查所有外点数据是否符合该模型，把所有符合该模型的外点数据归为内点数据。不断重复该过程，当内点率达到一定的阈值或者迭代次数完成时，终止迭代过程，使用此时得到的内点数据集合再一次估计模型参数，从而得到优化后的模型。

下面以 RANSAC 算法估计仿设变换模型说明 RANSAC 算法的匹配过程。假定原始图像和待匹配图像之间存在仿射变换，两幅图像的像素坐标之间的对应关系如下：

$$\begin{bmatrix} u \\ v \end{bmatrix} = \begin{bmatrix} b_{11} & b_{12} \\ b_{21} & b_{22} \end{bmatrix} \begin{bmatrix} u' \\ v' \end{bmatrix} + \begin{bmatrix} t_u \\ t_v \end{bmatrix} \tag{4-27}$$

转换为齐次坐标表达方式，有

$$[u \quad v \quad 1]^{\mathrm{T}} = \boldsymbol{B}[u' \quad v' \quad 1]^{\mathrm{T}} \tag{4-28}$$

式中，(u,v) 和 (u',v') 为特征点对；$\boldsymbol{B} = \begin{bmatrix} a_{11} & a_{12} & t_u \\ a_{21} & a_{22} & t_v \\ 0 & 0 & 1 \end{bmatrix}$ 为仿射矩阵。

RANSAC 算法通过估算 $\boldsymbol{M}$ 矩阵参数建立原始图像与待匹配对象之间几何变换关系，主要步骤如下。

（1）假设经过 SIFT 或 ORB 角点检测得到 s 对匹配特征点对，随机选取其中 n 对特征点作为内点数据集合 C_0，根据公式 $\begin{bmatrix} u \\ v \end{bmatrix} = \begin{bmatrix} a_{11} & a_{12} \\ a_{21} & a_{22} \end{bmatrix} \begin{bmatrix} u' \\ v' \end{bmatrix} + \begin{bmatrix} t_u \\ t_v \end{bmatrix}$，建立 n 对特征点之间的对应关系，表示为

$$\boldsymbol{M} \cdot \boldsymbol{b} = \boldsymbol{m} \tag{4-29}$$

式中

$$
\boldsymbol{M}=\begin{bmatrix} u_1' & v_1' & 1 & 0 & 0 & 0 \\ 0 & 0 & 0 & u_1' & v_1' & 1 \\ \vdots & \vdots & \vdots & \vdots & \vdots & \vdots \\ u_n' & v_n' & 1 & 0 & 0 & 0 \\ 0 & 0 & 0 & u_n' & v_n' & 1 \end{bmatrix}_{2n\times 6},\quad \boldsymbol{b}=\begin{bmatrix} a_{11} \\ a_{12} \\ t_u \\ a_{21} \\ a_{22} \\ t_v \end{bmatrix},\quad \boldsymbol{m}=\begin{bmatrix} u_1 \\ v_1 \\ \vdots \\ u_n \\ v_n \end{bmatrix} \tag{4-30}
$$

向量 $\boldsymbol{b}$ 包含仿射变换所有未知参数,可由最小二乘法求得

$$
\boldsymbol{b}=(\boldsymbol{M}^{\mathrm{T}}\boldsymbol{M})^{-1}\boldsymbol{M}^{\mathrm{T}}\boldsymbol{m}
$$

为方便表示,将向量 $\boldsymbol{b}$ 记为内点数据集合 C_0 对应的仿射变换模型 $\boldsymbol{b}_0$。

(2)在全部 s 对特征点对中,多次随机提取 n 对特征点作为内点数据集合,如 $C_1,C_2,C_3,\cdots$,按上述最小二乘法确定每组内点数据集合对应的仿射变换模型 $\boldsymbol{b}_1,\boldsymbol{b}_2,\boldsymbol{b}_3,\cdots$。

(3)将所有特征点对代入每个仿射变换模型下,计算每个仿射模型的估计误差。选择误差最小的仿射变换模型作为初始模型。

(4)检测 s 对特征点对中余下的$(s-n)$对特征点是否符合该模型,所有符合该模型的特征点对都视为新的内点数据。假设此步有 t 对特征点成为内点数据,那么现在的内点数据包括$(n+t)$对特征点。

(5)利用这些内点数据,重复最小二乘法求取参数向量 $\boldsymbol{b}$,完成对仿射模型 $\boldsymbol{b}$ 的更新。

不断重复步骤(1)~(5),直到内点率达到一定阈值(如 95%)或者满足迭代次数,最终估算出描述两幅图像仿射变换关系的模型,同时在这个过程中,剔除误匹配的特征点对。

4.3 Hough 变换检测直线特征和圆特征

4.3.1 Hough 变换检测直线特征

直线特征在图像场景中非常普遍,常见于建筑、道路、桥梁等人工环境。很多计算机视觉任务需要提取场景中的直线特征,以进行后续图像定位、识别。

Hough 变换直线检测法是一种经典的直线特征检测方法,其思路是把在图像空间中的直线检测问题转化到参数空间中点的检测问题,通过在参数空间里进行简单的累加统计完成检测任务,下面详细分析 Hough 变换法的直线检测原理。

在笛卡儿空间 xOy 中,有过 P 点的直线 L,P 点坐标为(x,y),O 为坐标系原点。如图 4-27 所示,过原点 O 作直线 L 的垂线,垂线与 L 相交于 a 点,则原点 O 到直线 L 的距离为线段 Oa 的长度,记为 ρ,垂线与横轴 x 的夹角为 θ。

由直角△OaP 可知,过 P 点的直线方程表示为

$$
\rho=\sqrt{x^2+y^2}\cos\left(\theta-\arctan\frac{y}{x}\right)=x\cos\theta-y\sin\theta \tag{4-31}
$$

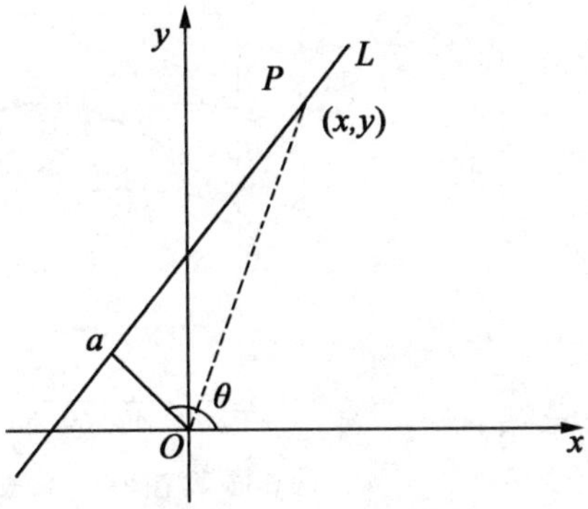

图 4-27　过 P 点的直线

固定 P 点坐标 (x,y)，参数 (ρ,θ) 为一特定值时，式(4-31)在笛卡儿空间的几何意义是通过 P 点的一条直线。当参数 (ρ,θ) 为变量时，式(4-31)在笛卡儿空间代表过 P 点的无数条直线。

在参数空间 $\rho\theta$ 中，式(4-31)的几何意义显示为一条余弦曲线，曲线频率和幅值由 P 点的笛卡儿系坐标 (x,y) 确定，横轴为 $\theta\in[0,\pi]$，纵轴为 $\rho\in[0,\rho_{\max}]$，$\rho_{\max}$ 为原图像的对角线长度。式(4-31)在两个空间中的几何意义说明，笛卡儿空间中过 P 点的无数条直线对应参数空间中一余弦曲线。过 P 点的某一条直线，若其参数为 (ρ_i,θ_i)，则这条直线对应参数空间中一余弦曲线上的点，该点的参数空间坐标为 (ρ_i,θ_i)。

以三点共线为例，假设笛卡儿空间中有共线的三个点记为 $P_1(x_1,y_1)$、$P_2(x_2,y_2)$、$P_3(x_3,y_3)$，三点位于同一条直线 $\hat{L}$ 上，如图 4-28 (a)所示，图中 $(x_1,y_1)=(1,1)$，$(x_2,y_2)=(2,2)$，$(x_3,y_3)=(3,3)$。过 P_1 点的无数条直线对应参数空间中一条余弦曲线 c_1，同理，过 P_2、P_3 点的无数条直线分别对应参数空间中两条余弦曲线 c_2、c_3。在参数空间中，三条余弦曲线 c_1、c_2、c_3 相交于同一点，如图 4-28 (b)所示。交叉点记为 $(\hat{\rho},\hat{\theta})=\left(0,\dfrac{\pi}{4}\right)$，代入式(4-31)，得到 $P_1(x_1,y_1)$、$P_2(x_2,y_2)$、$P_3(x_3,y_3)$ 共线的直线方程为

$$0=\sqrt{x^2+y^2}\cos(\theta-\pi/4)=\cos\theta$$

整理得笛卡儿空间中直线 $\hat{L}$ 的直线方程为

$$y=x$$

利用直线特征在笛卡儿空间和参数空间之间的这种对应关系，Hough 变换检测直线特征的原理是将包含直线特征的二维图像转换到参数空间，在参数空间中检测交叉点，确定直线参数。在视觉任务中，假设已获取图像中一组边缘像素的图像坐标 (x_i,y_i)，$i=0,\cdots,n-1$，利用 Hough 变换实现边缘像素所在直线特征，实现过程如下。

(1)计算初始边缘像素点 (x_0,y_0) 对应的余弦曲线。令参数 θ 在 $[0,2\pi]$ 内以 $\Delta\theta$ 采样 $\theta_j=j\Delta\theta$，$j=0,1,\cdots,m$，将像素坐标 (x_0,y_0) 与 θ 的采样值 θ_j 代入公式(4-31)，得到 $\rho_{j,0}$，$j=0,1,\cdots,m$，$\rho_{j,0}$ 的下标 0 表示对应点 (x_0,y_0)。在参数空间中，参数对 $(\rho_{j,0},\theta_j)$，$j=0,1,\cdots,m$ 表示像素点 (x_0,y_0) 对应的余弦曲线。

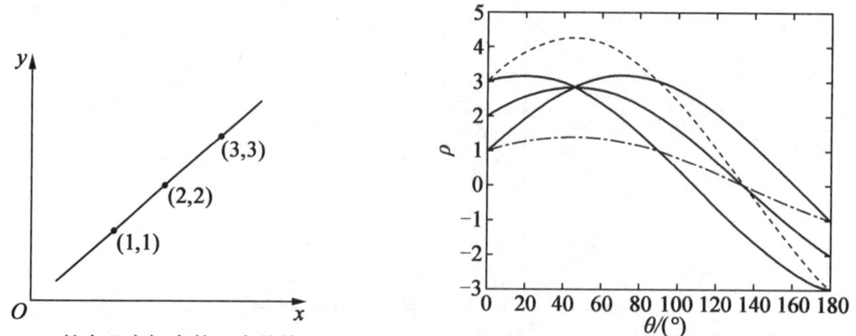

(a)笛卡儿空间中的三点共线 (b)参数空间中三条三角函数曲线交于一点

图 4-28 参数空间与笛卡儿空间的三点共线

(2)重复以上过程，计算每个边缘像素点(x_i, y_i)，$i=0,\cdots,n-1$ 对应的余弦曲线$(\rho_{j,i}, \theta_j)$，$i=0,\cdots,n-1,j=0,1,\cdots,m$。

(3)确定余弦曲线的交叉点。按照 $\theta_j=j\Delta\theta, j=0,1,\cdots,m$，$\rho_k=k\Delta\rho, k=0,1,\cdots,q$，将参数空间划分为多个矩形区域，统计每一条余弦曲线$(\rho_{j,i}, \theta_j)$，$i=0,\cdots,n-1,j=0,1,\cdots,m$ 出现在参数空间各区域的次数。

(4)当$(\rho_{j,i}, \theta_j)$，$i=0,\cdots,n-1,j=0,1,\cdots,m$ 在某个矩形区域出现的次数超过一定阈值时，即该区域为多条余弦曲线交叉区域，将该区域对应的参数$(\dot{\rho}, \dot{\theta})$代入公式(4-31)，得到相关边缘像素点所共线的直线方程表达式为 $\dot{\rho}=x\cos\dot{\theta}+y\sin\dot{\theta}$。

图 4-29 给出了一组利用 Hough 变换检测直线特征的例子。图 4-29(a)有 2 个重叠的矩形区域显示直线轮廓，假设已完成直线轮廓的像素级定位，得到图 4-29 (b)，白色像素显示出轮廓所在位置，所有白色像素的坐标已知。这些白色像素进行 Hough 变换，变换到参数空间，如图 4-29 (c)所示，该图的横轴为距离参数 ρ，纵轴为角度参数 θ。图 4-29 (c)显示了大量余弦曲线，这些余弦曲线汇聚于 8 个交汇点，位于图 4-29 (d)的虚线区域。它们包含了图 4-29 (b)中的 8 段直线轮廓的信息，计算得到 8 组直线，如图 4-29 (e)所示。

(a)原始图 (b)直线轮廓

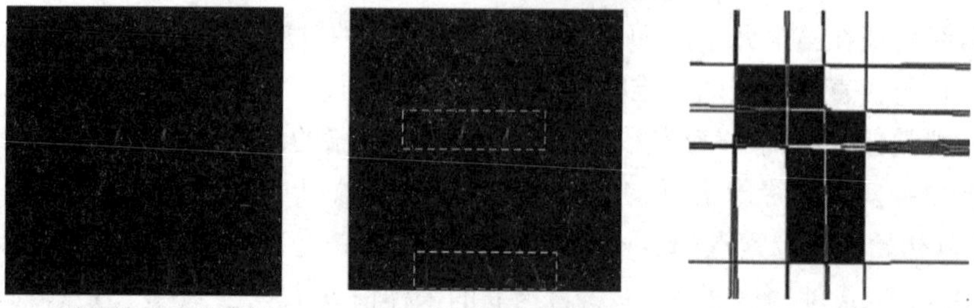

(c)直线轮廓在参数空间 (d)交叉点对应直线特征 (e)直线检测结果

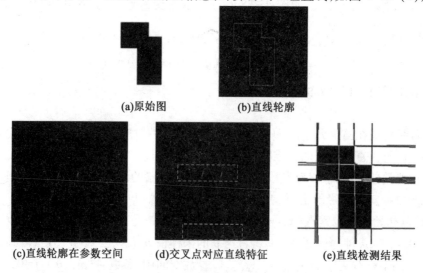

图 4-29 Hough 变换检测直线特征

4.3.2　Hough 变换检测圆特征

Hough 变换不仅能够检测直线特征，还可以检测图像中的圆的几何形状。圆在人工或自然环境中非常常见，例如灯、建筑物、轮胎等物品的轮廓一般都是圆形，圆形特征的检测在计算机视觉任务中有重要作用。

类似于 Hough 变换直线检测，Hough 变换圆检测方法是将笛卡儿空间下的圆映射到参数空间中，由交叉点确定圆的方程。假设二维笛卡儿空间 xOy 中有一圆半径为 r，圆心坐标为 (a,b)，则圆的表达公式为

$$(x-a)^2-(y-b)^2=r^2 \tag{4-32}$$

式中，参数 (a,b) 给出圆心所在位置，半径 r 决定圆的大小，坐标 (x,y) 确定了笛卡儿空间 xOy 中圆上某点具体位置。式(4-32)还可以看作以坐标 (x,y) 为圆心，半径为 r 的圆，(a,b) 指定了圆上某点位置。当半径 r 变化时，式(4-32)表示无数个同心圆，圆心坐标为 (x,y)。

在三维参数空间 $abOr$ 中，式(4-32)表现为一个圆锥，如图 4-30 所示。以 2 点共圆为例，若笛卡儿空间中有一圆，圆上有 2 点 (x_1,y_1)，(x_2,y_2)，如图 4-30 (a)所示，那么以下公式成立：

$$\begin{aligned}(a-x_1)^2-(b-y_1)^2=r^2\\(a-x_2)^2-(b-y_2)^2=r^2\end{aligned} \tag{4-33}$$

因此在参数空间 $abOr$ 中，(x_1,y_1)、(x_2,y_2) 为常值，参数 (a,b,r) 变化时，式(4-33)描述了以 (x_1,y_1)、(x_2,y_2) 为中心，半径同为变量 r 的 2 个圆锥体，如图 4-30 (b)所示。

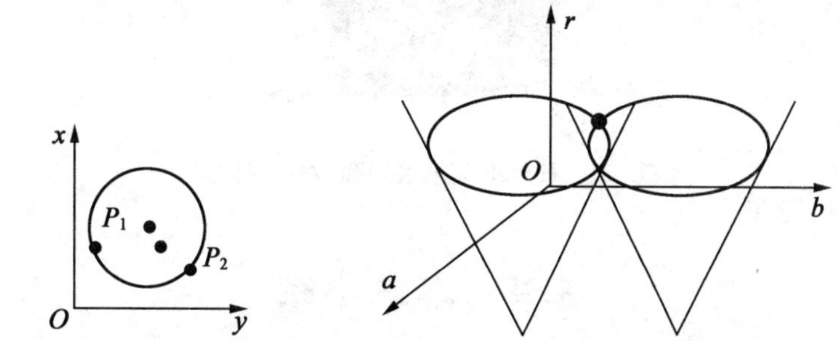

(a)笛卡儿空间中2点共圆　(b)参数空间中圆锥体截面圆相交于一点

图 4-30　笛卡儿空间与参数空间中的 2 点共圆

二维笛卡儿空间中的无数圆与三维参数空间中的圆锥体之间的这种对应关系，可用于检测圆特征。如图 4-30 所示，设 $P_1(x_1,y_1)$、$P_2(x_2,y_2)$ 位于同一个圆上，该圆的圆心坐标为 (a,b)，半径为 r，所以 (x_1,y_1)、(x_2,y_2) 分别满足式(4-33)。笛卡儿空间中，过 P_1、P_2 点的圆有无数个，它们在参数空间 $abOr$ 中组成圆锥。由于笛卡儿空间中 P_1、P_2 共圆，因而参数空间中圆锥体必定相交于同一点 (a,b,r)，若计算得到交叉点 (a,b,r)，则得到笛卡儿空间中 P_1、P_2 所在圆方程。

假设已知一幅图像中边缘像素的图像坐标 (x_i,y_i)，$i=0,\cdots,s-1$，利用 Hough 变换检测

图像中圆特征的实现过程如下。

(1)为确定交叉点坐标,设计三维矩阵 $\boldsymbol{N}(m,n,k)$,大小为 $m\times n\times k$,m、n、k 的大小分别由 a、b、r 的范围决定。$\boldsymbol{N}(m,n,k)$作为累加器使用,各元素初始值取 0。

(2)对(a,b)进行采样,采样间隔为$(\Delta a,\Delta b)$,有(a_0,b_0),(a_1,b_1),…,(a_{m-1},b_{n-1})。对 r 进行间隔为 Δr 的采样,有 $r_0,r_1,\cdots,r_{k-1}$。

(3)将(a_0,b_0)、(x_0,y_0)代入式(4-32),计算得到圆心 r。比较半径 r 与可能的半径集合$\{r_0,r_1,\cdots,r_{k-1}\}$各元素的大小,若$|r-r_d|$值最小,则累加器 $\boldsymbol{N}(0,0,d)$增 1。

(4)遍历(a,b),求解所有通过(x_0,y_0)的圆。对所有(a_0,b_0),(a_1,b_1),…,(a_{m-1},b_{n-1})重复第(3)步过程。

(5)对所有(x_i,y_i),$i=0,\cdots,n-1$ 重复步骤(3)和步骤(4)。

(6)设定一阈值,比较累加器 $\boldsymbol{N}(m,n,k)$的每个元素与阈值的大小。假设比阈值大的元素为 $\boldsymbol{N}(g,s,t)$,则检测得到圆的方程为$(x-a_g)^2+(y-b_s)^2=r_t^2$。

图 4-31 给出了 Hough 变换实现圆检测的例子,检测到图中存在一个圆形,其圆心坐标为(60.5,162.4),半径为 41 个像素,如图 4-31 灰色轮廓所示。

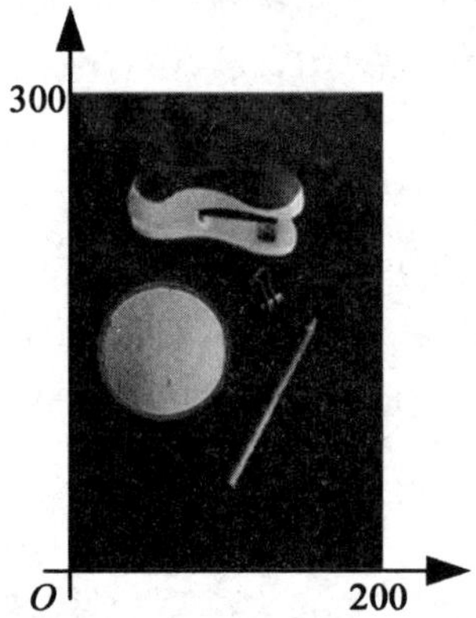

图 4-31 Hough 变换检测圆(彩图见附录)

4.4 本章小结

本章首先介绍了 Harris 角点检测、SIFT 角点检测和 ORB 角点检测的角点检测原理。Harris 角点检测定义了 Harris 角点响应函数检测角点;SIFT 角点检测在图像金字塔尺度空间中利用高斯差分函数检测角点;ORB 角点检测则结合 FAST 角点提取算法和 BRIEF 描述符的优点,在图像金字塔尺度空间中实现具有尺度不变性、旋转不变性的特征点提取。其次介绍了 RANSAC 图像特征匹配算法原理,Hough 变换直线检测及其改进算法——概率 Hough 变换直线检测。最后介绍了 Hough 变换圆检测。Hough 变换直线检测和圆检测都是利用图像空间和参数空间的对应关系,把图像空间中直线或者圆的检测问题转换到参数空间解决。

本章参考文献

[1] HARRIS C,STEPHENS M. A combined corner and edge detector[C]. Manchester:Proc. of the Alvey Vision Conference, 1988:147-151.

[2] LOWE D G. Distinctive image features from scale-invariant keypoints[J]. International Journal of Computer Vision, 2004, 60(2):91-110.

[3] MIKOLAJCZYK K. Detection of local features invariant to affine transformations[D]. Grenoble: Institut National Polytechnique de Grenoble, 2002.

[4] LINDEBERG T. Scale-space theory: a basic tool for analysing structures at different scales [J]. Journal of Applied Statistics, 1994, 21(2):224-270.

[5] RUBLEE E, RABAUD V, KONOLIGE K, et al. ORB: an efficient alternative to SIFT or SURF[C]. Barcelona: 2011 International Conference on Computer Vision, 2011:2564-2571.

[6] ROSTEN E, DRUMMOND T. Machine learning for highspeed corner detection[C]. Graz: In European Conference on Computer Vision, 2006:430-443.

[7] FISCHLER M A, BOLLES R C. Random sample consensus: a paradigm for model fitting with applications to image analysis and automated cartography[J]. Communications of the ACM, 1981,24(6): 381-395.

[8] DUDA R O, HART P E. Use of the hough transformation to detect lines and curves in pictures[J]. Communications of the ACM, 1972,15(1): 11-15.

第 5 章　单目视觉位姿测量与标定

视觉测量是一种现代智能检测技术,通过视觉传感器采集物体图像,经过图像处理和计算机视觉程序的自动处理,提取物体的位姿、尺寸、运动速度等物理参数,实现实时、高精度、非接触性的自动化检测。

在视觉测量的过程中,三维世界被投影到二维图像上,再由二维图像还原三维世界中物体的几何尺寸或者三维空间坐标、姿态等信息。

根据视觉传感器的数量,常用的视觉测量系统分为单目视觉测量系统和双目视觉测量系统。与双目视觉测量系统相比,单目视觉测量系统具有测量视场大、标定步骤少、不需要立体视觉匹配等优点,广泛应用于无人车的视觉导航、机器人视觉伺服系统、运动目标跟踪等任务。单目视觉测量系统利用物体的几何特征信息确定物体在三维空间中的位姿信息。根据目标的位姿信息,可以确定无人车、机器人或者机械手自身的运动状态,无人车、机器人或者机械手的智能控制系统使用这些信息识别、判断,做出决策,发出指令控制运动系统,进而实现无人车的自动驾驶、机器人目标自动跟踪等功能。

5.1　坐标系定义与摄像机成像模型

摄像机成像的理想模型是中心透视成像模型,这个模型是对光学成像过程的简化,是视觉测量研究的基本模型。然而很多情况下这种线性模型不能准确描述摄像机成像的几何关系,如在近距、广角的情况下,还需要考虑线性或非线性的畸变补偿,才能更合理地表现摄像机成像的过程。因此摄像机成像系统中涉及的成像模型和畸变补偿是建模的重要因素。下面首先介绍中心透视成像模型及其相关坐标系,在此基础上对摄像机建模进行分析,最后给出包含畸变补偿的实际成像模型。

5.1.1　坐标系定义

假设 P 点为三维空间中某物点,p 点为其在成像面上的像点,图 5-1 所示为中心透视成像模型图,模型中包含 3 组坐标系,分别为摄像机坐标系、世界坐标系和图像坐标系。

(1)摄像机坐标系 $O_c x_c y_c z_c$。

摄像机坐标系 $O_c x_c y_c z_c$ 是刻画 P 点与摄像机相对位置的参照系,其中 O_c 是摄像机的透视原点,亦称为摄像机光心, z_c 轴为摄像机的光轴,它与成像平面 $O_0 uv$ 垂直。根据摄像机线性成像模型,定义摄像机坐标系如图 5-1 所示。

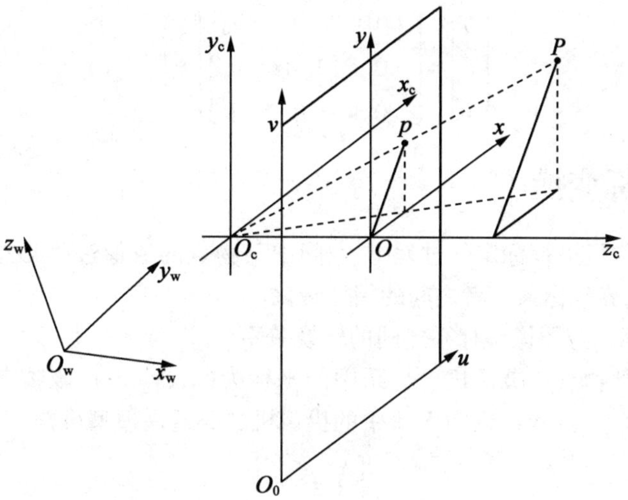

图 5-1　中心透视成像模型图

(2)世界坐标系 $O_w x_w y_w z_w$。

世界坐标系 $O_w x_w y_w z_w$ 是 P 点在三维空间位置的参照系。摄像机可安放在环境中的任何位置,在环境中还选择一个基准坐标系来描述摄像机的位置,并用它描述三维空间中任何物体的位置,该坐标系称为世界坐标系。

(3)图像坐标系。

对大部分的摄像机来说,成像平面指的是传感器平面(sensor plane)。如图 5-1 所示,P 点的像点 p 落在成像平面 O_0uv 上,平面 O_0uv 与摄像机光轴垂直交于像主点 O。摄像机光心与 O 之间的距离为透镜的焦距 f。

以物理单位和像素单位表示的图像坐标系如图 5-2 所示,每一像素的坐标 (u,v) 分别是该像素在数组中的列数和行数。成像面上某个像素的像素坐标可以用 (u,v) 表示。

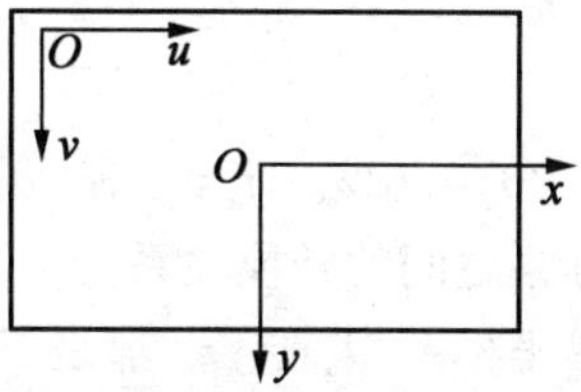

图 5-2　以物理单位和像素单位表示的图像坐标系

由于 (u,v) 只表示像素位于数组中的列数与行数,并没有用物理单位表示出该像素在图像中的位置,因此,需要再建立以物理单位(例如毫米)表示的图像坐标系,即图像物理坐标系 Oxy,该坐标系以图像内某一点 O 为原点,Ox 轴与 Oy 轴分别与 O_0u 轴和 O_0v 轴平行。在 Oxy 坐标系中,原点 O 定义在摄像机光轴与图像平面的交点,该点理想情况下位于图像中心处。图像像素坐标系和图像物理坐标系是表示同一个成像平面的不同参照系,区别在于前者使用像素作为坐标系单位,后者使用物理长度单位作为坐标系单位。假设每一个像素在 Ox 轴与 Oy 轴方向上的物理尺寸分别为 dx、dy,某像素在坐标系 O_0uv 中的坐标为 (u,v),其对应的图像坐标系坐标为 (x,y),则两组坐标的对应关系可由下式表示:

$$\begin{bmatrix} u \\ v \\ 1 \end{bmatrix} = \begin{bmatrix} 1/\mathrm{d}x & 0 & u_0 \\ 0 & 1/\mathrm{d}y & v_0 \\ 0 & 0 & 1 \end{bmatrix} \begin{bmatrix} x \\ y \\ 1 \end{bmatrix} \tag{5-1}$$

5.1.2 坐标变换

在实际使用摄像机进行标定的过程中,空间中某物点的成像过程必然涉及摄像机坐标系、图像坐标系和世界坐标系三者之间的相互转化。

(1)摄像机坐标系与图像坐标系之间的转换关系。

假设某空间中某物点在摄像机坐标系中的坐标为(x_c,y_c,z_c),该物点在成像面上的像点的图像物理坐标系为(x,y),由图 5-1 中的摄像机中心透视模型可知

$$\begin{cases} \dfrac{x}{f} = \dfrac{x_c}{z_c} \\ \dfrac{y}{f} = \dfrac{y_c}{z_c} \end{cases} \tag{5-2}$$

所以,图像物理坐标系与摄像机坐标系之间的转换关系为

$$\begin{bmatrix} x \\ y \\ 1 \end{bmatrix} = \frac{1}{z_c} \begin{bmatrix} f & 0 & 0 \\ 0 & f & 0 \\ 0 & 0 & 1 \end{bmatrix} \begin{bmatrix} x_c \\ y_c \\ z_c \end{bmatrix} \tag{5-3}$$

又因为图像像素坐标系和图像物理坐标系满足式(5-1),则图像像素坐标系和摄像机坐标系之间的关系为

$$z_c \begin{bmatrix} u \\ v \\ 1 \end{bmatrix} = \begin{bmatrix} f_x & 0 & u_0 \\ 0 & f_y & v_0 \\ 0 & 0 & 1 \end{bmatrix} \begin{bmatrix} x_c \\ y_c \\ z_c \end{bmatrix} \tag{5-4}$$

式中

$$f_x = f/\mathrm{d}x, \quad f_y = f/\mathrm{d}y$$

(2)摄像机坐标系与世界坐标系之间的转换关系。

摄像机坐标系 $O_c x_c y_c z_c$ 与世界坐标系 $O_w x_w y_w z_w$ 都是三维空间坐标系,它们之间的关系可以用旋转矩阵 $\boldsymbol{R}$ 与平移向量 $\boldsymbol{t}$ 来描述,如下式所示:

$$\begin{bmatrix} x_c \\ y_c \\ z_c \\ 1 \end{bmatrix} = \begin{bmatrix} \boldsymbol{R} & \boldsymbol{t} \\ \boldsymbol{0}_{1\times3}^{\mathrm{T}} & 1 \end{bmatrix} \begin{bmatrix} x_w \\ y_w \\ z_w \\ 1 \end{bmatrix} \tag{5-5}$$

式中,$\boldsymbol{t} = [t_1 \quad t_2 \quad t_3]^{\mathrm{T}}$,$t_1$、$t_2$、$t_3$ 分别表示摄像机在世界坐标系中 x_w、y_w、z_w 三个坐标轴方向上的平移量;$\boldsymbol{0}_{1\times3}^{\mathrm{T}}$ 为向量(0,0,0);$\boldsymbol{R}$ 为 3×3 正交矩阵,$\boldsymbol{R}$ 表示为

$$\boldsymbol{R}=\begin{bmatrix} r_{11} & r_{12} & r_{13} \\ r_{21} & r_{22} & r_{23} \\ r_{31} & r_{32} & r_{33} \end{bmatrix} \tag{5-6}$$

其中，$r_{i,j}(i,j=1,2,3)$与摄像机相对世界坐标系的旋转角度有关。

5.1.3 摄像机模型

(1)理想成像模型。

理想成像模型亦称为线性透视模型。图 5-1 给出了理想成像模型下的透视变换，设空间任一物点 P 成像面上投影形成像点 p，假设像点 p 在图像像素坐标系的坐标为(u,v)，物点 P 在摄像机坐标系中的坐标为(x_c,y_c,z_c)。

由图像像素坐标系、图像物理坐标系、摄像机坐标系和世界坐标系相互之间的转换关系可以建立图像像素坐标系与世界坐标系之间的模型为

$$z_c\begin{bmatrix} u \\ v \\ 1 \end{bmatrix}=\begin{bmatrix} f_x & 0 & u_0 & 0 \\ 0 & f_y & v_0 & 0 \\ 0 & 0 & 1 & 0 \end{bmatrix}\begin{bmatrix} \boldsymbol{R} & \boldsymbol{t} \\ \boldsymbol{0}_3^{\mathrm{T}} & 1 \end{bmatrix}\begin{bmatrix} x_w \\ y_w \\ z_w \\ 1 \end{bmatrix} \tag{5-7}$$

为方便表述，式(5-7)表示为

$$z_c\begin{bmatrix} u \\ v \\ 1 \end{bmatrix}=\boldsymbol{H}\begin{bmatrix} x_w \\ y_w \\ z_w \\ 1 \end{bmatrix} \tag{5-8}$$

式中，$\boldsymbol{H}$ 称为单应矩阵，描述世界坐标系与图像坐标系之间的关系，表示为

$$\boldsymbol{H}=\boldsymbol{M}_1\boldsymbol{M}_2 \tag{5-9}$$

其中，$\boldsymbol{M}_1$ 为摄像机的内参数矩阵，由相机的内部参数(如焦距、像素尺寸、成像中心点等)决定，反映了摄像机坐标系与图像像素坐标系之间的关系，$\boldsymbol{M}_1$ 的表达式为

$$\boldsymbol{M}_1=\begin{bmatrix} f_x & 0 & u_0 & 0 \\ 0 & f_y & v_0 & 0 \\ 0 & 0 & 1 & 0 \end{bmatrix} \tag{5-10}$$

式中，内参数f表示焦距；dx 表示像素宽度；dy 表示像素高度；(u_0,v_0)为图像中心(主点)的像素坐标。

式(5-9)中 $\boldsymbol{M}_2$ 矩阵描述摄像机的外部参数，矩阵由摄像机相对于世界坐标系的位置和姿态决定，具体而言由摄像机坐标系与世界坐标系之间的旋转矩阵 $\boldsymbol{R}$ 和平移向量 $\boldsymbol{t}$ 设定。$\boldsymbol{M}_2$ 表达式为

$$\boldsymbol{M}_2=\begin{bmatrix} \boldsymbol{R} & \boldsymbol{t} \\ \boldsymbol{0}_{1\times 3}^{\mathrm{T}} & 1 \end{bmatrix} \tag{5-11}$$

由式(5-5)、式(5-11)可以发现，外参数矩阵实际上表达了摄像机坐标系 $O_cx_cy_cz_c$与世

界坐标系 $O_w x_w y_w z_w$ 之间的变换关系。

(2)实际成像模型。

由于摄像机光学系统存在加工误差和装配误差,或者采用广角镜头等拍摄图像时,实际所成的像与理想成像之间存在较大误差,当计算精度要求较高时,线性成像模型不能准确描述摄像机的成像几何关系,需要引入非线性畸变误差,因此实际成像模型是非线性模型。

非线性畸变表示为

$$\begin{cases} x_d = x+\delta_x \\ y_d = y+\delta_y \end{cases} \tag{5-12}$$

式中,(x_d, y_d)是实际像点在图像物理坐标系下的坐标;(x, y)为不考虑畸变的理想情况下像点在图像物理坐标系下的坐标;δ_x 与 δ_y 是非线性畸变项,非线性畸变项的描述与透镜畸变类型有关。

透镜畸变主要可以分为径向畸变、切向畸变和薄棱镜畸变三类。

①径向畸变。

透镜曲面的工艺缺陷造成透镜径向曲率偏差,进而导致径向畸变。x 轴和 y 轴方向的径向畸变误差公式为

$$\begin{cases} \delta_{r,x} = x(k_1 r^2+k_2 r^4+k_3 r^6+\cdots) \\ \delta_{r,y} = y(k_1 r^2+k_2 r^4+k_3 r^6+\cdots) \end{cases} \tag{5-13}$$

式中,$r=x^2+y^2$;$k_n(n=1,2,3,\cdots)$为径向畸变 n 阶系数。当系数 $k_n(n=1,2,3,\cdots)$符号为正时,畸变表现为成像点向外偏离其理想位置,如图 5-3 中点线所示,称为枕形畸变或鞍形畸变,图像边缘区域的畸变误差远大于光轴中心区域的误差量;当系数 $k_n(n=1,2,3\cdots)$符号为负时,畸变表现为成像点向内偏离其理想位置,如图 5-3 中虚线所示,称为桶形畸变。

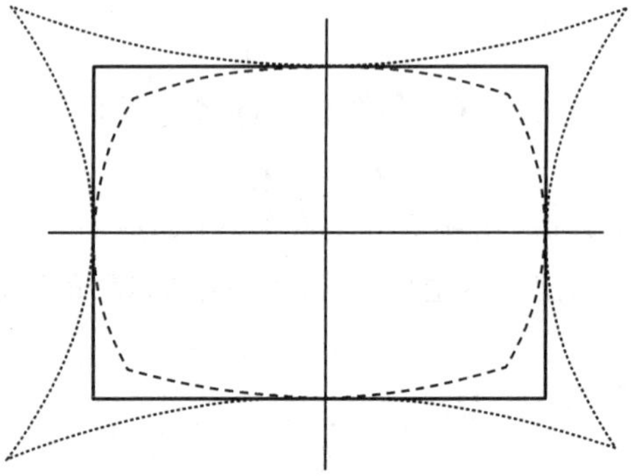

图 5-3 径向畸变

除了透镜工艺缺陷引起径向畸变外,不同类型的镜头也会引起明显的径向畸变,例如长焦镜头拍摄的场景有枕形畸变,而广角镜头或鱼眼镜头引起的桶形畸变普遍且显著。

②切向畸变。

切向畸变是由摄像机多个镜片的光轴不严格共线引起的,x 轴和 y 轴方向的切向畸变误差公式为

$$\begin{cases} \delta_{t,x} = p_1(2x^2+r^2)+2p_2 xy \\ \delta_{t,y} = 2p_1 xy+p_2(2y^2+r^2) \end{cases} \tag{5-14}$$

③薄棱镜畸变。

薄棱镜畸变来自于透镜与成像面之间的位置误差,其形成于透镜设计、制造和组装。薄棱镜畸变引起的水平和垂直方向的畸变量为

$$\begin{cases}\delta_{p,x}=s_1r^2+o[(x_d,y_d)^4]\\\delta_{p,y}=s_2r^2+o[(x_d,y_d)^4]\end{cases}\tag{5-15}$$

④总畸变。

摄像机标定需要综合考虑三种畸变的影响,一般情况下沿着 x 轴和 y 轴方向的总畸变可由三种畸变的和来表示,即

$$\begin{cases}\delta_x=\delta_{r,x}+\delta_{t,x}+\delta_{p,x}\\\delta_y=\delta_{r,y}+\delta_{t,y}+\delta_{p,y}\end{cases}\tag{5-16}$$

然而,三种畸变均为非线性模型,引入了大量非线性参数,在摄像机标定的非线性优化过程中易降低求解稳定性,因而通常忽略三种畸变的高阶无穷小项,有总畸变模型如下:

$$\begin{cases}\delta_x=\delta_{r,x}+\delta_{t,x}+\delta_{p,x}=x(k_1r^2+k_2r^4)+p_1(2x^2+r^2)+2p_2xy+s_1r^2\\\delta_y=\delta_{r,y}+\delta_{t,y}+\delta_{p,y}=y(k_1r^2+k_2r^4)+2p_1xy+p_2(2y^2+r^2)+s_2r^2\end{cases}\tag{5-17}$$

因此图像物理坐标系中,理想像点坐标与实际像点坐标之间的关系为

$$\begin{cases}x=x+\delta_x=x+x(k_1r^2+k_2r^4)+p_1(2x^2+r^2)+2p_2x_dy_d+s_1r^2\\y=y+\delta_y=y+y(k_1r^2+k_2r^4)+2p_1x_dy_d+p_2(2y_d^2+r^2)+s_2r^2\end{cases}\tag{5-18}$$

进一步,由于实际中薄棱镜畸变较小,在实际中经常忽略,此时可得到四参数模型:

$$\begin{cases}x=x+\delta_x=x+x(k_1r^2+k_2r^4)+p_1(2x^2+r^2)+2p_2x_dy_d\\y=y+\delta_y=y+y(k_1r^2+k_2r^4)+2p_1x_dy_d+p_2(2{y_d}^2+r^2)\end{cases}\tag{5-19}$$

5.2　摄像机参数标定

由摄像机的理想成像模型和实际成像模型可知,空间中某物点在摄像机成像面成像,其像点的位置由一系列与摄像机有关的固定参数决定,这些参数包括摄像机的内参数,如焦距 f,像素宽度 dx,像素高度 dy,图像中心的像素坐标(u_0,v_0),还包括摄像机成像畸变参数,如径向畸变系数 k_1、k_2,切向畸变系数 p_1、p_2 和薄棱镜畸变系数 s_1、s_2。这些固定参数是摄像机非线性成像的内部参数,摄像机参数标定是估计摄像机内部参数和外部参数的过程。摄像机标定后,摄像机的内外参数在视觉空间测量、三维重建等应用中具有重要作用,同时标定精度决定系统精度,因而对摄像机标定问题的研究在理论和实践中都具有重要意义。

5.2.1　直接线性变换(DLT)法

直接线性变换法最早由 Abdel-Aziz 和 Karara 于 1971 年提出,像点与物点之间的约束关系由理想中心透视模型描述,约束关系并未考虑畸变影响。由式(5-8)~(5-11)可知,图像像素坐标系与世界坐标系之间的变换关系为

$$z_c\begin{bmatrix}u\\v\\1\end{bmatrix}=\boldsymbol{H}\begin{bmatrix}x_w\\y_w\\z_w\\1\end{bmatrix}=\begin{bmatrix}f_x&0&u_0&0\\0&f_y&v_0&0\\0&0&1&0\end{bmatrix}\begin{bmatrix}r_{11}&r_{12}&r_{13}&t_x\\r_{21}&r_{22}&r_{23}&t_y\\r_{31}&r_{32}&r_{33}&t_z\\0&0&0&1\end{bmatrix}\begin{bmatrix}x_w\\y_w\\z_w\\1\end{bmatrix}\tag{5-20}$$

式中,未知量为摄像机内参数f_x、f_y、u_0、v_0,以及外参数$r_{i,j}(i=1,2,3,j=1,2,3)$、t_x、t_y、t_z。

直接线性变换法在以上变换关系的基础上,建立线性方程组求解单应矩阵$\boldsymbol{H}$,进而解算求得各参数,具体过程如下。

假设单应矩阵$\boldsymbol{H}$记为$\boldsymbol{H}=\boldsymbol{M}_1\boldsymbol{M}_2=\begin{bmatrix}m_{11}&m_{12}&m_{13}&m_{14}\\m_{21}&m_{22}&m_{23}&m_{24}\\m_{31}&m_{32}&m_{33}&m_{34}\end{bmatrix}$,代入式(5-20),有方程组如下:

$$z_c\begin{bmatrix}u\\v\\1\end{bmatrix}=\boldsymbol{H}\begin{bmatrix}x_w\\y_w\\z_w\\1\end{bmatrix}=\begin{bmatrix}m_{11}&m_{12}&m_{13}&m_{14}\\m_{21}&m_{22}&m_{23}&m_{24}\\m_{31}&m_{32}&m_{33}&m_{34}\end{bmatrix}\begin{bmatrix}x_w\\y_w\\z_w\\1\end{bmatrix}\tag{5-21}$$

式(5-21)可以表示为方程组形式,即

$$\begin{cases}z_cu=m_{11}x_w+m_{12}y_w+m_{13}z_w+m_{14}\\z_cv=m_{21}x_w+m_{22}y_w+m_{23}z_w+m_{24}\\z_c=m_{31}x_w+m_{32}y_w+m_{33}z_w+m_{34}\end{cases}\tag{5-22}$$

在方程组(5-22)中,将$z_c=m_{31}x_w+m_{32}y_w+m_{33}z_w+m_{34}$分别代入方程组的前2个等式,有

$$\begin{cases}x_wm_{11}+y_wm_{12}+z_wm_{13}-ux_wm_{31}-uy_wm_{32}-uz_wm_{33}+m_{14}=um_{34}\\x_wm_{21}+y_wm_{22}+z_wm_{23}-vx_wm_{31}-vy_wm_{32}-vz_wm_{33}+m_{24}=vm_{34}\end{cases}\tag{5-23}$$

该方程组有12个未知数,需要$N\geqslant6$个已知世界坐标系的特征点求解。在方程组中,代入N个不共面的特征点图像像素坐标和世界坐标系的坐标,则下式成立:

$$\boldsymbol{A}\boldsymbol{m}^*=\boldsymbol{b}\tag{5-24}$$

式中

$$\boldsymbol{A}=\begin{bmatrix}x_w^1&y_w^1&z_w^1&0&0&0&-u^1x_w^1&-u^1y_w^1&-u^1z_w^1&1&0\\0&0&0&x_w^1&y_w^1&z_w^1&-v^1x_w^1&-v^1y_w^1&-v^1z_w^1&0&1\\\vdots&\vdots&\vdots&\vdots&\vdots&\vdots&\vdots&\vdots&\vdots&\vdots&\vdots\\x_w^i&y_w^i&z_w^i&0&0&0&-u^ix_w^i&-u^iy_w^i&-u^iz_w^i&1&0\\0&0&0&x_w^i&y_w^i&z_w^i&-v^ix_w^i&-v^iy_w^i&-v^iz_w^i&0&1\\\vdots&\vdots&\vdots&\vdots&\vdots&\vdots&\vdots&\vdots&\vdots&\vdots&\vdots\\x_w^N&y_w^N&z_w^N&0&0&0&-u^Nx_w^N&-u^Ny_w^N&-u^Nz_w^N&1&0\\0&0&0&x_w^N&y_w^N&z_w^N&-v^Nx_w^i&-v^Ny_w^i&-v^Nz_w^i&0&1\end{bmatrix},\quad\boldsymbol{b}=\begin{bmatrix}u^1\\v^1\\\vdots\\u^i\\v^i\\\vdots\\u^N\\v^N\end{bmatrix}$$

$\boldsymbol{m}^*$为中间未知量,有

$$\boldsymbol{m}^*=\begin{bmatrix}m_{11}^*\\m_{12}^*\\m_{13}^*\\m_{21}^*\\m_{22}^*\\m_{23}^*\\m_{31}^*\\m_{32}^*\\m_{33}^*\\m_{14}^*\\m_{24}^*\end{bmatrix}=\begin{bmatrix}m_{11}/m_{34}\\m_{12}/m_{34}\\m_{13}/m_{34}\\m_{21}/m_{34}\\m_{22}/m_{34}\\m_{23}/m_{34}\\m_{31}/m_{34}\\m_{32}/m_{34}\\m_{33}/m_{34}\\m_{14}/m_{34}\\m_{24}/m_{34}\end{bmatrix}$$

使用线性最小二乘方法求解方程组(5-24)的解,可解得中间未知量 $\boldsymbol{m}^*$ 为

$$\boldsymbol{m}^*=(\boldsymbol{A}^{\mathrm{T}}\boldsymbol{A})^{-1}\boldsymbol{A}^{\mathrm{T}}\boldsymbol{b} \tag{5-25}$$

式中,$\boldsymbol{m}^*$ 中的各元素与 $\boldsymbol{M}$ 矩阵中的元素相差倍数为 m_{34},则

$$m_{34}\begin{bmatrix}m_{11}^* & m_{12}^* & m_{13}^* & m_{14}^*\\m_{21}^* & m_{22}^* & m_{23}^* & m_{24}^*\\m_{31}^* & m_{32}^* & m_{33}^* & 1\end{bmatrix}=\begin{bmatrix}f_x & 0 & u_0 & 0\\0 & f_y & v_0 & 0\\0 & 0 & 1 & 0\end{bmatrix}\begin{bmatrix}r_{11} & r_{12} & r_{13} & t_x\\r_{21} & r_{22} & r_{23} & t_y\\r_{31} & r_{32} & r_{33} & t_z\\0 & 0 & 0 & 1\end{bmatrix} \tag{5-26}$$

整理得

$$m_{34}\begin{bmatrix}m_{11}^* & m_{12}^* & m_{13}^* & m_{14}^*\\m_{21}^* & m_{22}^* & m_{23}^* & m_{24}^*\\m_{31}^* & m_{32}^* & m_{33}^* & 1\end{bmatrix}=\begin{bmatrix}f_xr_{11}+u_0r_{31} & f_xr_{12}+u_0r_{32} & f_xr_{13}+u_0r_{33} & f_xt_x+u_0t_z\\f_yr_{21}+v_0r_{31} & f_yr_{22}+v_0r_{32} & f_yr_{23}+v_0r_{33} & f_yt_y+v_0t_z\\r_{31} & r_{32} & r_{33} & t_3\end{bmatrix} \tag{5-27}$$

为方便表示,使用向量的形式表示式(5-27)中的部分元素,有

$$\boldsymbol{m}_1^*=[m_{11}^* \quad m_{12}^* \quad m_{13}^*]$$

$$\boldsymbol{m}_2^*=[m_{21}^* \quad m_{22}^* \quad m_{23}^*]$$

$$\boldsymbol{m}_3^*=[m_{31}^* \quad m_{32}^* \quad m_{33}^*]$$

$$\boldsymbol{r}_1^*=[r_{11} \quad r_{12} \quad r_{13}]$$

$$\boldsymbol{r}_2^*=[r_{21} \quad r_{22} \quad r_{23}]$$

$$\boldsymbol{r}_3^*=[r_{31} \quad r_{32} \quad r_{33}]$$

则式(5-27)可转换为

$$m_{34}\begin{bmatrix}m_1^* & m_{14}^*\\m_2^* & m_{24}^*\\m_3^* & 1\end{bmatrix}=\begin{bmatrix}f_xr_1^*+u_0r_3^* & f_xt_x+u_0t_z\\f_yr_2^*+v_0r_3^* & f_yt_y+v_0t_z\\r_3^* & t_3\end{bmatrix} \tag{5-28}$$

从而有

$$\begin{cases} m_{34}\boldsymbol{m}_1^* = f_x\boldsymbol{r}_1^* + u_0\boldsymbol{r}_3^* \\ m_{34}\boldsymbol{m}_2^* = f_y\boldsymbol{r}_2^* + v_0\boldsymbol{r}_3^* \\ m_{34}m_{14}^* = f_x t_x + u_0 t_z \\ m_{34}\boldsymbol{m}_1^* = f_x\boldsymbol{r}_1^* + u_0\boldsymbol{r}_3^* \\ m_{34}m_{24}^* = f_y t_y + v_0 t_z \\ m_{34}\boldsymbol{m}_3^* = \boldsymbol{r}_3^* \\ m_{34} = t_3 \end{cases} \tag{5-29}$$

由于旋转矩阵 $\boldsymbol{R}$ 为正交矩阵，则有

$$\begin{cases} u_0 = m_{34}^2\boldsymbol{m}_1^* \cdot \boldsymbol{m}_3^* \\ v_0 = m_{34}\boldsymbol{m}_2^* \cdot \boldsymbol{m}_3^* \\ f_x = m_{34}^2\boldsymbol{m}_1^* \times \boldsymbol{m}_3^* \\ f_y = m_{34}^2\boldsymbol{m}_2^* \times \boldsymbol{m}_3^* \end{cases} \tag{5-30}$$

式(5-29)中的 $m_{34}\boldsymbol{m}_2^* = f_y\boldsymbol{r}_2^* + v_0\boldsymbol{r}_3^*$，$m_{34}\boldsymbol{m}_1^* = f_x\boldsymbol{r}_1^* + u_0\boldsymbol{r}_3^*$ 分别代入 $m_{34}\boldsymbol{m}_3^* = \boldsymbol{r}_3^*$，得

$$\begin{cases} \boldsymbol{r}_1^* = \dfrac{m_{34}\boldsymbol{m}_1^* - u_0\boldsymbol{r}_3^*}{f_x} \\ \boldsymbol{r}_2^* = \dfrac{m_{34}\boldsymbol{m}_2^* - v_0\boldsymbol{r}_3^*}{f_y} \end{cases} \tag{5-31}$$

把 $t_z = m_{34}$ 代入式(5-29)中的 $m_{34}m_{14}^* = f_x t_x + u_0 t_z$，$m_{34}m_{24}^* = f_y t_y + v_0 t_z$，有

$$\begin{cases} t_x = \dfrac{m_{34}m_{14}^* - u_0 m_{34}}{f_x} \\ t_y = \dfrac{m_{34}m_{24}^* - v_0 m_{34}}{f_y} \end{cases} \tag{5-32}$$

不失一般性，令 $m_{34} = 1$，由式(5-30)～(5-32)可解算出成像模型式(5-20)中摄像机内外参数。

由以上标定过程可看出，直接线性变换标定法并未考虑畸变因素，受畸变影响标定结果通常含有一定误差。实际应用中常采用的做法是在完成直接线性变换标定后，再进行非线性优化完成对畸变系数的标定，优化所需初始值可由公式(5-30)～(5-32)所求解给定。

5.2.2 Tsai's 摄像机标定法

Tsai's 摄像机标定法分别求解外部参数和内部参数，也称为两步法。第一步求解外部参数，标定思路是针对考虑径向畸变的非线性成像模型，建立径向约束方程，采用最小二乘法求解旋转矩阵 $\boldsymbol{R}$ 和平移向量 $\boldsymbol{t} = [t_1 \quad t_2 \quad t_3]^{\mathrm{T}}$ 中的 t_2 和 t_3。第二步标定内部参数和平移向量中的 t_3，忽略非线性模型中径向畸变项，代入第一步中解得的外部参数，建立像点、物点的坐标关系方程，采用最小二乘法计算内部参数初始值 f_y、t_z，最后非线性优化计算 1 阶径向

畸变系数 k_1 和内部参数 f_x、f_y、dx、dy、t_z 的精确值。

1. 非线性成像模型

Tsai's 摄像机标定法在线性成像模型中引入了径向畸变,使用的是含有径向畸变的摄像机成像模型,如图 5-4 所示,模型含有摄像机坐标系 $O_c x_c y_c z_c$、世界坐标系 $O_w x_w y_w z_w$、图像像素坐标系 $O_0 uv$ 和图像物理坐标系 Oxy。坐标系中,点 O 为光轴主点,理想像点为 p 点,实际像点为 p' 点。过物点 P 作直线 Op 的平行线 PA 与光轴 $O_c z_c$ 交叉于 A 点。Tsai 假定成像过程的畸变仅包含径向畸变,也就是说实际像点 p' 总是在直线 Op 上,且直线 Op' 与直线 PA 平行。

物点 P 在世界坐标系下的坐标为 (x_w, y_w, z_w)。物点 P 在成像平面上所成理想像点 p 在摄像机坐标系下的坐标为 (x_c, y_c, z_c),其在图像物理坐标系下的理想成像坐标记为 (x, y),其在图像像素坐标系下的理想成像坐标记为 (u, v)。

根据以上成像模型,下面建立物点 P 的世界坐标系坐标 (x_w, y_w, z_w) 与其实际像点的图像像素坐标系坐标 (u, v) 之间的关系方程。由径向畸变定义,在图像物理坐标系下,当仅考虑一阶畸变系数时,实际像点 p' 的坐标 (x_d, y_d) 与理想像点 p 的坐标 (x, y) 之间关系可表示为

$$\begin{cases} x = x_d(1 + k_1 r^2) \\ y = y_d(1 + k_1 r^2) \end{cases} \tag{5-33}$$

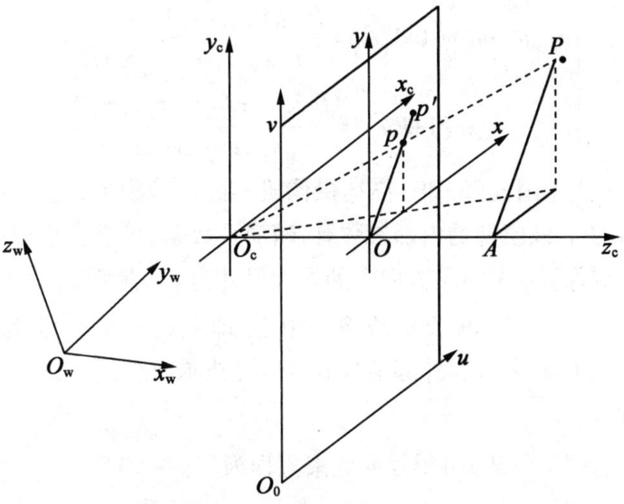

图 5-4　中心透视成像模型图

编程实现中常用的像点坐标系为图像像素坐标系,根据式(5-1),有

$$\begin{cases} x = dx(u - u_0) \\ y = dy(v - v_0) \end{cases} \tag{5-34}$$

$$\begin{cases} x_d = dx(u_d - u_0) \\ y_d = dy(v_d - v_0) \end{cases} \tag{5-35}$$

将式(5-34)、式(5-35)代入式(5-33),得到图像像素坐标系中理想像点与实际像点的关系为

$$\begin{cases} u - u_0 = (u_d - u_0)(1 + k_1 r^2) \\ v - v_0 = (v_d - v_0)(1 + k_1 r^2) \end{cases} \tag{5-36}$$

式中，(u,v)为理想像点 p 的坐标；(u_d,v_d)为实际像点 p'的坐标；(u_0,v_0)为摄像机成像面中心点。

又由式(5-34)和式(5-36)可知，理想像点 p 的图像物理坐标系坐标(x,y)与实际像点 p'的坐标(u_d,v_d)之间的关系为

$$\begin{cases}x=\mathrm{d}x(u_d-u_0)(1+k_1r^2)\\y=\mathrm{d}y(v_d-v_0)(1+k_1r^2)\end{cases}\tag{5-37}$$

根据式(5-5)、式(5-6)可知，理想像点 p 坐标(x,y)与物点 P 的世界坐标系坐标(x_w,y_w,z_w)间的关系为

$$\begin{cases}x=\dfrac{f(r_{11}x_w+r_{12}y_w+r_{13}z_w+t_x)}{r_{31}x_w+r_{32}y_w+r_{33}z_w+t_z}\\[2ex]y=\dfrac{f(r_{21}x_w+r_{22}y_w+r_{23}z_w+t_y)}{r_{31}x_w+r_{32}y_w+r_{33}z_w+t_z}\end{cases}\tag{5-38}$$

将式(5-37)代入式(5-38)，得到含有径向畸变的非线性成像模型，也就是物点 P 的世界坐标系坐标与其实际像点 p'的图像像素坐标系坐标之间的关系方程，即

$$\begin{cases}\mathrm{d}x(u_d-u_0)(1+k_1r^2)=\dfrac{f(r_{11}x_w+r_{12}y_w+r_{13}z_w+t_x)}{r_{31}x_w+r_{32}y_w+r_{33}z_w+t_z}\\[2ex]\mathrm{d}y(v_d-v_0)(1+k_1r^2)=\dfrac{f(r_{21}x_w+r_{22}y_w+r_{23}z_w+t_y)}{r_{31}x_w+r_{32}y_w+r_{33}z_w+t_z}\end{cases}\tag{5-39}$$

Tsai's 摄像机标定法采用式(5-39)描述摄像机实际成像模型，它在线性成像模型基础上引入了 1 阶径向畸变。该模型的内部参数有：畸变系数 k_1，像素在成像面横轴 o_1x 方向上的物理尺寸为 $\mathrm{d}x$，在成像面纵轴 o_1y 方向上的物理尺寸为 $\mathrm{d}y$，焦距 f。外部参数有旋转矩阵 $\boldsymbol{R}$ 和平移向量 $\boldsymbol{t}=[t_x\quad t_y\quad t_z]^{\mathrm{T}}$。模型的成像面中心，即主点 O 的像素坐标(u_0,v_0)为已知量。非线性成像模型的内部参数和外部参数分两步完成求解。

2. 求解外部参数

由非线性成像模型式(5-39)可得径向约束方程为

$$\frac{x}{y}=\frac{r_{11}x_w+r_{12}y_w+r_{13}z_w+t_x}{r_{21}x_w+r_{22}y_w+r_{23}z_w+t_y}=\frac{\mathrm{d}x(u_d-u_0)}{\mathrm{d}y(v_d-v_0)}=\frac{s_x^{-1}(u_d-u_0)}{(v_d-v_0)}\tag{5-40}$$

式中，$s_x=\dfrac{\mathrm{d}y}{\mathrm{d}x}$，由于 $\mathrm{d}x$ 和 $\mathrm{d}y$ 为像素在 o_1x 轴与 o_1y 轴方向上的物理尺寸，因而 s_x 称为像素纵横比因子。

整理式(5-40)，得到

$$(a_1x_w+a_2y_w+a_3z_w+a_4)(v-v_0)-(a_5x_w+a_6y_w+a_7z_w+1)(u-u_0)=0\tag{5-41}$$

式中

$$a_1=\frac{s_xr_{11}}{t_y},\quad a_2=\frac{s_xr_{12}}{t_y},\quad a_3=\frac{s_xr_{13}}{t_y},\quad a_4=\frac{t_x}{t_y},\quad a_5=\frac{r_{21}}{t_y},\quad a_6=\frac{r_{22}}{t_y},\quad a_7=\frac{r_{23}}{t_y}$$

将式(5-41)转换为向量形式，有

$$
\begin{bmatrix} x_{\mathrm{w}}(v-v_0) & y_{\mathrm{w}}(v-v_0) & z_{\mathrm{w}}(v-v_0) & (v-v_0) & -x_{\mathrm{w}}(u-u_0) & -y_{\mathrm{w}}(u-u_0) & -z_{\mathrm{w}}(u-u_0) \end{bmatrix} \begin{bmatrix} a_1 \\ a_2 \\ a_3 \\ a_4 \\ a_5 \\ a_6 \\ a_7 \end{bmatrix} = u-u_0
\tag{5-42}
$$

式中，$\boldsymbol{a}=[a_1 \quad a_2 \quad a_3 \quad a_4 \quad a_5 \quad a_6 \quad a_7]^{\mathrm{T}}$ 包含 7 个未知元素。实际像点 p' 在图像像素坐标系下的坐标 (u_d, v_d) 与物点 P 在世界坐标系下的坐标 $(x_{\mathrm{w}}, y_{\mathrm{w}}, z_{\mathrm{w}})$ 是已知量。假设已知 N 个非共面的特征点的世界坐标系坐标 $(x_{\mathrm{w},i}, y_{\mathrm{w},i}, z_{\mathrm{w},i})$ 和其对应的图像像素坐标 $(u_{d,i}, v_{d,i})$，$i=1,\cdots,N$，当 $N\geqslant 7$ 时，可建立如下方程组求解未知量 $\boldsymbol{a}$：

$$
\begin{bmatrix} x_{\mathrm{w},1}(v_1-v_0) & y_{\mathrm{w},1}(v_1-v_0) & z_{\mathrm{w},1}(v_1-v_0) & (v_1-v_0) & -x_{\mathrm{w},1}(u_1-u_0) & -y_{\mathrm{w},1}(u_1-u_0) & -z_{\mathrm{w},1}(u_1-u_0) \\ \vdots & \vdots & \vdots & \vdots & \vdots & \vdots & \vdots \\ x_{\mathrm{w},N}(v_N-v_0) & y_{\mathrm{w},N}(v_N-v_0) & z_{\mathrm{w},N}(v_N-v_0) & (v_N-v_0) & -x_{\mathrm{w},N}(u_N-u_0) & -y_{\mathrm{w},N}(u_N-u_0) & -y_{\mathrm{w},N}(u_N-u_0) \end{bmatrix} \begin{bmatrix} a_1 \\ a_2 \\ a_3 \\ a_4 \\ a_5 \\ a_6 \\ a_7 \end{bmatrix}
$$

$$
= \begin{bmatrix} u_1-u_0 \\ \vdots \\ u_N-u_0 \end{bmatrix}
\tag{5-43}
$$

为简化表示，式(5-43)转化为

$$
\boldsymbol{A}\boldsymbol{a}=\boldsymbol{b}
\tag{5-44}
$$

式中

$$
\boldsymbol{A}=\begin{bmatrix} x_{\mathrm{w},1}(v_1-v_0) & y_{\mathrm{w},1}(v_1-v_0) & z_{\mathrm{w},1}(v_1-v_0) & (v_1-v_0) & -x_{\mathrm{w},1}(u_1-u_0) & -y_{\mathrm{w},1}(u_1-u_0) & -z_{\mathrm{w},1}(u_1-u_0) \\ \vdots & \vdots & \vdots & \vdots & \vdots & \vdots & \vdots \\ x_{\mathrm{w},N}(v_N-v_0) & y_{\mathrm{w},N}(v_N-v_0) & z_{\mathrm{w},N}(v_N-v_0) & (v_N-v_0) & -x_{\mathrm{w},N}(u_N-u_0) & -y_{\mathrm{w},N}(u_N-u_0) & -y_{\mathrm{w},N}(u_N-u_0) \end{bmatrix}
$$

$$
\boldsymbol{a}=[a_1 \quad a_2 \quad a_3 \quad a_4 \quad a_5 \quad a_6 \quad a_7]^{\mathrm{T}}, \quad \boldsymbol{b}=[u_1-u_0 \quad \cdots \quad u_N-u_0]^{\mathrm{T}}
$$

由最小二乘法可求得

$$
\boldsymbol{a}=(\boldsymbol{A}^{\mathrm{T}}\boldsymbol{A})^{-1}\boldsymbol{A}^{\mathrm{T}}\boldsymbol{b}
\tag{5-45}
$$

中间变量 $\boldsymbol{a}$ 求解完毕后，计算各参数如下。

(1) 计算外部参数 t_y 的绝对值 $|t_y|$。

由于 $a_5=\dfrac{r_{21}}{t_y}, a_6=\dfrac{r_{22}}{t_y}, a_7=\dfrac{r_{23}}{t_y}$，因而

$$a_5^2+a_6^2+a_7^2=\left(\frac{r_{21}}{t_y}\right)^2+\left(\frac{r_{22}}{t_y}\right)^2+\left(\frac{r_{23}}{t_y}\right)^2$$

考虑约束 $r_{21}^2+r_{22}^2+r_{23}^2=1$，可求外部参数 t_y 的绝对值为

$$|t_y|=\frac{1}{\sqrt{a_5{}^2+a_6^2+a_7^2}} \tag{5-46}$$

(2)计算内部参数纵横比因子 s_x。

由于 $a_1=\frac{s_x r_{11}}{t_y}, a_2=\frac{s_x r_{12}}{t_y}, a_3=\frac{s_x r_{13}}{t_y}$，有

$$a_1^2+a_2^2+a_3^2=\left(\frac{s_x r_{11}}{t_y}\right)^2+\left(\frac{s_x r_{12}}{t_y}\right)^2+\left(\frac{s_x r_{13}}{t_y}\right)^2=\left(\frac{s_x}{t_y}\right)^2(r_{11}^2+r_{12}^2+r_{13}^2) \tag{5-47}$$

考虑约束 $r_{11}^2+r_{12}^2+r_{13}^2=1$，有

$$a_1^2+a_2^2+a_3^2=\left(\frac{s_x}{t_y}\right)^2 \tag{5-48}$$

则可求得内部参数纵横比因子 s_x 为

$$s_x=\frac{\sqrt{a_1^2+a_2^2+a_3^2}}{\sqrt{a_5^2+a_6^2+a_7^2}} \tag{5-49}$$

(3)计算平移量 t_x。

设 t_y 的符号为正，则 $t_x=a_4 t_y$。

(4)计算旋转矩阵 $\boldsymbol{R}$。

设 t_y 的符号为正，有

$$r_{11}=\frac{a_1 t_y}{s_x},\quad r_{12}=\frac{a_2 t_y}{s_x},\quad r_{13}=\frac{a_3 t_y}{s_x},\quad r_{21}=a_5 t_y,\quad r_{22}=a_6 t_y,\quad r_{23}=a_7 t_y \tag{5-50}$$

利用旋转矩阵的正交性，有

$$[r_{31}\quad r_{32}\quad r_{33}]=[r_{11}\quad r_{12}\quad r_{13}]\times[r_{11}\quad r_{12}\quad r_{13}] \tag{5-51}$$

由此得到旋转矩阵 $\boldsymbol{R}=\begin{bmatrix} r_{11} & r_{12} & r_{13} \\ r_{21} & r_{22} & r_{23} \\ r_{31} & r_{32} & r_{33} \end{bmatrix}$。

(5)确定 t_y 的正负符号。

通过假定平移量 t_y 的符号为正，得到旋转矩阵 $\boldsymbol{R}$ 和平移量 t_x、t_y。下面为判断 t_y 的真实符号，将旋转矩阵 $\boldsymbol{R}$ 和平移量 t_x 代入公式(5-5)，计算特征点在摄像机坐标系下的坐标(x_c, y_c)。判断 t_y 符号的依据是，若 t_y 真实符号为正，则(x_c, y_c)与(u_d, v_d)符号必定一致；如(x_c, y_c)与(u_d, v_d)符号相反，则 t_y 真实符号为负，这种情况需重新计算旋转矩阵 $\boldsymbol{R}$ 和平移量 t_x 参数。

3. 求解内部参数

Tsai's 标定法第二步的求解思路是通过非线性优化法计算摄像机内部参数 f_x、f_y、$\mathrm{d}x$、$\mathrm{d}y$ 和畸变系数 k_1，以及外部参数中的平移量 t_z。

由于 $r^2=x_d^2+y_d^2=\mathrm{d}x^2(u_d-u_0)^2+\mathrm{d}y^2(v_d-v_0)^2$，代入非线性模型式(5-39)，表示为

$$\begin{cases}(u_d-u_0)\{1+k_1\mathrm{d}x^2[(u_d-u_0)^2+s_x^2(v_d-v_0)^2]\}=\dfrac{s_x f_y(r_{11}x_w+r_{12}y_w+r_{13}z_w+t_x)}{r_{31}x_w+r_{32}y_w+r_{33}z_w+t_z}\\(v_d-v_0)\{1+k_1\mathrm{d}x^2[(u_d-u_0)^2+s_x^2(v_d-v_0)^2]\}=\dfrac{f_y(r_{21}x_w+r_{22}y_w+r_{23}z_w+t_y)}{r_{31}x_w+r_{32}y_w+r_{33}z_w+t_z}\end{cases} \tag{5-52}$$

式中，未知量为 f_y、$\mathrm{d}x$、k_1、t_z。

非线性优化需要确定未知量初始值。f_y、t_z 的初始值计算方法如下所示，令 $k_1=0$，消除畸变影响，取 $\mathrm{d}x$ 初始值为 1，则公式(5-52)转换为

$$\begin{cases}u_d-u_0=\dfrac{s_x f_y(r_{11}x_w+r_{12}y_w+r_{13}z_w+t_x)}{r_{31}x_w+r_{32}y_w+r_{33}z_w+t_z}\\v_d-v_0=\dfrac{f_y(r_{21}x_w+r_{22}y_w+r_{23}z_w+t_y)}{r_{31}x_w+r_{32}y_w+r_{33}z_w+t_z}\end{cases} \tag{5-53}$$

若将式中 $r_{31}x_w+r_{32}y_w+r_{33}z_w$ 项表示为 $z=r_{31}x_w+r_{32}y_w+r_{33}z_w$，则式(5-53)表示为

$$\begin{cases}(u_d-u_0)(z+t_z)=s_x f_y(r_{11}x_w+r_{12}y_w+r_{13}z_w+t_x)\\(v_d-v_o)(z+t_z)=f_y(r_{21}x_w+r_{22}y_w+r_{23}z_w+t_y)\end{cases} \tag{5-54}$$

转换为向量形式，有

$$\begin{bmatrix}s_x(r_{11}x_w+r_{12}y_w+r_{13}z_w+t_x) & -(u_d-u_0)\\ r_{21}x_w+r_{22}y_w+r_{23}z_w+t_y & -(v_d-v_0)\end{bmatrix}\begin{bmatrix}f_y\\ t_z\end{bmatrix}=\begin{bmatrix}(u_d-u_0)z\\ (v_d-v_0)z\end{bmatrix} \tag{5-55}$$

已知 n 个非共面特征点的像点坐标和世界坐标系坐标 $[x_w^1 \quad y_w^1 \quad z_w^1]^{\mathrm{T}},\cdots,[x_w^n \quad y_w^n \quad z_w^n]^{\mathrm{T}}$，代入式(5-55)，建立方程组

$$\begin{bmatrix}s_x(r_{11}x_w^1+r_{12}y_w^1+r_{13}z_w^1+t_x) & -(u_d^1-u_0)\\ r_{21}x_w^1+r_{22}y_w^1+r_{23}z_w^1+t_y & -(v_d^1-v_0)\\ \vdots & \vdots\\ s_x(r_{11}x_w^n+r_{12}y_w^n+r_{13}z_w^n+t_x) & -(u_d^n-u_0^n)\\ r_{21}x_w^n+r_{22}y_w^n+r_{23}z_w^n+t_y & -(v_d^n-v_0)\end{bmatrix}\begin{bmatrix}f_y\\ t_z\end{bmatrix}=\begin{bmatrix}(u_d^1-u_0)z\\ (v_d^1-v_0)z\\ \vdots\\ (u_d^n-u_0)z\\ (v_d^n-v_0)z\end{bmatrix} \tag{5-56}$$

简化式(5-56)表示为

$$\boldsymbol{A}\begin{bmatrix}f_y\\ t_z\end{bmatrix}=\boldsymbol{b} \tag{5-57}$$

由最小二乘法可求得

$$\begin{bmatrix}f_y\\ t_z\end{bmatrix}=(\boldsymbol{A}^{\mathrm{T}}\boldsymbol{A})^{-1}\boldsymbol{A}^{\mathrm{T}}\boldsymbol{b}$$

得到 f_y、t_z 的解后，设定 1 阶径向畸变系数 k_1 和 $\mathrm{d}x$ 初始值，非线性优化迭代解得 f_y、t_z、k_1、$\mathrm{d}x$ 的精确值。最后根据 $s_x=\dfrac{\mathrm{d}y}{\mathrm{d}x}$，$f_x=f_y s_x$，解得 $\mathrm{d}y=s_x\mathrm{d}x$，$f_x=f_y s_x$。

5.2.3 张正友摄像机标定方法

直接线性变换法(DLT)标定和Tsai's摄像机标定法在标定过程中使用了非平面特征点计算,要求立体结构的标定靶。与之不同的是,张正友摄像机标定法采用平面标定靶标定,通过设定靶平面位于世界坐标系的 $O_wx_wy_w$ 平面简化成像模型,建立特征点的世界坐标系坐标与像点图像像素坐标系坐标的方程,并采用SVD法求解单应矩阵 $\boldsymbol{H}$;计算得到多个单应矩阵后,根据旋转矩阵 $\boldsymbol{R}$ 为正交矩阵的条件建立约束方程,从而解得摄像机内部参数。

1. 线性成像模型

张正友摄像机标定法在线性透视模型式(5-8)的基础上展开,引入了 γ 表示成像面横纵轴不垂直因子,如下式所示:

$$z_c\begin{bmatrix}u\\v\\1\end{bmatrix}=\boldsymbol{H}\begin{bmatrix}x_w\\y_w\\z_w\\1\end{bmatrix} \tag{5-58}$$

式中,单应矩阵 $\boldsymbol{H}=\boldsymbol{M}_1\cdot\boldsymbol{M}_2$,$\boldsymbol{M}_1=\begin{bmatrix}f_x&\gamma&u_0&0\\0&f_y&v_0&0\\0&0&1&0\end{bmatrix}$,$\boldsymbol{M}_2=\begin{bmatrix}r_{11}&r_{12}&r_{13}&t_1\\r_{21}&r_{22}&r_{23}&t_2\\r_{31}&r_{32}&r_{33}&t_3\\0&0&0&1\end{bmatrix}$。

令标定靶平面位于世界坐标系的 $O_wx_wy_w$ 平面,即所有特征点 O_wz_w 轴坐标为0,成像模型简化为

$$z_c\begin{bmatrix}u\\v\\1\end{bmatrix}=\boldsymbol{H}\begin{bmatrix}x_w\\y_w\\1\end{bmatrix} \tag{5-59}$$

式中,$\boldsymbol{H}$ 为成像模型的单应矩阵,有

$$\boldsymbol{H}=\begin{bmatrix}f_x&\gamma&u_0\\0&f_y&v_0\\0&0&1\end{bmatrix}\begin{bmatrix}r_{11}&r_{12}&t_1\\r_{21}&r_{22}&t_2\\r_{31}&r_{32}&t_3\end{bmatrix}=\boldsymbol{A}\begin{bmatrix}r_{11}&r_{12}&t_1\\r_{21}&r_{22}&t_2\\r_{31}&r_{32}&t_3\end{bmatrix} \tag{5-60}$$

其中

$$\boldsymbol{A}=\begin{bmatrix}f_x&\gamma&u_0\\0&f_y&v_0\\0&0&1\end{bmatrix}$$

通过消除畸变影响,同时设定特征点在 O_wz_w 方向坐标为0,成像模型得以简化,使得待标定内外参数分别为内部参数 f_x、f_y、γ、u_0、v_0,外部参数 $\boldsymbol{r}_1=[r_{11}\quad r_{21}\quad r_{31}]^{\mathrm{T}}$,$\boldsymbol{r}_2=[r_{12}\quad r_{22}\quad r_{32}]^{\mathrm{T}}$,$\boldsymbol{t}=[t_1\quad t_2\quad t_3]^{\mathrm{T}}$。将 $\boldsymbol{r}_1$、$\boldsymbol{r}_2$ 代入式(5-60),单应矩阵记为 $\boldsymbol{H}=\boldsymbol{A}[\boldsymbol{r}_1\quad \boldsymbol{r}_2\quad \boldsymbol{t}]$,$\boldsymbol{t}=[t_1\quad t_2\quad t_3]^{\mathrm{T}}$。由公式(5-59)可将单应矩阵表示为

$$\boldsymbol{H}=\lambda\boldsymbol{H}[\boldsymbol{r}_1\quad \boldsymbol{r}_2\quad \boldsymbol{t}],\quad \boldsymbol{t}=[t_1\quad t_2\quad t_3]^{\mathrm{T}} \tag{5-61}$$

2. 求解单应矩阵 $\boldsymbol{H}$

单应矩阵表示为 $\boldsymbol{H}=\begin{bmatrix} h_{11} & h_{12} & h_{13} \\ h_{21} & h_{22} & h_{23} \\ h_{31} & h_{32} & h_{33} \end{bmatrix}$,代入式(5-59)有

$$\begin{bmatrix} x_{\mathrm{w}} & y_{\mathrm{w}} & 1 & 0 & 0 & 0 & -ux_{\mathrm{w}} & -uy_{\mathrm{w}} & -u \\ 0 & 0 & 0 & x_{\mathrm{w}} & y_{\mathrm{w}} & 1 & -vx_{\mathrm{w}} & -vy_{\mathrm{w}} & -v \end{bmatrix} \begin{bmatrix} h_{11} \\ h_{12} \\ h_{13} \\ h_{21} \\ h_{22} \\ h_{23} \\ h_{31} \\ h_{32} \\ h_{33} \end{bmatrix} = \boldsymbol{0} \tag{5-62}$$

单应矩阵 $\boldsymbol{H}$ 有 9 个未知量。设有 $n>4$ 个特征点的世界坐标(x_{wi}, y_{wi}, z_{wi})及其像素坐标(u_i, v_i)为已知量,建立 n 组共 $2n$ 个的方程,如下式所示:

$$\boldsymbol{L}\boldsymbol{h}=\boldsymbol{0} \tag{5-63}$$

式中

$$\boldsymbol{L}=\begin{bmatrix} x_{\mathrm{w}1} & y_{\mathrm{w}1} & 1 & 0 & 0 & 0 & -u_1 x_{\mathrm{w}1} & -u_1 y_{\mathrm{w}1} & -u_1 \\ 0 & 0 & 0 & x_{\mathrm{w}1} & y_{\mathrm{w}1} & 1 & -v_1 x_{\mathrm{w}1} & -v_1 y_{\mathrm{w}1} & -v_1 \\ \vdots & \vdots & \vdots & \vdots & \vdots & \vdots & \vdots & \vdots & \vdots \\ x_{\mathrm{w}n} & y_{\mathrm{w}n} & 1 & 0 & 0 & 0 & -u_n x_{\mathrm{w}n} & -u_n y_{\mathrm{w}n} & -u_1 \\ 0 & 0 & 0 & x_{\mathrm{w}n} & y_{\mathrm{w}n} & 1 & -v_n x_{\mathrm{w}n} & -v_n y_{\mathrm{w}n} & -v_1 \end{bmatrix}$$

$$\boldsymbol{h}=[h_{11} \quad h_{21} \quad h_{31} \quad h_{12} \quad h_{22} \quad h_{32} \quad h_{13} \quad h_{23} \quad h_{33}]^{\mathrm{T}}$$

中间量 $\boldsymbol{h}$ 求解采用 SVD 分解法实现。对方阵 $\boldsymbol{L}^{\mathrm{T}}\boldsymbol{L}$ 进行 SVD 分解,有

$$[\boldsymbol{U} \quad \boldsymbol{S} \quad \boldsymbol{V}]=\mathrm{SVD}(\boldsymbol{L}^{\mathrm{T}}\boldsymbol{L})$$

分解得到的特征向量 $\boldsymbol{S}=\mathrm{diag}[\sigma_1 \quad \sigma_2 \quad \cdots \quad \sigma_9]$ 中 $\sigma_i(i=[1,9])$ 为 $\boldsymbol{L}$ 的特征值,最小特征值为 σ_9,其对应的特征向量 $\boldsymbol{v}_9$ 为 $\boldsymbol{h}$ 的解,即

$$\boldsymbol{v}_9=\boldsymbol{h}=[h_{11} \quad h_{21} \quad h_{31} \quad h_{12} \quad h_{22} \quad h_{32} \quad h_{13} \quad h_{23} \quad h_{33}]^{\mathrm{T}} \tag{5-64}$$

由于噪声影响,由式(5-64)得到的单应矩阵 $\boldsymbol{H}$ 未必满足式(5-59),需对单应矩阵进行优化。优化目标函数为

$$\min_{\boldsymbol{H}} \sum_i \|\boldsymbol{m}_i - \hat{\boldsymbol{m}}_i\|^2$$

$$\hat{\boldsymbol{m}}_i = \frac{1}{\hat{\boldsymbol{h}}_3^{\mathrm{T}} M_i} \begin{bmatrix} \hat{\boldsymbol{h}}_1^{\mathrm{T}} M_i \\ \hat{\boldsymbol{h}}_2^{\mathrm{T}} M_i \end{bmatrix} \tag{5-65}$$

优化过程可采用 Levenberg-Marquart 实现。

3. 求解内外参数

由于旋转矩阵 $\boldsymbol{R}$ 为正交矩阵，有约束方程

$$\begin{cases}\boldsymbol{r}_1^{\mathrm{T}}\boldsymbol{r}_2=0\\ \boldsymbol{r}_1^2=\boldsymbol{r}_2^2=1\end{cases}$$

张正友摄像机标定法利用该约束，同时解算内部参数与外部参数，求解方程组建立过程如下。

为方便表示，单应矩阵 $\boldsymbol{H}$ 向量化表示为

$$\boldsymbol{H}=[\boldsymbol{h}_1\quad \boldsymbol{h}_2\quad \boldsymbol{h}_3]$$

$$\boldsymbol{h}_1=[h_{11}\quad h_{21}\quad h_{31}]^{\mathrm{T}}$$

$$\boldsymbol{h}_2=[h_{12}\quad h_{22}\quad h_{32}]^{\mathrm{T}}$$

$$\boldsymbol{h}_3=[h_{13}\quad h_{23}\quad h_{33}]^{\mathrm{T}}$$

由式(5-60)可知

$$\begin{cases}\boldsymbol{r}_1=\boldsymbol{A}^{-1}\boldsymbol{h}_1\\ \boldsymbol{r}_2=\boldsymbol{A}^{-1}\boldsymbol{h}_2\end{cases}\tag{5-66}$$

代入约束方程，得

$$\begin{cases}\boldsymbol{h}_1{}^{\mathrm{T}}\boldsymbol{A}^{-\mathrm{T}}\boldsymbol{A}^{-1}\boldsymbol{h}_2=\boldsymbol{0}\\ \boldsymbol{h}_1{}^{\mathrm{T}}\boldsymbol{A}^{-\mathrm{T}}\boldsymbol{A}^{-1}\boldsymbol{h}_1=\boldsymbol{h}_2{}^{\mathrm{T}}\boldsymbol{A}^{-\mathrm{T}}\boldsymbol{A}^{-1}\boldsymbol{h}_2\end{cases}\tag{5-67}$$

令 $\boldsymbol{B}=\boldsymbol{A}^{-\mathrm{T}}\boldsymbol{A}^{-1}$，则 $\boldsymbol{B}$ 作为对称矩阵可记为 $\boldsymbol{b}=[B_{11}\quad B_{12}\quad B_{22}\quad B_{13}\quad B_{23}\quad B_{33}]^{\mathrm{T}}$。表示单应矩阵 $\boldsymbol{H}$ 的第 i 列向量为 $\boldsymbol{h}_i=[h_{i1}\quad h_{i2}\quad h_{i3}]^{\mathrm{T}}$，则 $\boldsymbol{h}_1^{\mathrm{T}}\boldsymbol{A}^{-\mathrm{T}}\boldsymbol{A}^{-1}\boldsymbol{h}_1=\boldsymbol{h}_2^{\mathrm{T}}\boldsymbol{A}^{-\mathrm{T}}\boldsymbol{A}^{-1}\boldsymbol{h}_2$ 可表示为

$$\boldsymbol{h}_i{}^{\mathrm{T}}\boldsymbol{B}\boldsymbol{h}_j=\boldsymbol{v}_{ij}\boldsymbol{b}\tag{5-68}$$

式中，$\boldsymbol{v}_{ij}=[h_{i1}h_{j1}\quad h_{i1}h_{j2}+h_{i2}h_{j1}\quad h_{i2}h_{j2}\quad h_{i3}h_{j1}+h_{i1}h_{j3}\quad h_{i3}h_{j2}+h_{i2}h_{j3}\quad h_{i3}h_{j3}]$。

将式(5-68)代入式(5-67)，约束方程的形式转换为

$$\begin{bmatrix}\boldsymbol{v}_{12}\\ \boldsymbol{v}_{11}-\boldsymbol{v}_{22}\end{bmatrix}\boldsymbol{b}=\boldsymbol{0}\tag{5-69}$$

考虑到单应矩阵 $\boldsymbol{H}$ 包括内外部参数，在标定靶位置确定后，每幅标定靶图像蕴含了单应矩阵 $\boldsymbol{H}$ 的信息，同时单应矩阵 $\boldsymbol{H}$ 可由前述方法求解得到。因此式(5-69)中的未知量为 $\boldsymbol{b}=[B_{11}\quad B_{12}\quad B_{22}\quad B_{13}\quad B_{23}\quad B_{33}]^{\mathrm{T}}$。因 $\boldsymbol{b}$ 与内部参数矩阵 $\boldsymbol{A}$ 有关，张正友摄像机标定法的思路是解算未知量 $\boldsymbol{b}$ 后再分解计算内部参数。

由于 $\boldsymbol{b}$ 含有 6 个未知参数，需要建立 $n>5$ 组公式(5-69)求解。实现方法是改变标定靶位置，拍摄 n 副标定靶图像，建立方程组

$$\boldsymbol{V}\boldsymbol{b}=\boldsymbol{0}\tag{5-70}$$

式中，$\boldsymbol{V}$ 为 $2n\times6$ 大小的矩阵，$\boldsymbol{V}=[v_{12}^1\quad v_{11}^1-v_{22}^1\quad \cdots\quad v_{12}^n\quad v_{11}^n-v_{22}^n]^{\mathrm{T}}$。采用 SVD 分解法可解得 $\boldsymbol{b}=[B_{11}\quad B_{12}\quad B_{22}\quad B_{13}\quad B_{23}\quad B_{33}]^{\mathrm{T}}$。而后，根据 $\boldsymbol{b}$ 与内部参数矩阵 $\boldsymbol{A}$ 的关系，解算内部

参数公式如下：

$$\begin{cases} v_0=\dfrac{B_{12}B_{13}-B_{11}B_{23}}{B_{11}B_{22}-B_{12}^2} \\ \lambda=B_{33}-\dfrac{B_{13}^2+v_0(B_{12}B_{13}-B_{11}B_{23})}{B_{11}} \\ f_u=\sqrt{\dfrac{\lambda}{B_{11}}} \\ f_v=\sqrt{\dfrac{\lambda B_{11}}{B_{11}B_{22}-B_{12}^2}} \\ \gamma=-\dfrac{B_{12}\alpha^2\beta}{\lambda} \\ u_0=\dfrac{\gamma v_0}{\alpha}-\dfrac{B_{13}\alpha^2}{\lambda} \end{cases} \tag{5-71}$$

即可求得相机内参矩阵

$$\boldsymbol{A}=\begin{bmatrix} \alpha & \gamma & u_0 \\ 0 & \beta & v_0 \\ 0 & 0 & 1 \end{bmatrix}$$

根据内参数矩阵 $\boldsymbol{A}$ 和单应性矩阵 $\boldsymbol{H}$，可计算出每幅图像的外部参数如下：

$$\begin{cases} \boldsymbol{r}_1=\lambda\boldsymbol{A}^{-1}\boldsymbol{h}_1 \\ \boldsymbol{r}_2=\lambda\boldsymbol{A}^{-1}\boldsymbol{h}_2 \\ \boldsymbol{r}_3=\boldsymbol{r}_1\times\boldsymbol{r}_2=[r_{13} \quad r_{23} \quad r_{33}]^{\mathrm{T}} \\ \boldsymbol{t}=\lambda\boldsymbol{A}^{-1}\boldsymbol{h}_3 \end{cases} \tag{5-72}$$

摄像机内部参数和外部参数求解得到初始值后，进一步采用最大似然准则对其进行非线性优化。假设单幅标定靶图像包含 m 个标定点，采集 n 幅标定板图像，建立最大似然估计准则函数：

$$f=\sum_{i=1}^{n}\sum_{j=1}^{m}\|\boldsymbol{m}_{ij}-\overline{\boldsymbol{m}}(\boldsymbol{A},k_1,k_2,\boldsymbol{R}_i,\boldsymbol{t}_i,M_j)\|^2 \tag{5-73}$$

式中，$\boldsymbol{R}_i$ 是第 i 幅图像的旋转矩阵；$\boldsymbol{t}_i$ 是第 i 幅图像的平移向量；M_j 是第 j 个点的空间坐标；$\boldsymbol{m}_{ij}$ 是第 i 个点在第 i 幅图像中的像点；$\boldsymbol{m}(\boldsymbol{A},k_1,k_2,\boldsymbol{R}_i,\boldsymbol{t}_i,M_j)$ 是特征点 M_j 的实际像点，畸变系数 k_1、k_2 初始值为 0。最大似然估计实现方法是采用 Levenberg-Marquardt 算法求取最大似然估计准则函数 f 的最小值。

5.3 单目视觉位姿测量

5.3.1 基于 PnP 问题的位姿测量

假定摄像机已标定，其内部参数均为已知，那么已知空间中 N 个物点在三维空间中的位置和它们在图像中的位置，甚至在一定的前提条件下，可以确定摄像机在三维空间中的位置，建立空间物点与其像点之间的投影关系，进而确定摄像机坐标系与世界坐标系变换关系，这就是 N 点透视位姿求解(Perspective-n-Point, PnP)问题。PnP 求解通常用于目标物在摄像机坐标系下的位姿测量。

视觉任务通常提取场景中的特征点作为物点。特征点数量 N 的大小直接影响求解结果。$N\geqslant 6$ 时，PnP 问题可建立线性方程组求解；$N=2$ 时，PnP 问题的解无限多；$3\leqslant N\leqslant 5$ 时，求解 PnP 问题通常采用非线性优化计算方法，且有多个解。

5.3.2 PnP 问题的通用线性求解

当 $N\geqslant 6$ 时，采用摄像机线性成像模型通过直接线性变换法求解 PnP，如式(5-8)所示，有

$$z_c\begin{bmatrix}u\\v\\1\end{bmatrix}=\boldsymbol{H}\begin{bmatrix}x_w\\y_w\\z_w\\1\end{bmatrix} \tag{5-74}$$

式中，$\boldsymbol{H}=\boldsymbol{M}_1\boldsymbol{M}_2$，$\boldsymbol{M}_1=\begin{bmatrix}\dfrac{f}{\mathrm{d}x} & 0 & u_0 & 0\\ 0 & \dfrac{f}{\mathrm{d}y} & v_0 & 0\\ 0 & 0 & 1 & 0\end{bmatrix}$，$\boldsymbol{M}_2=\begin{bmatrix}r_{11} & r_{12} & r_{13} & t_1\\ r_{21} & r_{22} & r_{23} & t_2\\ r_{31} & r_{32} & r_{33} & t_3\\ 0 & 0 & 0 & 1\end{bmatrix}$。

PnP 问题的通用线性求解过程与直接线性变换标定摄像机内外参数计算过程类似，具体过程如下。

令单应矩阵 $\boldsymbol{H}$ 记为 $\boldsymbol{H}=\boldsymbol{M}_1\boldsymbol{M}_2=\begin{bmatrix}m_{11} & m_{12} & m_{13} & m_{14}\\ m_{21} & m_{22} & m_{23} & m_{24}\\ m_{31} & m_{32} & m_{33} & m_{34}\end{bmatrix}$，代入式(5-74)，按照类似推导式(5-22)的推导过程，消去 z_c，得方程组如下：

$$\begin{cases}x_w m_{11}+y_w m_{12}+z_w m_{13}-ux_w m_{31}-uy_w m_{32}-uz_w m_{33}+m_{14}=um_{34}\\ x_w m_{21}+y_w m_{22}+z_w m_{23}-vx_w m_{31}-vy_w m_{32}-vz_w m_{33}+m_{24}=vm_{34}\end{cases} \tag{5-75}$$

该方程组含 12 个未知数,需要 $N \geqslant 6$ 个已知世界坐标系的特征点求解。在方程组中,代入 N 个不共面的特征点图像像素坐标和世界坐标系的坐标,则以下公式成立:

$$\boldsymbol{A}\boldsymbol{m}^{*}=\boldsymbol{b} \tag{5-76}$$

式中

$$\boldsymbol{A}=\begin{bmatrix} x_{\mathrm{w}}^{1} & y_{\mathrm{w}}^{1} & z_{\mathrm{w}}^{1} & 0 & 0 & 0 & -u^{1}x_{\mathrm{w}}^{1} & -u^{1}y_{\mathrm{w}}^{1} & -u^{1}z_{\mathrm{w}}^{1} & 1 & 0 \\ 0 & 0 & 0 & x_{\mathrm{w}}^{1} & y_{\mathrm{w}}^{1} & z_{\mathrm{w}}^{1} & -v^{1}x_{\mathrm{w}}^{1} & -v^{1}y_{\mathrm{w}}^{1} & -v^{1}z_{\mathrm{w}}^{1} & 0 & 1 \\ \vdots & \vdots & \vdots & \vdots & \vdots & \vdots & \vdots & \vdots & \vdots & \vdots & \vdots \\ x_{\mathrm{w}}^{i} & y_{\mathrm{w}}^{i} & z_{\mathrm{w}}^{i} & 0 & 0 & 0 & -u^{i}x_{\mathrm{w}}^{i} & -u^{i}y_{\mathrm{w}}^{i} & -u^{i}z_{\mathrm{w}}^{i} & 1 & 0 \\ 0 & 0 & 0 & x_{\mathrm{w}}^{i} & y_{\mathrm{w}}^{i} & z_{\mathrm{w}}^{i} & -v^{i}x_{\mathrm{w}}^{i} & -v^{i}y_{\mathrm{w}}^{i} & -v^{i}z_{\mathrm{w}}^{i} & 0 & 1 \\ \vdots & \vdots & \vdots & \vdots & \vdots & \vdots & \vdots & \vdots & \vdots & \vdots & \vdots \\ x_{\mathrm{w}}^{N} & y_{\mathrm{w}}^{N} & z_{\mathrm{w}}^{N} & 0 & 0 & 0 & -u^{N}x_{\mathrm{w}}^{N} & -u^{N}y_{\mathrm{w}}^{N} & -u^{N}z_{\mathrm{w}}^{N} & 1 & 0 \\ 0 & 0 & 0 & x_{\mathrm{w}}^{N} & y_{\mathrm{w}}^{N} & z_{\mathrm{w}}^{N} & -v^{N}x_{\mathrm{w}}^{i} & -v^{N}y_{\mathrm{w}}^{i} & -v^{N}z_{\mathrm{w}}^{i} & 0 & 1 \end{bmatrix},\quad \boldsymbol{b}=\begin{bmatrix} u^{1} \\ v^{1} \\ \vdots \\ u^{i} \\ v^{i} \\ \vdots \\ u^{N} \\ v^{N} \end{bmatrix}$$

$$\boldsymbol{m}^{*}=\begin{bmatrix} m_{11}^{*} \\ m_{12}^{*} \\ m_{13}^{*} \\ m_{21}^{*} \\ m_{22}^{*} \\ m_{23}^{*} \\ m_{31}^{*} \\ m_{32}^{*} \\ m_{33}^{*} \\ m_{14}^{*} \\ m_{24}^{*} \end{bmatrix}=\begin{bmatrix} m_{11}/m_{34} \\ m_{12}/m_{34} \\ m_{13}/m_{34} \\ m_{21}/m_{34} \\ m_{22}/m_{34} \\ m_{23}/m_{34} \\ m_{31}/m_{34} \\ m_{32}/m_{34} \\ m_{33}/m_{34} \\ m_{14}/m_{34} \\ m_{24}/m_{34} \end{bmatrix}$$

利用线性最小二乘方法求解方程组(5-76)的解,有

$$\boldsymbol{m}^{*}=(\boldsymbol{A}^{\mathrm{T}}\boldsymbol{A})^{-1}\boldsymbol{A}^{\mathrm{T}}\boldsymbol{b} \tag{5-77}$$

式中,$\boldsymbol{m}^{*}$ 中的各元素与 $\boldsymbol{M}$ 矩阵中的元素相差倍数为 m_{34},则

$$m_{34}\begin{bmatrix} m_{11}^{*} & m_{12}^{*} & m_{13}^{*} & m_{14}^{*} \\ m_{21}^{*} & m_{22}^{*} & m_{23}^{*} & m_{24}^{*} \\ m_{31}^{*} & m_{32}^{*} & m_{33}^{*} & 1 \end{bmatrix}=\begin{bmatrix} f_x & 0 & u_0 & 0 \\ 0 & f_y & v_0 & 0 \\ 0 & 0 & 1 & 0 \end{bmatrix}\begin{bmatrix} r_{11} & r_{12} & r_{13} & t_x \\ r_{21} & r_{22} & r_{23} & t_y \\ r_{31} & r_{32} & r_{33} & t_z \\ 0 & 0 & 0 & 1 \end{bmatrix} \tag{5-78}$$

旋转矩阵 $\boldsymbol{R}$ 和平移向量 $\boldsymbol{t}$ 可通过下式解算:

$$\begin{cases} \boldsymbol{r}_1^* = \dfrac{m_{34}\boldsymbol{m}_1^* - u_0\boldsymbol{r}_3^*}{f_x} \\ \boldsymbol{r}_2^* = \dfrac{m_{34}\boldsymbol{m}_2^* - v_0\boldsymbol{r}_3^*}{f_y} \\ \boldsymbol{r}_3^* = m_{34}\boldsymbol{m}_3^* \end{cases}$$

$$\begin{cases} t_z = m_{34} = 1 \\ t_x = \dfrac{m_{34}m_{14}^* - u_0 m_{34}}{f_x} \\ t_y = \dfrac{m_{34}m_{24}^* - v_0 m_{34}}{f_y} \end{cases} \tag{5-79}$$

通过旋转矩阵 $\boldsymbol{R}$ 可解算摄像机坐标系与世界坐标系之间的位姿角度关系公式，计算过程利用欧拉角表示旋转矩阵 $\boldsymbol{R}$，最后根据已知旋转矩阵 $\boldsymbol{R}$ 求得位姿角度，具体过程如 5.3.3 节所述。

5.3.3 旋转矩阵 R 的欧拉角转换

旋转矩阵 $\boldsymbol{R}$ 表示了摄像机坐标系和世界坐标系之间的旋转关系，如图 5-5 所示，世界坐标系围绕自身的 x_w 轴、y_w 轴、z_w 轴分别进行旋转角度为欧拉角 θ_x、θ_y、θ_z 的旋转运动后得到摄像机坐标系。如果 3 次旋转运动各由 $\boldsymbol{R}(\theta_x)$、$\boldsymbol{R}(\theta_y)$、$\boldsymbol{R}(\theta_z)$ 三个矩阵描述，则旋转矩阵 $\boldsymbol{R}$ 可由三个矩阵组成，如下式所示：

$$\boldsymbol{R} = \boldsymbol{R}(\theta_z)\boldsymbol{R}(\theta_y)\boldsymbol{R}(\theta_x) \tag{5-80}$$

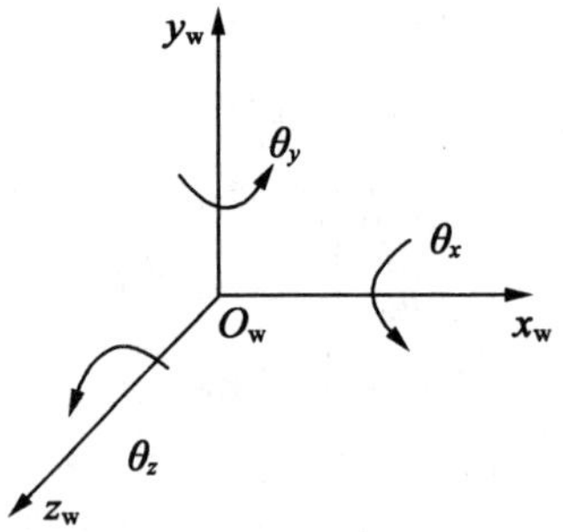

图 5-5 世界坐标系的 3 次旋转运动

(1)绕 x_w 轴逆时针旋转 θ_x 角，其旋转矩阵为

$$\boldsymbol{R}(\theta_x) = \begin{bmatrix} 1 & 0 & 0 \\ 0 & \cos\theta_x & -\sin\theta_x \\ 0 & \sin\theta_x & \cos\theta_x \end{bmatrix} \tag{5-81}$$

(2)绕 y_w 轴逆时针旋转 θ_y 角，其旋转矩阵为

$$R(\theta_y)=\begin{bmatrix}\cos\theta_y & 0 & \sin\theta_y\\ 0 & 1 & 0\\ -\sin\theta_y & 0 & \cos\theta_y\end{bmatrix} \tag{5-82}$$

(3)绕 z_w 轴逆时针旋转 θ_z 角,其旋转矩阵为

$$R(\theta_z)=\begin{bmatrix}\cos\theta_z & -\sin\theta_z & 0\\ \sin\theta_z & \cos\theta_z & 0\\ 0 & 0 & 1\end{bmatrix} \tag{5-83}$$

则摄像机坐标系 $O_cx_cy_cz_c$ 与世界坐标系 $O_wx_wy_wz_w$ 之间的旋转矩阵 R 表示为

$$\begin{aligned}R&=\begin{bmatrix}\cos\theta_z & -\sin\theta_z & 0\\ \sin\theta_z & \cos\theta_z & 0\\ 0 & 0 & 1\end{bmatrix}\begin{bmatrix}\cos\theta_y & 0 & \sin\theta_y\\ 0 & 1 & 0\\ -\sin\theta_y & 0 & \cos\theta_y\end{bmatrix}\begin{bmatrix}1 & 0 & 0\\ 0 & \cos\theta_x & -\sin\theta_x\\ 0 & \sin\theta_x & \cos\theta_x\end{bmatrix}\\ &=\begin{bmatrix}\cos\theta_z\cos\theta_y & -\cos\theta_x\sin\theta_z+\cos\theta_z\sin\theta_y\sin\theta_x & \sin\theta_x\sin\theta_z+\cos\theta_z\sin\theta_y\cos\theta_x\\ \sin\theta_z\cos\theta_y & \cos\theta_x\cos\theta_z+\sin\theta_x\sin\theta_y\sin\theta_z & -\cos\theta_z\sin\theta_x+\sin\theta_z\sin\theta_y\cos\theta_x\\ -\sin\theta_y & \sin\theta_x\cos\theta_y & \cos\theta_x\cos\theta_y\end{bmatrix}\end{aligned} \tag{5-84}$$

根据式(5-84)可解算得到 θ_x、θ_y、θ_z,具体方法如下。

(1)计算 θ_y。

首先根据旋转矩阵 R 的表达式(5-84)计算 $\cos\theta_y$,有

$$\cos\theta_y=\sqrt{r_{11}^2+r_{21}^2} \tag{5-85}$$

然后判断 $\cos\theta_y$ 是否等于 0。当 $\cos\theta_y\neq0$ 时，可得 θ_y 的计算式如下：

$$\theta_y=\arctan 2(-r_{31},\sqrt{{r_{11}}^2+{r_{21}}^2}) \tag{5-86}$$

因为 $\sin\theta_x=\sin(\pi+\theta_x)$,所以式(5-86)实际上给出了 θ_y 的两种解,即

$$\begin{cases}\theta_{y1}=-\arcsin r_{31}\\ \theta_{y2}=\pi+\arcsin r_{31}\end{cases} \tag{5-87}$$

当 $\cos\theta_y=0$ 时,$\theta_y=\pm\dfrac{\pi}{2}$。

(2)计算 θ_x。

当 $\cos\theta_y\neq0$ 时,由 $r_{32}=\sin\theta_x\cos\theta_y$ 和 $r_{33}=\cos\theta_x\cos\theta_y$ 可知

$$\theta_x=\arctan 2(r_{32},r_{33})=\arctan 2(\sin\theta_x\cos\theta_y,\cos\theta_x\cos\theta_y) \tag{5-88}$$

式中,$\cos\theta_x$ 影响 θ_x 值,故而不能简单表示为 $\theta_x=\arctan 2(r_{32},r_{33})$。考虑到 $\cos\theta_y\neq0$ 的前提条件,可由下式计算 θ_x:

$$\theta_x=\arctan 2\left(\frac{r_{32}}{\cos\theta_y},\frac{r_{33}}{\cos\theta_y}\right) \tag{5-89}$$

(3)计算 θ_z。

当 $\cos\theta_y\neq0$ 时,由 $r_{11}=\cos\theta_z\cos\theta_y$ 和 $r_{21}=\sin\theta_z\cos\theta_y$ 可知

$$\theta_z=\arctan 2(r_{21},r_{11})=\arctan 2(\sin\theta_z\cos\theta_y,\cos\theta_z\cos\theta_y) \tag{5-90}$$

类似于 θ_x 的情况，解得 θ_z 为

$$\theta_z=\arctan 2\left(\frac{r_{21}}{\cos\theta_y},\frac{r_{11}}{\cos\theta_y}\right) \tag{5-91}$$

(4) $\cos\theta_y=0$ 时，计算 θ_x、θ_y、θ_z。

当 $\cos\theta_y=0$ 时，有 $\theta_y=\pm\frac{\pi}{2}$ 两种情况。第一种，$\theta_y=\frac{\pi}{2}$ 时，此时 $\sin\theta_y=1$，代入 r_{12}、r_{13} 得

$$\theta_x=\theta_z+\arctan 2(r_{12},r_{13}) \tag{5-92}$$

第二种，$\theta_y=-\frac{\pi}{2}$ 时，$\sin\theta_y=-1$，代入 r_{12}、r_{13} 得

$$\theta_x=-\theta_z+\arctan 2(-r_{12},-r_{13}) \tag{5-93}$$

由式(5-92)、式(5-93)可知，$\cos\theta_y=0$ 时，θ_x 和 θ_z 有无穷解。为方便计算，取 $\theta_z=0$，则 $\theta_x=\arctan 2(r_{12},r_{13})$ 或 $\theta_x=\arctan 2(-r_{12},-r_{13})$。

通过以上方法，由旋转矩阵 $\boldsymbol{R}$ 计算所得欧拉角 θ_x、θ_y、θ_z 即为摄像机坐标系相对于世界坐标系的姿态角。

5.3.4 基于 P3P 求解的单目位姿测量

基于 P3P 求解的单目视觉位姿测量使用的特征点少，计算速度快，适合一般的单目位姿测量问题。假设有空间中有 3 个特征点，已知特征点在世界坐标系下的坐标和图像像素坐标系坐标，在摄像机内参数确定的情况下，P3P 求解单目位姿测量的思路是首先确定在世界坐标系中特征点到摄像机光心的距离，结合特征点的图像像素坐标系坐标，解算特征点在摄像机坐标系下的坐标，最终计算得到摄像机坐标系与世界坐标系的位姿变换信息。

1. 计算特征点与摄像机光心距离

P3P 问题如图 5-6 所示，O 点为摄像机光心，特征点 A、B、C 构成等腰 $\triangle ABC$，各边长度已知，分别表示为 $|AC|=b$，$|BC|=a$，$|AB|=c$。A'、B'、C' 分别为 A、B、C 的像点，像点的图像像素坐标为已知量，分别表示为 (u'_A,v'_A) (u'_B,v'_B) (u'_C,v'_C)。特征点 A、B、C 与光心 O 的距离由 $|OA|$、$|OB|$、$|OC|$ 分别表示为 x、y、z。下面求解未知量 x、y、z。

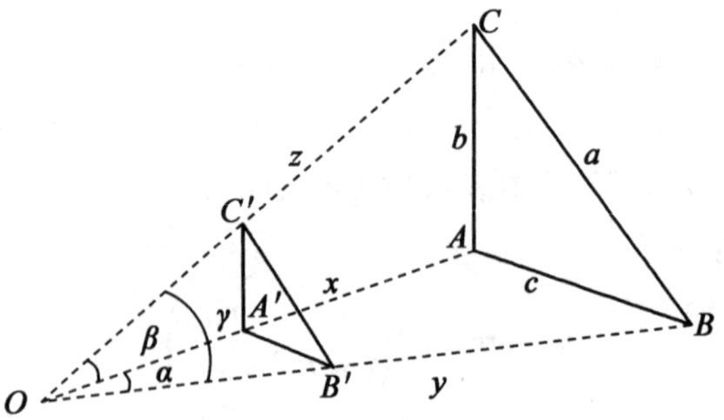

图 5-6 P3P 问题中物点与摄像机光心之间的关系

图 5-6 中特征点 A、B、C 分别与摄像机光心 O 点构成$\triangle AOC$、$\triangle BOC$、$\triangle AOB$，三角形夹角表示为$\angle AOB=\alpha$，$\angle AOC=\beta$，$\angle BOC=\gamma$。α、β、γ 可由像点 A'、B'、C'和摄像机焦距 f 求解，此处设为已知。根据$\triangle AOC$、$\triangle BOC$、$\triangle AOB$ 边长与夹角的关系，得方程组

$$\begin{cases} x^2+y^2-2xy\cos\alpha=c^2 \\ x^2+z^2-2xz\cos\beta=b^2 \\ y^2+z^2-2yz\cos\gamma=a^2 \end{cases} \tag{5-94}$$

摄像机光心 O 点与特征点 A、B、C 具有特殊结构关系时，以上方程组具有唯一解。这种特殊结构关系如图 5-7 所示，图中平面 λ 和平面 π 的交线垂直于 A 点，AC 垂直于平面 λ 和平面 π。平面 λ 与平面 π 之间的空间区域称为 V。特征点 A、B、C 布置为等腰三角形，摄像机光心位于 V 区。

下面采用牛顿迭代法求解方程组(5-94)的唯一解。首先方程组(5-94)转换为

$$\begin{cases} y=x\cos\alpha+(c^2-x^2\sin^2\alpha)^{\frac{1}{2}} \\ z=x\cos\beta+(b^2-x^2\sin^2\beta)^{\frac{1}{2}} \\ y^2+z^2-2yz\cos\gamma=a^2 \end{cases} \tag{5-95}$$

令 $F(x)=y^2+z^2-2yz\cos\gamma$。由图 5-6 可知，$x$ 的最小值 min_x = 0，x 的最大值 max_x = min($c\cot\alpha$, $b\cot\beta$)，迭代精度 $\varepsilon=0.0001$。求解过程如下。

(1)迭代次数加 1，且令 $x=\dfrac{\text{min\_}x+\text{max\_}x}{2}$，计算 $|F(x)-a^2|$。

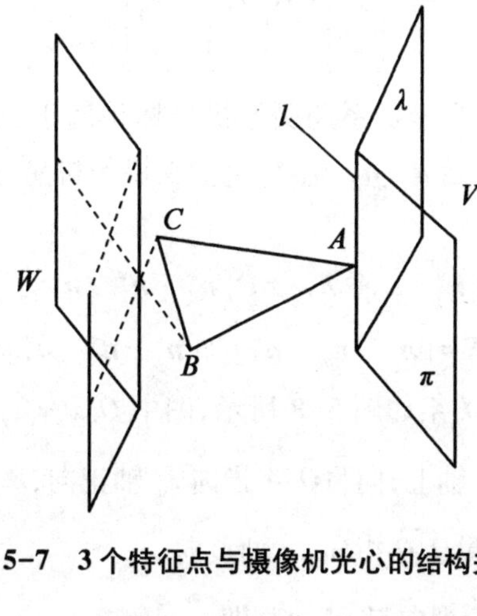

图 5-7　3 个特征点与摄像机光心的结构关系

(2)判断 $|F(x)-a^2|$与 ε 的关系，如果 $|F(x)-a^2|<\varepsilon$，则将 x 代入式(5-95)解得 y、z，牛顿迭代法迭代过程结束。若迭代次数超过设定值，则迭代次数亦结束。

(3)如 $|F(x)-a^2|>\varepsilon$，判断 $F(x)$ 与 a^2 的大小关系，如 $F(x)-a^2>0$，更新 x 的最大值为 $\text{max\_}x=\dfrac{\text{min\_}x+\text{max\_}x}{2}$，转至第(1)步；如 $|F(x)-a^2|>\varepsilon$，且 $F(x)-a^2<0$，更新 x 的最小值为

$\text{min\_}x=\dfrac{\text{min\_}x+\text{max\_}x}{2}$，返回第(1)步进行下一次迭代。

2. 计算特征点的摄像机坐标系坐标

摄像机光心 O 点与 A、B、C 三点之间的距离 x、y、z 求解确定之后，根据像点 A'、B'、C'的图像像素坐标系坐标、摄像机内参数以及摄像机成像模型比例关系，可解得 A、B、C 点在摄像机坐标系下的坐标如下式所示：

$$\begin{cases}x_{c,A}=\dfrac{|OA||u'_A-u_0|}{|OA'|},y_{c,A}=\dfrac{|OA||v'_A-v_0|}{|OA'|},z_{c,A}=\dfrac{|OA|f}{|OA'|}\\ x_{c,B}=\dfrac{|OB||u'_B-u_0|}{|OB'|},y_{c,B}=\dfrac{|OB||v'_B-v_0|}{|OB'|},z_{c,B}=\dfrac{|OB|f}{|OB'|}\\ x_{c,C}=\dfrac{|OC||u'_C-u_0|}{|OC'|},y_{c,C}=\dfrac{|OC||v'_C-v_0|}{|OC'|},z_{c,C}=\dfrac{|OC|f}{|OC'|}\end{cases} \tag{5-96}$$

式中，(u_0,v_0)为摄像机光心 O 在成像面的投影点在图像像素坐标系的坐标；$(x_{c,A},y_{c,A},z_{c,A})$、$(x_{c,B},y_{c,B},z_{c,C})$、$(x_{c,C},y_{c,C},z_{c,C})$分别为 A、B、C 三点在摄像机坐标系下的坐标。

3. 计算旋转矩阵 $\boldsymbol{R}$ 和平移向量 $\boldsymbol{t}$

摄像机坐标系 $O_cx_cy_cz_c$ 与世界坐标系 $O_wx_wy_wz_w$ 都是三维空间坐标系，它们之间的关系可以用旋转矩阵 $\boldsymbol{R}$ 与平移向量 $\boldsymbol{t}$ 来描述，由式(5-5)可得

$$\begin{bmatrix}x_c\\y_c\\z_c\end{bmatrix}=\boldsymbol{R}\begin{bmatrix}x_w\\y_w\\z_w\end{bmatrix}+\begin{bmatrix}t_1\\t_2\\t_3\end{bmatrix} \tag{5-97}$$

首先计算旋转矩阵 $\boldsymbol{R}$。世界坐标系和摄像机坐标系属于三维坐标系，若已知世界坐标系中 3 个互不相关的单位列向量 $\boldsymbol{n}_1^w$、$\boldsymbol{n}_2^w$、$\boldsymbol{n}_3^w$ 与它们在摄像机坐标系中的投影 $\boldsymbol{n}_1^c$、$\boldsymbol{n}_2^c$、$\boldsymbol{n}_3^c$，则满足下式：

$$\begin{cases}[\boldsymbol{n}_1^c\quad \boldsymbol{n}_2^c\quad \boldsymbol{n}_3^c]=\boldsymbol{R}[\boldsymbol{n}_1^w\quad \boldsymbol{n}_2^w\quad \boldsymbol{n}_3^w]\\ \boldsymbol{R}=[\boldsymbol{n}_1^w\quad \boldsymbol{n}_2^w\quad \boldsymbol{n}_3^w]^{-1}[\boldsymbol{n}_1^c\quad \boldsymbol{n}_2^c\quad \boldsymbol{n}_3^c]\end{cases} \tag{5-98}$$

单位列向量 $\boldsymbol{n}_1^w$、$\boldsymbol{n}_2^w$、$\boldsymbol{n}_3^w$ 的关系如图 5-8 所示，图中 $O_wx_wy_wz_w$ 为世界坐标系，令坐标系原点 O_w 位于 BC 中点，A 点在 z_w 轴上，向量$\overrightarrow{O_wA}$ 指向 z_w 轴正向，B 点在 x_w 轴上，向量$\overrightarrow{O_wB}$ 指向 x_w 轴正向，C 点在 x_w 轴上，向量$\overrightarrow{O_wC}$ 指向 x_w 轴负向。

由向量$\overrightarrow{O_wA}$、$\overrightarrow{O_wC}$ 可得单位列向量 $\boldsymbol{n}_1^w$、$\boldsymbol{n}_2^w$，即

$$\boldsymbol{n}_1^w=\frac{\overrightarrow{O_wA}}{|O_wA|},\quad \boldsymbol{n}_2^w=\frac{\overrightarrow{O_wB}}{|O_wB|} \tag{5-99}$$

由单位列向量 $\boldsymbol{n}_1^w$、$\boldsymbol{n}_2^w$ 可得单位列向量 $\boldsymbol{n}_3^w=\boldsymbol{n}_1^w\times\boldsymbol{n}_2^w$，$\boldsymbol{n}_3^w$ 指向世界坐标系 y_w 正向，如图 5-8 所示。

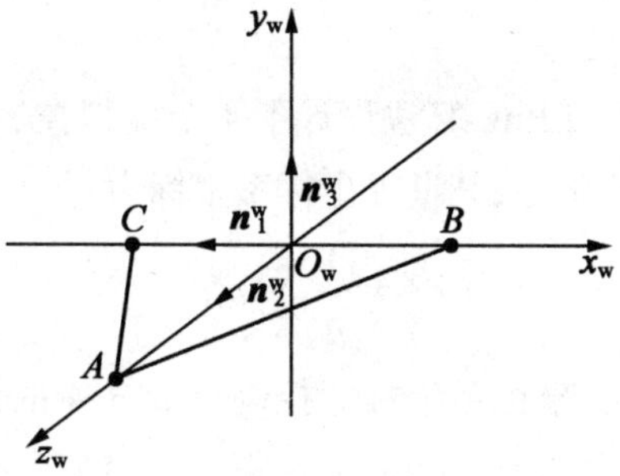

图 5-8　单位列向量 $\boldsymbol{n}_1^w$、$\boldsymbol{n}_2^w$、$\boldsymbol{n}_3^w$ 的关系

同理,可得摄像机坐标系中 3 个互不相关的单位列向量 $\boldsymbol{n}_1^c$、$\boldsymbol{n}_2^c$、$\boldsymbol{n}_3^c$ 为

$$\boldsymbol{n}_1^c=\frac{\overrightarrow{OA}}{|OA|},\quad \boldsymbol{n}_2^c=\frac{\overrightarrow{OB}}{|OB|},\quad \boldsymbol{n}_3^c=\boldsymbol{n}_1^c\times\boldsymbol{n}_2^c \tag{5-100}$$

式中,向量 $\overrightarrow{OA}$、$\overrightarrow{OB}$ 已知,$\overrightarrow{OA}=\begin{bmatrix}x_{c,A}\\y_{c,A}\\z_{c,A}\end{bmatrix}$,$\overrightarrow{OB}=\begin{bmatrix}x_{c,B}\\y_{c,B}\\z_{c,B}\end{bmatrix}$。

下面计算平移向量 $\boldsymbol{t}$。公式(5-97)中代入旋转矩阵 $\boldsymbol{R}$、特征点 A 的世界坐标系坐标(x_w^A,y_w^A,z_w^A)及其像点 A' 的摄像机坐标系坐标(x_c^A,y_c^A,z_c^A),得到

$$\begin{bmatrix}x_c^A\\y_c^A\\z_c^A\end{bmatrix}=\boldsymbol{R}\begin{bmatrix}x_w^A\\y_w^A\\z_w^A\end{bmatrix}+\begin{bmatrix}t_1\\t_2\\t_3\end{bmatrix} \tag{5-101}$$

由式(5-101)可得

$$\boldsymbol{t}=\begin{bmatrix}t_1\\t_2\\t_3\end{bmatrix}=\begin{bmatrix}x_c^A\\y_c^A\\z_c^A\end{bmatrix}-\boldsymbol{R}\begin{bmatrix}x_w^A\\y_w^A\\z_w^A\end{bmatrix} \tag{5-102}$$

最后,根据 5.3.3 小节方法将旋转矩阵 $\boldsymbol{R}$ 转换为欧拉角形式,至此得到摄像机坐标系与目标坐标系之间的全部位姿信息。

P3P 算法通过计算特征点的深度信息,即特征点与摄像机光心之间的距离建立特征点在摄像机坐标系中的坐标,再结合已知的特征点在世界坐标系中的位置信息,继而解算得到摄像机坐标系与世界坐标系之间的位姿变换关系。

5.3.5　基于 EPnP 算法的单目位姿测量

与 P3P 算法不同,EPnP 算法提出了虚拟控制点的概念,消除了对特征点结构以及摄像机位置限制条件。通过求取虚拟控制点在摄像机坐标系和世界坐标系中的坐标,计算摄像机相对于世界坐标系的位姿变化。

1. **控制点的选择**

假设有 n 个非共面特征点，EPnP 算法设计了 4 个虚拟控制点来表征这些特征点，其中控制点 1 定义为 n 个特征点的质心，其世界坐标系坐标为

$$\boldsymbol{c}_i^{\mathrm{w}} = \frac{1}{n}\sum_{i=1}^{n}\boldsymbol{p}_i^{\mathrm{w}} \tag{5-103}$$

式中，$\boldsymbol{p}_i^{\mathrm{w}}$ 为第 i 个特征点的世界坐标系坐标。控制点 2、3、4 的设计过程需要首先令矩阵 $\boldsymbol{A}$ 为

$$\boldsymbol{A} = \begin{bmatrix} (\boldsymbol{p}_1^{\mathrm{w}})^{\mathrm{T}} - (\boldsymbol{c}_1^{\mathrm{w}})^{\mathrm{T}} \\ \vdots \\ (\boldsymbol{p}_n^{\mathrm{w}})^{\mathrm{T}} - (\boldsymbol{c}_1^{\mathrm{w}})^{\mathrm{T}} \end{bmatrix} \tag{5-104}$$

然后设 $\boldsymbol{A}^{\mathrm{T}}\boldsymbol{A}$ 的特征值为 λ_1、λ_2、λ_3，对应的特征向量为 $\boldsymbol{v}_1$、$\boldsymbol{v}_2$、$\boldsymbol{v}_3$，则有

$$\begin{cases} \boldsymbol{c}_2^{\mathrm{w}} = \boldsymbol{c}_1^{\mathrm{w}} + \sqrt{\dfrac{\lambda_1}{n}}\boldsymbol{v}_1 \\ \boldsymbol{c}_3^{\mathrm{w}} = \boldsymbol{c}_1^{\mathrm{w}} + \sqrt{\dfrac{\lambda_2}{n}}\boldsymbol{v}_2 \\ \boldsymbol{c}_4^{\mathrm{w}} = \boldsymbol{c}_1^{\mathrm{w}} + \sqrt{\dfrac{\lambda_3}{n}}\boldsymbol{v}_3 \end{cases} \tag{5-105}$$

式中，$\boldsymbol{c}_2^{\mathrm{w}}$、$\boldsymbol{c}_3^{\mathrm{w}}$、$\boldsymbol{c}_4^{\mathrm{w}}$ 即为控制点 2、3、4 在世界坐标系中的坐标。

2. **世界坐标系下特征点与控制点的变换关系**

假设 n 个非共面特征点的世界坐标系坐标可由控制点坐标的权重加和表示，如下式：

$$\boldsymbol{p}_i^{\mathrm{w}} = \sum_{j=1}^{4}\alpha_{ij}\boldsymbol{c}_{i,j}^{\mathrm{w}} \tag{5-106}$$

式中，$\sum_{j=1}^{4}\alpha_{ij} = 1$，$\alpha_{ij}(i=1,\cdots,n,j=1,2,3,4)$ 为权重系数。4 个控制点的世界坐标系坐标为已知量，下面计算权重系数 $\alpha_{ij}(i=1,\cdots,n,j=1,2,3,4)$，过程如下。

首先，将式(5-106)转换为矩阵形式，有

$$\begin{bmatrix} \boldsymbol{p}_i^{\mathrm{w}} \\ 1 \end{bmatrix} = \begin{bmatrix} \boldsymbol{c}_1^{\mathrm{w}} & \boldsymbol{c}_2^{\mathrm{w}} & \boldsymbol{c}_3^{\mathrm{w}} & \boldsymbol{c}_4^{\mathrm{w}} \\ 1 & 1 & 1 & 1 \end{bmatrix} \begin{bmatrix} \alpha_{i1} \\ \alpha_{i2} \\ \alpha_{i3} \\ \alpha_{i4} \end{bmatrix} \tag{5-107}$$

得权重系数 $\alpha_{ij}(i=1,\cdots,n,j=1,2,3,4)$ 为

$$\begin{bmatrix} \alpha_{i1} \\ \alpha_{i2} \\ \alpha_{i3} \\ \alpha_{i4} \end{bmatrix} = \begin{bmatrix} \boldsymbol{c}_1^{\mathrm{w}} & \boldsymbol{c}_2^{\mathrm{w}} & \boldsymbol{c}_3^{\mathrm{w}} & \boldsymbol{c}_4^{\mathrm{w}} \\ 1 & 1 & 1 & 1 \end{bmatrix}^{-1} \begin{bmatrix} \boldsymbol{p}_i^{\mathrm{w}} \\ 1 \end{bmatrix} \tag{5-108}$$

式中，特征点的世界坐标系坐标 $\boldsymbol{p}_i^{\mathrm{w}}$ 与控制点的世界坐标系 $\boldsymbol{c}_j^{\mathrm{w}}(j=1,\cdots,4)$ 均为已知量。

3. 摄像机坐标系下特征点与控制点的变换关系

摄像机坐标系与世界坐标系之间存在刚体变换关系，由旋转矩阵 $\boldsymbol{R}$ 和平移变量 $\boldsymbol{t}$ 描述。那么在摄像机坐标系下，特征点的坐标是否还可以由控制点坐标的权重和表征？下面分析该问题。

假设摄像机坐标系与世界坐标系之间的变换关系由旋转矩阵 $\boldsymbol{R}$ 与位置平移向量 $\boldsymbol{t}$ 表示，则 n 个特征点在世界坐标系中的坐标 $\boldsymbol{p}_i^{\mathrm{w}}(i=1,\cdots,n)$ 与其在摄像机坐标系中的坐标 $\boldsymbol{p}_i^{\mathrm{c}}(i=1,\cdots,n)$ 之间的关系为

$$\boldsymbol{p}_i^{\mathrm{c}} = [\boldsymbol{R} \quad \boldsymbol{t}] \begin{bmatrix} p_i^{\mathrm{w}} \\ 1 \end{bmatrix} \tag{5-109}$$

已知在世界坐标系中特征点的坐标 $\boldsymbol{p}_i^{\mathrm{w}}(i=1,\cdots,n)$ 与控制点的关系为 $\boldsymbol{p}_i^{\mathrm{w}} = \sum_{j=1}^{4} \alpha_{ij}\boldsymbol{c}_j^{\mathrm{w}}$，$\sum_{j=1}^{4} \alpha_{ij} = 1$，代入式(5-109)，得

$$\boldsymbol{p}_i^{\mathrm{c}} = [\boldsymbol{R} \quad \boldsymbol{t}] \begin{bmatrix} \boldsymbol{p}_i^{\mathrm{w}} \\ 1 \end{bmatrix} = [\boldsymbol{R} \quad \boldsymbol{t}] \begin{bmatrix} \sum_{j=1}^{4} \alpha_{ij}\boldsymbol{c}_j^{\mathrm{w}} \\ \sum_{j=1}^{4} \alpha_{ij} \end{bmatrix} \tag{5-110}$$

整理得

$$\boldsymbol{p}_i^{\mathrm{c}} = \sum_{j=1}^{4} \alpha_{ij} [\boldsymbol{R} \quad \boldsymbol{t}] \begin{bmatrix} \boldsymbol{c}_j^{\mathrm{w}} \\ 1 \end{bmatrix} \tag{5-111}$$

假设控制点在摄像机坐标系下的坐标 $\boldsymbol{c}_j^{\mathrm{c}}(j=1,\cdots,4)$ 与其在世界坐标系下的坐标 $\boldsymbol{c}_j^{\mathrm{w}}(j=1,\cdots,4)$ 之间的转换关系为

$$\boldsymbol{c}_j^{\mathrm{c}} = [\boldsymbol{R} \quad \boldsymbol{t}] \begin{bmatrix} \boldsymbol{c}_j^{\mathrm{w}} \\ 1 \end{bmatrix} \tag{5-112}$$

代入式(5-111)，得

$$\boldsymbol{p}_i^{\mathrm{c}} = \sum_{j=1}^{4} \alpha_{ij}\boldsymbol{c}_j^{\mathrm{c}} \tag{5-113}$$

式(5-113)说明，在摄像机坐标系中，特征点坐标与控制点坐标之间的关系没有发生变化，特征点坐标可以由控制点坐标的权重和表示，其权重系数与式(5-106)完全一致。

4. 摄像机坐标系下控制点坐标

由摄像机成像模型可知，第 i 个特征点在图像像素坐标系下的坐标与其在摄像机坐标系下的坐标满足以下关系：

$$\lambda_i\begin{bmatrix}u_i\\v_i\\1\end{bmatrix}=\boldsymbol{A}\boldsymbol{p}_i^{\mathrm{c}} \tag{5-114}$$

式中，$[u_i \quad v_i]^{\mathrm{T}}$ 为特征点 i 在图像像素坐标系下的坐标；$\boldsymbol{A}$ 为摄像机内参数矩阵，$\boldsymbol{A}=\begin{bmatrix}f_u & 0 & u_0\\0 & f_v & v_0\\0 & 0 & 1\end{bmatrix}$。

由于摄像机坐标系中，特征点坐标可由控制点坐标的权重和表示，因此式(5-114)中代入 $\boldsymbol{p}_i^{\mathrm{c}}=\sum\limits_{j=1}^{4}\alpha_{ij}\boldsymbol{c}_j^{\mathrm{c}}$，得

$$\lambda_i\begin{bmatrix}u_i\\v_i\\1\end{bmatrix}=\boldsymbol{A}\sum_{j=1}^{4}\alpha_{ij}\boldsymbol{c}_{ij}^{\mathrm{c}} \tag{5-115}$$

展开后，上式表示为

$$\lambda_i\begin{bmatrix}u_i\\v_i\\1\end{bmatrix}=\begin{bmatrix}f_u & 0 & u_0\\0 & f_v & v_0\\0 & 0 & 1\end{bmatrix}\sum_{j=1}^{4}\alpha_{ij}\begin{bmatrix}x_j^{\mathrm{c}}\\y_j^{\mathrm{c}}\\z_j^{\mathrm{c}}\end{bmatrix}=\begin{bmatrix}f_u & 0 & u_0\\0 & f_v & v_0\\0 & 0 & 1\end{bmatrix}\begin{bmatrix}\alpha_{i1}x_1^{\mathrm{c}}+\alpha_{i2}x_2^{\mathrm{c}}+\alpha_{i3}x_3^{\mathrm{c}}+\alpha_{i4}x_4^{\mathrm{c}}\\\alpha_{i1}y_1^{\mathrm{c}}+\alpha_{i2}y_2^{\mathrm{c}}+\alpha_{i3}y_3^{\mathrm{c}}+\alpha_{i4}y_4^{\mathrm{c}}\\\alpha_{i1}z_1^{\mathrm{c}}+\alpha_{i2}z_2^{\mathrm{c}}+\alpha_{i3}z_3^{\mathrm{c}}+\alpha_{i4}z_4^{\mathrm{c}}\end{bmatrix} \tag{5-116}$$

整理得方程组

$$\begin{bmatrix}f_u\alpha_{i1} & f_u\alpha_{i2} & f_u\alpha_{i3} & f_u\alpha_{i4} & 0 & 0 & 0 & 0 & (u_0-u_i)\alpha_{i1} & (u_0-u_i)\alpha_{i2} & (u_0-u_i)\alpha_{i3} & (u_0-u_i)\alpha_{i4}\\0 & 0 & 0 & 0 & f_v\alpha_{i1} & f_v\alpha_{i2} & f_v\alpha_{i3} & f_v\alpha_{i4} & (v_0-v_i)\alpha_{i1} & (v_0-v_i)\alpha_{i2} & (v_0-v_i)\alpha_{i3} & (v_0-v_i)\alpha_{i4}\end{bmatrix}_{2\times12}\boldsymbol{g}=\boldsymbol{0} \tag{5-117}$$

式中，$\boldsymbol{g}$ 为 4 个控制点的摄像机坐标系坐标，$\boldsymbol{g}=[x_1^{\mathrm{c}} \quad x_2^{\mathrm{c}} \quad x_3^{\mathrm{c}} \quad x_4^{\mathrm{c}} \quad y_1^{\mathrm{c}} \quad y_2^{\mathrm{c}} \quad y_3^{\mathrm{c}} \quad y_4^{\mathrm{c}} \quad z_1^{\mathrm{c}} \quad z_2^{\mathrm{c}} \quad z_3^{\mathrm{c}} \quad z_4^{\mathrm{c}}]^{\mathrm{T}}$，为未知量。

设有 n 个特征点的图像像素坐标$(u_1,v_1),\cdots,(u_n,v_n)$，代入式(5-117)，则有方程组

$$\begin{bmatrix}f_u\alpha_{11} & f_u\alpha_{12} & f_u\alpha_{13} & f_u\alpha_{14} & 0 & 0 & 0 & 0 & (u_0-u_1)\alpha_{11} & (u_0-u_1)\alpha_{12} & (u_0-u_1)\alpha_{13} & (u_0-u_1)\alpha_{14}\\0 & 0 & 0 & 0 & f_v\alpha_{11} & f_v\alpha_{12} & f_v\alpha_{13} & f_v\alpha_{14} & (v_0-v_1)\alpha_{11} & (v_0-v_1)\alpha_{12} & (v_0-v_1)\alpha_{13} & (v_0-v_1)\alpha_{14}\\\vdots & \vdots & \vdots & \vdots & \vdots & \vdots & \vdots & \vdots & \vdots & \vdots & \vdots & \vdots\\f_u\alpha_{n1} & f_u\alpha_{n2} & f_u\alpha_{n3} & f_u\alpha_{n4} & 0 & 0 & 0 & 0 & (u_0-u_n)\alpha_{n1} & (u_0-u_n)\alpha_{n2} & (u_0-u_n)\alpha_{n3} & (u_0-u_n)\alpha_{n4}\\0 & 0 & 0 & 0 & f_v\alpha_{n1} & f_v\alpha_{n2} & f_v\alpha_{n3} & f_v\alpha_{n4} & (v_0-v_n)\alpha_{n1} & (v_0-v_n)\alpha_{n2} & (v_0-v_n)\alpha_{n3} & (v_0-v_n)\alpha_{n4}\end{bmatrix}\boldsymbol{g}=\boldsymbol{0} \tag{5-118}$$

上式简化为

$$\boldsymbol{M}\boldsymbol{g}=\boldsymbol{0} \tag{5-119}$$

计算未知量 $\boldsymbol{g}$ 如下式：

$$\boldsymbol{g}=\sum_{i=1}^{N}\beta_i\boldsymbol{v}_i \tag{5-120}$$

式中，$\boldsymbol{v}_i$ 为矩阵 $\boldsymbol{M}^{\mathrm{T}}\boldsymbol{M}$ 的 N 个零特征值对应的 N 个特征向量，可由 SVD 分解 $\boldsymbol{M}^{\mathrm{T}}\boldsymbol{M}$ 得到。求解参数 β_i 利用的约束是在摄像机坐标系和世界坐标系下控制点之间的距离不变，即

$$\|\boldsymbol{c}_b^{\mathrm{c}}-\boldsymbol{c}_d^{\mathrm{c}}\|^2=\|\boldsymbol{c}_b^{\mathrm{w}}-\boldsymbol{c}_d^{\mathrm{w}}\|^2,\quad b\in(1,\cdots,4),d\in(1,\cdots,4),b\neq d \tag{5-121}$$

式中，下标 b、d 为控制点的序号。

摄像机坐标系下的第 b 个控制点坐标表示为 $\boldsymbol{c}_b^{\mathrm{c}}=\sum_{i=1}^{n}\beta_i\boldsymbol{v}_i{}^b$，摄像机坐标系下的第 d 个控制点坐标表示为 $\boldsymbol{c}_d^{\mathrm{c}}=\sum_{i=1}^{n}\beta_i\boldsymbol{v}_i{}^b$，$\boldsymbol{v}_i{}^b$ 表示 $\boldsymbol{v}_i$ 中第 b 个控制点坐标对应的 3 个元素所构成的向量，代入式(5-121)中，得

$$\left\|\sum_{i=1}^{N}\beta_i\boldsymbol{v}_i{}^b-\sum_{i=1}^{N}\beta_i\boldsymbol{v}_i{}^d\right\|^2=\|\boldsymbol{c}_b^{\mathrm{w}}-\boldsymbol{c}_d^{\mathrm{w}}\|^2 \tag{5-122}$$

式中，$\beta_i(i=1,\cdots,N)$ 为参数。

(1) $N=1$ 时，$\boldsymbol{x}=\boldsymbol{\beta v}$，代入式(5-122)表示为

$$\|\beta\boldsymbol{v}^b-\beta\boldsymbol{v}^d\|^2=\|\boldsymbol{c}_b^{\mathrm{w}}-\boldsymbol{c}_d^{\mathrm{w}}\|^2,\quad b\in(1,\cdots,4),d\in(1,\cdots,4),b\neq d \tag{5-123}$$

$$\beta=\frac{\sum_{[b,d]\in[1;4]}\|\boldsymbol{v}^{[b]}-\boldsymbol{v}^{[d]}\|\cdot\|\boldsymbol{c}_b^{\mathrm{w}}-\boldsymbol{c}_d^{\mathrm{w}}\|}{\sum_{[b,d]\in[1;4]}\|\boldsymbol{v}^{[d]}-\boldsymbol{v}^{[d]}\|^2} \tag{5-124}$$

(2) $N=2$ 时，$\boldsymbol{x}=\sum_{i=1}^{2}\beta_i\boldsymbol{v}_i$，代入式(5-122)，则

$$\|(\beta_1\boldsymbol{v}_1^b+\beta_2\boldsymbol{v}_2^b)-(\beta_1\boldsymbol{v}_1^d+\beta_2\boldsymbol{v}_2^d)\|^2=\|\boldsymbol{c}_b^{\mathrm{w}}-\boldsymbol{c}_d^{\mathrm{w}}\|^2 \tag{5-125}$$

展开得到

$$\beta_1{}^2(\boldsymbol{v}_1^b-\boldsymbol{v}_1^d)^{\mathrm{T}}(\boldsymbol{v}_1^b-\boldsymbol{v}_1^d)+2\beta_1\beta_2(\boldsymbol{v}_1^b-\boldsymbol{v}_1^d)^{\mathrm{T}}(\boldsymbol{v}_2^b-\boldsymbol{v}_2^d)+\beta_2^2(\boldsymbol{v}_2^b-\boldsymbol{v}_2^d)^{\mathrm{T}}(\boldsymbol{v}_2^b-\boldsymbol{v}_2^d)=\|\boldsymbol{c}_b^{\mathrm{w}}-\boldsymbol{c}_d^{\mathrm{w}}\|^2 \tag{5-126}$$

令

$$\beta_{11}=\beta_1^2,\quad \beta_{22}=\beta_2^2,\quad \beta_{12}=\beta_1\beta_2 \tag{5-127}$$

由 4 个控制点，可建立如式(5-126)的 6 个方程，得到方程组

$$\boldsymbol{L\beta}=\boldsymbol{\rho} \tag{5-128}$$

式中，$\boldsymbol{\beta}=[\beta_{11}\quad\beta_{12}\quad\beta_{22}]^{\mathrm{T}}$，$\boldsymbol{L}$ 矩阵大小为 6×3，$\boldsymbol{\rho}$ 大小为 6×1，$\boldsymbol{\rho}$ 表示式(5-128)等号右边的距离。解出 $\boldsymbol{\beta}=[\beta_{11}\quad\beta_{12}\quad\beta_{22}]^{\mathrm{T}}$ 之后，由式(5-127)计算得到 β_1、β_2 两组解。考虑控制点在摄像机坐标系中的 z_{w} 轴正向，确定 β_1、β_2 唯一解。

(3) $N=3$ 时,类似 $N=2$ 的情况,$\boldsymbol{\beta}=[\beta_{11}\quad\beta_{12}\quad\beta_{13}\quad\beta_{22}\quad\beta_{23}\quad\beta_{33}]^{\mathrm{T}}$,$\boldsymbol{L}$ 的大小为 6×6。

(4) $N=4$ 时,本来的四个未知量为 $\beta_i,i=1\cdots4$,然而由于中间量 $\beta_i\beta_j(i,j=1,\cdots,4)$ 的存在,因此未知量的数量增加到 10 个。此时 $\boldsymbol{L}$ 矩阵的大小为 6×10,因此无法直接使用 $N=2$ 的方法解得 $\beta_i,i=1,\cdots,4$。EPnP 算法采用 relinearization 法计算未知量 $\beta_i,i=1,\cdots,4$。

获取参数 $\boldsymbol{\beta}$ 的初始值后,采用非线性方法(高斯牛顿法、Levenberg-marquart 法)进一步对 $\boldsymbol{\beta}=[\beta_1,\cdots,\beta_N]$ 优化,优化的目标函数为

$$\mathrm{Error}(\boldsymbol{\beta})=\sum_{(i,j)\,s.t.\,i<j}(\|\boldsymbol{c}_i^{\mathrm{c}}-\boldsymbol{c}_j^{\mathrm{c}}\|^2-\|\boldsymbol{c}_i^{\mathrm{w}}-\boldsymbol{c}_j^{\mathrm{w}}\|^2) \tag{5-129}$$

得到 $\boldsymbol{\beta}$ 系数之后,代入式(5-120)中,得到 4 个控制点的摄像机坐标系坐标。

5. 计算旋转矩阵 $\boldsymbol{R}$ 与平移向量 $\boldsymbol{t}$

解算得到 4 个控制点在摄像机坐标系的坐标,可求得 n 个特征点的摄像机坐标系坐标,最后结合特征点的世界坐标系坐标可解得两个坐标系之间的位姿变换关系。具体过程如下:

(1)计算特征点在摄像机坐标系下的坐标:

$$\boldsymbol{p}_i^{\mathrm{c}}=\sum_{j=1}^{4}\alpha_{ij}\boldsymbol{c}_{i,j}^{\mathrm{c}} \tag{5-130}$$

(2)计算 n 个特征点在摄像机坐标系下的质心:

$$\boldsymbol{p}_{\mathrm{c}}^{\mathrm{c}}=\frac{1}{n}\sum_{i=1}^{n}\boldsymbol{p}_i^{\mathrm{c}} \tag{5-131}$$

(3)计算 n 个特征点在世界坐标系下的质心:

$$\boldsymbol{p}_{\mathrm{c}}^{\mathrm{w}}=\frac{1}{n}\sum_{i=1}^{n}\boldsymbol{p}_i^{\mathrm{w}} \tag{5-132}$$

(4)摄像机坐标系下消除质心影响后的 n 个特征点坐标:

$$\boldsymbol{q}_i^{\mathrm{c}}=(\boldsymbol{p}_1^{\mathrm{c}})^{\mathrm{T}}-(\boldsymbol{p}_{\mathrm{c}}^{\mathrm{c}})^{\mathrm{T}},\quad i=1,\cdots,n \tag{5-133}$$

(5)世界坐标系下消除质心影响后的 n 个特征点坐标:

$$\boldsymbol{q}_i^{\mathrm{w}}=(\boldsymbol{p}_1^{\mathrm{w}})^{\mathrm{T}}-(\boldsymbol{p}_{\mathrm{c}}^{\mathrm{w}})^{\mathrm{T}},\quad i=1,\cdots,n \tag{5-134}$$

(6)计算 $\boldsymbol{H}$ 单应矩阵:

$$\boldsymbol{H}=\sum_{i=1}^{N}\boldsymbol{q}_{\mathrm{c}}^{i}\boldsymbol{q}_{\mathrm{w}}^{i\mathrm{T}} \tag{5-135}$$

(7)对 $\boldsymbol{H}$ 进行 SVD 分解,并计算旋转矩阵 $\boldsymbol{R}$:

$$\boldsymbol{H}=\boldsymbol{U\Lambda V}^{\mathrm{T}},\quad \boldsymbol{R}=\boldsymbol{UV}^{\mathrm{T}} \tag{5-136}$$

(8)因为特征点在摄像机光心前方,如果 $\det(\boldsymbol{R})=1$,则 $\boldsymbol{R}$ 不变;如果 $\det(\boldsymbol{R})<0$,则 $\boldsymbol{R}(2,:)=-\boldsymbol{R}(2,:)$。

(9)计算平移向量 $\boldsymbol{t}$:

$$\boldsymbol{t}=\boldsymbol{p}_0^{\mathrm{c}}-\boldsymbol{R}\boldsymbol{p}_0^{\mathrm{w}} \tag{5-137}$$

5.3.6 旋转矩阵优化

基于 PnP 问题的位姿测量方法计算得到的旋转矩阵 $\boldsymbol{R}$，在噪声干扰情况下，通过欧拉角变换，最后得到的姿态角信息误差较大，且无法保证矩阵本身的正交性。为提高姿态角信息的精度，并保证旋转矩阵 $\boldsymbol{R}$ 的正交性，有必要对旋转矩阵 $\boldsymbol{R}$ 进行优化。

设位姿测量计算得到的旋转矩阵 $\boldsymbol{R}$ 与真实旋转矩阵为 $\boldsymbol{R}_0$ 之间的关系为

$$\boldsymbol{R}=\boldsymbol{R}_0+\boldsymbol{N}_{\text{oise}} \tag{5-138}$$

式中，$\boldsymbol{N}_{\text{oise}}$ 表示噪声干扰量。假设优化后的旋转矩阵记为 $\hat{\boldsymbol{R}}$，$\hat{\boldsymbol{R}}$ 具有正交性。旋转矩阵 $\boldsymbol{R}$ 的优化可以表示为

$$f=\min\|\boldsymbol{R}-\hat{\boldsymbol{R}}\| \tag{5-139}$$

由式(5-139)优化得到的 $\hat{\boldsymbol{R}}$ 满足 $\hat{\boldsymbol{R}}\hat{\boldsymbol{R}}^{\mathrm{T}}=\boldsymbol{I}$ 的条件，证明过程如下。

使用拉格朗日乘数法对公式(5-139)求解，得

$$\hat{\boldsymbol{R}}=(\boldsymbol{R}\boldsymbol{R}^{\mathrm{T}})^{-\frac{1}{2}}\boldsymbol{R} \tag{5-140}$$

式中，$(\boldsymbol{R}\boldsymbol{R}^{\mathrm{T}})^{-\frac{1}{2}}$ 为对称阵，设其特征值为 λ_1、λ_2、λ_3，则 $(\boldsymbol{R}\boldsymbol{R}^{\mathrm{T}})^{-\frac{1}{2}}$ 变换为

$$\boldsymbol{B}=\boldsymbol{U}^{\mathrm{T}}\begin{bmatrix}\lambda_1^{-\frac{1}{2}} & & \\ & \lambda_2^{-\frac{1}{2}} & \\ & & \lambda_3^{-\frac{1}{2}}\end{bmatrix}\boldsymbol{U}=\boldsymbol{U}^{\mathrm{T}}\boldsymbol{\Lambda}^{-\frac{1}{2}}\boldsymbol{U} \tag{5-141}$$

有

$$\hat{\boldsymbol{R}}=\boldsymbol{U}^{\mathrm{T}}\begin{bmatrix}\lambda_1^{-\frac{1}{2}} & & \\ & \lambda_2^{-\frac{1}{2}} & \\ & & \lambda_3^{-\frac{1}{2}}\end{bmatrix}\boldsymbol{U}\boldsymbol{R}=\boldsymbol{U}^{\mathrm{T}}\boldsymbol{\Lambda}^{-\frac{1}{2}}\boldsymbol{U}\boldsymbol{R} \tag{5-142}$$

因此

$$\hat{\boldsymbol{R}}\hat{\boldsymbol{R}}^{\mathrm{T}}=\boldsymbol{U}^{\mathrm{T}}\boldsymbol{\Lambda}^{-\frac{1}{2}}\boldsymbol{U}\boldsymbol{R}\boldsymbol{R}^{\mathrm{T}}(\boldsymbol{U}^{\mathrm{T}}\boldsymbol{\Lambda}^{-\frac{1}{2}}\boldsymbol{U})^{\mathrm{T}}=\boldsymbol{U}^{\mathrm{T}}\boldsymbol{\Lambda}^{-\frac{1}{2}}\boldsymbol{U}\boldsymbol{U}^{\mathrm{T}}\boldsymbol{\Lambda}^{-\frac{1}{2}}\boldsymbol{U}=\boldsymbol{I} \tag{5-143}$$

由式(5-143)可看出，$\hat{\boldsymbol{R}}$ 为正交阵。

PnP 位姿测量算法包括通用线性求解法、P3P 法、EPnP 法，计算得到的旋转矩阵 $\boldsymbol{R}$ 通过以上方法优化后，均可以提高旋转矩阵计算精度，改善位姿测量算法性能。

5.4 本章小结

本章介绍了单目视觉位姿测量方法。首先说明了图像坐标系、摄像机坐标系、世界坐标

系的定义和各坐标系之间的变换关系，在此基础上给出了摄像机线性成像模型和引入径向畸变、切向畸变和薄棱镜畸变的非线性成像模型。为确定摄像机成像模型内外部参数，介绍了3种摄像机标定法，直接线性变换法、Tsai's 摄像机标定法和张正友摄像机标定法。最后介绍了 PnP 问题，说明了 PnP 问题的通用线性解法、P3P 问题求解单目位姿测量和 EPnP 问题的解法，分析了影响位姿测量精度的欧拉角变换方法与旋转矩阵优化方法。

本章参考文献

[1] ABDEL-AZIZ Y I, KARARA H M. Direct linear transformation into object space coordinates in close range photogrammetry[J]. Reproduced in Photogrammetric Engineering & Remote Sensing, 2015, 2:103-107.

[2] TSAI R. A versatile camera calibration technique for high-accuracy 3D machine vision metrology using off-the-shelf TV cameras and lenses[J]. IEEE Journal of Robotics & Automation, 1987, 3(4):323-344.

[3] ZHANG Z Y. A flexible new technique for camera calibration[J]. IEEE Transactions on Pattern Analysis & Machine Intelligence, 2000, 22(11): 1330-1334.

[4] 周鑫, 朱枫. 关于 P3P 问题解的唯一性条件的几点讨论[J]. 计算机学报, 2003, 26(12): 1696-1701.

[5] LEPETIT V, MORENO-NOGUER F, FUA P. EPnP: an accurate O (n) solution to the PnP problem[J]. International Journal of Computer Vision, 2009, 81(2):155-166.

[6] KIPNIS A, SHAMIR A. Advances in cryptology-CRYPTO'99[M]. Berlin: Springer Berlin / Heidelberg, 1999.

第 6 章　多视几何与三维重构

基于多个视角的二维图像获取信息的方法和理论基础通常可称作多视图几何理论，所采用的技术源于射影几何和摄影测量学，主要包括摄像机极线几何、投影矩阵、基本矩阵等理论。根据多视图几何理论，由同一物体的多幅图像能够恢复出它的三维结构，即三维重建。由此，物体的三维结构在计算机中进行虚拟呈现，在城市规划、测绘系统、高精地图、虚拟仿真、文物保护、VR/AR 导航等领域应用广泛。

多视图理论的任务和算法主要研究内容有如下几方面：

(1)给定两幅图像，计算两幅图像之间的匹配，恢复出这些匹配点的三维位置并且得到这些图像的相机矩阵。

(2)给定三幅图像，类似地计算三幅图像之间的匹配点和直线，并恢复出这些点的三维位置和摄像机矩阵。

(3)没有标定物体的情况下，求解双目装置的对极几何以及三目装置的三焦点几何。

(4)由真实物体的二维图像序列来计算相机的内参。

6.1　极线几何与基本矩阵

三维重构的目标是计算空间中点与点之间的相对位置关系，研究人员利用同一台摄像机采集同一个物体的多视角图像，利用多视几何原理测量物体在三维空间世界坐标系中的坐标，实现三维重构。

假设有二维笛卡儿空间，其中有 n 个特征点，记为 $p_1,\cdots,p_n$。已知 p_1 点坐标为(x_1, y_1)，其余各点坐标未知。若 p_2 点坐标记为(x_2,y_2)，且 p_1 和 p_2 之间存在如下变换关系：

$$\begin{cases} x_2 = x_1 + \Delta x_1 \\ y_2 = y_1 + \Delta y_1 \end{cases} \tag{6-1}$$

如果根据某些条件，可确定$(\Delta x_1,\Delta y_1)$，则 p_2 点坐标可根据式(6-1)确定。按照同样的过程，可求得所有 $p_1,\cdots,p_n$ 点的坐标。

三维重构的原理类似于以上二维笛卡儿空间中的多点坐标解算过程。假设在三维世界坐标系中，有 m 个特征点记为 $q_1,\cdots,q_m$，各点之间存在旋转与平移关系，设其中 q_1 的坐标已知，记为$[x_1^w \quad y_1^w \quad z_1^w]^T$，其他点的坐标未知，那么三维重构的本质是如何求解 $q_2,\cdots,q_m$ 点坐标的问题。求解的思路为假设根据某些信息计算得到 q_1、q_2 两点坐标之间的旋转矩阵 $\boldsymbol{R}$ 和平移向量 $\boldsymbol{t}$，q_2 坐标可根据下式计算得到：

$$[x_1^w \quad y_1^w \quad z_1^w]^T = \boldsymbol{R}[x_1^w \quad y_1^w \quad z_1^w]^T + \boldsymbol{t} \tag{6-2}$$

同理，能够得到其他各点 $q_3,\cdots,q_m$ 的世界坐标系坐标。

在这个过程中，关键问题是计算点与点之间的旋转矩阵 $\boldsymbol{R}$ 和平移向量 $\boldsymbol{t}$。针对该问题，三维重构需要采集物体的多视角图像。假设一台摄像机分别在 2 个位置拍了图像 f_1 和 f_2，

f_1 和 f_2 之间要满足两个条件:①空间中的特征点 q_1 在 f_1 中,特征点 q_2 在 f_2 中;② f_1 和 f_2 具有重叠区域。针对重叠区域,利用图像匹配技术建立 f_1 和 f_2 图像像素之间的对应关系。最后旋转矩阵 $\boldsymbol{R}$ 和平移向量 $\boldsymbol{t}$ 即可通过该对应关系求解。不断重复该过程,求得 m 个特征点的世界坐标系坐标。

为实现三维重构,说明旋转矩阵 $\boldsymbol{R}$ 和平移向量 $\boldsymbol{t}$ 的计算过程,下面首先介绍极线几何约束、本质矩阵与基本矩阵的概念。

6.1.1 极线几何约束

摄像机在多个视角成像,同一个特征点在多幅图片中的多个像点之间具有内在联系,这种联系称为极线几何约束。极线几何约束建立在摄像机针孔成像模型基础上。

假设同一台摄像机分别在位置 1 和位置 2 拍摄同一场景,P 点为场景中任一特征点。摄像机的成像模型采用针孔成像模型,令位置 1 的摄像机坐标系记为 $O_c x_c y_c z_c$,位置 2 的摄像机坐标系记为 $O'_c x'_c y'_c z'_c$,坐标系 $O_c x_c y_c z_c$ 和 $O'_c x'_c y'_c z'_c$ 之间具有旋转与平移的关系,分别由旋转矩阵 $\boldsymbol{R}$ 和平移向量 $\boldsymbol{t}=[t_x \quad t_y \quad t_z]^{\mathrm{T}}$ 表示。O_c 和 O'_c 分别表示两摄像机坐标系的原点,也就是摄像机在位置 1 和位置 2 的光心。摄像机在位置 1 和位置 2 的成像面分别记为 π 和 π'。P 点在两个成像面上所成像点分别记为 $\boldsymbol{m}=[u \quad v]^{\mathrm{T}}$、$\boldsymbol{m}'=[u' \quad v']^{\mathrm{T}}$,称为一对匹配点。在针孔成像模型下,特征点、像点和光心在一条直线上,所以两个光心 O_c 和 O'_c 确定一条直线,称为基线(baseline),而特征点 P 与光心 O_c 和 O'_c 确定一个平面,称为极面(epipolar plane),记为 H_π。极面与摄像机成像面相交于极线(epipolar line)l 和 l',极线 l 连接像点 $\boldsymbol{m}$ 与极点 $\boldsymbol{e}$,极线 l' 连接像点 $\boldsymbol{m}'$ 与极点 $\boldsymbol{e}'$,极线分别与成像面 π 和 π' 相交于极点 $\boldsymbol{e}$ 和 $\boldsymbol{e}'$。在 P 点的运动过程中,像点位置变化,但极点位置不变,所有极线始终与基线交于极点。极点 $\boldsymbol{e}$、$\boldsymbol{e}'$ 与光心 O_c 和 O'_c 位于基线 $O_c O'_c$ 上,所以对极点 $\boldsymbol{e}$ 可以看作光心 O'_c 在成像面 π 上的像点,对极点 $\boldsymbol{e}'$ 可以看作光心 O_c 在成像面 π' 上的像点。图 6-1 中展示的特征点 P 与其两个像点 $\boldsymbol{m}$、$\boldsymbol{m}'$,以及光心 O_c、O'_c,对极点 $\boldsymbol{e}$、$\boldsymbol{e}'$ 所成的几何关系,称之为极线几何约束。

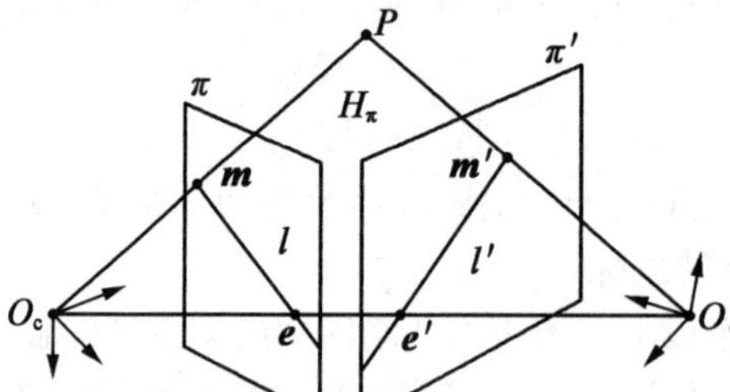

图 6-1 两幅图像的极线几何关系

6.1.2 本质矩阵

特征点 P 的两个像点 m、m' 之间的极线几何约束,可以通过本质矩阵进行数学描述。下面给出本质矩阵的建立过程。

设特征点 P 在两个摄像机坐标系 $O_c x_c y_c z_c$ 和 $O'_c x'_c y'_c z'_c$ 之下的坐标为 $\boldsymbol{x}=[x_c \quad y_c \quad z_c]^{\mathrm{T}}$、

$\boldsymbol{x}'=[x_c' \quad y_c' \quad z_c']^{\mathrm{T}}$，两者之间的关系由 $O_c x_c y_c z_c$ 和 $O_c' x_c' y_c' z_c'$ 之间的旋转矩阵 $\boldsymbol{R}$ 和平移向量 $\boldsymbol{t}=[t_x \quad t_y \quad t_z]^{\mathrm{T}}$ 表示，如下式所示：

$$\boldsymbol{x}'=\boldsymbol{R}\boldsymbol{x}+\boldsymbol{t} \tag{6-3}$$

由极线几何约束可知，O_cP、$O_c'P$、O_cO_c' 三条直线全部位于极平面 H_π 上，因此向量 $\overrightarrow{O'P}$、$\overrightarrow{O'O_c}$、$\overrightarrow{O_cP}$ 之间的关系为

$$\overrightarrow{O'P}\cdot(\overrightarrow{O'O_c}\times\overrightarrow{O'P})=\boldsymbol{0} \tag{6-4}$$

向量 $\overrightarrow{O'P}$、$\overrightarrow{O'O_c}$、$\overrightarrow{O_cP}$ 转换为 $O_c' x_c' y_c' z_c'$ 坐标系下的向量形式，有

$$\boldsymbol{x}'\cdot[\boldsymbol{t}\times(\boldsymbol{R}\boldsymbol{x})]=\boldsymbol{0} \tag{6-5}$$

式中的叉乘操作转换为点积操作，有 $\boldsymbol{t}\times(\boldsymbol{R}\boldsymbol{x})=\boldsymbol{T}_\times\cdot(\boldsymbol{R}\boldsymbol{x})$，代入上式得

$$\boldsymbol{x}'\cdot\boldsymbol{T}_\times\boldsymbol{R}\cdot\boldsymbol{x}=\boldsymbol{0},\quad \boldsymbol{T}_\times=\begin{bmatrix}0 & -t_z & t_y\\ t_z & 0 & -t_x\\ -t_y & t_x & 0\end{bmatrix} \tag{6-6}$$

式中，$\boldsymbol{T}_\times\boldsymbol{R}$ 组成本质矩阵，记为 $\boldsymbol{E}$，有

$$\boldsymbol{E}=\boldsymbol{T}_\times\boldsymbol{R} \tag{6-7}$$

本质矩阵 $\boldsymbol{E}$ 表示了特征点 P 分别在两个摄像机坐标系中的坐标之间的联系。本质矩阵与摄像机内参数无关，仅由摄像机的运动（$\boldsymbol{Rt}$）所确定。

本质矩阵的性质：

（1）由于 $\boldsymbol{T}_\times$ 的秩为 2，故本质矩阵的秩为 2。

（2）$\boldsymbol{E}^{\mathrm{T}}\boldsymbol{t}=\boldsymbol{0}$。

（3）由于 $\boldsymbol{R}$ 为正交矩阵，所以 $\boldsymbol{E}\boldsymbol{E}^{\mathrm{T}}=[\boldsymbol{t}]_\times\boldsymbol{R}\boldsymbol{R}^{\mathrm{T}}[\boldsymbol{t}]_\times^{\mathrm{T}}=-[\boldsymbol{t}]_\times^2\boldsymbol{E}\boldsymbol{E}^{\mathrm{T}}=(\boldsymbol{t}^{\mathrm{T}}\boldsymbol{t})\boldsymbol{I}-\boldsymbol{t}\boldsymbol{t}^{\mathrm{T}}$，也就是 $\boldsymbol{E}\boldsymbol{E}^{\mathrm{T}}$ 仅由平移决定。

（4）$\|\boldsymbol{E}\|^2=2\|\boldsymbol{t}\|^2$，这里 $\|\cdot\|$ 表示 Frobenius 范数。

6.1.3　基本矩阵

在实际应用中，空间中的特征点 P 的摄像机坐标系坐标的求取并不容易，难以直接求解本质矩阵 $\boldsymbol{E}$。特征点 P 在两个摄像机成像面上的像点位置可以方便地通过图像处理方法检测得到，像点 $\boldsymbol{m}=[u \quad v]^{\mathrm{T}}$、$\boldsymbol{m}'=[u' \quad v']^{\mathrm{T}}$ 之间的关系通过基本矩阵 $\boldsymbol{F}$ 描述，基本矩阵的概念建立在本质矩阵的基础上，具体过程如下。

像点 $\boldsymbol{m}$ 的像素图像坐标与其摄像机坐标系坐标 $\boldsymbol{x}=[x_c \quad y_c \quad z_c]^{\mathrm{T}}$ 的关系为

$$z_c\begin{bmatrix}u\\ v\\ 1\end{bmatrix}=\boldsymbol{M}_1\begin{bmatrix}x_c\\ y_c\\ z_c\end{bmatrix},\quad \boldsymbol{M}_1=\begin{bmatrix}f/\mathrm{d}x & 0 & u_0\\ 0 & f/\mathrm{d}y & v_0\\ 0 & 0 & 1\end{bmatrix}$$

式中，$\boldsymbol{M}_1$ 为摄像内参数矩阵。为方便表示，上式转换为

$$z_c\boldsymbol{m}=\boldsymbol{M}_1\boldsymbol{x} \tag{6-8}$$

同理，像点 $\boldsymbol{m}'$ 的像素图像坐标 $\boldsymbol{m}'$ 与其摄像机坐标系坐标 $\boldsymbol{x}'=[x_c' \quad y_c' \quad z_c']^{\mathrm{T}}$ 有如下关系：

$$z_c' \boldsymbol{m}' = \boldsymbol{M}_1 \boldsymbol{x}' \tag{6-9}$$

整理后,有

$$\begin{cases} \boldsymbol{x} = z_c \boldsymbol{M}_1^{-1} \boldsymbol{m} \\ \boldsymbol{x}' = z_c' \boldsymbol{M}_1^{-1} \boldsymbol{m}' \end{cases} \tag{6-10}$$

将以上两式代入 $\boldsymbol{x}' \cdot \boldsymbol{T}_{\times} \boldsymbol{R} \boldsymbol{x} = \boldsymbol{0}$,有

$$(\boldsymbol{M}_1^{-1} \boldsymbol{m}')^{\mathrm{T}} \cdot \boldsymbol{T}_{\times} \boldsymbol{R} \cdot \boldsymbol{M}_1^{-1} \boldsymbol{m} = \boldsymbol{0} \tag{6-11}$$

整理后表示为

$$(\boldsymbol{m}')^{\mathrm{T}} (\boldsymbol{M}_1^{-1})^{\mathrm{T}} \cdot \boldsymbol{T}_{\times} \boldsymbol{R} \cdot \boldsymbol{M}_1^{-1} \boldsymbol{m} = \boldsymbol{0} \tag{6-12}$$

式中,$(\boldsymbol{K}^{-1})^{\mathrm{T}} \cdot \boldsymbol{T}_{\times} \boldsymbol{R} \cdot \boldsymbol{K}^{-1}$ 表示为

$$\boldsymbol{F} = (\boldsymbol{M}_1^{-1})^{\mathrm{T}} \cdot \boldsymbol{T}_{\times} \boldsymbol{R} \cdot \boldsymbol{M}_1^{-1} = (\boldsymbol{M}_1^{-1})^{\mathrm{T}} \cdot \boldsymbol{E} \cdot \boldsymbol{M}_1^{-1} \tag{6-13}$$

$\boldsymbol{F}$ 称为基础矩阵。$(\boldsymbol{m}')^{\mathrm{T}} (\boldsymbol{M}_1^{-1})^{\mathrm{T}} \cdot \boldsymbol{T}_{\times} \boldsymbol{R} \cdot \boldsymbol{M}_1^{-1} \boldsymbol{m} = \boldsymbol{0}$ 转换为

$$(\boldsymbol{m}')^{\mathrm{T}} \boldsymbol{F} \boldsymbol{m} = \boldsymbol{0} \tag{6-14}$$

由上式可看出,基础矩阵 $\boldsymbol{F}$ 明确了像点 $\boldsymbol{m} = [u \quad v]^{\mathrm{T}}$、$\boldsymbol{m}' = [u' \quad v']^{\mathrm{T}}$ 之间的联系形式。基础矩阵 $\boldsymbol{F}$ 和本质矩阵 $\boldsymbol{E}$ 是极线几何约束的数学描述。基本矩阵有下述基本性质:

(1) $\mathrm{rank}(\boldsymbol{F}) = 2$;

(2) 极点 $\boldsymbol{e}$ 满足 $\boldsymbol{F}\boldsymbol{e} = \boldsymbol{0}$,极点 $\boldsymbol{e}'$ 满足 $\boldsymbol{F}^{\mathrm{T}} \boldsymbol{e}' = \boldsymbol{0}$;

(3) $\boldsymbol{F}$ 在相差一个非零常数因子情况下是唯一的。

6.1.4 8 点法求解基本矩阵 F

在不同位置对同一个物体拍摄两幅图像,得到匹配的像点 $\boldsymbol{m}$、$\boldsymbol{m}'$,它们必然满足对极约束,即 $\boldsymbol{m}'^{\mathrm{T}} \boldsymbol{F} \boldsymbol{m} = \boldsymbol{0}$,展开后得

$$[u \quad v \quad 1] \begin{bmatrix} f_{11} & f_{12} & f_{13} \\ f_{21} & f_{22} & f_{23} \\ f_{31} & f_{32} & f_{33} \end{bmatrix} \begin{bmatrix} u' \\ v' \\ 1 \end{bmatrix} = \boldsymbol{0} \tag{6-15}$$

转换为方程形式,有

$$u'uf_{11} + u'vf_{21} + u'f_{31} + v'uf_{12} + v'vf_{22} + v'f_{32} + uf_{13} + vf_{23} + f_{33} = 0 \tag{6-16}$$

将基础矩阵 $\boldsymbol{F}$ 表示为列向量 $\boldsymbol{f}$,有

$$\boldsymbol{f} = [f_{11} \quad f_{12} \quad f_{13} \quad f_{21} \quad f_{22} \quad f_{23} \quad f_{31} \quad f_{32} \quad f_{33}]^{\mathrm{T}} \tag{6-17}$$

则有

$$[u'u \quad v'u \quad u \quad u'v \quad v'v \quad v \quad u' \quad v' \quad 1] \boldsymbol{f} = \boldsymbol{0} \tag{6-18}$$

当两幅图像之间存在 n 个匹配点 $\boldsymbol{m}_i$、$\boldsymbol{m}_i'$ $(i = 1, 2, \cdots, n)$ 时,则得到含有 9 个未知数的线性齐次方程组,即

$$\boldsymbol{A}\boldsymbol{f} = \boldsymbol{0}, \quad \boldsymbol{A} = \begin{bmatrix} u_1'u_1 & v_1'u_1 & u_1 & u_1'v_1 & v_1'v_1 & v_1 & u_1' & v_1' & 1 \\ \vdots & \vdots & \vdots & \vdots & \vdots & \vdots & \vdots & \vdots & \vdots \\ u_n'u_n & v_n'u_n & u_n & u_n'v_n & v_n'v_n & v_n & u_n' & v_n' & 1 \end{bmatrix} \tag{6-19}$$

由于 $\boldsymbol{F}$ 在相差一个常数因子的意义下是唯一的，因此可以将其中的一个非零参数归一化而变为 8 个未知参数，即

$$\hat{\boldsymbol{f}}=[f_{11}/f_{33}\quad f_{12}/f_{33}\quad f_{13}/f_{33}\quad f_{21}/f_{33}\quad f_{22}/f_{33}\quad f_{23}/f_{33}\quad f_{31}/f_{33}\quad f_{32}/f_{33}\quad 1]^{\mathrm{T}}$$

代入式(6-19)，有

$$\boldsymbol{A}\hat{\boldsymbol{f}}=\boldsymbol{0} \tag{6-20}$$

当匹配点对数 $n\geqslant 8$ 时，基本矩阵 $\boldsymbol{F}$ 可通过 SVD($\boldsymbol{A}^{\mathrm{T}}\boldsymbol{A}$)求解，即 $\hat{\boldsymbol{f}}$ 为 $\boldsymbol{A}^{\mathrm{T}}\boldsymbol{A}$ 最小特征值所对应的特征向量。

6.1.5　本质矩阵 E 的计算与优化

已知摄像机的基本矩阵 $\boldsymbol{F}$ 后，根据基本矩阵与本质矩阵之间的关系式(6-13)，可求得本质矩阵 $\boldsymbol{E}$。

由公式 $\boldsymbol{F}=(\boldsymbol{M}_1{}^{-1})^{\mathrm{T}}\cdot\boldsymbol{T}_{\times}\boldsymbol{R}\cdot\boldsymbol{M}_1{}^{-1}$ 可知，本质矩阵 $\boldsymbol{E}$ 与基本矩阵 $\boldsymbol{F}$ 之间的关系为

$$\boldsymbol{F}=(\boldsymbol{M}_1{}^{-1})^{\mathrm{T}}\cdot\boldsymbol{E}\cdot\boldsymbol{M}_1{}^{-1} \tag{6-21}$$

故已知基本矩阵 $\boldsymbol{F}$，可由下式求得本质矩阵 $\boldsymbol{E}$：

$$\boldsymbol{E}=\boldsymbol{M}_1{}^{\mathrm{T}}\boldsymbol{F}\boldsymbol{M}_1 \tag{6-22}$$

理想情况下，本质矩阵 $\boldsymbol{E}$ 的 3 个特征值，其中 1 个特征值为 0，另外 2 个特征值相等。该性质可用于通过分解本质矩阵 $\boldsymbol{E}$ 计算旋转矩阵 $\boldsymbol{R}$。该性质的证明过程如下。

已知 $\boldsymbol{E}=\boldsymbol{T}_{\times}\boldsymbol{R}$，其中 $\boldsymbol{T}_{\times}$ 作为反对称矩阵，可以表示为

$$\boldsymbol{T}_{\times}=\sigma\boldsymbol{U}\boldsymbol{Z}\boldsymbol{U}^{\mathrm{T}} \tag{6-23}$$

式中，$\boldsymbol{U}$ 为正交矩阵；$\boldsymbol{Z}=\begin{bmatrix}0&-1&0\\1&0&0\\0&0&0\end{bmatrix}$。

矩阵 $\boldsymbol{Z}$ 表示为

$$\boldsymbol{Z}=\boldsymbol{D}\boldsymbol{W} \tag{6-24}$$

式中，$\boldsymbol{D}=\begin{bmatrix}1&0&0\\0&1&0\\0&0&0\end{bmatrix}$；$\boldsymbol{W}=\begin{bmatrix}0&-1&0\\1&0&0\\0&0&1\end{bmatrix}$。代入 $\boldsymbol{T}_{\times}=\sigma\boldsymbol{U}\boldsymbol{Z}\boldsymbol{U}^{\mathrm{T}}$，得

$$\boldsymbol{T}_{\times}=\sigma\boldsymbol{U}\boldsymbol{Z}\boldsymbol{U}^{\mathrm{T}}=\sigma\boldsymbol{U}\boldsymbol{D}\boldsymbol{W}\boldsymbol{U}^{\mathrm{T}} \tag{6-25}$$

将上式代入 $\boldsymbol{E}=\boldsymbol{T}_{\times}\boldsymbol{R}$，有

$$\boldsymbol{E}=\sigma\boldsymbol{U}\boldsymbol{D}\boldsymbol{W}\boldsymbol{U}^{\mathrm{T}}\boldsymbol{R}=\sigma\boldsymbol{U}\boldsymbol{D}\boldsymbol{V}^{\mathrm{T}} \tag{6-26}$$

式中，$\boldsymbol{V}^{\mathrm{T}}=\boldsymbol{W}\boldsymbol{U}^{\mathrm{T}}\boldsymbol{R}$，$\boldsymbol{V}$ 为正交矩阵。至此，利用反对称阵的性质，得到 $\boldsymbol{E}$ 的 SVD 分解式，式(6-26)中 $\boldsymbol{D}$ 决定了 $\boldsymbol{E}$ 有 3 个特征值，且其中两个特征值相等，第 3 个特征值为 0。

实际情况下，根据公式(6-26)解得的本质矩阵 $\boldsymbol{E}$ 有可能无法严格满足上述性质，需对 $\boldsymbol{E}$ 进行优化。优化思路过程为：

(1)由式(6-26)解得的本质矩阵 $\boldsymbol{E}$ 表示为

$$\boldsymbol{E}=\boldsymbol{U}\boldsymbol{D}\boldsymbol{V}^{\mathrm{T}},\quad \boldsymbol{D}=\begin{bmatrix}\sigma_1&0&0\\0&\sigma_2&0\\0&0&\sigma_3\end{bmatrix} \tag{6-27}$$

式中，$\boldsymbol{D}$ 表示 $\boldsymbol{E}$ 有 3 个特征值 σ_1、σ_2、σ_3，当 $\sigma_1 \neq \sigma_2$，或 $\sigma_3 \neq 0$ 时，本质矩阵 $\boldsymbol{E}$ 不满足前述性质。

（2）为实现本质矩阵 $\boldsymbol{E}$ 的优化设计，另设有 $\hat{\boldsymbol{E}}$ 满足本质矩阵性质，有

$$\hat{\boldsymbol{E}}=\boldsymbol{U}\hat{\boldsymbol{D}}\boldsymbol{V}^{\mathrm{T}}, \quad \hat{\boldsymbol{D}}=\begin{bmatrix}\sigma & 0 & 0\\ 0 & \sigma & 0\\ 0 & 0 & 0\end{bmatrix} \tag{6-28}$$

（3）设计优化目标函数为

$$\min \| \boldsymbol{E}-\hat{\boldsymbol{E}} \|_F \tag{6-29}$$

为方便求解，式（6-29）转换为

$$\min \| \boldsymbol{U}\boldsymbol{D}\boldsymbol{V}^{\mathrm{T}}-\boldsymbol{U}\boldsymbol{D}^*\boldsymbol{V}^{\mathrm{T}} \|_F=\min \| \boldsymbol{D}-\boldsymbol{D}^* \|_F=\min[(\sigma_1-\sigma)^2+(\sigma_2-\sigma)^2+\sigma_3^2] \tag{6-30}$$

当 $\sigma=\dfrac{\sigma_1+\sigma_2}{2}$ 时，优化目标函数式（6-29）取得最小值。本质矩阵 $\boldsymbol{E}$ 的优化结果为

$$\boldsymbol{E}=\boldsymbol{U}\begin{bmatrix}\sigma & 0 & 0\\ 0 & \sigma & 0\\ 0 & 0 & 0\end{bmatrix}\boldsymbol{V}^{\mathrm{T}} \tag{6-31}$$

6.1.6 旋转矩阵与平移向量分解

1. 计算旋转矩阵 $\boldsymbol{R}$ 与平移向量 $\boldsymbol{t}$

旋转矩阵 $\boldsymbol{R}$ 可由本质矩阵 $\boldsymbol{E}$ 计算获取。根据式（6-24）可得矩阵 $\boldsymbol{D}$ 有两种表达形式，即

$$\boldsymbol{D}=-\boldsymbol{Z}\boldsymbol{W} \quad 或 \quad \boldsymbol{D}=\boldsymbol{Z}\boldsymbol{W}^{\mathrm{T}} \tag{6-32}$$

矩阵 $\boldsymbol{D}$ 的表达形式不同，旋转矩阵 $\boldsymbol{R}$ 取值不同，按两种情况分析。

（1）有当 $\boldsymbol{D}=-\boldsymbol{Z}\boldsymbol{W}$ 时，代入公式（6-26），有

$$\boldsymbol{E}=\sigma\boldsymbol{U}\boldsymbol{D}\boldsymbol{V}^{\mathrm{T}}=-\sigma\boldsymbol{U}\boldsymbol{Z}\boldsymbol{W}\boldsymbol{V}^{\mathrm{T}}=-\sigma\boldsymbol{U}\boldsymbol{Z}\boldsymbol{U}^{\mathrm{T}}\boldsymbol{U}\boldsymbol{W}\boldsymbol{V}^{\mathrm{T}} \tag{6-33}$$

又因为本质矩阵 $\boldsymbol{E}$ 的定义如式（6-7）所示，所以

$$\begin{cases}\boldsymbol{T}_\times^1=\sigma\boldsymbol{U}\boldsymbol{Z}\boldsymbol{U}^{\mathrm{T}}\\ \boldsymbol{R}_1=\boldsymbol{U}\boldsymbol{W}^{\mathrm{T}}\boldsymbol{V}^{\mathrm{T}}\end{cases} \tag{6-34}$$

（2）当 $\boldsymbol{D}=\boldsymbol{Z}\boldsymbol{W}^{\mathrm{T}}$ 时，代入式（6-26），有

$$\boldsymbol{E}=k\boldsymbol{U}\boldsymbol{D}\boldsymbol{V}^{\mathrm{T}}=k\boldsymbol{U}\boldsymbol{Z}\boldsymbol{U}^{\mathrm{T}}\boldsymbol{U}\boldsymbol{W}^{\mathrm{T}}\boldsymbol{V}^{\mathrm{T}} \tag{6-35}$$

所以

$$\begin{cases}\boldsymbol{T}_\times^2=-\sigma\boldsymbol{U}\boldsymbol{Z}\boldsymbol{U}^{\mathrm{T}}\\ \boldsymbol{R}_2=\boldsymbol{U}\boldsymbol{W}\boldsymbol{V}^{\mathrm{T}}\end{cases} \tag{6-36}$$

由式（6-34）、式（6-36）可看出，如果忽略 $\boldsymbol{T}_\times$ 的符号，则可以表示为 $\boldsymbol{T}_\times=\sigma\boldsymbol{U}\boldsymbol{Z}\boldsymbol{U}^{\mathrm{T}}$。旋转矩阵 $\boldsymbol{R}$ 有两种解，分别为 $\boldsymbol{R}_1=\boldsymbol{U}\boldsymbol{W}^{\mathrm{T}}\boldsymbol{V}^{\mathrm{T}}$，$\boldsymbol{R}_2=\boldsymbol{U}\boldsymbol{W}\boldsymbol{V}^{\mathrm{T}}$。

在上面的过程中，矩阵 $\boldsymbol{T}_\times$ 和旋转矩阵 $\boldsymbol{R}$ 由本质矩阵 $\boldsymbol{E}$ 分解得到，应满足 3 个条件，条件及证明过程如下所示。

(1)$\boldsymbol{T}_\times$为反对称矩阵。

由于

$$-\boldsymbol{T}_\times^{\mathrm{T}}=-\sigma\boldsymbol{U}\boldsymbol{Z}^{\mathrm{T}}\boldsymbol{U}^{\mathrm{T}}=\sigma\boldsymbol{U}\boldsymbol{Z}\boldsymbol{U}^{\mathrm{T}}=\boldsymbol{T}_\times^{\mathrm{T}} \tag{6-37}$$

则 $\boldsymbol{T}_\times$为反对称矩阵,该条件得证。

(2)$\boldsymbol{R}_1$ 和 $\boldsymbol{R}_2$ 为正交矩阵。

根据

$$\boldsymbol{R}_i^{\mathrm{T}}\boldsymbol{R}_i=\boldsymbol{I},\quad \det(\boldsymbol{R}_i)=1,i=1,2 \tag{6-38}$$

可知,$\boldsymbol{R}_1$ 和 $\boldsymbol{R}_2$ 为正交矩阵,该条件得证。

(3)$\boldsymbol{T}_\times$和旋转矩阵 $\boldsymbol{R}_1$、$\boldsymbol{R}_2$ 组成本质矩阵 $\boldsymbol{E}$。

由于 $\boldsymbol{D}=-\boldsymbol{Z}\boldsymbol{W}$,或 $\boldsymbol{D}=\boldsymbol{Z}\boldsymbol{W}^{\mathrm{T}}$,有

$$\begin{cases}\boldsymbol{T}_\times\boldsymbol{R}_1=\sigma\boldsymbol{U}\boldsymbol{Z}\boldsymbol{W}^{\mathrm{T}}\boldsymbol{V}^{\mathrm{T}}=\boldsymbol{E}\\ \boldsymbol{T}_\times\boldsymbol{R}_2=\sigma\boldsymbol{U}\boldsymbol{Z}\boldsymbol{W}\boldsymbol{V}^{\mathrm{T}}=\boldsymbol{E}\end{cases} \tag{6-39}$$

该条件得证。

综上所述,分解本质矩阵 $\boldsymbol{E}$ 所得旋转矩阵 $\boldsymbol{R}_1$ 和 $\boldsymbol{R}_2$ 均为旋转矩阵。

平移向量 $\boldsymbol{t}$ 采用最小二乘法计算。已知$(\boldsymbol{T}_\times)^{\mathrm{T}}\boldsymbol{t}=\boldsymbol{0}$, $\boldsymbol{t}=[t_x\quad t_y\quad t_z]^{\mathrm{T}}$,则本质矩阵 $\boldsymbol{E}$ 与平移向量 $\boldsymbol{t}$ 满足以下关系式:

$$\boldsymbol{E}^{\mathrm{T}}\boldsymbol{t}=(\boldsymbol{T}_\times\boldsymbol{R})^{\mathrm{T}}\boldsymbol{t}=\boldsymbol{R}^{\mathrm{T}}(\boldsymbol{T}_\times)^{\mathrm{T}}\boldsymbol{t}=\boldsymbol{0} \tag{6-40}$$

式中,$\boldsymbol{t}=[t_x\quad t_y\quad t_z]^{\mathrm{T}}$ 作为未知量可求得非零解,该解与真实的平移量相差一个常数因子 λ,而 λ 不影响 $\boldsymbol{R}$ 的取值。因而不失一般性,取$\|\boldsymbol{t}\|=1$。

根据$[\boldsymbol{U}'\quad \boldsymbol{D}'\quad \boldsymbol{V}']=\mathrm{SVD}(\boldsymbol{E}\boldsymbol{E}^{\mathrm{T}})$求解该方程得 $\boldsymbol{t}=\boldsymbol{u}_3$,$\boldsymbol{u}_3$ 为 U'的第 3 列向量,即 $\boldsymbol{E}\boldsymbol{E}^{\mathrm{T}}$ 最小特征值对应的特征向量。考虑正负符号,由于 $\boldsymbol{t}=\pm\boldsymbol{u}_3$ 均满足方程 $\boldsymbol{E}^{\mathrm{T}}\boldsymbol{t}=\boldsymbol{0}$,因此平移向量 $\boldsymbol{t}$ 可能的解为

$$\boldsymbol{t}=\pm\boldsymbol{u}_3 \tag{6-41}$$

2. 摄像机外参数矩阵的 4 种情况

根据 $\boldsymbol{R}_1=\boldsymbol{U}\boldsymbol{W}^{\mathrm{T}}\boldsymbol{V}^{\mathrm{T}}$,$\boldsymbol{R}_2=\boldsymbol{U}\boldsymbol{W}\boldsymbol{V}^{\mathrm{T}}$ 可知,外参数矩阵 $\boldsymbol{M}_2=[\boldsymbol{R}\quad \boldsymbol{t}]$有 4 种情况:

$$\begin{cases}\boldsymbol{M}_{2,1}=[\boldsymbol{R}_1\quad \boldsymbol{u}_3]=[\boldsymbol{U}\boldsymbol{W}^{\mathrm{T}}\boldsymbol{V}^{\mathrm{T}}\quad \boldsymbol{u}_3]\\ \boldsymbol{M}_{2,2}=[\boldsymbol{R}_2\quad \boldsymbol{u}_3]=[\boldsymbol{U}\boldsymbol{W}\boldsymbol{V}^{\mathrm{T}}\quad \boldsymbol{u}_3]\\ \boldsymbol{M}_{2,3}=[\boldsymbol{R}_1\quad -\boldsymbol{u}_3]=[\boldsymbol{U}\boldsymbol{W}^{\mathrm{T}}\boldsymbol{V}^{\mathrm{T}}\quad -\boldsymbol{u}_3]\\ \boldsymbol{M}_{2,4}=[\boldsymbol{R}_2\quad -\boldsymbol{u}_3]=[\boldsymbol{U}\boldsymbol{W}\boldsymbol{V}^{\mathrm{T}}\quad -\boldsymbol{u}_3]\end{cases} \tag{6-42}$$

以上 4 种情况的几何意义如图 6-2 所示。图中 P 点为空间中一特征点,A、B 两点分别表示两个位置的摄像机光心,特征点 P 与 A 点或 B 点的连线穿过摄像机成像面。

只考虑平移变换时,图 6-2(a)中假设 A、B 点之间平移量为 $\boldsymbol{u}_3$,则图 6-2(b)中 A、B 点互换位置,A、B 点间平移量为$-\boldsymbol{u}\boldsymbol{u}_3$;图 6-2(c)、(d)情况类似。只考虑旋转变换时,由于 $\boldsymbol{U}\boldsymbol{W}^{\mathrm{T}}\boldsymbol{V}^{\mathrm{T}}=\boldsymbol{U}\boldsymbol{W}\boldsymbol{V}^{\mathrm{T}}\begin{bmatrix}\boldsymbol{V}\boldsymbol{W}\boldsymbol{W}^{\mathrm{T}}\boldsymbol{V}^{\mathrm{T}} & 0\\ 0 & 1\end{bmatrix}$,因而 $\boldsymbol{R}_1$、$\boldsymbol{R}_2$ 之间的关系为

$$\boldsymbol{R}_1=\boldsymbol{R}_2\begin{bmatrix}\boldsymbol{V}\boldsymbol{W}\boldsymbol{W}^{\mathrm{T}}\boldsymbol{V}^{\mathrm{T}} & 0\\ 0 & 1\end{bmatrix} \tag{6-43}$$

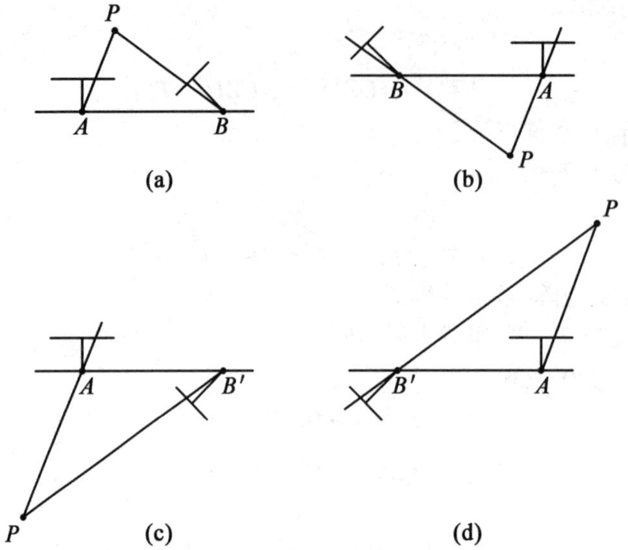

图 6-2 四种外参数矩阵的几何意义

如图 6-2(a)所示,A、B 两点之间是 $\boldsymbol{R}_2$ 关系;如图 6-2(c)所示,A、B 两个相机坐标系之间是 $\boldsymbol{R}_1$ 关系。摄像机坐标系 B 围绕基线旋转 180°,A、B 坐标系之间的旋转关系转换为图 6-2(a)所示的 $\boldsymbol{R}_1$,图 6-2(b)、(d)类似情况,此处不再赘述。

图 6-2 中所示两个位置的摄像机坐标系之间的 4 种关系中,只有其中图 6-2(a)中的 P 点位于 A、B 光心的前方区域。因而,编程实现时计算所有特征点在两台摄像机坐标系中的坐标,若全部在光心前面则满足图 6-2(a)所示情况,此时旋转矩阵 $\boldsymbol{R}$ 和 $\boldsymbol{t}$ 为真正的解。

旋转矩阵 $\boldsymbol{R}$ 和平移向量 $\boldsymbol{t}$ 确定后,且摄像机的内参数矩阵 $\boldsymbol{M}_1$(摄像机运动前后不变)亦为已知量,因此单应矩阵 $\boldsymbol{H}$ 可由下式解得:

$$\boldsymbol{H}=\boldsymbol{M}_1\begin{bmatrix}\boldsymbol{R} & \boldsymbol{t}\\ \boldsymbol{0}_3^{\mathrm{T}} & 1\end{bmatrix} \tag{6-44}$$

式中,$\boldsymbol{0}_3^{\mathrm{T}}=\begin{bmatrix}0\\0\\0\end{bmatrix}^{\mathrm{T}}=[0\quad 0\quad 0]$。单应矩阵 $\boldsymbol{H}$ 在三维重构过程中起到重要作用。

6.2 三维重构

三维重构旨在确定特征点在世界坐标系中的位置,而单幅图像无法提供世界坐标系中特征点的深度信息,因此三维重构需要不少于两幅图像来实现,具体原理如下。

假设同一台摄像机分别在两个位置拍摄两幅图像,空间中同一特征点在两幅图像中所成像点分别记为 $\boldsymbol{m}$、$\boldsymbol{m}'$。摄像机在两个位置的单应矩阵分别为记为 $\boldsymbol{H}$、$\boldsymbol{H}'$,特征点在世界坐标系中的齐次坐标为 $\boldsymbol{x}^{\mathrm{w}}=[x_{\mathrm{w}}\quad y_{\mathrm{w}}\quad z_{\mathrm{w}}\quad 1]^{\mathrm{T}}$。像点 $\boldsymbol{m}$、$\boldsymbol{m}'$与特征点的齐次坐标 $\boldsymbol{x}^{\mathrm{w}}$ 之间的关系为

$$\begin{cases} z_c \boldsymbol{m} = \boldsymbol{H}\boldsymbol{x} \\ z_c' \boldsymbol{m}' = \boldsymbol{H}'\boldsymbol{x} \end{cases} \tag{6-45}$$

表示为线性方程组形式,有

$$\begin{bmatrix} \boldsymbol{H}_{3\times4} & -\boldsymbol{m}_{2\times1} & \boldsymbol{0} \\ \boldsymbol{H}'_{3\times4} & \boldsymbol{0} & -\boldsymbol{m}'_{2\times1} \end{bmatrix}_{6\times6} \begin{bmatrix} \boldsymbol{x}^{\mathrm{w}} \\ z_c \\ z_c' \end{bmatrix}_{6\times1} = \boldsymbol{0} \tag{6-46}$$

采用 SVD 法可求解方程组(6-46)的未知量$[\boldsymbol{x}^{\mathrm{w}} \quad z_c \quad z_c']^{\mathrm{T}}$,解得 $\hat{\boldsymbol{x}}^{\mathrm{w}}$。$\hat{\boldsymbol{x}}^{\mathrm{w}}$ 与真正的 $\boldsymbol{x}^{\mathrm{w}}$ 之间存在比例系数 $\boldsymbol{\lambda}$,且

$$\boldsymbol{\lambda} = \hat{x}^{\mathrm{w}}_{4,1} \tag{6-47}$$

式中,$\hat{x}^{\mathrm{w}}_{4,1}$ 为 $\hat{\boldsymbol{x}}^{\mathrm{w}}$ 的第 4 个元素。因而特征点的在世界坐标系中的坐标为

$$\begin{bmatrix} x_{\mathrm{w}} \\ y_{\mathrm{w}} \\ z_{\mathrm{w}} \end{bmatrix} = \frac{1}{\hat{x}^{\mathrm{w}}_{4,1}} \begin{bmatrix} \hat{x}^{\mathrm{w}}_{1,1} \\ \hat{x}^{\mathrm{w}}_{2,1} \\ \hat{x}^{\mathrm{w}}_{3,1} \end{bmatrix} \tag{6-48}$$

三维重构的具体实现算法为:

(1)摄像机标定确定内参数矩阵 $\boldsymbol{M}_1$;

(2)利用匹配点 8 点法求解基本矩阵 $\boldsymbol{F}$;

(3)由基本矩阵 $\boldsymbol{F}$ 求解本质矩阵 $\boldsymbol{E}=\boldsymbol{M}_1^{\mathrm{T}}\boldsymbol{F}\boldsymbol{M}_1$,并优化本质矩阵 $\boldsymbol{E}$ 使其满足特征值性质;

(4)SVD 分解本质矩阵 $\boldsymbol{E}$ 恢复运动参数 $\boldsymbol{R}$、$\boldsymbol{t}$,确定外参数矩阵 $\boldsymbol{M}_2$。

(5)由摄像机内外参数矩阵,得到单应矩阵 $\boldsymbol{H}$ 与 $\boldsymbol{H}'$,根据式(6-48)计算得到特征点在世界坐标系的坐标。

三维重构过程中,摄像机的真实平移量是分解本质矩阵 $\boldsymbol{E}$ 所得平移向量 $\boldsymbol{t}$ 的 s 倍,s 为非零常数因子,因而重构得到的空间物体能够保持真实外表面三维结构关系,但是与真实物体的实际尺寸相差 s 倍。

6.3　双目立体视觉测量

根据摄像机的数目,立体视觉可分为双目立体视觉、三目立体视觉和多目立体视觉。立体视觉亦属于多视几何的范畴,其中双目立体视觉利用具有一定空间相互关系的两台摄像机采集同一场景图像,是多视几何的简化情况。由 6.6.1、6.6.2 小节可知,两台摄像机所拍摄图像包含了目标物体的三维几何信息,可用于对目标物体进行视觉测量。双目立体测量方法测量精度高、计算速度快,系统模块化程度高,适用于实时性要求强的非接触测量场合,是计算机视觉任务的重要内容。

6.3.1　双目立体视觉

平行光轴双目立体视觉是利用双目成像设备获取目标物体的图像,通过计算图像对应点间的位置偏差,获取物体的视差图像,基于视差原理提取物体的深度信息,进而测量目标

物体的三维几何信息的方法。

平行光轴双目立体视觉成像系统如图 6-3 所示，假设双目摄像机是平行安装在同一平面上，令摄像机 1 的摄像机坐标系为世界坐标系，设两摄像机的焦距为 f，两摄像机中心线间的距离为 B，即基线距离。两个像点的坐标为 (x_1,y_1)、(x_2,y_2)，视差 $D=x_1-x_2$。图 6-4 为图 6-3 的简化结构，由图 6-4 可得

$$\begin{cases}\dfrac{x_1}{f}=\dfrac{x_w}{z_w}\\[2mm]\dfrac{y_1}{f}=\dfrac{y_w}{z_w}\\[2mm]\dfrac{B}{B+x_2-x_1}=\dfrac{x_w}{z_w}\end{cases}\tag{6-49}$$

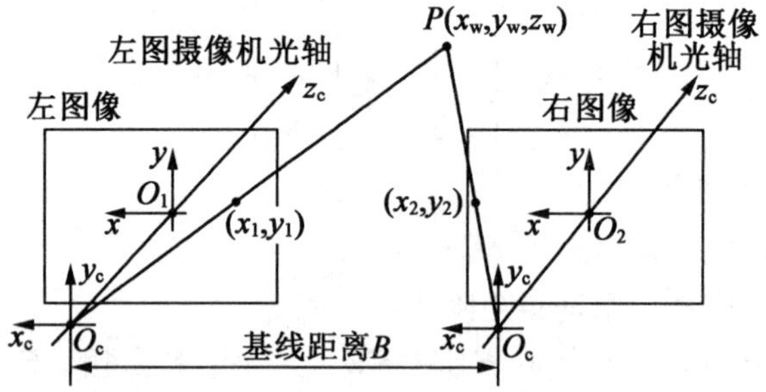

图 6-3 平行光轴双目立体视觉成像系统

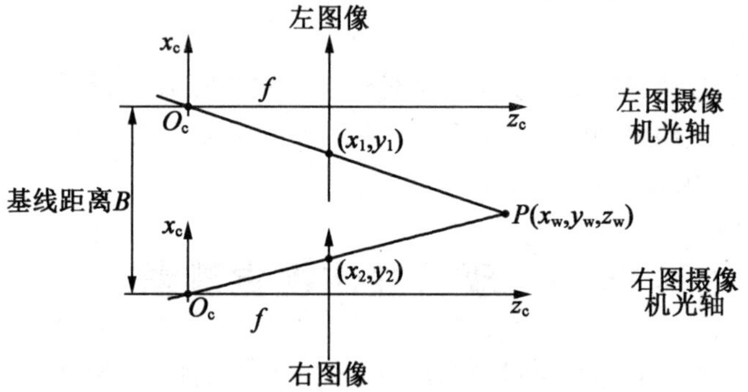

图 6-4 平行光轴双目立体成像原理

根据式(6-49)可得特征点在世界坐标系的坐标为

$$\begin{cases}x_w=\dfrac{x_1B}{D}\\[2mm]y_w=\dfrac{y_1B}{D}\\[2mm]z_w=\dfrac{Bf}{D}\end{cases}\tag{6-50}$$

6.3.2 立体标定

已知双目立体视觉系统中左右摄像机的单目标定结果后，计算两台摄像机之间的位姿关系称为立体标定，在两台摄像机采集的图像之间建立点到线的映射关系，继而求得特征点在系统坐标中的三维位置。

假设单目标定过程中，标定靶中有一特征点 $\boldsymbol{P}_{\mathrm{w}}$，在左右摄像机坐标系下的齐次坐标分别为 $\boldsymbol{p}_{\mathrm{l}}$ 和 $\boldsymbol{p}_{\mathrm{r}}$，则存在变换关系

$$\begin{cases} \boldsymbol{p}_{\mathrm{l}} = \boldsymbol{R}_{\mathrm{l}}\boldsymbol{P}_{\mathrm{w}} + \boldsymbol{T}_{\mathrm{l}} \\ \boldsymbol{p}_{\mathrm{r}} = \boldsymbol{R}_{\mathrm{r}}\boldsymbol{P}_{\mathrm{w}} + \boldsymbol{T}_{\mathrm{r}} \end{cases} \tag{6-51}$$

式中，$\boldsymbol{p}_{\mathrm{l}}$ 和 $\boldsymbol{p}_{\mathrm{r}}$ 之间的关系为

$$\boldsymbol{p}_{\mathrm{r}} = \boldsymbol{R}_{\mathrm{sys}}\boldsymbol{p}_{\mathrm{l}} + \boldsymbol{T}_{\mathrm{sys}} \tag{6-52}$$

由式(6-51)、式(6-52)可得两台摄像机之间的位姿关系为

$$\begin{cases} \boldsymbol{R}_{\mathrm{sys}} = \boldsymbol{R}_{\mathrm{r}}\boldsymbol{R}_{\mathrm{l}}^{-1} \\ \boldsymbol{T}_{\mathrm{sys}} = \boldsymbol{T}_{\mathrm{r}} - \boldsymbol{R}_{\mathrm{r}}\boldsymbol{R}_{\mathrm{l}}^{-1}\boldsymbol{T}_{\mathrm{l}} \end{cases} \tag{6-53}$$

式中，$\boldsymbol{R}_{\mathrm{l}}$、$\boldsymbol{R}_{\mathrm{r}}$ 为单目标定过程中标定靶与左右摄像机的摄像机坐标系之间的旋转矩阵；$\boldsymbol{T}_{\mathrm{l}}$、$\boldsymbol{T}_{\mathrm{r}}$ 为标定靶与左右摄像机的摄像机坐标系之间的平移向量；$\boldsymbol{R}_{\mathrm{ss}}$ 和 $\boldsymbol{T}_{\mathrm{ss}}$ 分别表示左右两台摄像机之间的相对旋转矩阵和相对平移向量。

根据式(6-53)进行计算，得到左右摄像机之间的相对旋转和平移参数，立体标定结果算例见表 6-1。

表 6-1　立体标定结果算例

属性	数值
相对旋转矩阵	[0.996 591 897 754 969, -0.069 437 042 001 386 63, 0.044 531 859 687 723 29; 0.069 549 073 932 101 2, 0.997 578 060 290 676 6, -0.000 969 505 997 068 750 5; -0.044 356 686 579 776 51, 0.004 063 351 423 258 974, 0.999 007 494 231 587 1]
相对平移向量	[-88.045 007 792 879 97; -4.330 618 379 605 974; 13.755 583 081 095 16]

6.3.3 立体校正

由于本书的测量对象位于路面，而路面通常属于弱纹理场，匹配困难，误匹配率高，因此必需利用双目标定的结果进行立体校正，才能够进行立体匹配。

如图 6-5 所示，所谓立体校正就是将实际的双目系统校正为理想的前向平行双目系统，使左右摄像机满足：无畸变（其实在单目标定之后，对图像进行畸变矫正即可实现该条件，但本书为了处理上的方便在立体校正的过程中同步进行畸变校正），像平面共面，光轴平行，主距 f 相同，图像行对准。一旦满足上述条件，则查找左摄像机图像上某一像素点的同名像点时，只需在右摄像机图像的同一行上搜索，大幅度减小了搜索范围，且得到的匹配

点也更加可靠。不仅如此，由像素坐标解算实际坐标的模型也会变得非常简单可行。显然，这样理想的双目系统在物理上很难搭建，因此立体校正的过程实际上是在数学上构造两个假想的成像平面以达成上述条件。

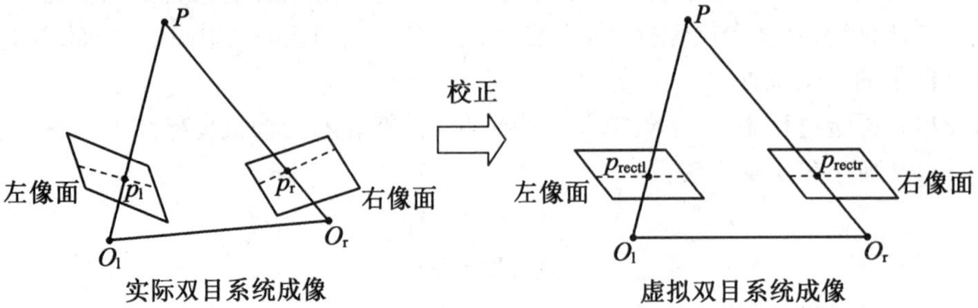

图 6-5　立体校正示意图

1. **摄像机成像校正**

首先设法将左右摄像机坐标系转至各轴对应平行，实质上是重新定义摄像机坐标系。将左摄像机坐标系旋转到右摄像机坐标系的旋转矩阵 $\boldsymbol{R}_{sys}$ 用欧拉角形式表示。为使观测到的重合面积最大，本书参照 Bouguet 校正算法，将三个旋转角度都对半拆分，使两个像平面按相反的方向各自旋转一半角度达到共面。上述对半拆分的旋转角度对应的矩阵称为左右摄像机的两个合成旋转矩阵 $\boldsymbol{r}_l$ 和 $\boldsymbol{r}_r$。由于坐标轴对应平行，稍后再设定左右摄像机焦距 f 相同，即可使两个成像面共面。

这样的旋转基本实现了摄像机共面，但是行不对准，因此需要一个使极线水平对准的矩阵 $\boldsymbol{R}_{rect}$。首先 x 轴显然要和摄像机基线平行，故 x 轴基向量设定为

$$\boldsymbol{e}_x=\frac{\boldsymbol{T}'_{sys}}{\|\boldsymbol{T}'_{sys}\|}=-\frac{\boldsymbol{r}_r\boldsymbol{T}_{sys}}{\|\boldsymbol{r}_r\boldsymbol{T}_{sys}\|} \tag{6-54}$$

此处由于进行了坐标系的旋转，因此立体标定结果中的平移向量需由右摄像机坐标系转至新坐标系下，且加负号变为左摄像机光心指向右摄像机光心。y 轴基向量 $\boldsymbol{e}_y$ 必须与 $\boldsymbol{e}_x$ 正交，没有其他限制。但是希望新坐标系下的图像和原图像的范围尽可能一致，所以尽量让新的 y 轴拥有与变换之前大致相同的朝向。可以计算 $\boldsymbol{e}_x$ 和主光轴方向的叉积，并单位化得到

$$\boldsymbol{e}_y=\frac{[-T_2\quad T_1\quad 0]^{\mathrm{T}}}{\sqrt{T_1^2+T_2^2}} \tag{6-55}$$

式中，T_i 表示平移矩阵第 i 行数值。z 轴基向量同前两个正交，且符合右手法则，因此

$$\boldsymbol{e}_z=\boldsymbol{e}_x\times\boldsymbol{e}_y \tag{6-56}$$

由此得到将摄像机转至行对准的矩阵

$$\boldsymbol{R}_{rect}=\begin{bmatrix}\boldsymbol{e}_x^{\mathrm{T}}\\ \boldsymbol{e}_y^{\mathrm{T}}\\ \boldsymbol{e}_z^{\mathrm{T}}\end{bmatrix} \tag{6-57}$$

左右摄像机最终的校正旋转矩阵为

$$\begin{cases}\boldsymbol{R}_{\text{rectl}}=\boldsymbol{R}_{\text{rect}}\boldsymbol{r}_{\text{l}}\\ \boldsymbol{R}_{\text{rectr}}=\boldsymbol{R}_{\text{rect}}\boldsymbol{r}_{\text{r}}\end{cases} \tag{6-58}$$

随后设计新的内参矩阵 $\boldsymbol{R}_{\text{rect}}$。理论上,内参可以任意设置,但为了避免变化过大导致图像严重失真,应尽可能保证新的内参同原始参数相近。依 Fusiello 校正法,选择对左右摄像机内参进行折中:

$$\boldsymbol{A}_{\text{rect}}(\boldsymbol{A}_{\text{l}}+\boldsymbol{A}_{\text{r}})/2 \tag{6-59}$$

实际为了方便后续计算,此处还对 x 方向和 y 方向上的归一化焦距进行了平均,令两者相同。最终得到的摄像机校正参数见表 6-2,按照表中列出的数据分别“旋转”实际的左右摄像机(左乘各自的校正旋转矩阵),并重置摄像机内参,即可得到理想的前向平行双目系统。

表 6-2　摄像机校正参数

属性	矩阵数值
左摄像机校正旋转矩阵 $\boldsymbol{R}_{\text{rectl}}$	[0.993 701 372 027 565, -0.020 728 371 938 463 36, -0.110 126 826 102 071 2; 0.020 826 780 134 749 11, 0.999 783 066 123 720 3, -0.000 256 751 770 426 453 7; 0.110 108 257 908 995 8, -0.002 038 452 607 622 34, 0.993 917 509 781 980 1]
右摄像机校正旋转矩阵 $\boldsymbol{R}_{\text{rectr}}$	[0.986 849 900 615 747 5, 0.048 539 609 736 561 19, -0.154 179 051 564 444 9; -0.048 677 612 049 905 49, 0.998 810 384 008 906 8, 0.002 882 166 042 967 645; 0.154 135 536 914 133 9, 0.004 660 802 785 215 695, 0.988 038 720 484 976 3]
校正内参矩阵 $\boldsymbol{R}_{\text{rect}}$	[718.414 149 601 568 6, 0, 469.868 785 858 154 3; 0, 718.414 149 601 568 6, 259.576 358 795 166; 0, 0, 1]

以上只是设定了一组虚拟的双目系统,然而更关键的是如何得到校正映射,从而将实际摄像机拍摄的图像转变到上述虚构系统中成像。

以左摄像机校正映射为例。假设空间某一点 $\boldsymbol{P}_{\text{w}}$(非齐次坐标表示),它在变换前后的左摄像机模型中的像点分别为 $\boldsymbol{p}_{\text{l}}$ 和 $\boldsymbol{p}_{\text{rectl}}$,则有

$$\begin{cases}\boldsymbol{p}_{\text{l}}=\boldsymbol{A}_{\text{l}}\boldsymbol{R}_{\text{l}}(\boldsymbol{P}_{\text{w}}+\boldsymbol{T}_{\text{l}})\\ \boldsymbol{p}_{\text{rectl}}=\boldsymbol{A}_{\text{rect}}\boldsymbol{R}_{\text{rectl}}\boldsymbol{R}_{\text{l}}(\boldsymbol{P}_{\text{w}}+\boldsymbol{T}_{\text{l}})\end{cases} \tag{6-60}$$

式中,$\boldsymbol{R}_{\text{l}}$ 和 $\boldsymbol{T}_{\text{l}}$ 为原摄像机的旋转和平移矩阵;$\boldsymbol{R}_{\text{rectl}}$ 为左摄像机校正旋转矩阵;$\boldsymbol{A}_{\text{l}}$ 和 $\boldsymbol{A}_{\text{rectl}}$ 分别为摄像机校正前后的内参矩阵。由此可得

$$\boldsymbol{p}_{\text{l}}=\boldsymbol{A}_{\text{l}}\boldsymbol{R}_{\text{l}}(\boldsymbol{A}_{\text{rect}}\boldsymbol{R}_{\text{rectl}}\boldsymbol{R}_{\text{l}})^{-1}\boldsymbol{p}_{\text{rectl}}=\boldsymbol{A}_{\text{l}}\boldsymbol{R}_{\text{rectl}}^{-1}\boldsymbol{A}_{\text{rectl}}^{-1}\boldsymbol{p}_{\text{rectl}} \tag{6-61}$$

式(6-61)即为左摄像机新旧图像的坐标变换公式。由此可计算出虚拟摄像机中各像素点在原摄像机中对应的像素坐标,再通过双线性插值获取像素灰度,即得立体校正后的摄像机成像。

图 6-6 给出了摄像机成像校正结果。其中,在校正后的成像中人为地添加了一些水平线,以便检验校正成像的正确性。

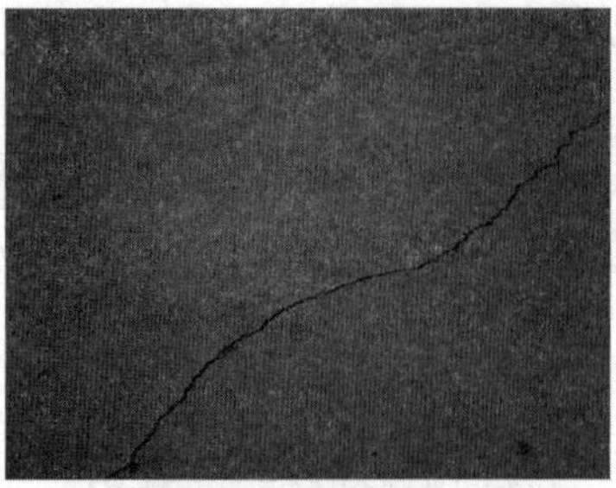

(a)校正前左摄像机成像

(b)校正前右摄像机成像

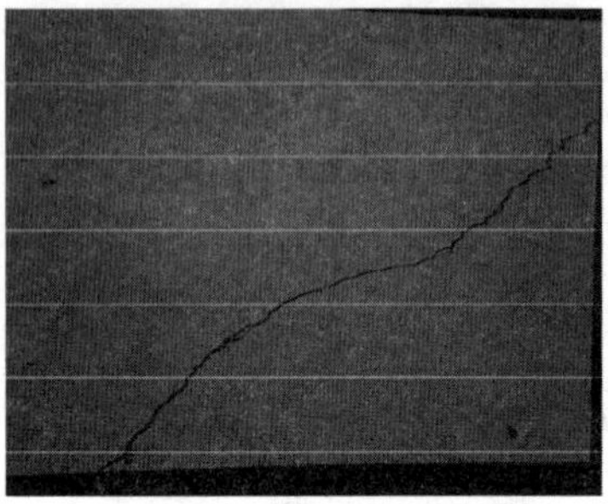

(c)校正后左摄像机成像

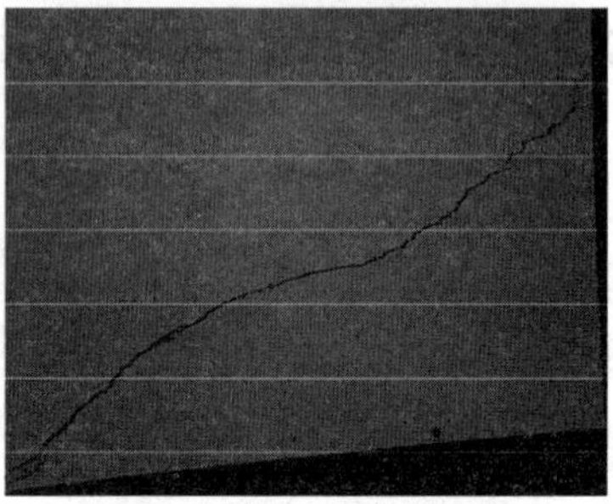

(d)校正后右摄像机成像

图 6-6 摄像机成像校正结果

2. 重映射矩阵构建

摄像机成像校正过程已经给出了将实际系统转化为理想的前向平行双目系统所需的校正参数，以及左右摄像机校正后的成像。本小节则构建重映射矩阵，用以描述左图像的像素坐标以及视差到三维空间坐标的映射关系，将校正后的摄像机参数以一种简洁且更便于利用的方式进行呈现。

理想双目系统成像示意图如图 6-7 所示。已知基线距离 T_x，即两摄像机投影中心的距离。左右摄像机在同一时刻观察同一空间点 $\boldsymbol{P}_{\mathrm{w}}=[x_{\mathrm{w}} \quad y_{\mathrm{w}} \quad z_{\mathrm{w}} \quad 1]^{\mathrm{T}}$，分别在各自的像平面上成像，像素坐标分别为 $\boldsymbol{p}_{\mathrm{l}}=[u_{\mathrm{l}} \quad v_{\mathrm{l}} \quad 1]^{\mathrm{T}}$，$\boldsymbol{p}_{\mathrm{r}}=[u_{\mathrm{r}} \quad v_{\mathrm{r}} \quad 1]^{\mathrm{T}}$。

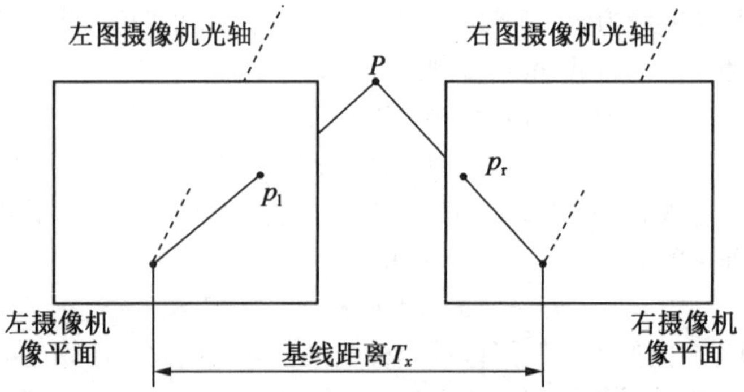

图 6-7 理想双目系统成像示意图

因系统已经过校正，故同名像点的 v 轴坐标相同，且归一化焦距相同可设为 a，由三角几何关系得到

$$\begin{cases} u_1 = a\dfrac{x_w}{z_w} + u_0 \\ u_r = a\dfrac{(x_w - T_x)}{z_w} + u_0 \\ v_1 = a\dfrac{y_w}{z_w} + v_0 \end{cases} \tag{6-62}$$

视差仅存在于水平方向，记为 $d = u_1 - u_r$。由式(6-62)可计算出特征点在左摄像机坐标系下的三维坐标为

$$\begin{cases} x_w = \dfrac{T_x \cdot (u_1 - u_0)}{d} \\ y_w = \dfrac{T_x \cdot (v_1 - v_0)}{d} \\ z_w = \dfrac{T_x \cdot a}{d} \end{cases} \tag{6-63}$$

将上式以矩阵变换的形式进行描述，即

$$s\begin{bmatrix} x_w \\ y_w \\ z_w \\ 1 \end{bmatrix} = \begin{bmatrix} 1 & 0 & 0 & -u_0 \\ 0 & 1 & 0 & -v_0 \\ 0 & 0 & 0 & a \\ 0 & 0 & 1/T_x & 0 \end{bmatrix}\begin{bmatrix} u_1 \\ v_1 \\ d \\ 1 \end{bmatrix} = \boldsymbol{Q}\begin{bmatrix} u_1 \\ v_1 \\ d \\ 1 \end{bmatrix} \tag{6-64}$$

式中，$\boldsymbol{Q}$ 称为重映射矩阵，能够依据左摄像机某点的像素坐标及其对应视差恢复该点的三维空间坐标。

重映射矩阵中 $T_x = \|\boldsymbol{T}_{sys}\|$，其余参数可从 4.3.1 小节的计算结果中直接取用。重映射矩阵主要参数见表 6-3。

表 6-3　重映射矩阵主要参数

参数	数值
横向主点偏移 u_0/pix	469.868 785 858 154 3
纵向主点偏移 v_0/pix	259.576 358 795 166
焦距 a/pix	718.414 149 601 568 6
基线距 T_x/mm	89.218 236 47

6.3.4　三维测量

摄像机参数已经知悉，本节的目标在于获取左摄像机图像上各像素点对应的视差（该步骤等价于建立左摄像机图像上各点与右摄像机图像上同名像点的配对关系）。视差与前文的标定结果都是影响最终测量精度的关键数据，因此要力求立体匹配过程的准确可靠。

所以该步骤适当舍弃实时性能，选用综合性能较优的半全局匹配算法（Semi－Global Matching，SGM）。但可以预见的是，路面纹理较弱，匹配本就困难，所以立体匹配通常只能给出图像中一部分区域的较为可靠的视差。因此本书提出假设，将路面视为理想平面，对匹配失败处的视差进行插值，由此可得左摄像机图像上任意像素点处对应的视差。

SGM 算法大致可分为代价计算、代价聚合及视差优化。首先计算匹配代价，构建初始代价立方体。构建匹配代价立方体的过程可表示为

$$\mathrm{Cost}[i,j,d]=\min\left\{\min_{-\frac{1}{2}\leqslant\delta\leqslant\frac{1}{2}}|I_{\mathrm{L}}[i,j]-I_{\mathrm{R}}[i+d+\delta,j]|,\ \min_{-\frac{1}{2}\leqslant\delta\leqslant\frac{1}{2}}|I_{\mathrm{L}}[i+\delta,j]-I_{\mathrm{R}}[i+d,j]|\right\} \tag{6-65}$$

式中，I_{L}、I_{R} 分别表示左右图像上的灰度函数。随后对每个像素点$[i, j]$，搜索使其匹配代价$\mathrm{Cost}[i, j, d]$最小的视差 d，以此作为该点视差的初始值。

通常图像中各点对应的实际位置平滑变换，因此视差具有一定的连续性。前面的代价计算仅考虑了匹配点局部的相似性，而代价聚合则是引入全局平滑信息的关键一步。SGM 代价聚合步骤将多个路径方向上视差的平滑性纳入考虑，本书取四路聚合方式（自上往下，自下往上，从左往右，从右往左四个方向）。对其中的某一路径方向 $\boldsymbol{r}$，其聚合代价立方体如下定义：

$$L_{\mathrm{r}}[\boldsymbol{p},d]=\mathrm{Cost}[\boldsymbol{p},d]+\min\begin{Bmatrix}L_{\mathrm{r}}[\boldsymbol{p}-\boldsymbol{r},d]\\ L_{\mathrm{r}}[\boldsymbol{p}-\boldsymbol{r},d-1]+P_1\\ L_{\mathrm{r}}[\boldsymbol{p}-\boldsymbol{r},d+1]+P_1\\ \min\limits_{k}L_{\mathrm{r}}[\boldsymbol{p}-\boldsymbol{r},k]+P_2\end{Bmatrix}-\min_{k}L_{\mathrm{r}}[\boldsymbol{p}-\boldsymbol{r},k] \tag{6-66}$$

式中，$\boldsymbol{p}$ 表示像素点的坐标$[i, j]$；P_1 和 P_2 为惩罚值。上式右侧第二项意味着：若当前点与路径上前一点的视差相同，不做惩罚；若视差略微变动，相差 1，则加上较小的惩罚值 P_1；其余情况即视差变化较大，则加上较大的惩罚值 P_2。右侧第三项意在抵消第二项引入的匹配代价，避免计算聚合代价时数值沿着路径不断积累叠加。实际上，在物体的边界处深度会发生较大变化，对应视差也无可避免地发生较大变化，这种情况的惩罚应适当减小。所以 P_2 并非常数，它与灰度差成反比，从而在边界处抑制惩罚项，有

$$P_2=P_{\mathrm{init2}}/|I(\boldsymbol{p})-I(\boldsymbol{p}-\boldsymbol{r})| \tag{6-67}$$

式中，P_{init2} 为初始时人为设置的较大惩罚值；$I(\boldsymbol{p})$ 和 $I(\boldsymbol{p}-\boldsymbol{r})$ 分别为当前点和路径上前一点的灰度值。由此计算得到聚合代价立方体，搜索各点新的视差值，迭代几轮，即可得到比较理想的视差图。

最后进行视差优化，剔除误匹配。该部分包含：左右一致性检查，保证左右图像同名像素点的视差基本相同；唯一性约束，保证各点对应的较优匹配是唯一的，换言之，不存在多个候选的匹配而导致误选；小连通域剔除，剔除不可靠的小块连通域，以免出现局部视差同整体变化趋势不一致的情况。

本书设定匹配窗口尺寸为 5，代价立方体深度 d 为 128，两个惩罚系数分别为 1 000 和 250，左右一致性检测阈值为 1，唯一性比率为 10，连通域尺寸阈值大约为图像面积的 1/15。结果以视差图的形式呈现，如图 6-8 所示。

图 6-8　视差图

图 6-8 中各像素点的灰度值实际表示视差值——左摄像机图像上该位置的像素点与右摄像机图像上同名像点之间横坐标的差值。其中黑色区域数值为 0,表示匹配失败。

为了对匹配无效处进行插值,本书假定路面为理想平面,因此任意三维空间点的坐标 $\boldsymbol{P}_w=[x_w\quad y_w\quad z_w\quad 1]^T$ 应满足平面方程

$$c_1x_w+c_2y_w+c_3z_w=C \tag{6-68}$$

式中,c_1、c_2、c_3、C 均为常数。将式(6-63)代入,整理得

$$c_1T_xu_1+c_2T_xv_1-Cd=c_1T_xu_0+c_2T_xv_0-c_3T_xa \tag{6-69}$$

该式描述了以 u_1、v_1、d 为坐标轴的空间中的某一平面。由此可知视差 d 关于像素横纵坐标 u_1 和 v_1 的导数均为常数,也即水平方向上任意两个相邻点的视差差值为一常数,纵向同理。

由此拟订方案,在 SGM 匹配结果中计算所有有效点的平均值,得到点$(\bar{u}_1,\bar{v}_1,\bar{d})$,该点应当位于式(6-69)确定的平面上。再由逐差法获得 d 关于像素横纵坐标 u_1 和 v_1 的导数,即可拟合 d 关于 u_1、v_1 的关系式,从而推知任意像素位置处的视差。

已知左摄像机图像上任意点的视差,以及从像素坐标、视差映射到三维空间坐标的重映射矩阵,根据式(6-64)可求取左摄像机图像上任意像素点的三维空间坐标。表 6-4 给出了由像素坐标重映射到三维空间坐标的几个示例。

表 6-4　重映射结果示例

像素坐标	三维空间坐标
[75, 63]	[-1 265.43, -629.964, 2 302.29]
[285, 90]	[-446.257, -409.343, 1 734.19]
[485, 164]	[25.567 8, -161.499, 1 213.93]
[160, 251]	[-483.998, -13.395 8, 1 122.12]
[383, 344]	[-101.55, 98.691 4, 839.828]

本节利用左摄像机图像上各点的三维空间坐标信息,结合第 3 章获得的裂缝的像素位置,进一步计算裂缝长度和平均宽度。

过程中需要计算像素方格对应的微元面积以及相邻像素之间的微元长度,原理如图

6-9 所示。已知图像上各点(包括像素方格的中点和端点)的三维空间坐标,则这些点之间的实际距离可以由距离公式很方便地算出。单个像素方格对应的实际四边形的面积可按对角线拆分为两个三角形计算。

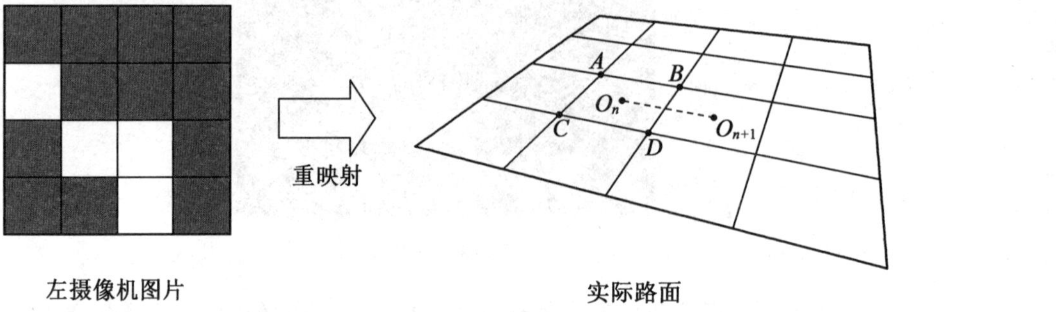

图 6-9 裂缝尺寸计算原理图

利用像素的三维坐标较为容易地得到了微元长度和微元面积。随后遍历裂缝骨架图,累加相邻像素之间实际的微元长度,得到裂缝长度。再遍历裂缝定位图,累加像素方格实际的微元面积,得到裂缝面积,再除以裂缝长度即得裂缝平均宽度。

至此,完成了对图像中裂缝信息的量化提取。经检验,裂缝测量模块在测量直线距离的情况下,精度可达毫米级。

6.4 图像配准

实际视觉任务中常包含多个传感器,需要处理两张或者更多采集于不同时间、不同视角或者不同传感器的图像。在这类任务中,图像配准是图像处理的关键环节。图像配准算法由变换模型、特征空间、变换参数搜索和相似性度量四部分组成。对于大部分算法来说,变换模型具有重要意义,在一定程度上决定了特征空间、变换参数搜索和相似性度量的选择。

图像配准的变换模型可以分为两大类,刚体模型和非刚体模型。前者适用于描述视场中形状不随相机的相对运动而改变的物体,后者适用于描述医学图像分析、生物图像分析领域中的人体或者生物组织等变形物体。本节的工作主要针对不变形目标物体。由于物体和相机之间的相对运动可以看作摄像头的位置移动、光轴的旋转和变焦,所以本节主要介绍刚体模型的图像配准问题。

刚体变换模型可以分解为平移变换、旋转变换和缩放变换。针对刚体模型的图像配准研究已经取得很多成果。Kuglin 和 Hines 研究了频域内具有平移变换关系的图像配准问题,提出了经典的相位相关法求解平移量;针对只包含旋转和平移的平面刚体模型,Lucchese 提出使用差值函数在频域内进行图像配准,Keller 将其推广到伪极坐标傅立叶变换进行图像配准;Reddy 和 Chatterji 首先对图像在频域内进行极坐标变换,然后采用相关法求解刚体变换模型中的平移、旋转和缩放参数。本小节介绍了经典的相位相关法的图像配准和基于 Randon 变换的图像配准方法。

6.4.1 基于相位相关法的平移变换关系图像配准

设f_1与f_2两幅图像,两者具有如下平移变换关系:

$$f_2(x,y)=f_1(x-x_0,y-y_0) \tag{6-70}$$

令$f_1(x,y)$和$f_2(x,y)$的傅立叶变换记为$F_1(u,v)$和$F_2(u,v)$,对式(6-70)等号两侧进行傅立叶变换,则根据傅立叶变换的平移性质,式(6-70)转换为

$$F_2(u,v)=F_1(u,v)\mathrm{e}^{-\mathrm{j}2\pi(\frac{ux_0}{M}+\frac{vy_0}{N})} \tag{6-71}$$

取傅立叶变换的指数形式,有

$$|F_2(u,v)|\mathrm{e}^{-\mathrm{j}\varphi_2(u,v)}=|F_1(u,v)|\mathrm{e}^{-\mathrm{j}\varphi_1(u,v)-\mathrm{j}2\pi\left(\frac{ux_0}{M}+\frac{vy_0}{N}\right)} \tag{6-72}$$

式中

$$|F_1(u,v)|=|F_2(u,v)| \tag{6-73}$$

因而,$F_1(u,v)$和$F_1(u,v)$的相位差为$-2\pi(\frac{ux_0}{M}+\frac{vy_0}{N})$。则$F_1(u,v)$和$F_2(u,v)$之间的互功率谱为

$$C(u,v)=\frac{F_1(u,v)F_2^*(u,v)}{|F_1(u,v)F_2^*(u,v)|}=\mathrm{e}^{\mathrm{j}2\pi\left(\frac{ux_0}{M}+\frac{vy_0}{N}\right)} \tag{6-74}$$

式中,上标*表示$F_2(u,v)$的矩阵复共轭。

式(6-74)表示两幅图像的频域相位差与它们的互功率谱相位具有对应关系。对互功率谱进行二维傅立叶逆变换,有

$$F^{-1}[C(u,v)]=\delta(x-x_0,y-y_0) \tag{6-75}$$

式中,$\delta(x-x_0,y-y_0)$表示二维空间中以(x_0,y_0)为中心的单位脉冲信号。信号的峰值位于(x_0,y_0),就是图像f_1与f_2之间的平移变换位移量,由此可根据这一特点进行平移变换关系的图像配准。

基于相位相关法的平移变换关系图像配准算法的实现过程包括以下步骤。

(1)计算f_1图像与f_2图像的傅立叶变换$F_1(u,v)$和$F_2(u,v)$,为加快计算速度,实现时常使用快速傅立叶变换法(FFT)。

(2)计算$F_1(u,v)$和$F_2(u,v)$的互功率谱$C(u,v)$。

(3)求取互功率谱$C(u,v)$的傅立叶逆变换$F^{-1}[C(u,v)]$。

(4)$F^{-1}[C(u,v)]$为二维脉冲信号,搜索其极大值坐标(x_0,y_0),其位置为f_1图像与f_2图像的平移变换量。

6.4.2 基于相位相关法的刚体变换关系图像配准

相位相关法不仅用于具有平移关系的图像配准,也能够推广应用到具有旋转关系、尺度变换关系以及刚体变换关系的图像配准方面。Reddy与Chatterji提出通过在对数极坐标中,将旋转、尺度变换转换为平移的形式,使得相位相关方法应用于刚体变换的图像配准。

1. 对数极坐标变换

图6-10为对数极坐标系,横轴为极角θ,θ表示点相对原点转动的角度;纵轴为极径r的对数形式$\rho=\log r$,r表示点到原点的距离。

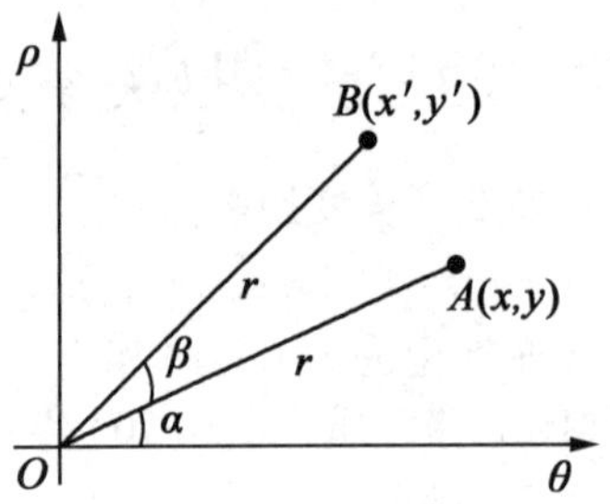

图 6-10 对数极坐标系

假设二维笛卡儿坐标系中有点(x,y)，则两个坐标系之间的变换关系为

$$\begin{cases}\rho=\log r=\log\sqrt{x^2+y^2}\\ \theta=\arctan 2\dfrac{y}{x}\end{cases}\tag{6-76}$$

对数极坐标变换将二维笛卡儿坐标系中的点投影到对数极坐标系中，特别地，当二维笛卡儿坐标系中发生旋转、尺度变换时，变换到对数极坐标系下，会体现为θ方向和ρ方向的平移变换。证明过程如下所示。

假设在对数极坐标系下的点(x,y)旋转θ_0角，变换到点(x',y')，那么对数极坐标系中，点(x,y)与(x',y')之间的变换关系可以描述为

$$\begin{bmatrix}x'\\ y'\end{bmatrix}=\begin{bmatrix}\cos\theta_0 & \sin\theta_0\\ -\sin\theta_0 & \cos\theta_0\end{bmatrix}\begin{bmatrix}\dfrac{x}{a}\\ \dfrac{y}{a}\end{bmatrix}\tag{6-77}$$

则(x',y')在对数极坐标系中的坐标为

$$\begin{cases}\rho'=\log r'=\log\sqrt{x'^2+y'^2}\\ \theta'=\arctan 2\dfrac{y'}{x'}\end{cases}\tag{6-78}$$

将式(6-77)代入式(6-78)，有

$$\begin{cases}\rho'=\log r'=\log r=\rho\\ \theta'=\arctan 2\dfrac{y'}{x'}\\ \quad=\arctan 2\dfrac{-x\sin\theta_0+y\cos\theta_0}{x\cos\theta_0+y\sin\theta_0}\\ \quad=\arctan 2\dfrac{-r\cos\theta\sin\theta_0+r\sin\theta\cos\theta_0}{r\cos\theta\cos\theta_0+r\sin\theta\sin\theta_0}\\ \quad=\arctan 2\dfrac{\sin(\theta-\theta_0)}{\cos(\theta-\theta_0)}\\ \quad=\theta-\theta_0\end{cases}\tag{6-79}$$

根据式(6-79)可知，(x,y)旋转θ_0至点(x',y')投影到对数极坐标系，变换为(ρ,θ)平

移到(ρ',θ')，θ 方向的平移量为 θ_0。$\rho'=\rho$ 说明旋转对对数极坐标系的 ρ 参数没有影响。

假设二维笛卡儿坐标系中，点(x,y)与点 (x^*,y^*)之间具有缩放关系，缩放系数为 a，则

$$\begin{cases}x^*=ax\\y^*=ay\end{cases}\tag{6-80}$$

代入式(6-79)，得到点(x^*,y^*)的对数极坐标系坐标(ρ^*,θ^*)为

$$\begin{cases}\rho^*=\log\sqrt{x^{*2}+y^{*2}}\\ \quad=\log\sqrt{a^2x^2+a^2y^2}\\ \quad=\log ar\\ \quad=\log r+\log a\\ \quad=\rho+\log a\\ \theta^*=\arctan 2\dfrac{y^*}{x^*}=\arctan 2\dfrac{ay}{ax}=\theta\end{cases}\tag{6-81}$$

式(6-81)表示对数极坐标系中，(ρ^*,θ^*)相对于(ρ,θ)延 ρ 正方向平移了 $\log a$，同时根据 $\theta^*=\theta$ 可以看出，尺度的缩放仅改变了 ρ 方向的坐标，而 θ 方向的坐标不变。

以上分析说明，对数极坐标变换把笛卡儿坐标系中的旋转和尺度变换投影为 ρ、θ 方向的平移变换，相位相关法使用对数极坐标变换的这个性质实现旋转变换、尺度变换和刚体变换三种模型的图像配准。

2. 旋转变换

假设图像 f_1 绕图像中心旋转 θ_0 角并平移(x_0,y_0)后得到 f_2 图像，两图像的变换关系为

$$f_2(x,y)=f_1(x',y')\tag{6-82}$$

$$\begin{bmatrix}x'\\y'\end{bmatrix}=\begin{bmatrix}\cos\theta_0 & \sin\theta_0\\-\sin\theta_0 & \cos\theta_0\end{bmatrix}\begin{bmatrix}x\\y\end{bmatrix}-\begin{bmatrix}x_0\\y_0\end{bmatrix}\tag{6-83}$$

等式两边进行傅立叶变换后得到

$$F_2(u,v)=\mathrm{e}^{-\mathrm{j}2(ux_0+vy_0)}\times F_1(u\cos\theta_0+v\sin\theta_0,-u\sin\theta_0+v\cos\theta_0)\tag{6-84}$$

设 $F_2(u,v)$ 和 $F_1(u,v)$ 的幅值分别表示为 M_2、M_1，则 M_2、M_1 之间变换关系为

$$M_2(u,v)=M_1(u\cos\theta_0+v\sin\theta_0,-u\sin\theta_0+v\cos\theta_0)\tag{6-85}$$

式(6-85)表示笛卡儿坐标系中，M_1 绕频谱中心顺时针旋转 θ_0 得到 M_2，即 M_2、M_1 之间具有旋转变换关系。

频谱图转换到对数坐标系下，它们之间关系变为

$$M_2(\rho,\theta)=M_1(\rho,\theta-\theta_0)\tag{6-86}$$

式(6-86)表示在对数极坐标系下，频谱 M_2 在 θ 正方向上平移 θ_0 得到频谱图 M_1。以该结果为依据，使用相位相关法计算旋转角 θ_0，计算过程与平移量的步骤相同。

3. 尺度变换

设图像 $f_1(x,y)$ 与 $f_2(x,y)$ 之间仅具有尺度变化关系，缩放发生在水平和垂直两个方向上，$\dfrac{1}{a}$和$\dfrac{1}{b}$为水平和垂直方向上的尺度系数。根据傅立叶变换的尺度性质，$f_1(x,y)$ 与 $f_2(x,$

y)的傅立叶变换关系为

$$F_2(u,v)=\frac{1}{ab}F_1\left(\frac{u}{a},\frac{v}{b}\right) \tag{6-87}$$

将 $F_2(u,v)$、$F_1(u,v)$ 的 u、v 轴转换为对数形式 $\log u$、$\log v$，两者的关系为

$$F_2(\log u,\log v)=\frac{1}{ab}F_1(\log u-\log a,\log v-\log b) \tag{6-88}$$

若令 $x=\log u, y=\log v, \log a=x_0, \log b=y_0$，则式(6-88)转换为

$$F_2(x,y)=\frac{1}{ab}F_1(x-x_0,y-y_0) \tag{6-89}$$

式(6-89)表示，将笛卡儿坐标系的 u、v 轴做对数变换后，尺度变换转换为平移变换。平移变换量(x_0,y_0)可由基于相位相关法的平移变换关系图像配准方法计算得到。最后尺度系数(a,b)的计算公式为

$$a=e^{x_0}, \quad b=e^{y_0} \tag{6-90}$$

4. 刚体变换

假设图像 f_1 和 f_2 之间满足刚体变换模型

$$\begin{bmatrix} x' \\ y' \end{bmatrix}=\frac{1}{a}\begin{bmatrix} \cos\theta & -\sin\theta \\ \sin\theta & \cos\theta \end{bmatrix}\begin{bmatrix} x \\ y \end{bmatrix}-\begin{bmatrix} x_0 \\ y_0 \end{bmatrix} \tag{6-91}$$

则图像的傅立叶变换频谱在极坐标系中的关系表现为

$$M_2(\rho,\theta)=M_1\left(\frac{\rho}{a},\theta-\theta_0\right) \tag{6-92}$$

将频谱图转换到对数极坐标系中，有

$$M_2(\log\rho,\theta)=M_1(\log\rho-\log a,\theta-\theta_0) \tag{6-93}$$

令 $x=\log\rho, y=\theta, \Delta x=\log a, \Delta y=\theta_0$，式(6-93)转化为

$$M_2(x,y)=M_1(x-\Delta x,y-\Delta y) \tag{6-94}$$

由式(6-94)可以看出，通过对数极坐标变换，尺度变换和旋转变换被分解为对数极坐标系两个方向上的平移。通过相位相关法对平移变换图像进行配准，可得平移量 x_0、y_0，继而求得缩放系数 a 和 θ_0 为

$$\begin{cases} a=e^{x_0} \\ \theta_0=y_0 \end{cases} \tag{6-95}$$

根据上述图像配准原理，基于相位相关法的刚体变换图像配准的实现步骤为：

(1)计算图像 f_1 和 f_2 的傅立叶变换，得到它们的频谱图 M_1 和 M_2。

(2)计算两幅频谱图 M_1 和 M_2 的互功率谱 C。

(3)计算互功率谱 C 的傅立叶逆变换 δ。

(4)搜索 δ 的极值坐标$(\Delta x,\Delta y)$，根据式(6-95)计算缩放系数 a 和 θ_0。

(5)根据步骤(4)中的结果，对原图像进行旋转、缩放校正，得到的图像只包含平移量(x_0,y_0)。

(6)使用相位相关法求取平移量(x_0,y_0)。

基于相位相关法的图像配准的主要特点有:两幅图像的平移相关性由单位脉冲函数描述,单位脉冲函数没有局部极值,只有全局极值点且最大峰值点易于检测,有利于图像精确配准;图像之间存在一定程度灰度差异时,仅影响图像傅立叶变换幅值信息,并不改变互功率谱计算单位脉冲函数峰值位置。显然,这并不影响检测效果,由于频域相关法对图像灰度依赖小,因而算法抗遮挡的能力较强;由于配准原理与傅立叶变换平移变换性质有关,因而当图像之间的变换形式更复杂时,算法是无法应对的。

6.5　多视图像拼接

多视图像拼接是采集于不同时间、不同视角或者不同传感器的多张图像经图像配准、投影变换和图像融合之后拼接成一幅多视图像。随着计算机视觉技术的进步和社会科技发展,多视图像拼接在虚拟现实、道路安全、军事国防等领域日益发挥重要作用。

6.5.1　柱面投影变换

多视图像拼接的图像采集方式通常在固定相机位置后,一边旋转一边拍摄图像。相机旋转过程中,相邻位置的成像平面之间存在夹角,这使得拼接后的多视图出现明显的缝隙而不是如真实场景一般连续的画面。解决这个问题的方法是在拼接前对图像进行投影变换,也就是将原图像映射到某一几何表面,再实现图像拼接。下面介绍常见的投影模型——柱面模型。

柱面投影变换是假设存在圆柱体形状的虚拟成像面,模拟水平方向上人的肉眼旋转360°观察到的场景,垂直方向视角一般小于 180°,适用于一般虚拟场景用途。圆柱体的中心为投影中心,与相机的光心重合。照片中的像素点与投影中心相连接,连接线与圆柱面的交点是该像素点的柱面投影。投影过程如图 6-11 所示,图中 C 点为投影中心,图像的 4 个角位置像素点 A_1、A_2、A_3、A_4 在柱面上的投影分别是 A_1'、A_2'、A_3'、A_4'。A_{12} 为 A_1、A_2 的中点,A_{34} 为 A_3、A_4 的中点,它们与柱面相交,因而投影点为自身。A_1'、A_{12}、A_2'、A_3'、A_{34}、A_4'围合而成的柱面区域为投影后的图像柱面图像。由图 6-11(b)可看出,投影图像与原图像相比,高度相同而宽度变窄。

柱状投影在实际处理上非常方便。在编程实现过程中,投影后的柱面图像可按照矩形图像进行存储、处理,同时原始图像可方便利用普通相机拍摄,且图像之间的平移变换可通过图像配准精确提取,因此对相机拍摄的位置没有严格的精细要求。柱面模型的垂直视角虽然小于 180°,但在一般的多视图像应用场景中能够满足实际需求。

为方便表示,设原图像的图像像素坐标系 xOy 如图 6-12 所示,像素点 p 的坐标为 (x,y)。

图 6-13 给出了 p 点在柱面上的投影过程,作 p 点与投影中心 C 点的连线,得到投影点 p'。设 p'点坐标为(x',y'),下面分别计算 p'点的横纵坐标 x'、y'。

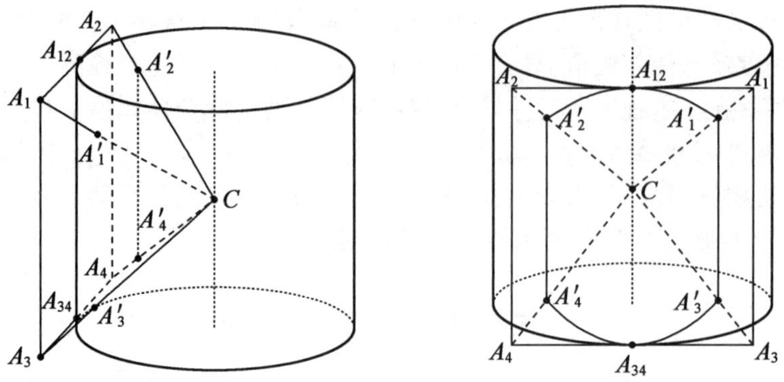

(a)图像的柱面投影原理　　(b)投影前后的图像

图 6-11　柱面投影模型

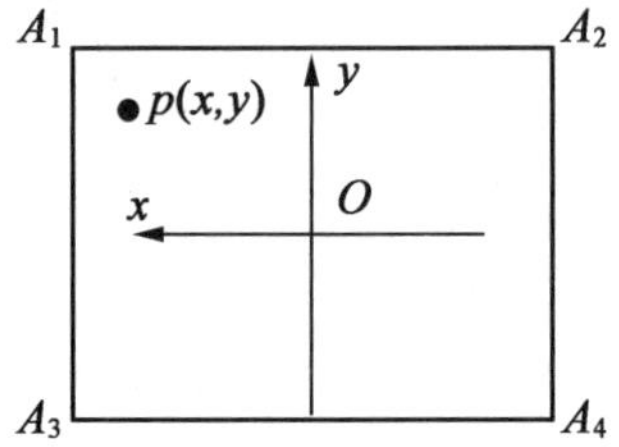

图 6-12　图像的像素坐标系 xOy

①计算投影 p' 的横坐标 x'。

如图 6-13(a)所示,原图像中过 p 点作垂线与 $A_{13}A_{24}$ 交于 B_1, $A_{13}A_{24}$ 过图像原点 O,点 B_1 的坐标为$(x,0)$。过 p' 点作垂线与 B_1C 交于 B_2,点 B_2 的坐标$(x',0)$。过点 B_2 作 OC 的垂线，与 OC 交于 B_{23} 点,与圆柱面交于 B_3 点,如图 6-13(b)所示。

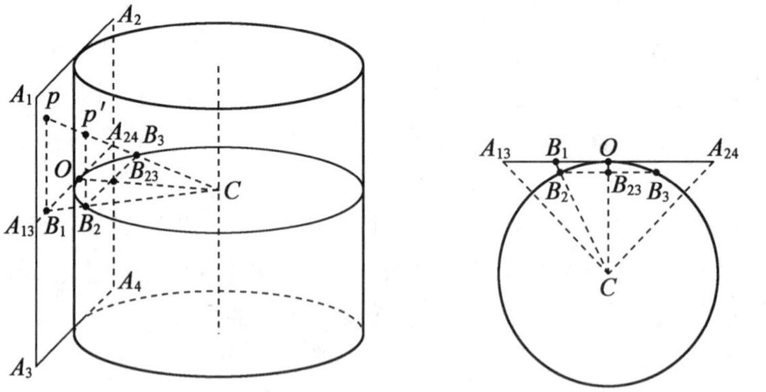

(a)p 点的投影　　(b)俯视方向的投影几何约束

图 6-13　柱面投影几何约束

首先计算圆柱体半径 r。如图 6-13(b)所示,半径 $r=|OC|$,直角 $\triangle B_1OC$ 中,半径 r 与相机视角 $\angle A_{13}CA_{24}$ 和原图像宽度 W 的关系表示为

$$\frac{W}{2r}=\tan\frac{\angle A_{13}CA_{24}}{2} \tag{6-96}$$

半径 r 可根据式(6-96)计算得到。

然后计算线段 B_1C 长度 $|B_1C|$。直角 $\triangle B_1OC$ 中,有

$$|B_1C|=\sqrt{|B_1O|^2+|OC|^2}=\sqrt{x^2+r^2}$$

最后,由 $\triangle B_1OC$ 与 $\triangle B_2B_{23}C$ 的相似性,有

$$\frac{x}{x'}=\frac{|B_1C|}{|B_2C|}=\frac{|B_1C|}{r} \tag{6-97}$$

可解得 p' 点的横坐标为

$$x'=\frac{xr}{|B_1C|}$$

②计算投影点 p' 的纵坐标 y'。

由 $\triangle pB_1C$ 和 $\triangle p'B_2C$ 的相似性,有

$$\frac{y}{y'}=\frac{|pB_2|}{|pB_1|}=\frac{r}{|B_1C|} \tag{6-98}$$

因而可得 p' 点的纵坐标为

$$y'=\frac{r}{|B_1C|}y$$

图 6-14 和图 6-15 分别给出了多幅图像未经柱面投影变换和经过柱面投影变换的图像拼接效果。图 6-14 中图像配准后未经过柱面变换,直接拼接融合,拼接缝非常明显,且存在几何形变,而图 6-15 中图像经过投影变换各图像之间的几何变形得到校正,实现无缝拼接多视图。

图 6-14　无柱面投影的多幅图像拼接

图 6-15　柱面投影变换后的多幅图像拼接

6.5.2 图像融合

待拼接的多幅图像，在采集时间、拍摄视角、光照条件或者传感器种类方面通常存在显著不同，在经过图像配准、投影变换后直接拼接，在拼接区域出现生硬的色块变化，影响拼接效果。如图 6-16 所示，图 6-16(a)、(b) 两幅图像经过图像配准、投影变换后直接拼接，虽然在几何关系上两者实现了对齐，然而在图 6-16(c) 的重叠区域有非常明显的拼接痕迹。图像融合就是对拼接图像重叠区域的融合处理，使得重叠区域自然过渡，以获得平滑的无缝拼接效果。

(a)待拼接图像1

(b)待拼接图像2

(c)拼接后的多视图像

图 6-16 直接拼接效果(无图像融合环节)

加权平均法是常见的融合算法。假设有两幅待拼接图像 $I_1(x,y)$、$I_2(x,y)$，融合后图像为 $I(x,y)$。$I(x,y)$ 由 $I_1(x,y)$、$I_2(x,y)$ 加权平均得到，如

$$I(x,y)=\begin{cases} I_1(x,y), & (x,y)\in R_1 \\ wI(x,y)+(1-w)I_2(x,y), & (x,y)\in R_2 \\ I_2(x,y), & (x,y)\in R_3 \end{cases} \tag{6-99}$$

式中，R_1、R_3 表示图像 $I_1(x,y)$、$I_2(x,y)$ 之间没有重叠的区域；R_2 为两图重叠的区域；w 为加权平均计算的权重系数，一般取值为 $w=\dfrac{1}{L}$，L 为图像重叠区域的宽度。权重系数取 0.5 时，加权平均法称为直接平均法，融合后图像 $I(x,y)$ 的计算公式为

$$I(x,y)=0.5\times[I_1(x,y)+I_2(x,y)] \tag{6-100}$$

直接平均法的融合效果差强人意。加权平均图像融合算法可以提高融合后图像信噪

比，实现简单速度快，但会丢失部分图像边缘信息，削弱图像的对比度。

图 6-17 中的一组图片显示了柱面投影与融合的作用效果，图 6-17(a)为配准后的两幅图像直接拼接的效果，由于缺少柱面投影变换环节，拼接后图像中的场景在几何关系上无法对齐，同时没有图像融合导致拼接后图像亮度差异显著。图 6-17(b)为采用了渐入渐出加权平均算法，可以看出图中场景在亮度上平滑过渡，但还存在几何形变现象。图 6-17(c)中图像为经过配准、柱面投影变换、图像融合后的拼接结果，色调、亮度差异和几何变形基本消除，拼接后图像衔接平滑顺畅。

(a)无融合拼接

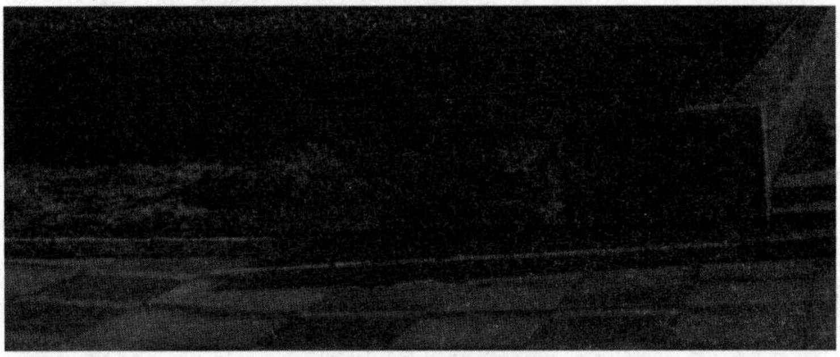

(b)无融合渐入渐出拼接

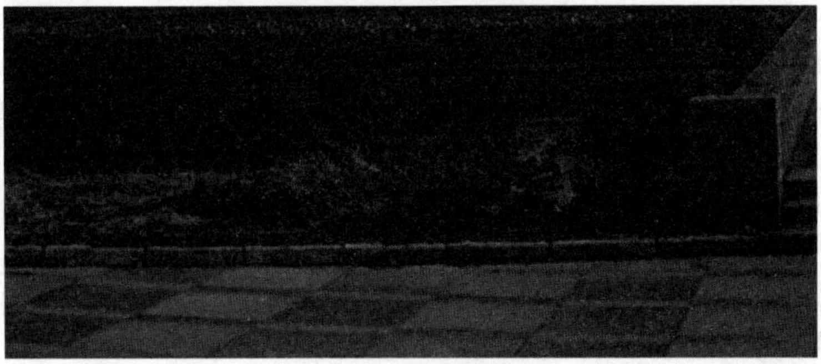

(c)有融合渐入渐出拼接

图 6-17　多视拼接效果

6.6 本章小结

本章介绍了三维重构、立体视觉和多视图像拼接，首先给出了多视几何的基础概念，包括极线几何、基本矩阵及其求解，在此基础上说明了三维重构的空间重构、运动重构与由运动恢复结构原理；介绍了平行光轴双目立体视觉测量原理；介绍了相位相关法的图像配准法和基于 Randon 变换的图像配准方法；介绍了多视图像拼接算法，主要内容包括图像配准、投影变换、图相融合三部分。

本章参考文献

[1] KUGLIN C D, HINES D C. The phase correlation image alignment method[C]. Proceedings of IEEE Conference on Cybernetics and Society, 1975.

[2] LUCCHESE L, CORTELAZZO G M. A noise-robust frequency domain technique for estimating planar roto-translations[J]. IEEE Transaction. Signal Processing, 2000, 48(3): 1769-1786.

[3] HEIKKILA J, SILVEN O. A four-step camera calibration procedure with implicit image correction[C]//Sanjuan: Proceedings of IEEE Computer Society Conference on Computer Vision and Pattern Recognition, 1997.

[4] REDDY B S, CHATTERJI B N. An FFT-based technique for translation, rotation, and scale-invariant image registration[J]. IEEE Transactions on Image Processing, 1996, 5(8):1266-1271.

[5] BROWN L G. A survey of image registration techniques[J]. ACM Computing Surveys, 1992, 24(4):325-376.

[6] DERRODE S, GHORBEL F. Shape analysis and symmetry detection in gray-level objects using the analytical fourier-mellin representation[J]. Signal Processing, 2004, 84(1): 25-39.

[7] DERRODE S, GHORBEL F. Robust and efficient Fourier-Mellin transform approximations for gray-level image reconstruction and complete invariant description[J]. Computer Vision and Image Understanding, 2001, 83(1):57-78.

[8] KENNEDY J, EBERHART R. Partical swarm optimization[J]. Perth, WA, Australia. Proceedings of IEEE International Conference on Neural Networks. 1995, 4(4): 1942-1948.

[9] HARTLEY R, ZISSERMAN A. Multiple view geometry in computer vision second edition [M]. Cambridge: Cambridge University Press, 2004.

[10] HIRSCHMULLER H. Stereo processing by semiglobal matching and mutual information [J]. IEEE Transactions on pattern analysis and machine intelligence, 2007, 30(2): 328-341.

第 7 章　视觉伺服对象

在视觉伺服系统中,机器人作为执行机构,接收视觉传感器的输出信息,控制机器人的运动。根据国际标准化组织(ISO)的定义:“机器人是一种能自动控制、可重复编程、多功能、多自由度的操作机构,能搬运材料、工件或操持工具来完成各种作业。”早期的机器人为服务于制造业的多自由度机械臂,随着科技的发展,机器人的种类越来越多样化,出现了多自由度串联机器人、并联机器人、移动机器人、飞行机器人等不同运动方式的机器人。机器人变得更加智能化,在工作过程中也有更强的应变能力。

为了能够设计出基于视觉信息做出相应反应的视觉伺服系统,首先需了解伺服对象的基本知识并进行建模。本章即对这一内容进行阐述。首先介绍机器人运动学及动力学基本原理,进一步讲述串联机械臂、移动机器人、固定及旋翼飞行器等几类典型对象的运动学与动力学模型特性,为后续视觉伺服控制打下基础。

7.1　基本原理

7.1.1　机器人运动学

机器人运动学涉及机器人在其工作空间中的配置、几何参数之间的关系以及施加在其轨迹中的约束。运动学方程取决于机器人的几何结构,如固定机器人可以具有笛卡儿、圆柱形、球形或铰接式结构,而移动机器人可以具有一个、两个或多个车轮。运动学也是研究机器人动力学、稳定性特征和控制的基本前提。

为确定机器人在工作空间中的位置和姿态,需要在机器人即工作空间上定义位置指标系统,即坐标系。根据机器人自身运动和工作空间的特点,可以通过多种方式定义坐标系,如直角坐标系、关节坐标系、球坐标系等。为解决机器人在不同坐标系下描述方式的不同,可用广义坐标来统一表达。

考虑固定或移动机器人,在关节或驱动空间中的广义坐标可用向量

$$\boldsymbol{q}=[q_1 \quad q_2 \quad \cdots \quad q_n]^{\mathrm{T}}$$

表达,在任务空间的坐标用向量 $\boldsymbol{p}=[p_1 \quad p_2 \quad \cdots \quad p_m]^{\mathrm{T}}$ 表达。已知 $\boldsymbol{q}$ 求解 $\boldsymbol{p}$ 称为正运动学问题,二者关系通过如下非线性方程描述:

$$\boldsymbol{p}=f(\boldsymbol{q}) \tag{7-1}$$

式中,$f(\boldsymbol{q})=[f_1(\boldsymbol{q}) \quad f_2(\boldsymbol{q}) \quad \cdots \quad f_m(\boldsymbol{q})]^{\mathrm{T}}$。

反之,已知 $\boldsymbol{p}$ 求解 $\boldsymbol{q}$ 称为逆运动学问题,可描述为

$$\boldsymbol{q}=f^{-1}(\boldsymbol{p}) \tag{7-2}$$

机器人的正运动学与逆运动学如图 7-1 所示。

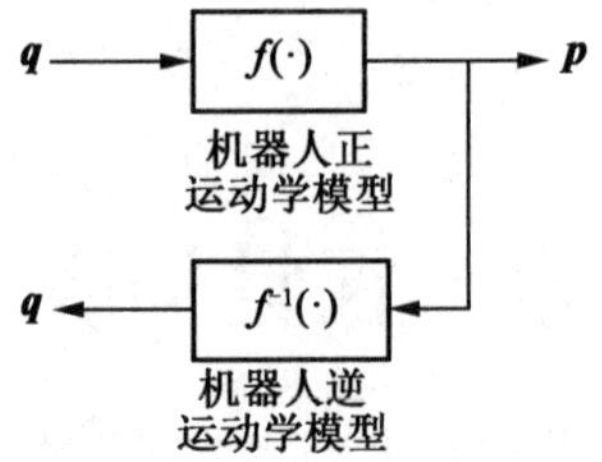

图 7-1　机器人的正运动学与逆运动学

运动学方程取决于机器人在世界坐标系中的固定几何特征。为了让机器人在世界坐标系中根据任务需求运动，必须适当调整其在关节坐标系中的运动，表示为 $\dot{\boldsymbol{q}}=[\dot{\boldsymbol{q}}_1\ \dot{\boldsymbol{q}}_2\ \cdots\ \dot{\boldsymbol{q}}_n]^{\mathrm{T}}$。因此，需要找到 $\boldsymbol{q}$ 和 $\boldsymbol{p}$ 的微分关系，这称为正微分运动学，表达为

$$\dot{\boldsymbol{p}}=\boldsymbol{J}\frac{\mathrm{d}\boldsymbol{q}}{\mathrm{d}\boldsymbol{p}}=\boldsymbol{J}\dot{\boldsymbol{q}} \tag{7-3}$$

式中

$$\mathrm{d}\boldsymbol{q}=[\mathrm{d}q_1\quad \mathrm{d}q_2\quad \cdots\quad \mathrm{d}q_n]^{\mathrm{T}},\quad \mathrm{d}\boldsymbol{p}=[\mathrm{d}p_1\quad \mathrm{d}p_2\quad \cdots\quad \mathrm{d}p_m]^{\mathrm{T}}$$

$$\boldsymbol{J}=\begin{bmatrix}\dfrac{\partial p_1}{\partial q_1} & \dfrac{\partial p_1}{\partial q_2} & \cdots & \dfrac{\partial p_1}{\partial q_n}\\ \vdots & \vdots & & \vdots\\ \dfrac{\partial p_m}{\partial q_1} & \dfrac{\partial p_m}{\partial q_2} & \cdots & \dfrac{\partial p_m}{\partial q_n}\end{bmatrix}=[J_{ij}]$$

称为机器人雅可比矩阵。雅可比矩阵表达了机器人在关节空间中的位移与任务空间中的位移间的关系。

类似于逆运动学，同样可定义逆微分运动学。当 $\boldsymbol{J}$ 为方阵且可逆时，逆微分运动学表达式为

$$\dot{\boldsymbol{q}}=\boldsymbol{J}^{-1}\dot{\boldsymbol{p}} \tag{7-4}$$

当 $\boldsymbol{J}$ 为长方阵且满秩时，逆微分运动学可借助伪逆记号表达为

$$\dot{\boldsymbol{q}}=\boldsymbol{J}^{+}\dot{\boldsymbol{p}} \tag{7-5}$$

其中伪逆的定义与 $\boldsymbol{J}$ 的维数相关。当 $m>n$ 时，有

$$\boldsymbol{J}^{+}=(\boldsymbol{J}^{\mathrm{T}}\boldsymbol{J})^{-1}\boldsymbol{J}^{\mathrm{T}} \tag{7-6}$$

当 $m<n$ 时，有

$$\boldsymbol{J}^{+}=\boldsymbol{J}^{\mathrm{T}}(\boldsymbol{J}\boldsymbol{J}^{\mathrm{T}})^{-1} \tag{7-7}$$

机器人正微分运动学和逆微分运动学关系如图 7-2 所示。

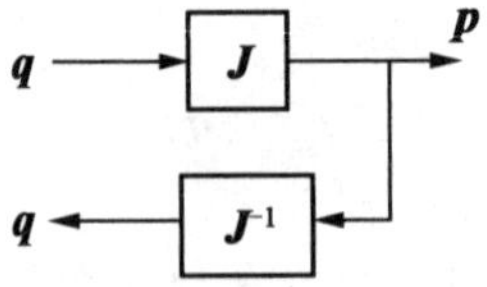

图 7-2　机器人的正微分运动学与逆微分运动学

机器人可根据运动约束方程分为两类：完整约束和非完整约束。定义完整约束为任意

可用以下形式表达的约束：

$$F(\boldsymbol{q},t)=0 \tag{7-8}$$

机器人的运动约束一般可表达为以下形式：

$$f(\boldsymbol{q},\dot{\boldsymbol{q}},t)=0 \tag{7-9}$$

如果该约束可转化为式(7-8)的形式，则称其是完整约束，否则称其为非完整约束。实际中很多机器人系统是非完整约束的，如欠驱动机器人、轮式机器人和旋翼无人机等。

7.1.2　机器人动力学

机器人动力学建模即推导机器人运动的动力学方程，主要建模方法包括牛顿-欧拉法和拉格朗日法。前者复杂度更低，但后者在广义坐标系下处理更为便利。

(1)牛顿-欧拉法。

牛顿-欧拉法直接应用牛顿-欧拉方程推导出平移和旋转运动。考虑图 7-3 中的物体 B_i(如机器人连杆，轮式移动机器人(WMR)等)，在其重心(COG)上施加总力 $\boldsymbol{F}_i$，则其平动可描述如下：

$$m_i\ddot{\boldsymbol{x}}_i=\boldsymbol{F}_i \tag{7-10}$$

式中，m_i 为物体质量；$\boldsymbol{x}_i$ 为重心在世界坐标系的位置坐标。其转动可描述如下：

$$\frac{\mathrm{d}\boldsymbol{G}_i}{\mathrm{d}\boldsymbol{t}}=\boldsymbol{\tau}_i \tag{7-11}$$

式中，$\boldsymbol{\tau}_i$ 为施加到物体上的总外力矩；$\boldsymbol{\omega}_i$ 为沿过 COG 的惯性轴的角速度向量；$\boldsymbol{G}_i=\boldsymbol{I}_i\boldsymbol{\omega}_i$ 为总动量，$\boldsymbol{I}_i$ 为惯性张量，由下式决定：

$$\boldsymbol{I}_i=\int_{V_i}[\boldsymbol{r}^{\mathrm{T}}\boldsymbol{r}\boldsymbol{I}_3-\boldsymbol{r}\boldsymbol{r}^{\mathrm{T}}]\rho_i\mathrm{d}V \tag{7-12}$$

其中，ρ_i 为物体密度；$\mathrm{d}V$ 为 B_i 中与 COG 相对位置为 $\boldsymbol{r}$ 的微元体积；$\boldsymbol{I}_3$ 为 3×3 单位矩阵。牛顿-欧拉法建模示意图如图 7-3 所示，图中 $\boldsymbol{E}_i$ 为线动量，由下式给定：

$$\frac{\mathrm{d}\boldsymbol{E}_i}{\mathrm{d}t}=\boldsymbol{F}_i$$

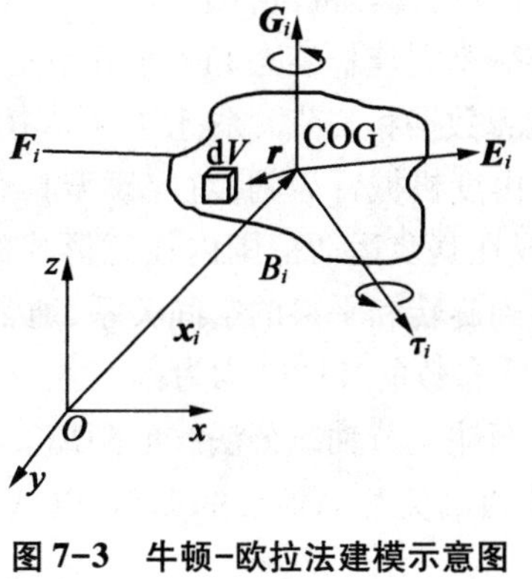

图 7-3　牛顿-欧拉法建模示意图

(2)拉格朗日法。

基于拉格朗日原理，系统的动力学方程可表述为

$$\frac{d}{dt}\frac{\partial L}{\partial \dot{\boldsymbol{q}}}-\frac{\partial L}{\partial \boldsymbol{q}}=\boldsymbol{\tau} \tag{7-13}$$

式中,坐标向量 $\boldsymbol{q}=[q_1 \quad q_2 \quad \cdots \quad q_n]^{\mathrm{T}}$,$q_i$ 是第 i 个自由度分量;$\dot{\boldsymbol{q}}$ 为对应速度向量;$\boldsymbol{\tau}$ 为广义力向量,可对应力或力矩,取决于对应坐标系选取(直角或是关节坐标)。

进一步,定义拉格朗日算子 L 为系统的总动能 K 与总势能 P 之差,即

$$L=K-P \tag{7-14}$$

注意此处系统的总动能和总势能可在任意广义坐标系下表示,不局限于笛卡儿坐标系。其中系统的总动能 K 为

$$K=\frac{1}{2}m\dot{\boldsymbol{x}}^{\mathrm{T}}\dot{\boldsymbol{x}}+\frac{1}{2}m\boldsymbol{\omega}^{\mathrm{T}}\boldsymbol{I}\boldsymbol{\omega} \tag{7-15}$$

式中,$\boldsymbol{x}$、$\boldsymbol{I}$、$\boldsymbol{\omega}$ 定义与前述牛顿-欧拉法中定义相同。

7.2 串联机械臂

串联机械臂是目前应用最多的自动化机器人装置。它能够接受指令,精确地定位到三维空间上的某一点进行作业,在工业制造、医学治疗、娱乐服务、军事、半导体制造以及太空探索等领域具有广泛应用。串联机械臂以六自由度串联机械臂最为常见,其具有如下特点:执行机构为刚体,且能够进行复杂的空间运动,其自身在整个工作过程中需要进行整体的协调运动。

7.2.1 串联机械臂运动学

以多自由度串联机械臂为例,机身由若干个机械连杆组成,每两个连杆之间有一个连接器,称为机械臂的关节。整个机体中,即所有的连杆的最终两个端点,被称为固定端和自由端,固定端和基座相连,而自由端即为被控制对象,整个系统的工作即为准确放置自由端的位置。各个关节的活动使得连杆之间产生相对运动,进而连杆在空间中的姿态也会发生改变,从而进一步控制自由端的有效位置。机械臂通过关节坐标来进行轨迹规划。为了能够准确控制机械臂的运动,就要准确掌握连杆姿态和各个关节运动状态的关系。当机械手臂进行空间抓取动作时,需要根据位置数据和关节关系,使机器人按照一定的方法进行空间运动。

以实际中广泛使用的六自由度机械臂为例,对应模型具有 6 连杆,如用 3 个规定位置,另外的 3 个规定姿态,则可合成在其余运动范围内任意形式的定位和定向。为表述机械臂连杆的坐标系之间存在的一系列旋转和平移的空间关系,通常选取 D-H 参数来描述系统的空间结构,如图 7-4 所示。D-H 参数的具体结构为:

(1)连杆长度 a_i:即连杆 i 两端关节轴线公法线的距离。

(2)连杆扭角 α_i:即连杆 i 两端关节的轴线的夹角,以从关节 i 轴线旋转到关节 $i+1$ 轴线的方向为正。

(3)连杆距离 d_i:即连杆 i 两端关节轴线公法线和连杆 $i+1$ 两端关节的轴线公法线的距离。

(4)连杆夹角 θ_i:连杆 i 两端关节轴线公法线和连杆 $i+1$ 两端关节的轴线公法线的夹

角。以后者转向前者的方向为正。当关节为转动关节时，θ_i 就是关节变量。

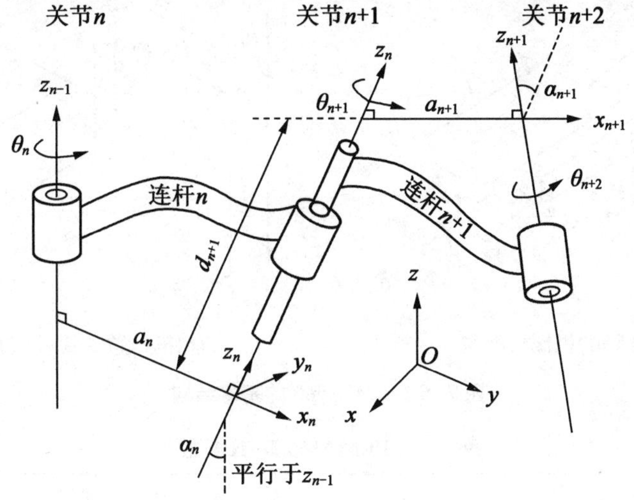

图 7-4　机械臂 D-H 连杆模型

由于不同机械臂的结构不同，建模方式也略有差异。下面以 PUMA560 六自由度机械臂为例，介绍对应的建模过程。图 7-5 给出了经典的 PUMA560 六自由度串联机械臂的结构，包括腰部、肩部、肘部、腕部弯曲、腕部旋转、法兰盘旋转等六个旋转自由度。

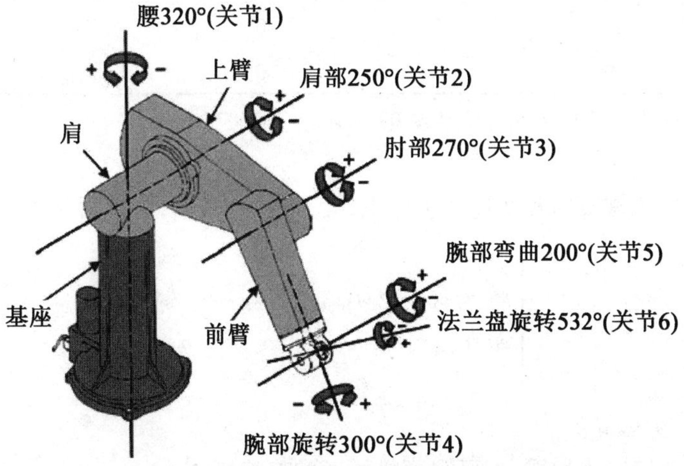

图 7-5　PUMA560 六自由度串联机械臂结构

1. PUMA560 正运动学方程

对上述的每个连杆进行建立坐标系，并且用齐次变换来描述这些坐标系间的相对位置和姿态，即连杆之间坐标系的平移和旋转的变换。其中，矩阵的前 3 行 3 列元素表示的是坐标轴之间的旋转关系，矩阵的第 4 列的前 3 行表示坐标轴之间的平移关系。若连杆 i 的坐标系到连杆 $i-1$ 的坐标系的齐次变换矩阵为 ${}^{i-1}\boldsymbol{T}_i$，i 取 1～5，分别代表从基座到终端的各个连接杆，则 PUMA560 的基本结构如图 7-6 所示，对应 D-H 参数见表 7-1。

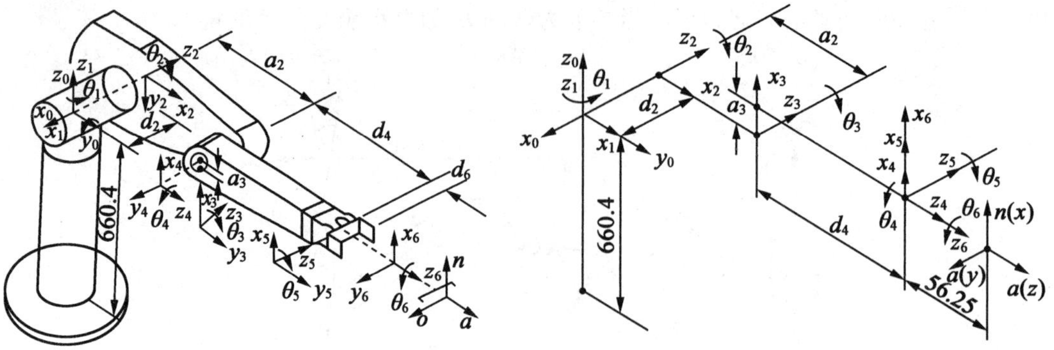

(a)PUMA560机械臂构型　　(b)机械臂各连杆的相对坐标系

图 7-6　PUMA560 的基本结构

表 7-1　PUMA560 D-H 参数

连杆 i	α_{i-1}/(°)	a_{i-1}/mm	d_i/mm	变量θ_i	变量范围/(°)
1	0	0	0	θ_1	-160~160
2	-90	0	d_2	θ_2	-225~45
3	0	a_2	0	θ_3	-45~225
4	-90	a_3	d_4	θ_4	-110~170
5	90	0	0	θ_5	-100~100
6	-90	0	0	θ_6	-266~266

注:表中 $a_2=431.8$ mm,$a_3=20.32$ mm,$d_2=149.09$ mm,$d_4=433.07$ mm。

为了准确建立机械臂的各个连杆坐标系,参考 D-H 参数,可以得到下列的变换矩阵:

$$
{}^{i-1}\boldsymbol{T}_i=\begin{bmatrix} c\theta_i & -s\theta_i & 0 & a_{i-1} \\ s\theta_i c\alpha_{i-1} & c\theta_i c\alpha_{i-1} & -s\alpha_{i-1} & -d_i s\alpha_{i-1} \\ s\theta_i s\alpha_{i-1} & c\theta_i s\alpha_{i-1} & c\alpha_{i-1} & d_i c\alpha_{i-1} \\ 0 & 0 & 0 & 1 \end{bmatrix} \tag{7-16}
$$

式中,$c\theta_i=\cos\theta_i$,$s\theta_i=\sin\theta_i$。

各个连杆的变换矩阵相乘,即可得到机械臂的变换矩阵为

$$
{}^0\boldsymbol{T}_6={}^0\boldsymbol{T}_1(\theta_1)\cdot{}^1\boldsymbol{T}_2(\theta_2)\cdot{}^2\boldsymbol{T}_3(\theta_3)\cdot{}^3\boldsymbol{T}_4(\theta_4)\cdot{}^4\boldsymbol{T}_5(\theta_5)\cdot{}^5\boldsymbol{T}_6(\theta_6) \tag{7-17}
$$

整个变换矩阵即为关节变量 $\theta_1\sim\theta_6$ 的函数。为了方便表述,进一步将矩阵表示为

$$
{}^0\boldsymbol{T}_6=\begin{bmatrix} \boldsymbol{R} & \boldsymbol{p} \\ 0 & 1 \end{bmatrix}=\begin{bmatrix} n_x & o_x & a_x & p_x \\ n_y & o_y & a_y & p_y \\ n_z & o_z & a_z & p_z \\ 0 & 0 & 0 & 1 \end{bmatrix} \tag{7-18}
$$

式中

$$\boldsymbol{R}=[\boldsymbol{n}\quad \boldsymbol{o}\quad \boldsymbol{a}]=\begin{bmatrix} n_x & o_x & a_x \\ n_y & o_y & a_y \\ n_z & o_z & a_z \end{bmatrix},\quad \boldsymbol{p}=\begin{bmatrix} p_x \\ p_y \\ p_z \end{bmatrix}$$

$$\begin{cases} n_x=c_1[c_{23}(c_4c_5c_6-s_4s_6)-s_{23}s_5c_6]+s_1(s_4c_5c_6+c_4s_6) \\ n_y=s_1[c_{23}(c_4c_5c_6-s_4s_6)-s_{23}s_5c_6]-c_1(s_4c_5c_6+c_4s_6) \\ n_z=-s_{23}(c_4c_5c_6-s_4s_6)-c_{23}s_5c_6 \end{cases}$$

$$\begin{cases} o_x=c_1[c_{23}(-c_4c_5s_6-s_4c_6)+s_{23}s_5s_6]+s_1(c_4c_6-s_4c_5s_6) \\ o_y=s_1[c_{23}(-c_4c_5s_6-s_4c_6)+s_{23}s_5s_6]-c_1(c_4c_6-s_4c_5c_6) \\ o_z=-s_{23}(-c_4c_5s_6-s_4c_6)+c_{23}s_5s_6 \end{cases}$$

$$\begin{cases} a_x=-c_1(c_{23}c_4s_5+s_{23}c_5)-c_1s_4s_5 \\ a_y=-s_1(c_{23}c_4s_5+s_{23}c_5)+c_1s_4s_5 \\ a_z=s_{23}c_4s_5-c_{23}c_5 \end{cases}$$

$$\begin{cases} p_x=c_1[a_2c_2+a_3c_{23}-d_4s_{23}]-d_2s_1 \\ p_y=s_1[a_2c_2+a_3c_{23}-d_4s_{23}]+d_2c_1 \\ p_z=-a_3s_{23}-a_2s_2-d_4c_{23} \end{cases}$$

其中，c_1 表示 $\cos\theta_1$，c_{23} 表示 $\cos(\theta_2+\theta_3)$，依此类推。

2. PUMA560 逆运动学求解

串联机械臂对末端的位置的控制由对关节的控制来实现，因此为了能够准确知道机械臂末端的位姿，需要根据机械臂的逆运动反推出各个关节所成的角度。对机械臂进行逆运动求解的一种常用手段是根据机械臂的各个连杆坐标系相对于参考坐标系的齐次变换矩阵和关节变量之间的关系建立运动学方程组，当机械臂的关节变量有唯一解时，说明末端的位姿是可以明确的；当关节变量有多个解时，说明位姿不明确。同一个位姿可以根据不同的关节变量得到，因此求解所得往往不是唯一解，最终的结果要根据实际系统的性能需要来选取。

(1) θ_1 计算。

构造下式：

$$^0\boldsymbol{T}_6={}^0\boldsymbol{T}_1(\theta_1)\,{}^1\boldsymbol{T}_2(\theta_2)\cdot{}^2\boldsymbol{T}_3(\theta_3)\cdot{}^3\boldsymbol{T}_4(\theta_4)\cdot{}^4\boldsymbol{T}_5(\theta_5)\cdot{}^5\boldsymbol{T}_6(\theta_6) \tag{7-19}$$

并利用

$$\begin{bmatrix} c_1 & s_1 & 0 & 0 \\ -s_1 & c_1 & 0 & 0 \\ 0 & 0 & 1 & 0 \\ 0 & 0 & 0 & 1 \end{bmatrix}\cdot\begin{bmatrix} n_x & o_x & a_x & p_x \\ n_y & o_y & a_y & p_y \\ n_z & o_z & a_z & p_z \\ 0 & 0 & 0 & 1 \end{bmatrix}={}^1\boldsymbol{T}_6 \tag{7-20}$$

等式的两端对应相等，可依次求得

$$\theta_1=\arctan 2(p_y,p_x)-\arctan 2(d_2,\pm\sqrt{p_x^2+p_y^2-d_2^2}) \tag{7-21}$$

其中

$$\arctan 2(y,x)=\begin{cases}\arctan\dfrac{y}{x}, & x>0\\ \arctan\dfrac{y}{x}+\pi, & y\geqslant 0,x<0\\ \arctan\dfrac{y}{x}-\pi, & y<0,x<0\\ +\dfrac{\pi}{2}, & y>0,x=0\\ -\dfrac{\pi}{2}, & y<0,x=0\\ \text{未定义}, & y=0,x=0\end{cases} \tag{7-22}$$

可以看出,θ_1 存在两个解。

(2)θ_3 计算。

可计算 θ_3 为

$$\theta_3=\arctan 2(a_3,d_4)-\arctan 2(k,\pm\sqrt{a_3^2+d_4^2-k^2}) \tag{7-23}$$

同样,θ_3 也有两个解。

(3)θ_2 计算。

由于

$$\begin{aligned}\theta_{23}&=\theta_2+\theta_3\\&=\arctan 2[-(a_3+a_2c_3)p_z+(c_1p_x+s_1p_y)(a_2s_3-d_4),(-d_4+a_2s_3)p_z+(c_1p_x+s_1p_y)(a_2c_3-a_3)]\end{aligned} \tag{7-24}$$

因此有

$$\theta_2=\theta_{23}-\theta_3 \tag{7-25}$$

由于 θ_1 和 θ_3 各有两个解,因此 θ_2 有 4 个解。

其余各量可计算如下:

$$\theta_4=\arctan 2(-a_xs_1+a_yc_1,-a_xc_1c_{23}-a_ys_1c_{23}+a_zs_{23}) \tag{7-26}$$

$$\theta_5=\arctan 2(s_5,c_5) \tag{7-27}$$

$$\theta_6=\arctan 2(s_6,c_6) \tag{7-28}$$

3. PUMA560 微分运动

得到了各个转角的关系,需要进一步计算各转角速度的关系,即对应的雅可比矩阵。根据微分变换法,雅可比矩阵的第 i 列元素 ${}^{\mathrm{T}}\boldsymbol{J}_i(\boldsymbol{q})$ 由连杆间变换 ${}^{i-1}\boldsymbol{T}_i$ 决定。对于 PUMA560,各关节均为转动关节,因此有

$${}^{\mathrm{T}}\boldsymbol{J}_i(\boldsymbol{q})=[(\boldsymbol{p}\times\boldsymbol{n})_z\quad(\boldsymbol{p}\times\boldsymbol{o})_z\quad(\boldsymbol{p}\times\boldsymbol{a})_z\quad n_z\quad o_z\quad a_z]^{\mathrm{T}} \tag{7-29}$$

矩阵中各项由式(7-18)确定。雅可比矩阵为

$$\boldsymbol{J}(\boldsymbol{q})=[{}^{\mathrm{T}}\boldsymbol{J}_1(\boldsymbol{q})\quad{}^{\mathrm{T}}\boldsymbol{J}_2(\boldsymbol{q})\quad\cdots\quad{}^{\mathrm{T}}\boldsymbol{J}_6(\boldsymbol{q})] \tag{7-30}$$

式中

$$
{}^{T}\boldsymbol{J}_{1}(\boldsymbol{q})=\begin{bmatrix} {}^{T}\boldsymbol{J}_{1x} \\ {}^{T}\boldsymbol{J}_{1y} \\ {}^{T}\boldsymbol{J}_{1z} \\ -s_{23}(c_4c_5c_6-s_4s_6)-c_{23}s_5s_6 \\ s_{23}(c_4c_5c_6+s_4s_6)+c_{23}s_5s_6 \\ s_{23}c_4c_5-c_{23}c_5 \end{bmatrix} \tag{7-31}
$$

其中

$$
\begin{cases} {}^{T}\boldsymbol{J}_{1x}=-d_2[c_{23}(c_4c_5c_6-s_4s_6)-s_{23}s_5s_6]-(a_2c_2+a_3c_{23}-d_4s_{23})(s_4c_5c_6+c_4s_6) \\ {}^{T}\boldsymbol{J}_{1y}=-d_2[-c_{23}(c_4c_5s_6-s_4c_6)+s_{23}s_5s_6]+(a_2c_2+a_3c_{23}-d_4s_{23})(s_4c_5s_6-c_4c_6) \\ {}^{T}\boldsymbol{J}_{1z}=d_2(c_{23}c_4s_5+s_{23}c_5)+(a_2c_2+a_3c_{23}-d_4s_{23})s_4s_5 \end{cases} \tag{7-32}
$$

$$
{}^{T}\boldsymbol{J}_{2}(\boldsymbol{q})=\begin{bmatrix} {}^{T}\boldsymbol{J}_{2x} \\ {}^{T}\boldsymbol{J}_{2y} \\ {}^{T}\boldsymbol{J}_{2z} \\ -s_4c_5c_6-c_4s_6 \\ s_4c_5s_6-c_4c_6 \\ s_4s_5 \end{bmatrix} \tag{7-33}
$$

其中

$$
\begin{cases} {}^{T}\boldsymbol{J}_{2x}=a_3s_5c_6-d_4(c_4c_5c_6-s_4s_6)+a_2[s_3(c_4c_5c_6-s_4s_6)+c_3s_5c_6] \\ {}^{T}\boldsymbol{J}_{2y}=-a_3s_5s_6-d_4(-c_4c_5s_6-s_4c_6)+a_2[s_3(-c_4c_5s_6-s_4c_6)-c_3s_5s_6] \\ {}^{T}\boldsymbol{J}_{2z}=a_3c_6+d_4c_4s_5+a_2(-s_3c_4s_5+c_3c_6) \end{cases} \tag{7-34}
$$

同样,可以得到其他列为

$$
{}^{T}\boldsymbol{J}_{3}(\boldsymbol{q})=\begin{bmatrix} -d_4(c_4c_5c_6-s_4s_6)+a_3(s_5c_6) \\ d_4(c_4c_5s_6-s_4c_6)-a_3(s_5s_6) \\ d_4c_4s_5+a_3c_6 \\ -s_4c_5c_6-c_4s_6 \\ s_4c_5s_6-c_4c_6 \\ s_4s_5 \end{bmatrix} \tag{7-35}
$$

$$
{}^{T}\boldsymbol{J}_{4}(\boldsymbol{q})=\begin{bmatrix} 0 \\ 0 \\ 0 \\ s_5c_6 \\ -s_5c_6 \\ c_5 \end{bmatrix},\quad {}^{T}\boldsymbol{J}_{5}(\boldsymbol{q})=\begin{bmatrix} 0 \\ 0 \\ 0 \\ -s_6 \\ -c_6 \\ 0 \end{bmatrix},\quad {}^{T}\boldsymbol{J}_{6}(\boldsymbol{q})=\begin{bmatrix} 0 \\ 0 \\ 0 \\ 0 \\ 0 \\ 1 \end{bmatrix}
$$

7.2.2 机械臂动力学

动力学是机器人控制的基础。六自由度机械臂动力学建模有多种方式，这里运用拉格朗日原理进行动力学建模。

基于拉格朗日原理及式(7-13)，对应关节 i 的动力学方程可表述为

$$\tau_i = \frac{\mathrm{d}}{\mathrm{d}t}\frac{\partial L}{\partial \dot{q}_i} - \frac{\partial L}{\partial q_i} \tag{7-36}$$

式中，q_i 是表示动能和势能的坐标值；$\dot{q}_i$ 是速度；τ_i 是对应的力或力矩。

运用拉格朗日原理进行六自由度串联机器人动力学建模，整个过程分为以下几步：

(1)计算每个连杆末端的速度。

(2)计算各个连杆的动能，进而推出整个机械臂系统的总动能。

(3)计算各个连杆的势能，进而推出整个机械臂系统的总势能。

(4)建立拉格朗日方程。

(5)求导，推导动力学方程。

对于整个机械臂系统来说，总的动能为

$$K = \sum_{i=1}^{n} K_i = \frac{1}{2}\sum_{i=1}^{n}\left\{\mathrm{Tr}\left[\sum_{j=1}^{i}\sum_{k=1}^{i}\left(\frac{\partial {}_i^0\boldsymbol{T}}{\partial q_j}\boldsymbol{J}_i\frac{\partial {}_i^0\boldsymbol{T}^{\mathrm{T}}}{\partial q_k}\right)\dot{q}_i\dot{q}_k\right] + I_{ai}\dot{q}_i^2\right\} \tag{7-37}$$

等式右端，第一项为连杆 i 对应的动能；第二项为关节的动能；$\boldsymbol{J}_i$ 为连杆 i 的伪惯性矩阵，定义为

$$\boldsymbol{J}_i = \int {}^i\boldsymbol{r}^i\boldsymbol{r}^{\mathrm{T}}\mathrm{d}m = \begin{bmatrix} \frac{-I_{ixx}+I_{iyy}+I_{izz}}{2} & I_{ixy} & I_{izx} & m_i\bar{x}_i \\ I_{ixy} & \frac{I_{ixx}-I_{iyy}+I_{izz}}{2} & I_{ixz} & m_i\bar{y}_i \\ I_{izx} & I_{iyz} & \frac{I_{ixx}+I_{iyy}-I_{izz}}{2} & m_i\bar{z}_i \\ m_i\bar{x}_i & m_i\bar{y}_i & m_i\bar{z}_i & m_i \end{bmatrix} \tag{7-38}$$

其中，I_{ixx}、I_{iyy}、I_{izz} 分别表示对应连杆 i 的 x、y、z 轴惯性矩；I_{ixy}、I_{ixz}、I_{iyz} 表示对应 x、y 轴，x、z 和 y、z 轴的惯性积。

式(7-37)中 Tr 为矩阵求迹，I_{ai} 为广义等效惯量，对于移动关节是等效质量，对于转动关节是等效惯性矩。

机械臂系统的势能为所有连杆重力做功取负：

$$P = -\sum_{i=1}^{n} m_i\boldsymbol{g}^{\mathrm{T}}{}_i^0\boldsymbol{T}^i\boldsymbol{r}_i \tag{7-39}$$

式中，$\boldsymbol{g}^{\mathrm{T}} = [g_x \quad g_y \quad g_z \quad 0]$ 为重力向量；${}^i\boldsymbol{r}_i$ 为连杆 i 在坐标系 i 中的质心位置向量。

根据拉格朗日原理及动力学方程定义，同时将动、势能推导结果代入，即有

$$\tau_i = \sum_{j=1}^{n} D_{ij}\ddot{q}_j + I_{ai}\ddot{q}_i + \sum_{j=1}^{n}\sum_{k=1}^{n} D_{ijk}\dot{q}_j\dot{q}_k + G_i \tag{7-40}$$

式中

$$D_{ij} = \sum_{p=\max(i,j)}^{n} \mathrm{Tr}\left(\frac{\partial ^0\boldsymbol{T}_p}{\partial q_i}\boldsymbol{J}_p \frac{\partial ^0\boldsymbol{T}_p^{\mathrm{T}}}{\partial q_j}\right) \tag{7-41}$$

$$D_{ijk} = \sum_{p=\max(i,j,k)}^{n} \mathrm{Tr}\left[\frac{\partial ^0\boldsymbol{T}_p}{\partial q_i}\boldsymbol{J}_p \frac{\partial^2 (^0\boldsymbol{T}_p^{\mathrm{T}})}{\partial q_j \partial q_k}\right] \tag{7-42}$$

$$G_i = -\sum_{p=i}^{n} m_p \boldsymbol{g}^{\mathrm{T}} \frac{\partial (^0\boldsymbol{T}_p)^p}{\partial q_i}\boldsymbol{r}_p \tag{7-43}$$

将所有连杆对应的结果代入,进一步将式(7-40)~(7-43)堆叠整理为矩阵形式,则机械臂的动力学方程可记为

$$\boldsymbol{\tau}=\boldsymbol{D}(\boldsymbol{q})\ddot{\boldsymbol{q}}+\boldsymbol{h}(\boldsymbol{q},\dot{\boldsymbol{q}})+\boldsymbol{G}(\boldsymbol{q}) \tag{7-44}$$

式中,$\boldsymbol{\tau}=[\tau_1 \quad \cdots \quad \tau_n]^{\mathrm{T}}$ 为关节驱动力向量。式(7-44)中各项物理意义如下:

(1)重力向量 $\boldsymbol{G}(\boldsymbol{q})$ 是连杆 i 的重力项。

(2)操作臂质量矩阵 $\boldsymbol{D}(\boldsymbol{q})$ 与关节加速度有关。当其中的 $i=j$ 时,D_{ii} 与驱动力矩 τ_i 产生的关节 i 的加速度有关,称有效惯量;当 $i \neq j$ 时,称之为耦合惯量。

(3)非线性哥氏力和离心力向量 $\boldsymbol{h}(\boldsymbol{q},\dot{\boldsymbol{q}})$ 与关节速度有关。当 $j=k$ 时,表示关节 i 所感受的关节 k 的角速度引起的离心力有关项;当 $j \neq k$ 时,表示关节 i 所感受的 $\dot{q}_j$ 和 $\dot{q}_k$ 引起的哥氏力有关项。

7.3　二维云台/随动系统

二维云台和二维随动系统是一类应用广泛的随动控制系统,包括摄像机云台、快球、光电吊舱、导引头稳定平台、机电仿真平台等,在安防监控、武器装备、光电跟瞄系统、实物仿真等领域具有广泛应用。图 7-7 展示了几类典型的二维随动系统。图 7-7(a)为室外视频监控系统中经常使用的电动云台,摄像机安装在云台顶部,可完成俯仰、方位两个自由度的快速跟踪随动。图 7-7(b)为美国 Northrop Grumman 公司研制的 Litening 精确瞄准和传感系统吊舱,安装于有人/无人机上,可通过前视红外实现在昼/夜条件下对目标的探测和识别。图 7-7(c)为我国某所设计的红外导引头小型快速伺服稳定平台,安装在空空导弹红外导引头前部,采用俯仰/偏航式双框架结构,分别实现俯仰和偏航方向上的跟踪控制。

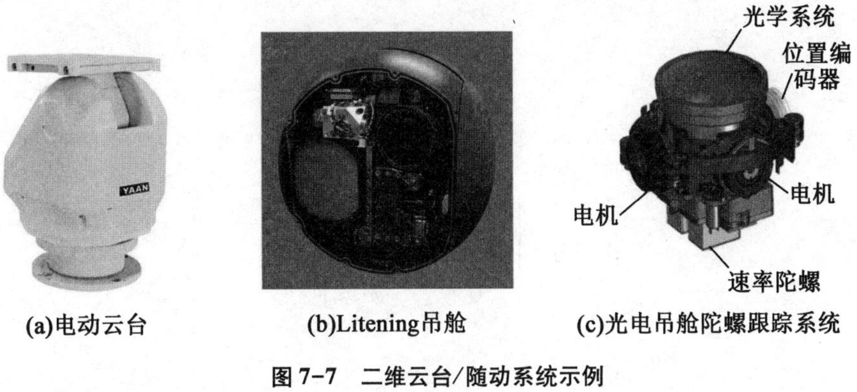

(a)电动云台　(b)Litening吊舱　(c)光电吊舱陀螺跟踪系统

图 7-7　二维云台/随动系统示例

设某二维电动云台可完成俯仰和方位机动，对应构型及运动学坐标系选取如图 7-8 所示。其中，l_1、l_2 为云台几何参数，如图 7-8(b)所示；q_1、q_2 为旋转关节广义坐标，分别对应方位及俯仰角；$\dot{q}_1$、$\dot{q}_2$ 为旋转关节广义角速度。则其终端位姿，即坐标系{3}相对于基坐标系{0}的变换关系$^0\boldsymbol{T}_3$，由下式决定：

$$^0\boldsymbol{T}_3=\begin{bmatrix}\boldsymbol{R} & \boldsymbol{p}\\ 0 & 1\end{bmatrix} \tag{7-45}$$

式中

$$\boldsymbol{p}=\begin{bmatrix}l_2sq_1sq_2\\ -l_2cq_1sq_2\\ l_0+l_1+l_2cq_2\end{bmatrix} \tag{7-46}$$

$$\boldsymbol{R}=\begin{bmatrix}cq_1 & -sq_1cq_2 & sq_1sq_2\\ sq_1 & cq_1cq_2 & -cq_1sq_2\\ 0 & sq_2 & cq_2\end{bmatrix} \tag{7-47}$$

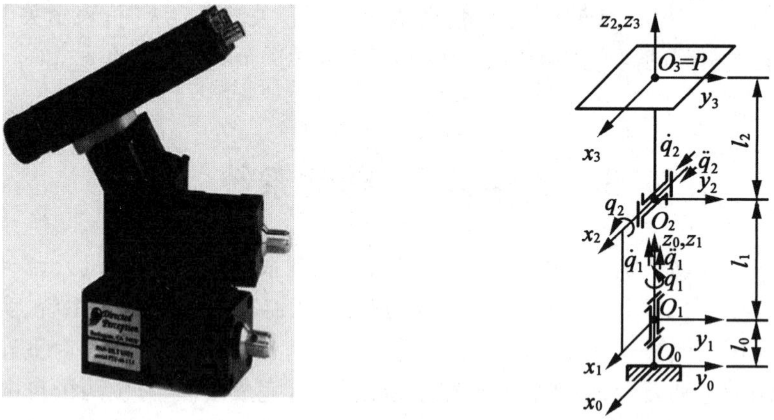

(a)二维电动云台结构　　(b)二维电动云台运动学坐标系选取

图 7-8　二维电动云台结构及运动学示意

使用微分运动法，采用类似上节中的推导方式，可得到对应云台微分运动的雅可比矩阵为

$$\dot{\boldsymbol{p}}=\begin{bmatrix}^0\boldsymbol{v}_3\\ ^0\boldsymbol{\omega}_3\end{bmatrix} \tag{7-48}$$

式中

$$^0\boldsymbol{v}_3=l_2\cdot\begin{bmatrix}cq_1sq_2 & sq_1cq_2\\ sq_1sq_2 & -cq_1cq_2\\ 0 & -sq_2\end{bmatrix}\begin{bmatrix}\dot{q}_1\\ \dot{q}_2\end{bmatrix} \tag{7-49}$$

$$ {}^{0}\boldsymbol{\omega}_3=\begin{bmatrix}0 & cq_1\\0 & sq_1\\1 & 0\end{bmatrix}\begin{bmatrix}\dot{q}_1\\\dot{q}_2\end{bmatrix} \tag{7-50}$$

因此可得

$$ {}^{0}\boldsymbol{J}_3=\begin{bmatrix}cq_1sq_2 & sq_1cq_2\\sq_1sq_2 & -cq_1cq_2\\0 & -sq_2\\0 & cq_1\\0 & sq_1\\1 & 0\end{bmatrix} \tag{7-51}$$

同样,可利用 7.2.2 节相同方法计算其动力学。实际中考虑俯仰、方位二自由度通常解耦进行独立控制,对每一自由度,有

$$\tau_i=J_i\ddot{q}_i+f_v\dot{q}_i+f_c\mathrm{sgn}(\dot{q}_i) \tag{7-52}$$

式中,τ_i 为加在第 i 个转动关节上的力矩;f_v 为黏性摩擦系数;f_c 为库伦摩擦系数;sgn 为符号函数;J_i 为对应第 i 个关节的等效转动惯量,包括如下各项:

$$J_i=\frac{J_{ia}+J_{im}}{n}+nJ_L \tag{7-53}$$

其中,J_{ia} 为执行机构惯量;J_{im} 为齿轮惯量;J_L 为负载惯量;n 为齿轮传动比。

7.4 轮式移动机器人

轮式移动机器人(WMR)是一类使用广泛的机器人,其最大特点在于行进的便利性。根据构型及驱动方式的不同,可分为差速驱动、阿克曼转向、全向轮式机器人等类型。与串联机器人不同,轮式机器人依靠轮子滚动前进,在机器人位置和轮子转角之间不存在一一对应的关系,因此更多考虑的是微分运动学。下面将以几类典型的轮式机器人为对象进行讨论。

7.4.1 差速驱动轮式机器人

差速驱动轮式机器人的驱动装置由安装在机器人平台左右两侧的两个独立驱动的动力轮组成,同时具备一个或两个被动轮用于平衡和稳定。差速传动结构简单,无须驱动轴的旋转。其控制原理如下:如果车轮以相同的速度旋转,机器人会向前或向后直线移动;如果一个轮子转速高于另一个轮子,机器人会沿着一个瞬时圆弧(即沿着一条曲线)行进。如果两个轮子以相同的速度朝相反的方向旋转,机器人将围绕两个驱动轮的中点转动。以具备一个被动轮的差速驱动机器人为例,其移动模式如图 7-9 所示。

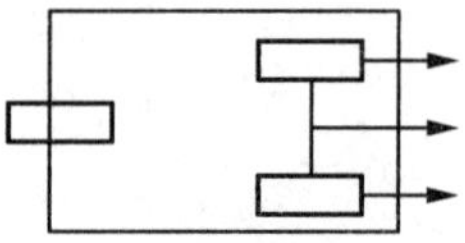

(a)直线路径

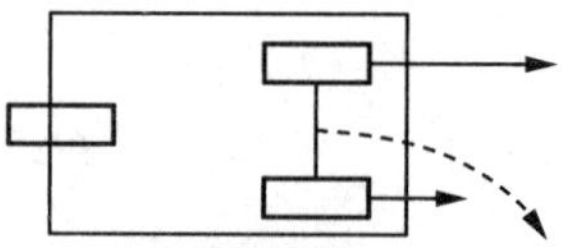

(b)弯曲路径

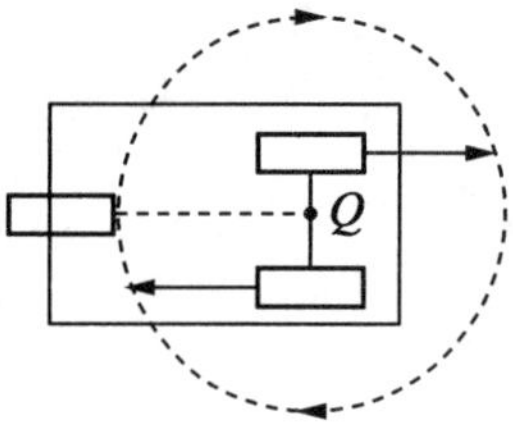

(c)圆形路径

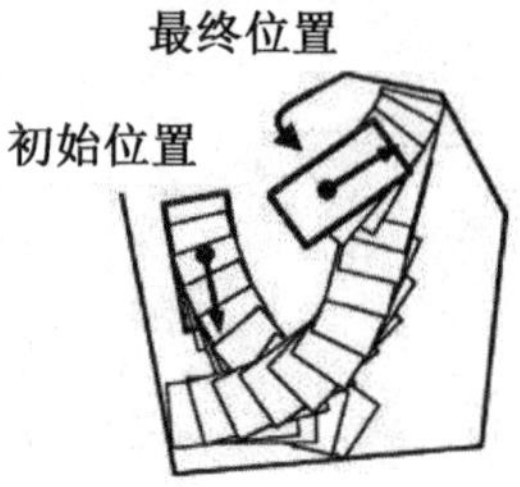

(d)从初始位置到中止位置的无障碍机动过程

(e)从初始位置到终止位置的避障机动过程

图 7-9　差速驱动的运动方式

差速移动机器人的瞬时曲率中心(ICC)位于车轮所有轴的交叉点处。ICC 为回转圆的圆心,曲率半径 R 取决于二轮速度,即由下式确定:

$$R=a\cdot\frac{v_l+v_r}{v_l-v_r},\quad v_l\geqslant v_r \tag{7-54}$$

式中,v_l、v_r 分别为左、右轮轮速。当 $v_l=v_r$ 时,$R=\infty$。对应几何关系如图 7-10 所示。

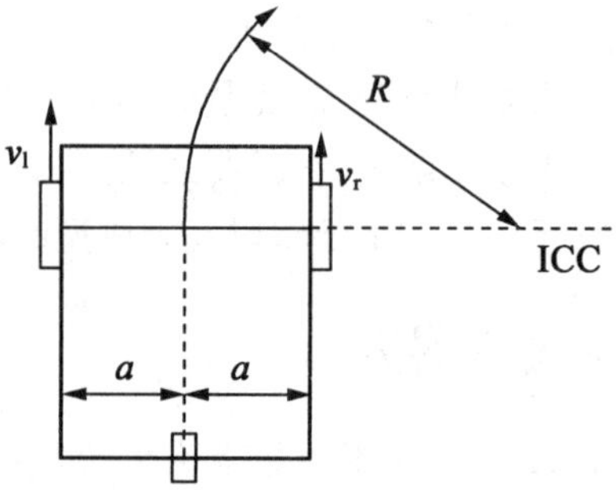

图 7-10　差速移动机器人瞬时曲率半径计算示意图

1. 差速驱动轮式机器人运动学

差速驱动轮式机器人的运动学示意图如图 7-11 所示。

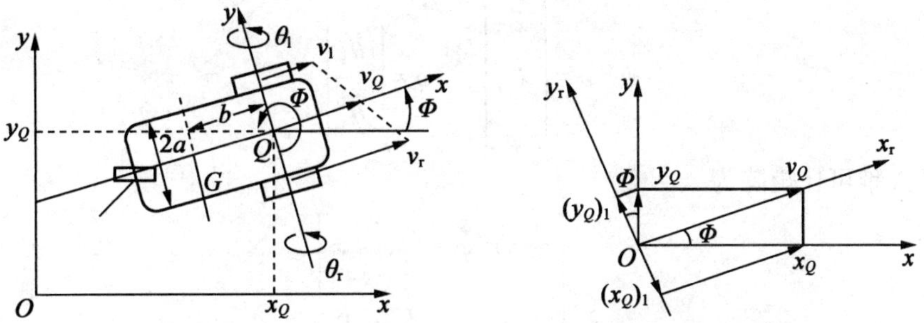

(a)对应几何关系　　(b)运动学约束

图 7-11　差速驱动轮式机器人运动学示意图

轮式机器人在平面上运动,其自由度包括位置及方向,因此对应位姿及速度/角速度向量为

$$\boldsymbol{p}=\begin{bmatrix} x_Q \\ y_Q \\ \varphi \end{bmatrix},\quad \dot{\boldsymbol{p}}=\begin{bmatrix} \dot{x}_Q \\ \dot{y}_Q \\ \dot{\varphi} \end{bmatrix} \tag{7-55}$$

式中,x_Q、y_Q 为瞬时曲率中心 Q 点坐标;φ 为移动机器人指向角;$\dot{x}_Q$、$\dot{y}_Q$ 为移动机器人在 Q 点的速度分量;$\dot{\varphi}$ 为移动机器人指向角速度。

假设车轮无打滑,且车辆质心与曲率中心重合,车辆在 Q 点的线速度为 v_Q,则据图 7-11,有

$$v_r=v_Q+a\dot{\varphi},\quad v_1=v_Q-a\dot{\varphi} \tag{7-56}$$

因此有

$$v_Q=\frac{1}{2}(v_1+v_r),\quad a\dot{\varphi}=\frac{1}{2}(v_r-v_1) \tag{7-57}$$

进一步根据无打滑假设,可得到

$$\begin{cases} \dot{x}_Q=v_Q\cos\varphi \\ \dot{y}_Q=v_Q\sin\varphi \end{cases} \tag{7-58}$$

最终得到对应差分运动学方程为

$$\begin{cases} \dot{x}_Q=\dfrac{r}{2}(\dot{\theta}_r\cos\varphi+\dot{\theta}_1\cos\varphi) \\ \dot{y}_Q=\dfrac{r}{2}(\dot{\theta}_r\sin\varphi+\dot{\theta}_1\sin\varphi) \end{cases} \tag{7-59}$$

$$\dot{\varphi}=\frac{r}{2a}(\dot{\theta}_r-\dot{\theta}_1) \tag{7-60}$$

或记为以下标准形式:

$$\dot{\boldsymbol{p}}=\boldsymbol{J}\dot{\boldsymbol{q}} \tag{7-61}$$

式中

$$\dot{\boldsymbol{p}}=\begin{bmatrix}\dot{x}_Q\\ \dot{y}_Q\\ \dot{\varphi}\end{bmatrix},\quad \dot{\boldsymbol{q}}=\begin{bmatrix}\dot{\theta}_r\\ \dot{\theta}_l\end{bmatrix} \tag{7-62}$$

机器人雅可比矩阵为

$$\boldsymbol{J}=\begin{bmatrix}\frac{r}{2}\cos\varphi & \frac{r}{2}\cos\varphi\\ \frac{r}{2}\sin\varphi & \frac{r}{2}\sin\varphi\\ \frac{r}{2a} & -\frac{r}{2a}\end{bmatrix} \tag{7-63}$$

其逆雅可比矩阵可直接计算如下：

$$\boldsymbol{J}^{+}=\begin{bmatrix}\cos\varphi & \sin\varphi & a\\ \cos\varphi & \sin\varphi & -a\end{bmatrix} \tag{7-64}$$

2. 差速驱动轮式机器人动力学

使用牛顿-欧拉方程，容易建立

$$\begin{cases}m\ddot{x}=F\\ I_Q\ddot{\varphi}=\tau\end{cases} \tag{7-65}$$

式中，F 和 τ 分别为合力及合力矩。根据二轮差速驱动特性，有

$$\begin{cases}F=F_l+F_r\\ \tau=2a(F_r-F_l)\end{cases} \tag{7-66}$$

综合式(7-65)、式(7-66)，可得到对应动力学方程为

$$\begin{cases}\ddot{x}=\frac{1}{m}(F_l+F_r)\\ \ddot{\varphi}=\frac{2a}{I_Q}(F_r-F_l)\end{cases} \tag{7-67}$$

7.4.2 阿克曼转向移动机器人

阿克曼转向是汽车的标准转向方式。它由两个组合的驱动后轮和两个组合的转向前轮构成，其特点是方便直线行驶(因为后轮由一个公共轴驱动)，但不能在原地转弯(需要一定的最小半径)。阿克曼转向移动机器人的不可达区域如图 7-12 所示。

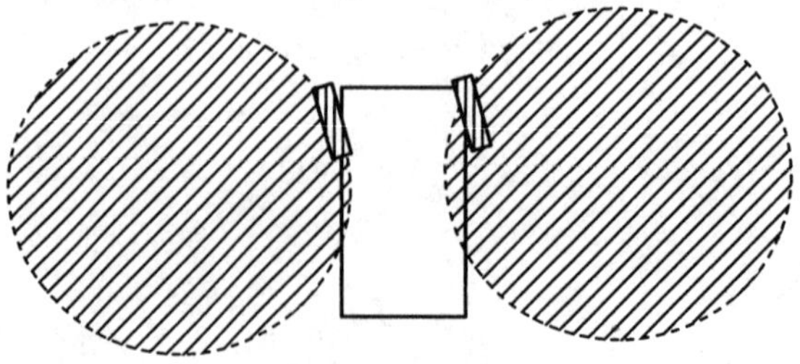

图 7-12 阿克曼转向移动机器人的不可达区域

1. 阿克曼转向移动机器人运动学

阿克曼转向移动机器人的运动学结构如图 7-13 所示。机器人的运动位置可表示为

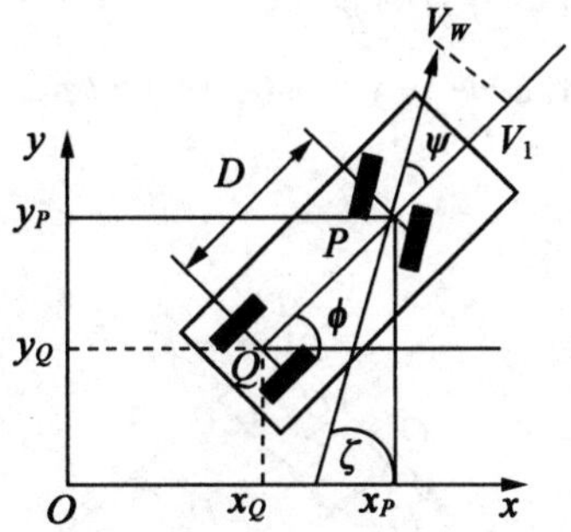

图 7-13　阿克曼转向移动机器人的运动学结构

$$\boldsymbol{p}=\begin{bmatrix}x_Q\\y_Q\\\varphi\\\psi\end{bmatrix},\quad \dot{\boldsymbol{p}}=\begin{bmatrix}\dot{x}_Q\\\dot{y}_Q\\\dot{\varphi}\\\dot{\psi}\end{bmatrix} \tag{7-68}$$

式中，x_Q、y_Q 为后轮轴中心点 Q 点坐标；φ 为移动机器人朝向角；ψ 为移动机器人转向角；$\dot{x}_Q$、$\dot{y}_Q$ 为移动机器人速度分量；$\dot{\varphi}$ 为移动机器人指向角速度；$\dot{\psi}$ 为移动机器人转向角速度。

则对应的非完整约束可表达为

$$\boldsymbol{M}(\boldsymbol{p})\dot{\boldsymbol{p}}=0 \tag{7-69}$$

式中

$$\boldsymbol{M}(\boldsymbol{p})=\begin{bmatrix}-\sin\varphi & \cos\varphi & 0 & 0\\-\sin(\varphi+\psi) & \cos(\varphi+\psi) & D\cos\psi & 0\end{bmatrix} \tag{7-70}$$

其中，D 为前后轮轴距离。进一步可得到其微分运动模型为

$$\dot{\boldsymbol{p}}=\boldsymbol{J}\dot{\boldsymbol{q}} \tag{7-71}$$

式中

$$\boldsymbol{J}=\begin{bmatrix}\cos\varphi & 0\\\sin\varphi & 0\\\frac{1}{D}\tan\psi & 0\\0 & 1\end{bmatrix} \tag{7-72}$$

$$\dot{\boldsymbol{q}}=\begin{bmatrix}v_Q\\\dot{\psi}\end{bmatrix} \tag{7-73}$$

其中，v_Q 为车辆在 Q 点的线速度。

2. 阿克曼转向移动机器人动力学

设移动机器人质心为 G，位于机器人中心对称平面上，与前转向轮中心及后驱动轮中心

的纵向距离分别为 d、b，如图 7-14 所示。设质心在世界坐标系的速度为$(\dot{x}_G,\dot{y}_G)$，由图中几何关系，并利用式(7-69)，可得到

$$\begin{cases}\dot{x}_G\sin\varphi-\dot{y}_G\cos\varphi-b\dot{\varphi}=0\\ \dot{x}_G\sin(\varphi+\psi)-\dot{y}_G\cos(\varphi+\psi)-d\dot{\varphi}\cos\psi=0\end{cases}\tag{7-74}$$

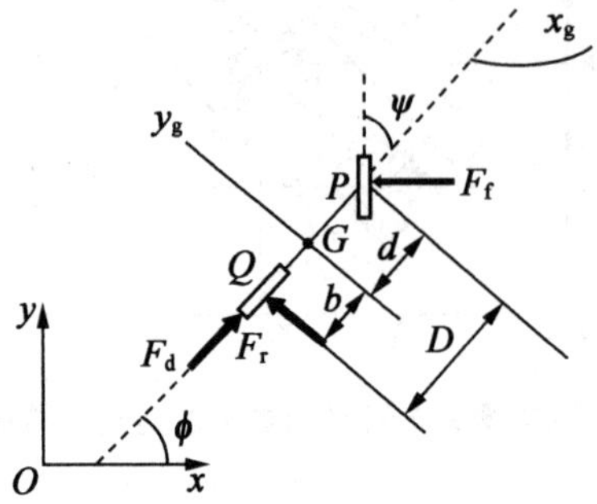

图 7-14 阿克曼转向移动机器人动力学分析

进一步，以质心为原点建立机体动坐标系 Gx_gy_g，利用旋转变换关系式得

$$\begin{cases}\dot{x}_G=\dot{x}_g\cos\varphi-\dot{y}_g\sin\varphi\\ \dot{y}_G=\dot{x}_g\sin\varphi+\dot{y}_g\cos\varphi\end{cases}\tag{7-75}$$

代入式(7-74)，可得

$$\dot{y}_G=b\dot{\varphi},\quad \dot{\varphi}=\frac{\tan\psi}{D}\dot{x}_g\tag{7-76}$$

两侧同时微分，可得

$$\begin{cases}\ddot{y}_g=b\ddot{\varphi}\\ \ddot{\varphi}=\dfrac{\tan\psi}{D}\ddot{x}_g+\dfrac{1}{D\cos^2\psi}\dot{x}_g\dot{\psi}\end{cases}\tag{7-77}$$

最终可得如下形式的牛顿-欧拉动力学方程：

$$\begin{cases}m(\ddot{x}_g-\dot{y}_g\dot{\varphi})=F_d-F_f\sin\psi\\ m(\ddot{y}_g+\dot{x}_g\dot{\varphi})=F_r+F_f\cos\psi\\ J\ddot{\varphi}=dF_f\cos\psi-bF_r\\ \dot{\psi}=-\dfrac{1}{T}\psi+\dfrac{K}{T}u_s\end{cases}\tag{7-78}$$

式中，m 为机器人质量；J 为机器人转动惯量；F_f、F_r 为前轮及后轮横向力；T 为转向系统时间常数；u_s 为转向系统控制输入；K 为常值系数（增益）；$F_d=\frac{1}{r}\tau_d$，r 为后轮半径，τ_d 为后轮施加的驱动扭矩。

7.4.3 四轮全向移动机器人

与前述机器人的结构不同，全向机器人使用一种特殊设计的轮式机构（称为麦克纳姆

轮或全向轮）来实现 360°全向的便捷移动。麦克纳姆轮结构如图 7-15 所示。车轮旋转产生的力 $\boldsymbol{F}$ 通过与地面接触的滚轴作用在地面上。在该滚轴上，力分解为平行于滚轴的力 $\boldsymbol{F}_1$ 和垂直于滚轴的力 $\boldsymbol{F}_2$。垂直于滚柱轴的力会产生较小的滚柱旋转速度 $\boldsymbol{v}_r$，而平行于滚柱轴的力会对车轮施加力，从而产生轮毂速度 $\boldsymbol{v}_h$。车辆的实际速度 $\boldsymbol{v}_t$ 为 $\boldsymbol{v}_h$ 和 $\boldsymbol{v}_r$ 的合成。

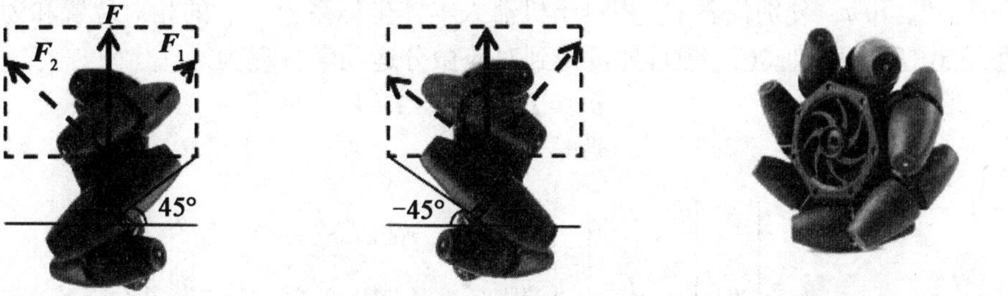

(a)安装角α=45°的麦克纳姆轮底视图　(b)安装角α=－45°的麦克纳姆轮底视图　(c)实际麦克纳姆轮侧视图

图 7-15　麦克纳姆轮结构

1. 四轮全向移动机器人运动学

麦克纳姆轮全向移动机器人可由三轮、四轮或多轮组成，四轮是最常见的一类结构，如图 7-16 所示。其中左上和右下两个轮滚轴角 $\alpha=45°$，称为左旋轮；其余两个轮滚轴角 $\alpha=-45°$，称为右旋轮。在每个轮上建立坐标系 O_{ci}，$i=1\sim4$，如图 7-16 所示。

第 i 个轮对应轮速的分量有：$\dot{\theta}_{ix}$ 为绕轮毂的转动速度；$\dot{\theta}_{ir}$ 为绕滚轴的转动速度；$\dot{\theta}_{iz}$ 为沿接触点的转动速度。

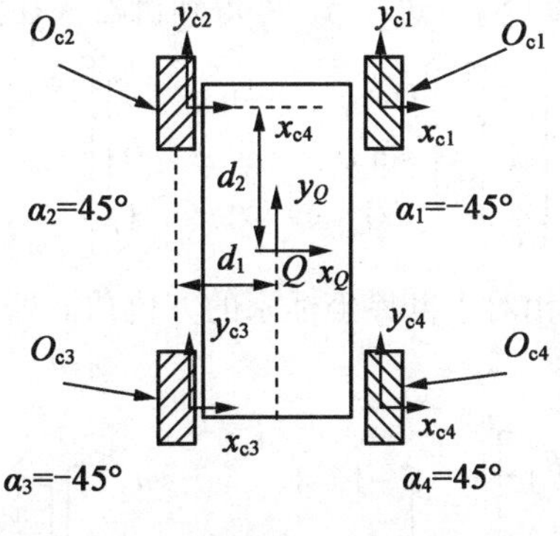

图 7-16　四轮全向移动机器人运动学分析

则该轮在 O_{ci} 下的速度向量由下式给出：

$$\begin{bmatrix}\dot{x}_{ci}\\ \dot{y}_{ci}\\ \dot{\varphi}_{ci}\end{bmatrix}=\begin{bmatrix}0 & r_i\sin\alpha_i & 0\\ R_i & -r_i\cos\alpha_i & 0\\ 0 & 0 & 1\end{bmatrix}\begin{bmatrix}\dot{\theta}_{ix}\\ \dot{\theta}_{ir}\\ \dot{\theta}_{iz}\end{bmatrix}\tag{7-79}$$

式中，R_i 为轮子半径；r_i 为滚轴半径；α_i 为滚轴角。

进一步，机器人在本体坐标系下的速度与轮子坐标系下的速度关系由下面齐次变换给出：

$$\dot{\boldsymbol{p}}_Q=\begin{bmatrix}\dot{x}_Q\\ \dot{y}_Q\\ \dot{\varphi}_Q\end{bmatrix}=\begin{bmatrix}\cos\varphi_{ci}^Q & -\sin\varphi_{ci}^Q & d_{ciy}^Q\\ \sin\varphi_{ci}^Q & \cos\varphi_{ci}^Q & -d_{cix}^Q\\ 0 & 0 & 1\end{bmatrix}\begin{bmatrix}\dot{x}_{ci}\\ \dot{y}_{ci}\\ \dot{\varphi}_{ci}\end{bmatrix} \tag{7-80}$$

式中，d_{cix}^Q、d_{ciy}^Q 和 φ_{ci}^Q 分别代表 O_{ci} 相对于机器人本体坐标系 Qx_Qy_Q 的相对位置和姿态角。

联立式(7-79)和式(7-80)，即可得到对应微分运动学方程为

$$\dot{\boldsymbol{p}}_Q=\boldsymbol{J}_i\dot{\boldsymbol{q}}_i,\quad i=1\sim4 \tag{7-81}$$

其中

$$\dot{\boldsymbol{q}}_i=\begin{bmatrix}\dot{\theta}_{ix}\\ \dot{\theta}_{ir}\\ \dot{\theta}_{iz}\end{bmatrix},\quad \boldsymbol{J}_i=\begin{bmatrix}-R_i\sin\varphi_{ci}^Q & r_i\sin(\varphi_{ci}^Q+\alpha_i) & d_{ciy}^Q\\ R_i\cos\varphi_{ci}^Q & r_i\cos(\varphi_{ci}^Q+\alpha_i) & -d_{cix}^Q\\ 0 & 0 & 1\end{bmatrix} \tag{7-82}$$

进一步，假设所有轮子同等规格，半径均为 R，滚轴半径均为 r，$\varphi_{ci}^Q=0$，同时四轮滚轴角为 $\alpha_1=\alpha_3=45°$，$\alpha_2=\alpha_4=-45°$，代入式(7-82)，并经过推导，可得到

$$\begin{bmatrix}\dot{x}_Q\\ \dot{y}_Q\\ \dot{\varphi}_Q\end{bmatrix}=\frac{R}{4}\begin{bmatrix}-1 & 1 & -1 & 1\\ 1 & 1 & 1 & 1\\ \dfrac{1}{d_1+d_2} & \dfrac{-1}{d_1+d_2} & \dfrac{-1}{d_1+d_2} & \dfrac{1}{d_1+d_2}\end{bmatrix}\begin{bmatrix}\dot{\theta}_{1x}\\ \dot{\theta}_{2x}\\ \dot{\theta}_{3x}\\ \dot{\theta}_{4x}\end{bmatrix} \tag{7-83}$$

详细推导过程可参见文献[8]。进一步，可得到机器人在世界坐标系下的速度向量为

$$\begin{bmatrix}\dot{x}\\ \dot{y}\\ \dot{\varphi}\end{bmatrix}=\begin{bmatrix}\cos\varphi & -\sin\varphi & 0\\ \sin\varphi & \cos\varphi & 0\\ 0 & 0 & 1\end{bmatrix}\begin{bmatrix}\dot{x}_Q\\ \dot{y}_Q\\ \dot{\varphi}_Q\end{bmatrix} \tag{7-84}$$

式中，φ 为机器人本体坐标系相对于世界坐标系的方位角。联立式(7-83)、式(7-84)，即可得到逆微分运动学表达式为

$$\begin{bmatrix}\dot{\theta}_{1x}\\ \dot{\theta}_{2x}\\ \dot{\theta}_{3x}\\ \dot{\theta}_{4x}\end{bmatrix}=\frac{1}{R}\begin{bmatrix}-1 & 1 & d_1+d_2\\ 1 & 1 & -(d_1+d_2)\\ -1 & 1 & -(d_1+d_2)\\ 1 & 1 & d_1+d_2\end{bmatrix}\begin{bmatrix}\dot{x}_Q\\ \dot{y}_Q\\ \dot{\varphi}_Q\end{bmatrix} \tag{7-85}$$

$$\begin{bmatrix}\dot{x}_Q\\ \dot{y}_Q\\ \dot{\varphi}_Q\end{bmatrix}=\begin{bmatrix}\cos\varphi & \sin\varphi & 0\\ -\sin\varphi & \cos\varphi & 0\\ 0 & 0 & 1\end{bmatrix}\begin{bmatrix}\dot{x}\\ \dot{y}\\ \dot{\varphi}\end{bmatrix} \tag{7-86}$$

2. 四轮全向移动机器人动力学

考虑移动机器人受力如图 7-17 所示，所受合力在 x、y 方向的分量为

$$\begin{cases}F_x=F_{x1}+F_{x2}+F_{x3}+F_{x4}\\F_y=F_{y1}+F_{y2}+F_{y3}+F_{y4}\end{cases}\tag{7-87}$$

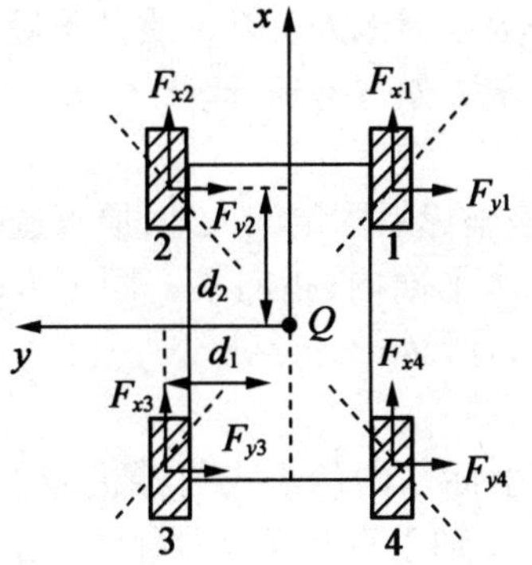

图 7-17　四轮全向移动机器人动力学分析

由此产生的力矩为

$$\tau=(F_{x1}-F_{x2}-F_{x3}+F_{x4})d_1+(-F_{y1}-F_{y2}+F_{y3}+F_{y4})d_2\tag{7-88}$$

根据牛顿-欧拉方程，有

$$\begin{cases}m\ddot{x}=F_x-\beta_x\dot{x}\\m\ddot{y}=F_y-\beta_y\dot{y}\\I_Q\ddot{\varphi}=\tau-\beta_z\dot{\varphi}\end{cases}\tag{7-89}$$

式中，β_x、β_y、β_z 为 x、y、z 方向运动的线性摩擦系数；m 和 I_Q 分别为机器人质量与惯量矩。

7.5　固定翼飞行器

固定翼飞行器是指由动力装置产生前进的推力或拉力，由机身的固定机翼产生升力，在大气层内飞行的航空器。飞行器的机体结构通常由发动机、机翼、机身、尾翼和起落架组成，如图 7-18 所示。

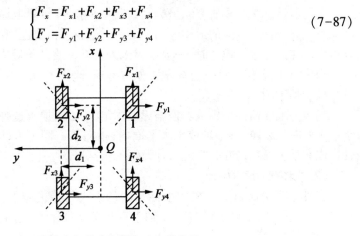

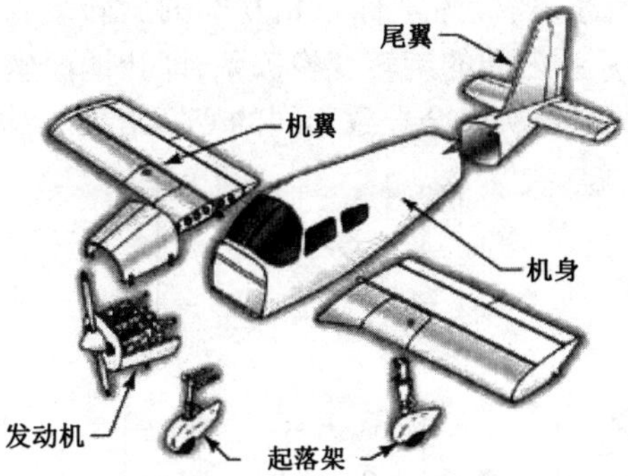

图 7-18　固定翼飞行器结构

7.5.1 固定翼飞行器运动学

飞行器运动学主要研究动坐标系(机体坐标系)与静坐标系(地面坐标系)间的相对运动关系。飞行器在空间的运动包括平动(上下、左右、前进)和转动(滚转、俯仰、倾斜)六个自由度。在推导数学模型时,一般认为无人机是常质且质量均匀分布的刚体。

为研究飞行器运动学,首先定义如下坐标系。

(1)地面坐标系 $O_g x_g y_g z_g$。

或称为地面惯性坐标系。该坐标系固定于大地,原点选择为地面某点;z_g 轴方向可垂直于地平面向下或向上;x_g 轴位于水平面内,指向某一固定方向(如飞机航线);y_g 轴与 x_g、z_g 轴构成右手坐标系,如图 7-19(a)所示。

(2)机体坐标系 $Oxyz$。

有时也记为 $Ox_b y_b z_b$。机体坐标系固定于飞行器机体上,原点取在飞行器的重心;x 轴与飞机纵轴一致,指向飞机前方;y 轴垂直于飞机对称面并指向右方;z 轴在飞机对称面内并垂直于纵轴指向下方,如图 7-19(b)所示。

机体坐标系与地面坐标系间可通过欧拉角进行旋转变换,包括:

滚转角 φ:过机体坐标系 x 轴的铅垂面与对称面的夹角;

俯仰角 θ:机体坐标系 x 轴与水平面的夹角;

偏航角 ψ:机体坐标系 x 轴在水平面内投影与 x_g 的夹角。

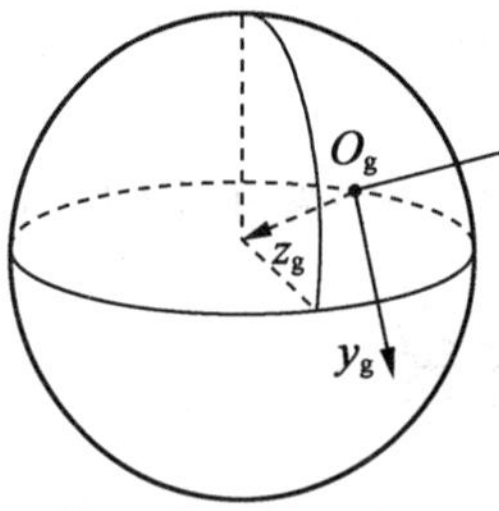

(a)地面坐标系

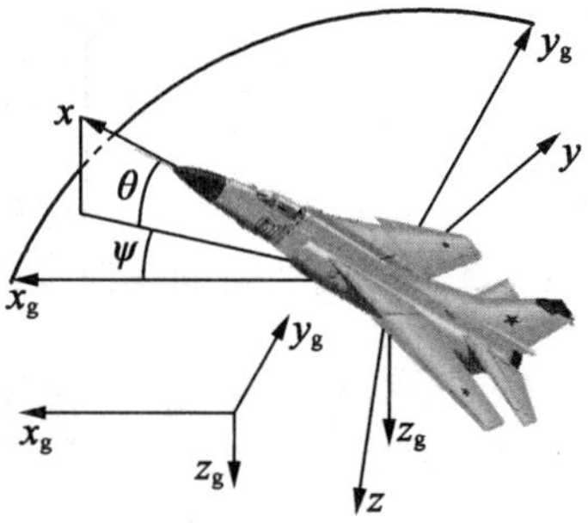

(b)机体坐标系

图 7-19 固定翼飞行器坐标系示意图

图 7-20 演示了地面坐标系、机体坐标系相互间的旋转变换及对应的欧拉角。据此可确定机体坐标系与地面坐标系之间的旋转变换关系,即让地面坐标系依次按 $\psi\to\theta\to\varphi$($z-y-x$)顺序旋转即可,注意不同旋转次序会导致不同的变换结果。其对应关系如下:

$$\begin{bmatrix} x \\ y \\ -h \end{bmatrix} = \boldsymbol{R}_{\varphi}\boldsymbol{R}_{\theta}\boldsymbol{R}_{\psi}\begin{bmatrix} x_g \\ y_g \\ z_g \end{bmatrix} \tag{7-90}$$

式中

$$\boldsymbol{R}_{\psi}=\begin{bmatrix} \cos\psi & \sin\psi & 0 \\ -\sin\psi & \cos\psi & 0 \\ 0 & 0 & 1 \end{bmatrix},\ \boldsymbol{R}_{\theta}=\begin{bmatrix} \cos\theta & 0 & -\sin\theta \\ 0 & 1 & 0 \\ \sin\theta & 0 & \cos\theta \end{bmatrix},\ \boldsymbol{R}_{\varphi}=\begin{bmatrix} 1 & 0 & 0 \\ 0 & \cos\varphi & \sin\varphi \\ 0 & -\sin\varphi & \cos\varphi \end{bmatrix}$$

因此有

$$
\begin{aligned}
\boldsymbol{x} &= \boldsymbol{R}_{g}\boldsymbol{x}_{g} \\
&= \begin{bmatrix} \cos\theta\cos\psi & \cos\theta\sin\psi & -\sin\theta \\ \sin\varphi\sin\theta\cos\psi-\cos\varphi\sin\psi & \sin\varphi\sin\theta\sin\psi+\cos\varphi\cos\psi & \sin\varphi\cos\theta \\ \cos\varphi\sin\theta\cos\psi+\sin\varphi\sin\psi & \cos\varphi\sin\theta\sin\psi-\sin\varphi\cos\psi & \cos\varphi\cos\theta \end{bmatrix}\begin{bmatrix} x_{g} \\ y_{g} \\ z_{g} \end{bmatrix}
\end{aligned} \tag{7-91}
$$

式中，$\boldsymbol{R}_{g}=\boldsymbol{R}_{\varphi}\boldsymbol{R}_{\theta}\boldsymbol{R}_{\psi}$；$\boldsymbol{x}=\begin{bmatrix} x \\ y \\ -h \end{bmatrix}$，$h$ 为飞行高度；$\boldsymbol{x}_{g}=\begin{bmatrix} x_{g} \\ y_{g} \\ z_{g} \end{bmatrix}$。

根据旋转矩阵的正交性，容易得到

$$
\begin{aligned}
\boldsymbol{x}_{g} &= \boldsymbol{R}_{g}^{T}\boldsymbol{x} \\
&= \begin{bmatrix} \cos\theta\cos\psi & \sin\varphi\sin\theta\cos\psi-\cos\varphi\sin\psi & \cos\varphi\sin\theta\cos\psi+\sin\varphi\sin\psi \\ \cos\theta\sin\psi & \sin\varphi\sin\theta\sin\psi+\cos\varphi\cos\psi & \cos\varphi\sin\theta\sin\psi-\sin\varphi\cos\psi \\ -\sin\theta & \sin\varphi\cos\theta & \cos\varphi\cos\theta \end{bmatrix}\begin{bmatrix} x \\ y \\ z \end{bmatrix}
\end{aligned} \tag{7-92}
$$

进一步，可以得到飞行器在地面坐标系的速度和在机体坐标系的速度间的关系为

$$
\dot{\boldsymbol{x}}_{g}=\boldsymbol{R}_{g}^{T}\dot{\boldsymbol{x}} \tag{7-93}
$$

$$
\begin{bmatrix} \dot{x}_{g} \\ \dot{y}_{g} \\ \dot{z}_{g} \end{bmatrix}=\begin{bmatrix} \cos\theta\cos\psi & \sin\varphi\sin\theta\cos\psi-\cos\varphi\sin\psi & \cos\varphi\sin\theta\cos\psi+\sin\varphi\sin\psi \\ \cos\theta\sin\psi & \sin\varphi\sin\theta\sin\psi+\cos\varphi\cos\psi & \cos\varphi\sin\theta\sin\psi-\sin\varphi\cos\psi \\ -\sin\theta & \sin\varphi\cos\theta & -\cos\varphi\cos\theta \end{bmatrix}\begin{bmatrix} \dot{x} \\ \dot{y} \\ \dot{z} \end{bmatrix} \tag{7-94}
$$

式中，$\begin{bmatrix} \dot{x}_{g} \\ \dot{y}_{g} \\ \dot{z}_{g} \end{bmatrix}$ 为飞行器在地面坐标系下的速度分量，$z_{g}=-h$；$\begin{bmatrix} \dot{x} \\ \dot{y} \\ \dot{z} \end{bmatrix}$ 为飞行器在机体坐标系下的速度分量。

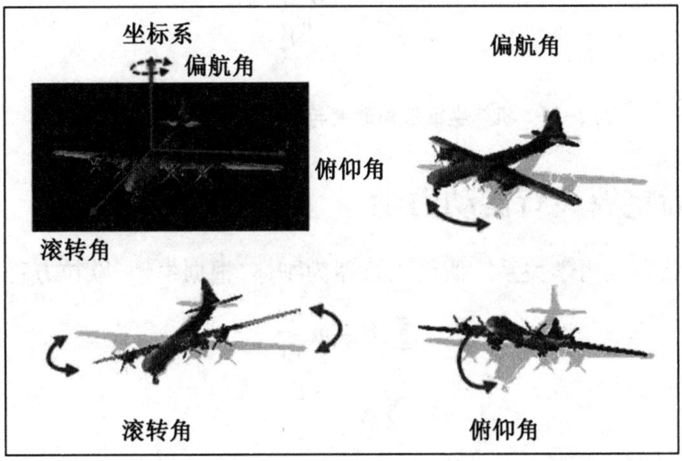

图 7-20　地面坐标系与机体坐标系旋转变换及欧拉角示意图

设机体坐标系相对于地面坐标系的转动角速度在机体坐标系下表示为

$$\boldsymbol{\omega}=\begin{bmatrix}p\\q\\r\end{bmatrix} \tag{7-95}$$

其几何关系如图 7-21 所示。据此可写出姿态角变化率($\dot\theta,\dot\psi,\dot\varphi$)与机体坐标系角速度间的关系为

$$\begin{cases}p=\dot\varphi-\dot\psi\sin\theta\\q=\dot\theta\cos\varphi+\dot\psi\cos\theta\sin\varphi\\r=-\dot\theta\sin\varphi+\dot\psi\cos\theta\cos\varphi\end{cases} \tag{7-96}$$

或写成如下运动方程组的形式：

$$\begin{cases}\dot\varphi=p+(r\cos\varphi+q\sin\varphi)\tan\theta\\\dot\theta=q\cos\varphi-r\sin\varphi\\\dot\psi=\dfrac{1}{\cos\theta}(r\cos\varphi+q\sin\varphi)\end{cases} \tag{7-97}$$

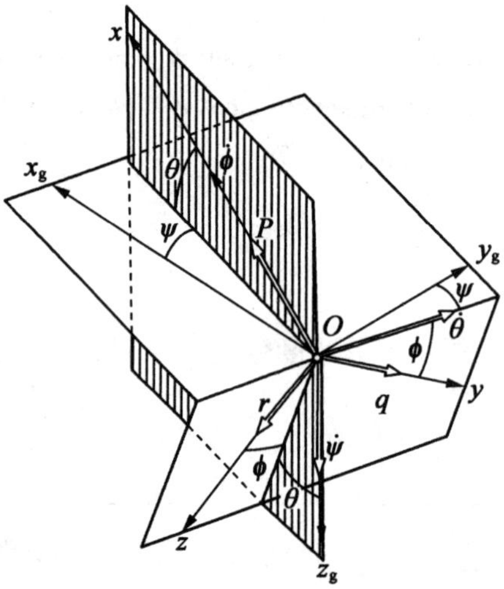

图 7-21 机体坐标系角速度与姿态角变化率间的关系

7.5.2 固定翼飞行器动力学

下面推导飞行器动力学关系。假设飞行器为刚体,根据牛顿-欧拉方程,有

$$\sum \boldsymbol{F}=m\frac{\mathrm{d}\boldsymbol{v}}{\mathrm{d}t} \tag{7-98}$$

$$\sum \boldsymbol{\tau}=\frac{\mathrm{d}\boldsymbol{L}}{\mathrm{d}t} \tag{7-99}$$

式中, $\boldsymbol{v}=[u\quad v\quad w]^{\mathrm{T}}=[\dot x\quad \dot y\quad \dot z]^{\mathrm{T}}$ 为机体坐标系下的速度向量; $\boldsymbol{L}=\boldsymbol{I\omega}$ 为机体坐标系下

的角动量,$\boldsymbol{I}=\begin{bmatrix} I_{xx} & -I_{xy} & -I_{xz} \\ -I_{xy} & I_{yy} & -I_{yz} \\ -I_{xz} & -I_{yz} & I_{ZZ} \end{bmatrix}$为对应刚体的惯性张量,$I_{xx}$、$I_{yy}$、$I_{zz}$ 分别表示沿 x、y、z 轴的转动惯量,I_{xy}、I_{xz}、I_{yz} 表示对应 x、y 轴,x、z 轴和 y、z 轴的惯性积。一般飞行器关于 Oxz 平面对称,因此有 $I_{xy}=I_{yz}=0$。

根据刚体动力学,有

$$\boldsymbol{F}=\sum \boldsymbol{F}_i=m(\dot{\boldsymbol{v}}+\boldsymbol{\omega}\times\boldsymbol{v}) \tag{7-100}$$

$$\boldsymbol{\tau}=\sum \boldsymbol{\tau}_i=\boldsymbol{I}\boldsymbol{\omega}+\dot{\boldsymbol{\omega}}\times\boldsymbol{I}\boldsymbol{\omega} \tag{7-101}$$

式中,$\dot{\boldsymbol{v}}=[\dot{u}\quad \dot{v}\quad \dot{w}]^{\mathrm{T}}$;$\dot{\boldsymbol{\omega}}=[\dot{p}\quad \dot{q}\quad \dot{r}]^{\mathrm{T}}$;$\sum \boldsymbol{F}_i$、$\sum \boldsymbol{\tau}_i$ 分别为飞行器受到的合外力和合外力矩。式(7-98)与式(7-99)分别称为力方程组和力矩方程组。对应式(7-98),可展开为

$$\begin{aligned} \dot{u}&=vr-wq-g\sin\theta+\frac{F_x}{m} \\ \dot{v}&=-ur+wp+g\cos\theta\sin\varphi+\frac{F_y}{m} \\ \dot{\boldsymbol{\omega}}&=uq-vp+g\cos\theta\cos\varphi+\frac{F_z}{m} \end{aligned} \tag{7-102}$$

类似地,对应式(7-99),可展开为

$$\begin{cases} \dot{p}=(c_1r+c_2p)q+c_3\tau_x+c_4\tau_z \\ \dot{q}=c_5pr-c_6(p^2-r^2)+c_7\tau_y \\ \dot{r}=(c_8p-c_2r)q+c_4\tau_x+c_9\tau_z \end{cases} \tag{7-103}$$

式中

$$c_1=\frac{(I_{yy}-I_{zz})I_{zz}-I_{xz}^2}{d_{xz}},\quad c_2=\frac{(I_{xx}-I_{yy}+I_{zz})I_{xz}}{d_{xz}}$$

$$c_3=\frac{I_{zz}}{d_{xz}},\quad c_4=\frac{I_{xz}}{d_{xz}},\quad c_5=\frac{I_{zz}-I_{xx}}{d_{xz}},\quad c_6=\frac{I_{xz}}{I_{yy}}$$

$$c_7=\frac{1}{I_{yy}},\quad c_8=\frac{I_{xx}(I_{xx}-I_{yy})+I_{xz}^2}{d_{xz}},\quad c_9=\frac{I_{xx}}{d_{xz}}$$

其中,$d_{xz}=I_{xx}I_{zz}-I_{xz}^2$。

7.6　旋翼飞行器

旋翼飞行器是一类主要靠旋翼产生升力并作为主要动力来源的飞行器。与固定翼飞行器相比,旋翼飞行器具备更强的灵活性,可完成悬停、高机动飞行、低空飞行等固定翼飞行器难以完成的动作。根据机构布局划分,旋翼飞行器包括单主旋翼、共轴双旋翼、纵列式双旋翼、四旋翼、六旋翼等,本节仅以使用广泛的小型四旋翼飞行器为例,对其运动学和动力学进

行分析。

四旋翼飞行器,顾名思义,是安装有四个交叉结构螺旋桨的旋翼式飞行器,通过调整四个电机的转速来实现俯仰、横滚、偏航等飞行动作,具有可悬停、机动性好、结构简单等优点。四旋翼飞行器如图 7-22 所示,在机架的四个顶端安装有四个电机,电机带动各自的旋翼产生升力。四个旋翼各自旋转力矩的组合可以产生各种动作。普遍情况下,旋转方向相同的电机组成一对动力臂,如图 7-23 中 1、3 号与 2、4 号电机分别构成一对。

图 7-22 四旋翼飞行器

四旋翼飞行器的结构主要有“+”字结构和“X”结构,如图 7-23 所示。与“+”字结构相比,“X”结构的四旋翼飞行器控制更为复杂,但控制效果更好,反应更为敏捷,因而应用更广。以下将以“X”结构为基础进行讨论。

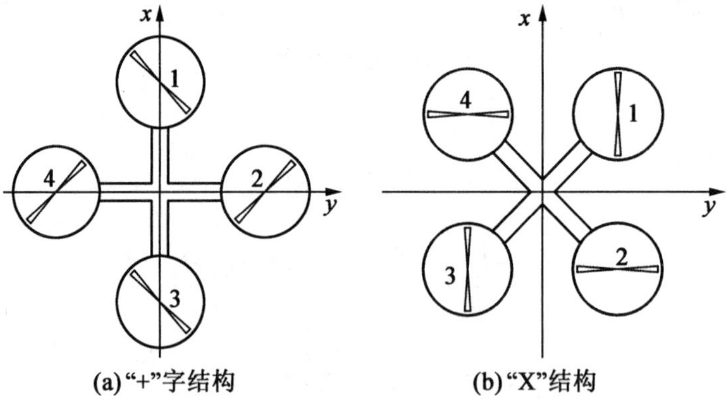

(a)“+”字结构　(b)“X”结构

图 7-23 四旋翼飞行器结构

在为四旋翼建模之前,为简化模型分析,假设:

(1)四旋翼飞行器是刚体,在其飞行过程中质量保持不变。

(2)地面坐标系视为惯性坐标系。

(3)地球表面是平的,且忽略地球自转与公转。

(4)重力不随高度变化而变化。

(5)四旋翼飞行器形状与质量是关于中心对称的。

(6)四旋翼低速飞行时忽略空气摩擦力。

(7)四旋翼进行低速小角度飞行。

7.6.1　四旋翼飞行器运动学

四旋翼飞行器运动学建模中使用的坐标系与固定翼飞行器类似。其机体坐标系原点定义在四旋翼中心,选取 x_b 轴指向其中一条机臂的方向, y_b 轴指向顺时针转过 90°与 x_b 轴垂直的另一条机臂的方向, z_b 轴垂直于 xOy 平面,指向四旋翼飞行器下方,如图 7-24 所示。可仿照固定翼飞行器运动学建模,同样定义欧拉角(φ,θ,ψ),并进一步确定平动速度与转动角速度变换关系,如式(7-94)、式(7-96)所示。其中式(7-96)又可记为如下矩阵形式:

$$\begin{bmatrix} p \\ q \\ r \end{bmatrix} = \begin{bmatrix} 1 & 0 & -\sin\theta \\ 0 & \cos\varphi & \cos\theta\sin\varphi \\ 0 & -\sin\varphi & \cos\theta\cos\varphi \end{bmatrix} \begin{bmatrix} \dot{\varphi} \\ \dot{\theta} \\ \dot{\psi} \end{bmatrix} \tag{7-104}$$

同理,式(7-97)可记为如下矩阵形式:

$$\begin{bmatrix} \dot{\varphi} \\ \dot{\theta} \\ \dot{\psi} \end{bmatrix} = \begin{bmatrix} 1 & \sin\varphi\tan\theta & \cos\varphi\tan\theta \\ 0 & \cos\varphi & -\sin\varphi \\ 0 & \sin\varphi\sec\theta & \cos\varphi\sec\theta \end{bmatrix} \begin{bmatrix} p \\ q \\ r \end{bmatrix} \tag{7-105}$$

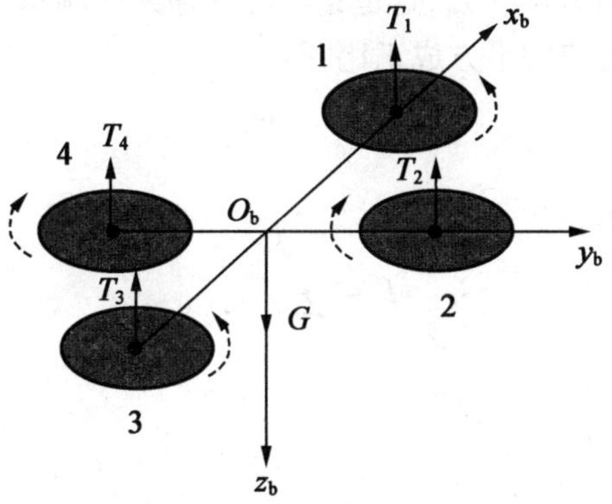

图 7-24　地面坐标系与机体坐标系

7.6.2　四旋翼飞行器动力学

四旋翼飞行器的姿态机动通过改变每个电机的转速来控制,如图 7-25 所示。无人机两对动力臂旋转方向相反但电机转速相同时,两对动力臂产生大小相同的升力,但产生力矩方向相反,如图 7-24 所示。相反力矩相互抵消,防止无人机自旋。当合力恰好抵消无人机重力时,处于悬停状态。加大或降低转速可调节无人机的高度,如图 7-25(a)所示。通过改变一对动力臂中两个转子的相对速度可控制俯仰角,通过改变另一对力臂中两个转子的相对速度来控制偏航角,两对动力臂的反扭矩相互抵消,如图 7-25(b)、(c)所示,图中的上箭头代表对应转子转速增加,下箭头代表转速降低。通过改变两对动力臂的相对速度,此时产生反扭矩差,可控制四转子的滚动角,如图 7-25(d)所示。注意在图 7-25(b)、(c)、(d)中,两个转子转矩的增加量和降低量应一致,以保持总推力不变。

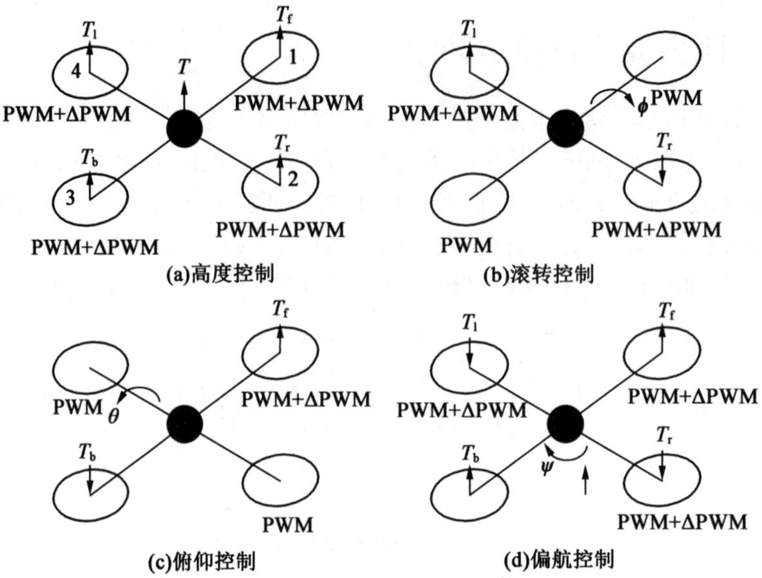

图 7-25 四旋翼无人机姿态控制示意图

记四个旋翼的转速分别为 $\omega_1 \sim \omega_4$,这也是实际的输入控制量。单个旋翼沿轴正方向的拉力可近似认为与该旋翼转速的平方成正比,即

$$F_i = k_t \cdot \omega_i^2 \tag{7-106}$$

式中,k_t 为升力系数。

无人机受到的总升力为

$$F = \sum F_i \tag{7-107}$$

旋翼反扭矩为

$$\tau_i = k_r \cdot \omega_i^2 \tag{7-108}$$

式中,k_r 为反扭矩系数。

旋翼飞行器动力学的推导与固定翼飞行器相同,最终可得到类似式(7-102)的力方程组表达形式,整理为矩阵形式如下:

$$\begin{bmatrix} \dot{u} \\ \dot{v} \\ \dot{w} \end{bmatrix} = [\boldsymbol{\omega}]_\times \begin{bmatrix} u \\ v \\ w \end{bmatrix} + \begin{bmatrix} -\sin\theta \\ \cos\theta\sin\varphi \\ \cos\theta\cos\varphi \end{bmatrix} g + \begin{bmatrix} 0 \\ 0 \\ -\dfrac{F}{m} \end{bmatrix} \tag{7-109}$$

式中

$$[\boldsymbol{\omega}]_\times = \begin{bmatrix} 0 & r & -q \\ -r & 0 & p \\ q & -p & 0 \end{bmatrix}$$

下面推导无人机的力矩方程。由于四旋翼的对称结构,因此惯性张量矩阵中 $I_{xy} = I_{yz} = I_{xz} = 0$,此时矩阵变为一个对角阵,即有

$$\boldsymbol{I}=\begin{bmatrix} I_{xx} & 0 & 0 \\ 0 & I_{yy} & 0 \\ 0 & 0 & I_{zz} \end{bmatrix} \tag{7-110}$$

将四旋翼无人机简化为半径为 r、质量为 M_0 的中心球体和代表四个电机/转子的四个质点的累加，如图 7-26 所示。设质点质量为 m，臂长为 l，则可计算惯量项为

$$I_{xx}=I_{yy}=I_{zz}=\frac{2M_0r^2}{5}+2l^2m \tag{7-111}$$

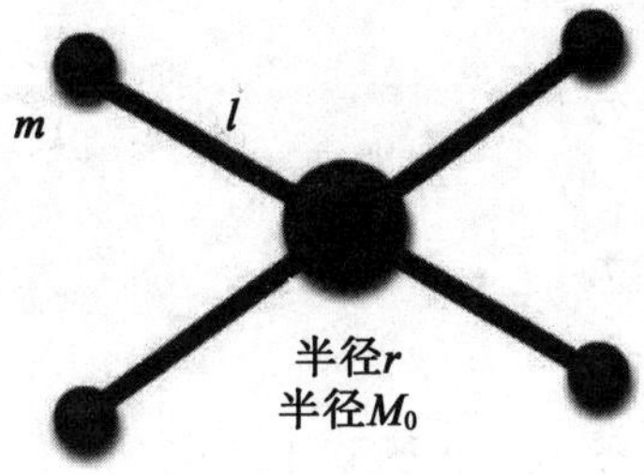

图 7-26　四旋翼无人机质点计算示意图

据此可得飞行器力矩方程组为

$$\begin{bmatrix} \dot{p} \\ \dot{q} \\ \dot{r} \end{bmatrix}=\begin{bmatrix} \dfrac{I_{yy}-I_{zz}}{I_{xx}}qr \\ \dfrac{I_{zz}-I_{xx}}{I_{yy}}rp \\ \dfrac{I_{xx}-I_{yy}}{I_{zz}}pq \end{bmatrix}+\begin{bmatrix} \dfrac{1}{I_{xx}}\tau_{\varphi} \\ \dfrac{1}{I_{yy}}\tau_{\theta} \\ \dfrac{1}{I_{zz}}\tau_{\psi} \end{bmatrix} \tag{7-112}$$

其中三个姿态控制力矩由图 7-25 的四旋翼姿态控制特性可得到，即

$$\begin{cases} \tau_{\varphi}=l(F_4-F_2)=lk_{\mathrm{t}}(\omega_4^2-\omega_2^2) \\ \tau_{\theta}=l(F_1-F_3)=lk_{\mathrm{t}}(\omega_1^2-\omega_3^2) \\ \tau_{\psi}=k_{\mathrm{r}}(\omega_1^2-\omega_2^2+\omega_3^2-\omega_4^2) \end{cases} \tag{7-113}$$

式(7-94)、式(7-104)、式(7-109)和式(7-112)共同构成了四旋翼无人机的动力学方程，注意到式中存在三角函数和哥氏加速度耦合项 pq、pr、qr，因此呈现出强非线性。实际中，假设四旋翼无人机小角度、低速度飞行，可以做如下近似：

$$\begin{bmatrix} p \\ q \\ r \end{bmatrix}\approx\begin{bmatrix} \dot{\varphi} \\ \dot{\theta} \\ \dot{\psi} \end{bmatrix} \tag{7-114}$$

同时可忽略哥氏加速度项，得到如下近似动力学模型：

$$\begin{cases}\ddot{x}=\dfrac{1}{m}[(-\sin\varphi\sin\psi-\cos\varphi\sin\theta\cos\psi)F]\\ \ddot{y}=\dfrac{1}{m}[(\sin\varphi\cos\psi-\cos\varphi\sin\theta\sin\psi)F]\\ \ddot{z}=\dfrac{1}{m}(-\cos\varphi\sin\theta F+g)\\ \ddot{\varphi}=\dfrac{1}{I_{xx}}\tau_{\varphi}\\ \ddot{\theta}=\dfrac{1}{I_{yy}}\tau_{\theta}\\ \ddot{\psi}=\dfrac{1}{I_{xx}}\tau_{\psi}\end{cases} \tag{7-115}$$

实际中常记

$$\begin{bmatrix}U_1\\U_2\\U_3\\U_4\end{bmatrix}=\begin{bmatrix}F\\\tau_{\varphi}\\\tau_{\theta}\\\tau_{\psi}\end{bmatrix} \tag{7-116}$$

则式(7-115)又可写为

$$\begin{cases}\ddot{x}=\dfrac{1}{m}[(-\sin\varphi\sin\psi-\cos\varphi\sin\theta\cos\psi)U_1]\\ \ddot{y}=\dfrac{1}{m}[(\sin\varphi\cos\psi-\cos\varphi\sin\theta\sin\psi)U_1]\\ \ddot{z}=\dfrac{1}{m}(-\cos\varphi\sin\theta U_1+g)\\ \ddot{\varphi}=\dfrac{1}{I_{xx}}U_2\\ \ddot{\theta}=\dfrac{1}{I_{yy}}U_3\\ \ddot{\psi}=\dfrac{1}{I_{xx}}U_4\end{cases} \tag{7-117}$$

7.7 本章小结

视觉伺服系统以机器人为执行机构,因此本章对各类机器人对象特性进行分析,包括:
①机器人运动学和动力学基本原理,这也是后续内容的理论基础。
②以工业广泛使用的六自由度串联机械臂为例,简述其运动学和动力学建模。
③对光电吊舱一类的二维随动系统进行运动学和动力学建模。
④对物流行业广泛应用的差速驱动轮式机器人和自动驾驶中的阿克曼转向移动机器人

模型分别进行运动学和动力学建模。

⑤对固定翼飞行器进行运动学和动力学建模。

⑥以小型四旋翼飞行器为例,对旋翼无人机进行运动学和动力学建模。

本章参考文献

[1] JABER A A. PUMA 560 robot and its dynamic characteristics [M]. Baar: Springer, 2017.

[2] 付京逊. 机器人学[M]. 北京:中国科学技术出版社,1989.

[3] 蔡自兴. 机器人学[M]. 北京:清华大学出版社,2000.

[4] LEAHY M B JR, NUGENT L M, SARIDIS G N, et al. Efficient PUMA manipulator jacobian calculation and inversion [J]. Journal of Robotic Systems, 1987, 4(2):185-197.

[5] CRAIGJ J. 机器人学导论 [M]. 负超,译. 北京:机械工业出版社,2006.

[6] DETESAN O A, ARGHIR M, SOLEA G. The mathematical model of the pan-tilt unit used in noise measurements in urban traffic [M]// Progress in Industrial Mathematics at ECMI 2008. Berlin:Springer Berlin Heidelberg,2010:791-796.

[7] SARWAR I S, IQBAL J, MALIK A M. Modeling, analysis and motion control of a Pan-Tilt Platform based on linear and nonlinear systems[J]. WSEAS Transactions on Systems and Control, 2009, 8(4):389-398.

[8] MUIR P, NEUMAN C. Kinematic modeling for feedback control of an omnidirectional wheeled mobile robot [C]// Proceedings of IEEE international conference on robotics and automation. Raleigh, 1987: 1772-1778.

[9] MORET E. Dynamic modeling and control of a car-like robot [D]. Blacksburg: Virginia Polytechnic Institute and State University, 2003.

[10] 史莹晶. 航空飞行器控制与仿真 [M]. 成都:电子科技大学出版社,2011.

[11] 吴森堂. 飞行控制系统 [M]. 2 版. 北京:北京航空航天大学出版社, 2013.

[12] POWERS C, MELLINGER D, KUMAR V. Quadrotor kinematics and dynamics [M]. Berlin: Springer, 2015.

[13] RAZA S A, GUEAIEB W. Intelligent flight control of an autonomous quadrotor[M]. London: Intech,2010.

[14] 全权. 多旋翼飞行器设计与控制 [M]. 北京: 电子工业出版社, 2018.

[15] TZAFESTAS G. Introduction to mobile robot control [M]. Amsterdam: Elsevier Inc., 2014.

第 8 章　视觉控制方法

视觉是机器人感知环境的重要传感方式。视觉伺服或视觉机器人控制是使用视觉传感信息来控制机器人运动的闭环控制方法。早期机器人视觉控制采用开环方式,即通过视觉一次性确定目标,进一步直接控制机器人移动到目标位置。由于移动过程中不使用视觉信息进行动态反馈,因此无法适应目标动态变化和系统干扰,也无法提高最终控制精度。随着视觉理论、计算硬件及控制技术的快速发展,闭环视觉控制开始出现并逐步成为主流。通过闭环反馈控制,可使用视觉计算信息对机器人位姿进行实时更新,从而满足精度和动态性能要求。经典的视觉伺服方法被控对象为六自由度机械臂,现已扩展到移动机器人、无人机(飞行机器人)、航天器等领域的控制中。所有这些应用都遵循同样的控制系统分析设计原理。

8.1　视觉伺服分类

根据视觉传感器的安装方式、控制系统结构和视觉反馈方式不同,视觉伺服可进行如下分类。

8.1.1　传感器安装方式分类

根据视觉传感器的安装方式,视觉伺服可分为眼在手外(eye-to-hand)和眼在手上(eye-in-hand)两类。

(1)眼在手外。

眼在手外也称为眼固定(eye fixed)安装,即将摄像机固定在机器人工作空间中某个位置,如正上方或斜侧方等,如图 8-1 所示。这种方式的优点是相机具有"上帝视角",可同时看到机械臂和目标的图像信息,因此便于完成抓取、定位等操作。其缺点是相机的分辨率固定不变,为同时看到机械臂末端和目标,需保持一定距离,因此精度较低,无法根据任务要求给出环境的细节描述;同时在机器人运动过程中可能发生图像特征遮盖现象,观察灵活性差。

(2)眼在手上。

眼在手上也称为眼移动(eye moved)安装,此时相机固联在机器人终端操作臂上,随手爪的运动而运动,如图 8-2 所示。与眼在手外方式相比,相机由于始终对准目标,因此在运动的过程中可有效改善图像遮盖问题。同时,通过调整手爪位姿,相机与任务目标距离逐渐靠近,提高了图像分辨率,从而提高测量精度。但同时,图像中仅能看到目标,机械臂与目标相对位姿需借助自身运动学间接计算。此外,当手爪离目标距离过近时,目标可能会超出摄像机视域或因为相机焦距限制产生成像不清的情况。

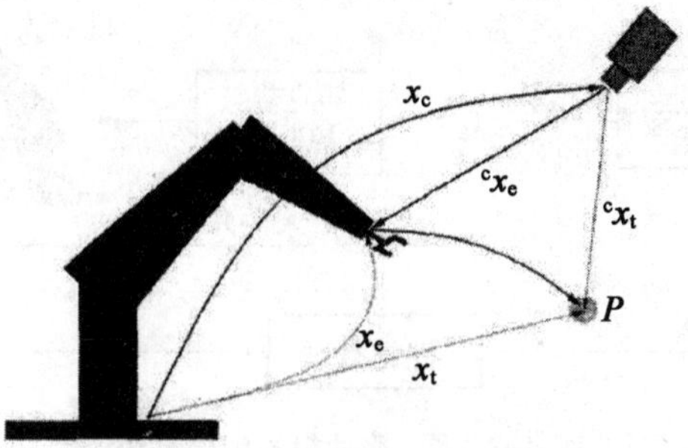

图 8-1　眼在手外视觉伺服系统

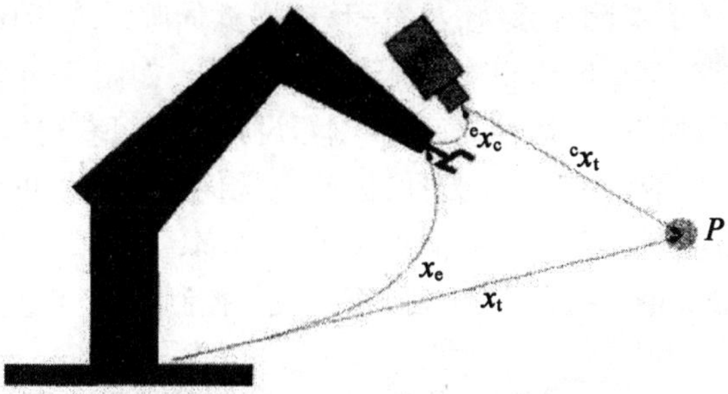

图 8-2　眼在手上视觉伺服系统

在实际的视觉伺服系统中,也可二者兼用,即一个采用眼在手外,另一个采用眼在手上的方式。

8.1.2　控制层次化结构分类

根据控制系统的层次化结构方式,视觉伺服可分为看-移动(look and move)视觉伺服系统和直接视觉伺服(direct visual servo)系统。

(1)看-移动视觉伺服系统。

看-移动视觉伺服系统是一类典型的双闭环控制系统,如图 8-3 所示。其中内环为关节伺服控制,可实现高速率采样,通过关节位置反馈来稳定机器人,从而获得近似线性的机器人对象特性。外环视觉控制器以比较低的采样速率输出机器人控制指令,机器人根据控制指令,首先进行逆运动学解算以生成各关节期望值,进一步使用关节控制器,通过机器人动力学实现各关节控制,从而控制机器人手爪到达指令位置。双环结构将机器人的动力学控制问题与外环视觉控制器隔离,把机器人看作理想笛卡儿运动元件,简化了设计过程。由于现存机器人大多预留了接收笛卡儿给定速度或位置增量指令的接口,因此看-移动控制方式简单易行,被广泛采用。看-移动方式的缺点是,仅能通过机器人运动学接口给出控制指令,无法直接进行机器人动力学控制,因此运动的平滑性稍差;同时机器人控制指令更新周期长,因此视觉伺服系统的动态性能受到影响。

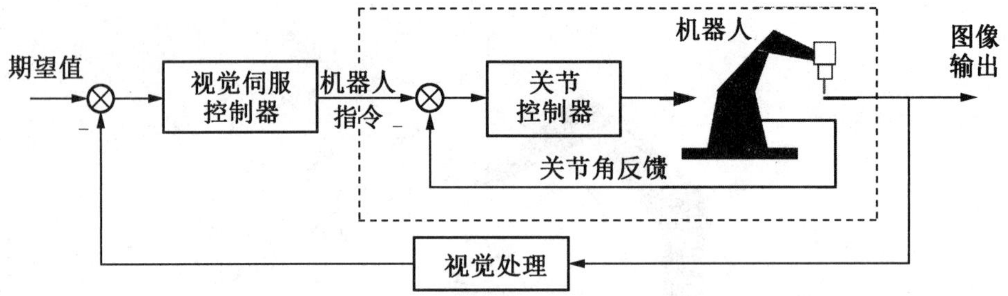

图 8-3 看-移动视觉伺服系统

(2)直接视觉伺服系统。

直接视觉伺服系统为单闭环系统,与看-移动视觉伺服系统相比,取消了关节伺服控制器和关节位置反馈回路,其功能由视觉伺服控制器取代,如图 8-4 所示。由于可直接对机器人进行关节控制,因此控制灵活性强,如控制器设计得当可获得较高的系统性能。但由于机器人系统和视觉系统固有的非线性特性,因此视觉伺服控制器的设计成为难题。而且为了获得较好的动态响应特性,要求较高的视觉采样速率,工程实现困难。此外,由于设备自身限制和安全因素考虑,很多机器人不开放直接关节控制接口,使直接视觉伺服系统的应用受到一定限制。

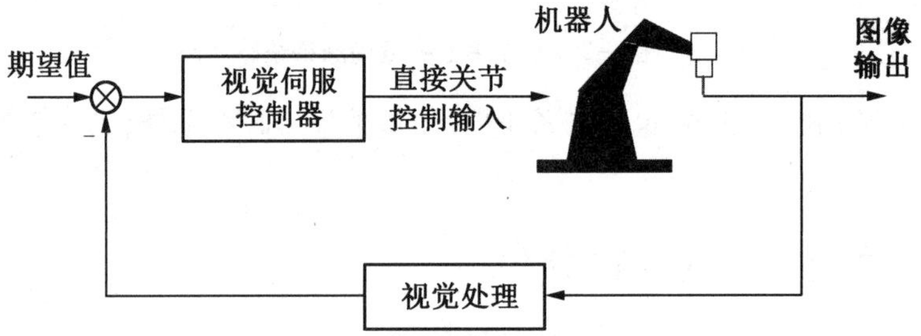

图 8-4 直接视觉伺服系统

8.1.3 视觉反馈方式分类

根据视觉信号反馈方式,可分为基于位置的(position-based)视觉伺服和基于图像(image-based)的视觉伺服。

(1)基于位置的视觉伺服。

基于位置的视觉伺服,其反馈信号在三维任务空间中以直角坐标形式定义。基本原理是通过对图像特征的提取,并结合已知的目标几何模型及摄像机模型,在三维笛卡儿坐标系中对目标相对于机械臂手端的位姿进行估计,然后由机械手当前位姿与目标位姿之差,进行轨迹规划并计算出控制量,驱动机械手向目标运动,最终实现定位、抓取功能。基于位置的视觉伺服将视觉反馈量计算与伺服控制器设计解耦处理,工程上更易实现,同时控制器独立于视觉处理环节,更容易进行控制算法的分析与设计,因此在实际中采用较多。但同时,基于位置的视觉伺服控制系统的定位精度依赖于目标位姿的估计精度,但位姿计算与手眼系统参数标定有关,因此对标定精度提出了较高要求。此外,由于相对位姿解算过程独立进行，需要一定的处理周期，因此限制了整体系统的采样率。

根据机器人的具体控制方式，将不同结构与基于位置的视觉伺服相结合，可得到基于位置的动态看-移动结构和基于位置的直接伺服结构，分别如图 8-5 和图 8-6 所示，基于位置的动态看-移动结构在实际中使用更广。

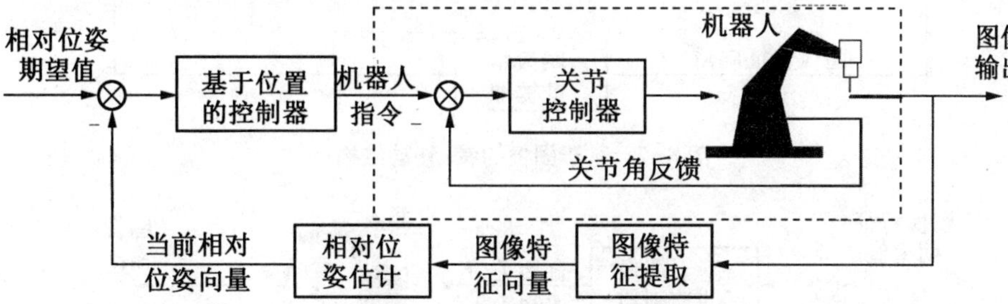

图 8-5　基于位置的看-移动结构

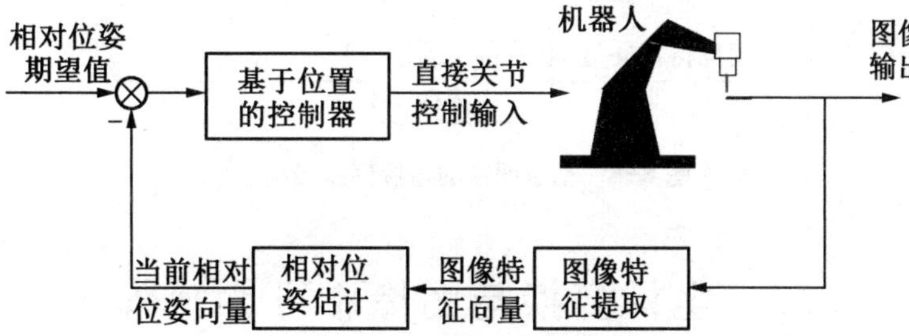

图 8-6　基于位置的直接伺服结构

(2)基于图像的视觉伺服。

基于图像的视觉伺服，其误差信号直接定义为图像特征向量，而非任务空间坐标的函数。其基本原理是由该误差信号根据视觉伺服控制律计算出控制量，并将其变换到机器人运动空间中去，从而驱动机械手向目标运动，完成伺服任务。该方法无须估计目标在三维任务空间中的位姿，减少了视觉计算时延，并可克服摄像机标定误差及关节位置传感器误差对定位精度的影响。然而，为了将图像特征参数的变化同机器人位姿变化联系起来，该方法必须计算图像雅可比矩阵及其逆矩阵。基于图像的视觉伺服本质上是把伺服任务放在图像特征参数空间中进行描述和控制。一般情况下图像雅可比矩阵呈强非线性，由于控制领域目前对非线性对象缺乏完善的分析和设计手段，因此相应的视觉控制算法难以设计与实现。

同样，根据机器人的具体控制方式，可分为基于图像的动态看-移动结构和基于图像的直接伺服结构，分别如图 8-7 和图 8-8 所示。基于图像的看-移动结构以机器人任务空间指令为控制器输出，由机器人内部完成关节位姿解算并实现最终关节控制。基于图像的直接伺服结构则直接输出机器人各关节的控制量，驱动机器人直接运动。直接伺服结构效率高，可实现更好的性能。但需要通过机器人自身的运动学和动力学解算过程，因此对控制稳定性和安全性提出了更高的要求。

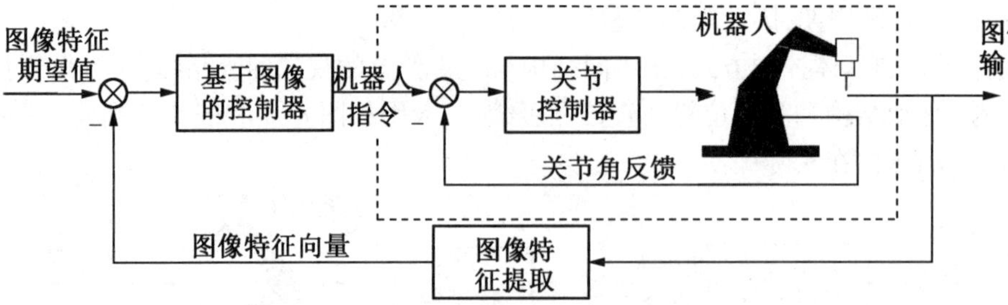

图 8-7 基于图像的看-移动结构

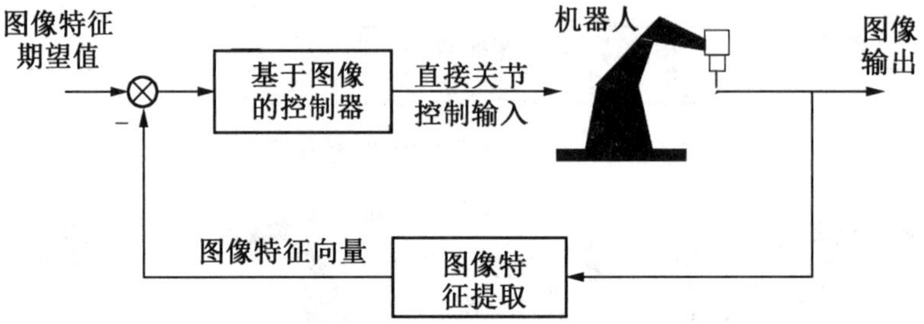

图 8-8 基于图像的直接伺服结构

8.2 坐标变换与图像雅可比矩阵

8.2.1 坐标变换

机器人任务空间中的任意刚体坐标系之间的变换可分解为三维平移和三维旋转变换，其中平移向量 $\boldsymbol{t}\in\mathbf{R}^3$，旋转向量 $\boldsymbol{R}\in SO(3)$，$SO(3)$ 为三维旋转群。设刚体变换为 $\boldsymbol{T}$，则有 $\boldsymbol{T}\in SE(3)$，其中刚体变换群 $SE(3)=\mathbf{R}^3\times SO(3)$。在某些应用中，任务空间被限制为 $SE(3)$ 的子空间。如在移动机器人视觉伺服中，仅考虑二维平动及一维方位角转动。

在视觉伺服中，经常用到的坐标系有世界坐标系、手端坐标系、相机坐标系等，如图 8-9 所示。

(1) 世界坐标系。

世界坐标系记为 ${}^{w}F$，是固定在任务空间中的三维直角坐标系，其三轴方向及坐标原点根据任务需要或物理环境描述选取，一种常见的取法是与机器人基坐标系重合。

(2) 机器人基坐标系。

基坐标系与机器人底座固连，记为 ${}^{0}F$ 或 ${}^{b}F$，其 z 轴垂直地面指向上，x、y 轴与 z 轴方向构成右手坐标系，坐标原点为机器人底座基点。

(3) 手端坐标系。

手端坐标系与机器人的末端固连，记为 ${}^{e}F$。根据机器人类型的不同，手端坐标系有多种定义方式。一种常见的定义是，以手端法兰盘的圆心为坐标原点，z 轴垂直于法兰盘指向外，x、y 轴位于法兰盘端面上，并与 z 轴构成右手坐标系，如图 8-10 所示。

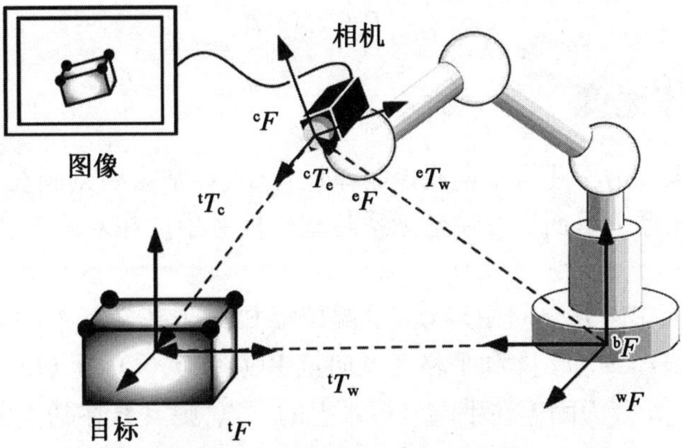

图 8-9　视觉伺服中的坐标系

图 8-10　手端坐标系定义

(4)相机坐标系。

相机坐标系${}^cF$定义同前,即以相机的聚焦中心为原点,z 轴沿光轴方向垂直指向外,x、y 轴与图像的 x、y 轴平行,且与 z 轴构成右手坐标系。

(5)目标坐标系。

目标坐标系${}^tF$固连于任务目标上,其三轴方向及坐标原点根据目标特点选取。

下面讨论坐标变换。给定三维任务空间中某点,则其在坐标系 x、y 中的坐标 P 可通过如下坐标变换规则确定:

$$ {}^x\boldsymbol{P}={}^x\boldsymbol{T}_y({}^y\boldsymbol{P})={}^x\boldsymbol{R}_y({}^y\boldsymbol{P})+{}^x\boldsymbol{t}_y \tag{8-1} $$

式中,${}^x\boldsymbol{P}$、${}^y\boldsymbol{P}\in\mathbf{R}^4$ 分别为该点在 x、y 坐标系下的齐次坐标;${}^x\boldsymbol{P}_y\in\mathbf{R}^{4\times4}$ 为坐标系 y 相对于坐标系 x 的齐次变换矩阵,同时又可视为二者的相对位姿;${}^x\boldsymbol{R}_y$、${}^x\boldsymbol{t}_y$ 分别为坐标系 y 相对于坐标系 x 的旋转矩阵与平移向量。

应用中,通常需要多个坐标变换合成以获得需要坐标。假设给定二齐次坐标变换${}^x\boldsymbol{T}_y$和${}^y\boldsymbol{T}_z$,则有

$$ \begin{aligned} {}^x\boldsymbol{P} &= {}^x\boldsymbol{T}_y({}^y\boldsymbol{P}) \\ &= {}^x\boldsymbol{T}_y({}^y\boldsymbol{T}_z({}^z\boldsymbol{P})) \\ &= ({}^x\boldsymbol{T}_y\circ{}^y\boldsymbol{T}_z)({}^z\boldsymbol{T}) \\ &= {}^x\boldsymbol{T}_z({}^z\boldsymbol{P}) \end{aligned} \tag{8-2} $$

其中复合坐标变换${}^x\boldsymbol{T}_z$ 对应的${}^x\boldsymbol{R}_z$、${}^x\boldsymbol{t}_z$ 给定如下:

$$ {}^x\boldsymbol{R}_z={}^x\boldsymbol{R}_y{}^y\boldsymbol{R}_z \tag{8-3} $$

$$^{x}\boldsymbol{t}_z={}^{x}\boldsymbol{R}_y({}^{y}\boldsymbol{t}_z)+{}^{x}\boldsymbol{t}_y \tag{8-4}$$

8.2.2 刚体速度

在视觉伺服对象动力学建模及伺服控制律设计中,经常需要刻画在不同坐标系下运动速度间的相对变化关系。下面以手端坐标系与基坐标系中的相对速度变换为例,简述刚体速度变换基本方式。

假设机器人手端在任务空间中运动,手端位姿相对于基坐标系的运动由角速度向量 $\boldsymbol{\Omega}(t)=[\omega_x(t)\quad \omega_y(t)\quad \omega_z(t)]^{\mathrm{T}}$ 和平移速度向量 $\boldsymbol{V}(t)=[v_x(t)\quad v_y(t)\quad v_z(t)]^{\mathrm{T}}$ 描述。进一步假设 $\boldsymbol{P}=[x\quad y\quad z]^{\mathrm{T}}$ 为固连在手端坐标系上的一点,则点 $\boldsymbol{P}$ 在基坐标系下的速度为

$$\begin{cases}\dot{x}=z\omega_y-y\omega_z+T_x\\ \dot{y}=x\omega_z-z\omega_x+T_y\\ \dot{z}=y\omega_x-x\omega_y+T_z\end{cases}$$

或记为向量形式为

$$\dot{\boldsymbol{P}}=\boldsymbol{\Omega}\times\boldsymbol{P}+\boldsymbol{V} \tag{8-5}$$

根据向量叉乘定义,引入反对称矩阵记法

$$[\boldsymbol{P}]_\times=\begin{bmatrix}0 & -z & y\\ z & 0 & -x\\ -y & x & 0\end{bmatrix}$$

则式(8-5)又可表达为

$$\dot{\boldsymbol{P}}=-[\boldsymbol{P}]_\times\boldsymbol{\Omega}+\boldsymbol{V} \tag{8-6}$$

利用 $\boldsymbol{\Omega}$ 和 $\boldsymbol{V}$ 定义速度旋量:

$$\dot{\boldsymbol{r}}=[v_x\quad v_y\quad v_z\quad \omega_x\quad \omega_y\quad \omega_z]$$

则根据式(8-6)可得到点 $\boldsymbol{P}$ 在基坐标系下的速度与手端速度旋量间的变换关系:

$$\dot{\boldsymbol{P}}=\boldsymbol{A}(\boldsymbol{P})\,\dot{\boldsymbol{r}}=[\boldsymbol{I}_3\quad -[\boldsymbol{P}]_\times]\,\dot{\boldsymbol{r}} \tag{8-7}$$

上述结论同样适用于其他坐标系间的运动变换。

8.2.3 图像雅可比矩阵

图像雅可比矩阵概念最初由 Sanderson 和 Weiss 等提出,描述了机器人任务空间中的运动与图像特征空间中的运动之间的关系。设 $\boldsymbol{f}=[f_1\quad f_2\quad \cdots\quad f_k]^{\mathrm{T}}$ 表示图像特征参数向量,$\dot{\boldsymbol{f}}$ 为图像特征向量变化率,则图像雅可比矩阵 $\boldsymbol{J}_i(\boldsymbol{r})$ 定义为 $\boldsymbol{r}$ 处切空间 $\mathcal{T}$ 到 $\boldsymbol{f}$ 处切空间 $\mathcal{F}$ 的线性变换,表示为

$$\dot{\boldsymbol{f}}=\boldsymbol{J}_v(\boldsymbol{r})\,\dot{\boldsymbol{r}} \tag{8-8}$$

式中,$\boldsymbol{J}_v\in\mathbf{R}^{k\times m}$,形式为

$$J_v(\boldsymbol{r})=\left[\frac{\partial \boldsymbol{f}}{\partial \boldsymbol{r}}\right]=\begin{bmatrix}\dfrac{\partial f_1(\boldsymbol{r})}{\partial r_1} & \cdots & \dfrac{\partial f_1(\boldsymbol{r})}{\partial r_m}\\ \vdots & & \vdots \\ \dfrac{\partial f_k(\boldsymbol{r})}{\partial r_1} & \cdots & \dfrac{\partial f_k(\boldsymbol{r})}{\partial r_m}\end{bmatrix}_{k\times m}$$

其中，k 和 m 分别为图像特征空间和机器人任务空间维数。

式(8-8)描述了图像特征向量如何跟随机器人末端位姿变化而改变。在视觉伺服中，需要控制机器人产生合适的末端位姿 $\dot{\boldsymbol{r}}$，以使图像特征向量 $\boldsymbol{f}$ 达到期望值。因此，在实际视觉伺服控制律设计中，需要给出的具体形式并完成计算。

下面考虑一个一般性的例子。考虑眼在手外系统，相机坐标系保持固定不变。假设机器人手端坐标系相对于相机坐标系的运动角速度为 ${}^c\boldsymbol{\Omega}_e=[\omega_x \quad \omega_y \quad \omega_z]^T$，线速度为 ${}^c\boldsymbol{V}_e=[v_x \quad v_y \quad v_z]^T$，则根据式(8-6)，固连于手端坐标系上的某点在相机坐标系中的速度为

$${}^c\dot{\boldsymbol{P}}=-[{}^c\boldsymbol{P}]_\times {}^c\boldsymbol{\Omega}_e+{}^c\boldsymbol{V}_e \tag{8-9}$$

令 ${}^c\dot{\boldsymbol{P}}=[x \quad y \quad z]^T$，则上式可展开为

$$\begin{cases}\dot{x}=z\omega_y-y\omega_z+v_x\\ \dot{y}=x\omega_z-z\omega_x+v_y\\ \dot{z}=y\omega_x-x\omega_y+v_z\end{cases} \tag{8-10}$$

下面建立特征点在相机坐标系与像平面坐标系坐标间的相互关系。考虑摄像机理想线性成像模型，有

$$\begin{bmatrix}u'\\ v'\\ 1\end{bmatrix}=\frac{1}{z}\begin{bmatrix}\dfrac{f}{\mathrm{d}x} & 0 & u_0\\ 0 & \dfrac{f}{\mathrm{d}y} & v_0\\ 0 & 0 & 1\end{bmatrix}\begin{bmatrix}x\\ y\\ z\end{bmatrix} \tag{8-11}$$

式中，等式左侧 $[u' \quad v' \quad 1]^T$ 为特征点在像平面上的投影；等式右侧 3×3 矩阵为相机内参矩阵。

假设相机已标定，此时内参已知，有

$$\begin{bmatrix}u\\ v\\ 1\end{bmatrix}=\begin{bmatrix}\dfrac{f}{\mathrm{d}x} & 0 & u_0\\ 0 & \dfrac{f}{\mathrm{d}y} & v_0\\ 0 & 0 & 1\end{bmatrix}^{-1}\begin{bmatrix}u'\\ v'\\ 1\end{bmatrix}=\frac{1}{z}\begin{bmatrix}x\\ y\\ z\end{bmatrix}=\begin{bmatrix}\dfrac{x}{z}\\ \dfrac{y}{z}\\ 1\end{bmatrix} \tag{8-12}$$

$[u \quad v \quad 1]^T$ 又被称为对焦距归一化的特征点坐标。考察上式第一行，将左右两侧求导，即可得到

$$\dot{u}=\frac{z\dot{x}-x\dot{z}}{z^2}=\frac{1}{z}v_x-\frac{u}{z}v_z-uv\omega_x+(1+u^2)\omega_y-v\omega_z \tag{8-13}$$

类似地，有

$$\dot{v}=\frac{1}{z}v_y-\frac{v}{z}v_z-(1+v^2)\omega_x+\frac{uv}{\lambda}\omega_y+u\omega_z \tag{8-14}$$

令 $\boldsymbol{f}=[u \quad v]^{\mathrm{T}}$，将上述结果整理为矩阵形式，得到

$$\dot{\boldsymbol{f}}=\begin{bmatrix}\dot{u}\\ \dot{v}\end{bmatrix}=\begin{bmatrix}\frac{1}{z} & 0 & -\frac{u}{z} & -uv & (1+u^2) & -v\\ 0 & \frac{1}{z} & -\frac{v}{z} & -(1+v^2) & uv & u\end{bmatrix}\begin{bmatrix}v_x\\ v_y\\ v_z\\ \omega_x\\ \omega_y\\ \omega_z\end{bmatrix} \tag{8-15}$$

由上式可见，图像雅可比矩阵将空间某点在图像平面投影的运动速度与该点相对于相机坐标系的运动速度相关联。

式(8-15)中等式左部对应一个特征点的坐标位置运动。通过堆叠每个图像点坐标对应的图像雅可比矩阵，可将该结果直接扩展到使用 $k/2$ 图像点进行视觉控制的一般情况，即

$$\begin{bmatrix}\dot{u}_1\\ \dot{v}_1\\ \vdots\\ \dot{u}_{k/2}\\ \dot{v}_{k/2}\end{bmatrix}=\begin{bmatrix}\frac{1}{z_1} & 0 & -\frac{u_1}{z_1} & -u_1v_1 & 1+u_1^2 & -v_1\\ 0 & \frac{1}{z_1} & -\frac{v_1}{z_1} & -(1+v_1^2) & u_1v_1 & u_1\\ \vdots & \vdots & \vdots & \vdots & \vdots & \vdots\\ \frac{1}{z_{k/2}} & 0 & -\frac{u_{k/2}}{z_{k/2}} & -u_{k/2}v_{k/2} & 1+u_{k/2}^2 & v_{k/2}\\ 0 & \frac{1}{z_{k/2}} & -\frac{v_{k/2}}{z_{k/2}} & -(1+v_{k/2}^2) & u_{k/2}v_{k/2} & u_{k/2}\end{bmatrix}\begin{bmatrix}T_x\\ T_y\\ T_z\\ \omega_x\\ \omega_y\\ \omega_z\end{bmatrix} \tag{8-16}$$

需要注意，在式(8-15)~(8-17)中含有未知深度信息 z，因此图像雅可比矩阵不仅取决于特征点具体坐标值，还需要求解 z，通常情况下需要使用相对位姿估计算法通过多个特征点进行解算或使用其他深度传感器。对于眼在手外系统，当摄像机位置固定且目标是末端执行器时，可以使用机器人的正向运动学和相机内外参数标定信息计算 z 值。

以上以眼在手外系统为例讨论了图像雅可比矩阵的推导。对于眼在手上系统，相机坐标系为动坐标系，固连于手端，假设目标保持固定不变，${}^{c}\boldsymbol{P}$ 为目标坐标系中某点坐标，类似式(8-9)，可得到

$${}^{c}\dot{\boldsymbol{P}}=-[{}^{c}\boldsymbol{P}]_{\times}{}^{c}\boldsymbol{\Omega}_{t}+{}^{c}\boldsymbol{V}_{t} \tag{8-17}$$

式中，${}^{c}\boldsymbol{\Omega}_{t}$ 和 ${}^{c}\boldsymbol{V}_{t}$ 分别为目标相对于相机坐标系的运动角速度和线速度。由于相机坐标系与手端坐标系固连，因此有 ${}^{c}\boldsymbol{\Omega}_{t}=-{}^{t}\boldsymbol{\Omega}_{e}$，${}^{c}\boldsymbol{V}_{t}=-{}^{t}\boldsymbol{V}_{e}$，代入上式即得到

$${}^{c}\dot{\boldsymbol{P}}=[{}^{c}\boldsymbol{P}]_{\times}{}^{t}\boldsymbol{\Omega}_{e}-{}^{t}\boldsymbol{V}_{e} \tag{8-18}$$

进一步的图像雅可比推导过程同上(式(8-9)~(8-16)的推导)。

式(8-8)的结果完全可以推广到其他坐标系。如对于直接视觉伺服系统，需要直接控制各关节角，因此需要推导图像坐标到关节坐标之间的雅可比矩阵，即

$$\dot{\boldsymbol{f}}=\boldsymbol{J}_v(\boldsymbol{q})\dot{\boldsymbol{q}} \tag{8-19}$$

式中

$$\boldsymbol{J}_v(\boldsymbol{q})=\begin{bmatrix}\dfrac{\partial f_1(\boldsymbol{r})}{\partial q_1} & \cdots & \dfrac{\partial f_1(\boldsymbol{r})}{\partial q_n}\\ \vdots & & \vdots\\ \dfrac{\partial f_k(\boldsymbol{r})}{\partial q_1} & \cdots & \dfrac{\partial f_k(\boldsymbol{r})}{\partial q_n}\end{bmatrix}$$

利用雅可比矩阵性质,容易得到

$$\boldsymbol{J}_v(\boldsymbol{q})=\boldsymbol{J}_v(\boldsymbol{r})\boldsymbol{J}(\boldsymbol{q})=\begin{bmatrix}\dfrac{\partial f_1(\boldsymbol{r})}{\partial r_1} & \cdots & \dfrac{\partial f_1(\boldsymbol{r})}{\partial r_m}\\ \vdots & & \vdots\\ \dfrac{\partial f_k(\boldsymbol{r})}{\partial r_1} & \cdots & \dfrac{\partial f_k(\boldsymbol{r})}{\partial r_m}\end{bmatrix}\begin{bmatrix}\dfrac{\partial r_1}{\partial q_1} & \cdots & \dfrac{\partial r_1}{\partial q_n}\\ \vdots & & \vdots\\ \dfrac{\partial r_m}{\partial q_1} & \cdots & \dfrac{\partial r_m}{\partial q_n}\end{bmatrix} \tag{8-20}$$

式中,$\boldsymbol{J}(\boldsymbol{q})$由机器人运动学决定,详见 7.2 节。

8.3　基于位置的视觉伺服

本节讨论基于位置的视觉伺服(PBVS)。如前所述,基于位置的视觉伺服从图像中提取特征并用于估计目标相对于相机的位姿,进一步在任务空间中定义机器人当前位姿和期望位姿之间的误差。因此,基于位置的视觉伺服将视觉闭环控制器的设计问题(即反馈信号的计算)与从视觉数据中计算位姿所涉及的估计问题相互解耦。

定位任务可形式化描述如下:

定位任务由运动误差函数 $\boldsymbol{E}:\mathcal{T}\to\mathbf{R}^m$ 描述;如果手端位姿 $\boldsymbol{x}_{\mathrm{e}}$ 对应误差函数值 $\boldsymbol{E}(\boldsymbol{x}_{\mathrm{e}})=0$,则认为定位任务完成。

一旦定义了合适的运动误差函数,并从视觉反馈数据中确定了函数参数的具体形式,就可以定义一个控制器,将运动误差函数值减小至零。在每一采样时刻,控制器计算所需手端速度旋量 $\boldsymbol{u}$,并将该值输入机器人子系统。由于视觉位姿计算已从整个回路中解耦,因此视觉伺服简化为一个纯控制问题。

考虑机器人定位任务,即机器人手端上某点${}^{\mathrm{e}}\boldsymbol{P}$ 需要到达空间中的某静止固定点 $\boldsymbol{S}$,称之为点对点定位。当使用眼在手外配置时,假设机器人位置固定,则运动误差函数 $\boldsymbol{E}$ 可以在机器人基坐标中如下定义:

$$\boldsymbol{E}(\boldsymbol{x}_{\mathrm{e}};\boldsymbol{S},{}^{\mathrm{e}}\boldsymbol{P})=\boldsymbol{x}_{\mathrm{e}}({}^{\mathrm{e}}\boldsymbol{P})-\boldsymbol{S} \tag{8-21}$$

式中,分号前参数标识待控制值(手端未知);分号后值为定位任务参数。由该表达式可知,此时误差向量值在世界坐标系中计算。

首先考虑$\mathcal{T}=\mathbf{R}^3$ 时的机器人定位任务,此时机器人仅在任务空间中平移,一个典型的例子为直角坐标机器人。设 $\boldsymbol{u}_3=[v_x\quad v_y\quad v_z]^{\mathrm{T}}$ 为机器人平移速度向量,则可简单地使用比例控制律使系统稳定:

$$\boldsymbol{u}_3=-k\boldsymbol{E}(\hat{\boldsymbol{x}}_e;\hat{\boldsymbol{x}}_c({}^c\hat{\boldsymbol{S}}),{}^e\boldsymbol{P})=-k[\hat{\boldsymbol{x}}_e({}^e\boldsymbol{P})-\hat{\boldsymbol{x}}_c({}^c\hat{\boldsymbol{S}})] \tag{8-22}$$

式中,上标 ^ 表示估计值,因为$\hat{\boldsymbol{x}}_e$、$\hat{\boldsymbol{x}}_c$、${}^c\hat{\boldsymbol{S}}$ 各量均由相机观测产生。此时系统为一阶系统,当 $k>0$ 时即可保证系统稳定。

进一步,当考虑视觉反馈时延时,可将该时延环节近似为一阶环节,此时系统闭环框图如图 8-11 所示,近似为二阶线性系统。进一步可根据视觉伺服回路指标需求,使用经典 PID 控制算法或基于现代控制理论的最优控制等方法实现视觉伺服控制器设计。

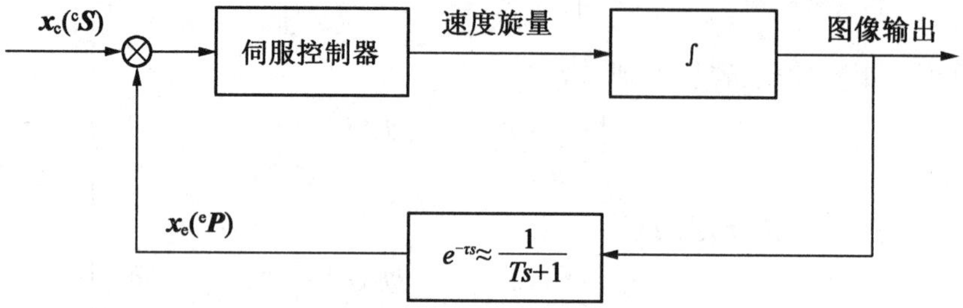

图 8-11 基于位置的视觉伺服系统简化框图

现在考虑眼在手上配置,相机坐标系相对于手端坐标系的相对位姿${}^e\hat{\boldsymbol{x}}_c$ 假设已通过手眼标定事先确定。此时,误差函数 $\boldsymbol{E}$ 可表示为

$${}^e\boldsymbol{E}(\boldsymbol{x}_e;\boldsymbol{S},{}^e\boldsymbol{P})={}^e\boldsymbol{P}-{}^e\boldsymbol{x}_0(\boldsymbol{S}) \tag{8-23}$$

此时误差值在手端坐标系中计算。由于目标的位置仅能通过相机观测,因此有

$$\hat{\boldsymbol{S}}=(\hat{\boldsymbol{x}}_e\circ{}^e\hat{\boldsymbol{x}}_c){}^c\hat{\boldsymbol{S}} \tag{8-24}$$

$$\begin{aligned}{}^e\boldsymbol{u}_3&=-k{}^e\boldsymbol{E}(\hat{\boldsymbol{x}}_e;(\hat{\boldsymbol{x}}_e\circ{}^e\hat{\boldsymbol{x}}_c){}^c\hat{\boldsymbol{S}},{}^e\boldsymbol{P})\\&=-k({}^e\boldsymbol{P}-({}^e\boldsymbol{x}_0\circ{}^0\hat{\boldsymbol{x}}_e\circ{}^e\hat{\boldsymbol{x}}_c){}^c\hat{\boldsymbol{S}})\\&=-k({}^e\boldsymbol{P}-{}^e\hat{\boldsymbol{x}}_c{}^c\hat{\boldsymbol{S}})\end{aligned} \tag{8-25}$$

注意到式(8-25)中第一行的$\hat{\boldsymbol{x}}_e$ 项已消除。因此,和式(8-22)对比可发现,不仅式(8-25)形式上更为简单,同时最终定位精度也不再依赖于$\hat{\boldsymbol{x}}_e$,即不依赖于机器人的手端定位精度,这也是眼在手上视觉伺服系统的一个特点。

现在考虑$T\subseteq SE^3$ 时的机器人定位任务,即要求机器人到达指定位姿,此时控制输入 $\boldsymbol{u}\in\mathbf{R}^6$ 为完整的六维速度旋量。由于误差函数式(8-21)仅包含三个自由度,因此根据该误差计算控制量 $\boldsymbol{u}$ 是一个欠定问题。一种简单而直接的处理方式如下。

假设系统采用眼在手外配置,则在基坐标系下,有 $\dot{\boldsymbol{P}}=\boldsymbol{u}_3$,根据式(8-7),有

$$\dot{\boldsymbol{P}}=\boldsymbol{u}_3=\boldsymbol{A}(\boldsymbol{P})\boldsymbol{u} \tag{8-26}$$

因此,可构造控制律

$$\boldsymbol{u}=\boldsymbol{A}(\boldsymbol{P})^+\boldsymbol{u}_3 \tag{8-27}$$

式中,$\boldsymbol{A}(\boldsymbol{P})^+$为矩阵 $\boldsymbol{A}(\boldsymbol{P})$的 Moore-Penrose 广义逆,定义为

$$\boldsymbol{A}(\boldsymbol{P})^+=\boldsymbol{A}(\boldsymbol{P})^T[\boldsymbol{A}(\boldsymbol{P})\boldsymbol{A}(\boldsymbol{P})^T]^{-1} \tag{8-28}$$

显然,构造上述控制律的前提条件是 $\boldsymbol{A}(\boldsymbol{P})^+$在可能运动轨线上均可逆。

对应眼在手上系统,处理方式完全类似,可构造控制律

$$ {}^{e}\boldsymbol{u}=\boldsymbol{A}({}^{e}\boldsymbol{P})^{+e}\boldsymbol{u}_3 \tag{8-29}$$

将式(8-22)和式(8-25)的结果分别代入式(8-27)和式(8-29)中,即可得到对应的比例控制律。

进一步考虑机器人定位定姿任务,此时机器人手端上某点${}^{e}\boldsymbol{P}$不仅需要到达空间中的某静止固定点 $\boldsymbol{S}$,还要求手端坐标系到达相对某静止坐标系的指定姿态 $\boldsymbol{\theta}_s=[\theta_{sx}\quad\theta_{sy}\quad\theta_{sz}]^{\mathrm{T}}$。两坐标系相对姿态使用欧拉角表示,即 $\boldsymbol{\theta}=[\theta_x\quad\theta_y\quad\theta_z]^{\mathrm{T}}$,则根据式(8-7)进行扩展,有

$$\begin{bmatrix}\dot{\boldsymbol{P}}\\ \dot{\boldsymbol{\theta}}\end{bmatrix}=\boldsymbol{A}'(\boldsymbol{P},\boldsymbol{\theta})\,\dot{\boldsymbol{r}}=\begin{bmatrix}\boldsymbol{I}_3 & -[\boldsymbol{P}]_\times\\ \boldsymbol{0} & \boldsymbol{I}_3\end{bmatrix}\dot{\boldsymbol{r}} \tag{8-30}$$

注意到 $\boldsymbol{A}'(\boldsymbol{P})$ 为上三角阵且对角元为 1,因此可直接求逆。类似式(8-27),有

$$\boldsymbol{u}=\boldsymbol{A}'(\boldsymbol{P},\boldsymbol{\theta})^{-1}\begin{bmatrix}\boldsymbol{u}_3\\ \overline{\boldsymbol{\omega}_3}\end{bmatrix} \tag{8-31}$$

式中,$\overline{\boldsymbol{\omega}_3}=-k(\boldsymbol{\theta}-\boldsymbol{\theta}_{\mathrm{d}})$。

考虑到欧拉角描述坐标系旋转的奇异性问题,一种有效的方式是使用 Rodrigues 旋转表达,即欧氏空间中的旋转变换可以表示为绕一个空间单位向量 $\boldsymbol{n}$ 旋转角度 γ 得到,如图 8-12 所示。

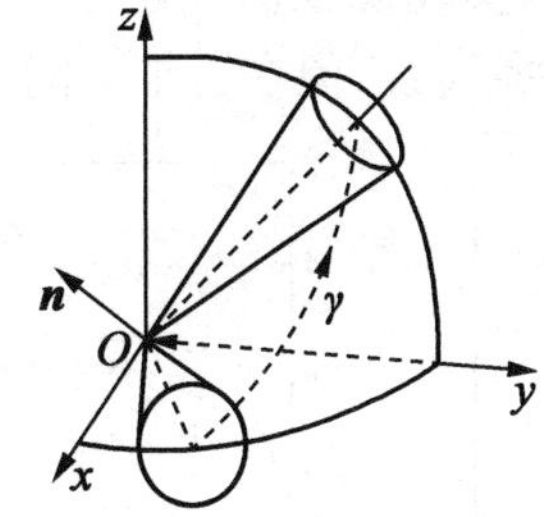

图 8-12　Rodrigues 旋转变换表达

类似式(8-30),但选择 $\boldsymbol{\xi}=\gamma\boldsymbol{n}$ 替代 $\boldsymbol{\theta}$ 作为状态向量,则有

$$\begin{bmatrix}\dot{\boldsymbol{P}}\\ \dot{\boldsymbol{\theta}}\end{bmatrix}=\boldsymbol{A}'(\boldsymbol{P},\boldsymbol{\xi})=\begin{bmatrix}\boldsymbol{I}_3 & [\boldsymbol{P}]_\times\\ \boldsymbol{0} & \boldsymbol{J}_\xi\end{bmatrix}\dot{\boldsymbol{r}} \tag{8-32}$$

其中旋转分量雅可比矩阵 $\boldsymbol{J}_\xi$ 为 3×3 矩阵,由下式决定:

$$\boldsymbol{J}_\xi(\boldsymbol{n},\gamma)=\boldsymbol{I}_3-\frac{\gamma}{2}[\boldsymbol{n}]_\times+\left[1-\frac{\sin c(\gamma)}{\sin c^2\left(\dfrac{\gamma}{2}\right)}\right][\boldsymbol{n}]_\times^2 \tag{8-33}$$

式中,$\sin c(\gamma)=\sin\gamma/\gamma$,且当 $\gamma=0$ 时,定义 $\sin c(\gamma)=1$。

考虑到欧拉角描述坐标系旋转的奇异性问题,另一种方式是使用 Rodrigues 旋转表达,即欧氏空间中的旋转变换可以表示为绕一个空间单位向量 $\boldsymbol{n}$ 旋转角度 γ 得到,如图 8-12 所示。因此,可定义比例控制律

$$\boldsymbol{u}=-k\boldsymbol{A}'(\boldsymbol{P},\boldsymbol{\xi})^{-1}\boldsymbol{e} \tag{8-34}$$

式中,$\boldsymbol{e}$ 为误差向量。

对于眼在手上配置,有

$$\boldsymbol{e}=\begin{bmatrix} {}^{\mathrm{e}}\boldsymbol{P}-{}^{\mathrm{e}}\hat{\boldsymbol{x}}_{\mathrm{c}}({}^{\mathrm{c}}\hat{\boldsymbol{S}}) \\ \boldsymbol{\xi}-\boldsymbol{\xi}_{\mathrm{d}} \end{bmatrix} \tag{8-35}$$

式中,$\boldsymbol{\xi}_{\mathrm{d}}$ 为期望姿态,即手端坐标系到达相对某静止坐标系的指定姿态对应的 $\boldsymbol{\xi}$ 向量。

$\boldsymbol{A}'(\boldsymbol{P},\boldsymbol{\xi})^{-1}$ 由下式给定:

$$\boldsymbol{A}'(\boldsymbol{P},\boldsymbol{\xi})^{-1}=\begin{bmatrix} \boldsymbol{I}_3 & -[\boldsymbol{P}]_{\times}\boldsymbol{J}_{\xi}^{-1} \\ \boldsymbol{0} & \boldsymbol{J}_{\xi}^{-1} \end{bmatrix} \tag{8-36}$$

代入式(8-34)中,利用性质 $\boldsymbol{J}_{\xi}^{-1}\boldsymbol{\xi}=\boldsymbol{\xi}$,并假设 $\boldsymbol{\xi}_s=\boldsymbol{0}$,可得

$$\boldsymbol{u}=-k\begin{bmatrix} {}^{\mathrm{e}}\boldsymbol{P}-{}^{\mathrm{e}}\hat{\boldsymbol{x}}_{\mathrm{c}}({}^{\mathrm{c}}\hat{\boldsymbol{S}})-[\boldsymbol{P}]_{\times}\boldsymbol{J}_{\xi}^{-1}\boldsymbol{\xi} \\ \boldsymbol{\xi} \end{bmatrix} \tag{8-37}$$

该 PBVS 方案使旋转和平移运动以指数速度下降,对应运动轨迹如图 8-13 所示。设可观测到目标上的四个共面特征点,视觉伺服任务目标是将四个特征点在像平面上的位置形成一个正方形,形心为平面原点。图 8-13(a)显示了视觉伺服过程各点及形心在像平面上的运动轨迹,图 8-13(b) 为位姿各分量随时间变化曲线,图 8-13(c)为相机在三维空间中的运动轨迹。可以看到,PBVS 可以实现视觉伺服任务。同时也可以看到,在像平面上,四个特征点的中心点运动轨迹遵循一条直线,但在三维空间中其运动轨迹明显是一条曲线。

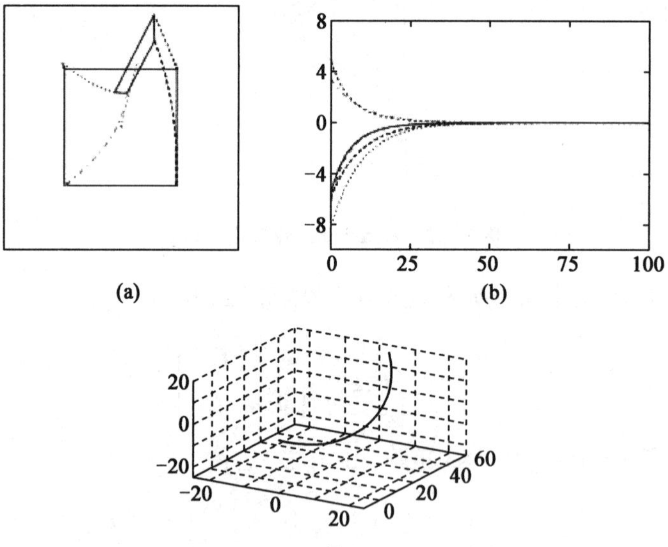

图 8-13 基于 Rodrigues 旋转变换表达的 PBVS 视觉伺服任务示例

8.4 基于图像的视觉伺服

如前所述,在基于图像的视觉伺服(IBVS)中,误差信号直接使用图像特征定义,而非像

在 PBVS 中误差信号在任务空间中定义。因此，给出如下定义：

基于图像的视觉伺服任务由图像误差函数 $\boldsymbol{e}:\mathcal{F}\to\mathbf{R}^l$ 描述，其中 $l<k$，k 为图像特征参数空间维数。

与 PVBS 相同，IBVS 可使用眼在手外或眼在手上配置。无论哪种情况，机械臂手端运动都会导致视觉系统观察到的图像发生变化。因此，对于 PVBS 而言，需要确定适当的误差函数 $\boldsymbol{e}$，使得当完成任务时，$\boldsymbol{e}=0$，或者通过示教方式将机器人移动到指定目标位置，此时采集的图像被用于计算期望图像特征参数向量 $\boldsymbol{f}_{\mathrm{d}}$。如果任务是相对于移动目标定义的，那么误差 $\boldsymbol{e}$ 将是一个与手端位姿和移动目标位姿均相关的函数。

注意到误差 $\boldsymbol{e}$ 在图像参数空间上定义，但机械臂控制输入通常在关节坐标或任务空间坐标中定义。因此，需要将图像特征参数变化与机器人位置变化相关联。将式(8-16)重记为

$$\dot{\boldsymbol{f}}=\boldsymbol{J}_v(\boldsymbol{f})\,\dot{\boldsymbol{r}} \tag{8-38}$$

利用 8.2.3 节中的图像雅可比矩阵定义，令控制输入为机械臂手端速度旋量，即 $\boldsymbol{u}=\dot{\boldsymbol{r}}$，同时假设图像雅可比矩阵为方阵，即式(8-16)中的图像特征向量维数为 6，且矩阵非奇异，此时有

$$\boldsymbol{u}=\boldsymbol{J}_v^{-1}(\boldsymbol{f})\,\dot{\boldsymbol{f}} \tag{8-39}$$

当图像特征点数量大于 3 时，根据式(8-16)，此时图像特征参数空间维数 $k>6$。假设 $\boldsymbol{J}_v$ 满秩，则利用伪逆记号，有

$$\boldsymbol{u}=\boldsymbol{J}_v^{+}(\boldsymbol{f})\,\dot{\boldsymbol{f}} \tag{8-40}$$

式中，$\boldsymbol{J}_v^{+}(\boldsymbol{f})=(\boldsymbol{J}_v^{\mathrm{T}}\boldsymbol{J}_v)^{-1}\boldsymbol{J}_v^{\mathrm{T}}$。

进一步，在图像特征空间中定义误差函数

$$\boldsymbol{e}(\boldsymbol{f})=\boldsymbol{f}-\boldsymbol{f}_{\mathrm{d}} \tag{8-41}$$

式中，$\boldsymbol{f}_{\mathrm{d}}$ 为期望图像特征向量。则可定义如下比例控制律：

$$\boldsymbol{u}=-\boldsymbol{K}\boldsymbol{J}_v^{+}(\boldsymbol{f})\boldsymbol{e}(\boldsymbol{f}) \tag{8-42}$$

式中，$\boldsymbol{K}$ 为常系数增益矩阵。联立式(8-16)可知，此时闭环系统为一阶系统，对应系数为正增益时即可保证系统稳定。事实上，定义 Lyapunov 函数

$$V(\boldsymbol{f})=\frac{1}{2}\|\boldsymbol{e}(\boldsymbol{f})\|^2=\frac{1}{2}\boldsymbol{e}^{\mathrm{T}}(\boldsymbol{f})\boldsymbol{e}(\boldsymbol{f}) \tag{8-43}$$

则

$$\dot{V}(\boldsymbol{f})=\boldsymbol{e}^{\mathrm{T}}(\boldsymbol{f})\,\dot{\boldsymbol{e}}(\boldsymbol{f}) \tag{8-44}$$

取 $\boldsymbol{K}=\lambda\boldsymbol{I}$，$\boldsymbol{I}$ 为单位阵，则

$$\begin{aligned}\dot{V}(\boldsymbol{f})&=-\lambda\boldsymbol{e}^{\mathrm{T}}(\boldsymbol{f})\boldsymbol{J}_v\boldsymbol{J}_v^{+}(\boldsymbol{f})\boldsymbol{e}(\boldsymbol{f})\\&=-\lambda\boldsymbol{e}^{\mathrm{T}}(\boldsymbol{f})\boldsymbol{e}(\boldsymbol{f})\leqslant 0\end{aligned} \tag{8-45}$$

系统稳定性得证。

在算法实现中要注意，根据式(8-16)，$\boldsymbol{J}_v^{+}(\boldsymbol{r})$ 依赖于 $z_1,\cdots,z_{k/2}$，即各特征点的深度信息，当使用单目视觉时，该量为未知量，因此，需要对该值进行近似。一种方式是令 $\boldsymbol{J}_v^{+}(\boldsymbol{f})\approx\boldsymbol{J}_v^{+}(\boldsymbol{f}_{\mathrm{d}})$，即利用机械臂到达最终期望位姿时对应的图像雅可比逆近似，注意 $\boldsymbol{J}_v^{+}(\boldsymbol{f}_{\mathrm{d}})$

为定常矩阵；另一种方式则是令 $\boldsymbol{J}_v^+(\boldsymbol{f}) \approx [\boldsymbol{J}_v(\boldsymbol{f}) + \boldsymbol{J}_v(\boldsymbol{f}_\mathrm{d})]^+$，与第一种方式相比，它仍然需要计算深度信息，但具有更好的鲁棒性。

下面举例说明 IBVS 控制。IBVS 控制的目标是调整机械臂手端位姿，使目标矩形在手端相机中的成像为位于图像中心的正方形，如图 8-14 所示。将 $\boldsymbol{f}$ 定义为构成正方形的四个特征角点的 x 和 y 坐标。为演示控制效果，初始相机姿态被选择远离最终期望姿态。

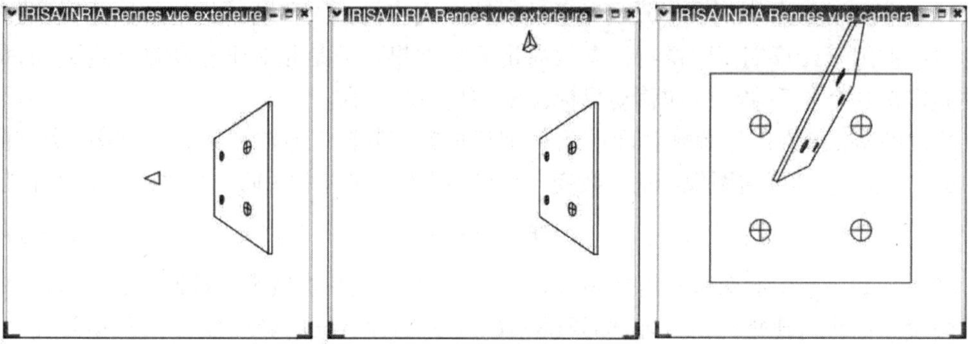

(a) (b) (c)

图 8-14 基于图像的视觉伺服任务示例

图 8-15~8-17 分别给出了使用控制律 $\boldsymbol{u}=\boldsymbol{K}\boldsymbol{J}_v^+(\boldsymbol{f}_\mathrm{d})\boldsymbol{e}(\boldsymbol{f})$、$\boldsymbol{u}=\boldsymbol{K}\boldsymbol{J}_v^+(\boldsymbol{f})\boldsymbol{e}(\boldsymbol{f})$ 和 $\boldsymbol{u}=\boldsymbol{K}[\boldsymbol{J}_v(\boldsymbol{f})+\boldsymbol{J}_v(\boldsymbol{f}_\mathrm{d})]^+\boldsymbol{e}(\boldsymbol{f})$ 时的系统仿真曲线。图 8-15(a) 为各特征角点在像平面上的运动轨迹；图 8-15(b) 为相对位姿的响应曲线；图 8-15(c) 为手端在三维空间中的运动轨迹。由运动轨迹可见，对应 $\boldsymbol{u}=\boldsymbol{K}\boldsymbol{J}_v^+(\boldsymbol{f})\boldsymbol{e}(\boldsymbol{f})$ 的控制曲线最为理想，但需要各特征点在每一采样时刻的深度信息，同时有研究表明该方法缺乏鲁棒性；对应 $\boldsymbol{u}=\boldsymbol{K}\boldsymbol{J}_v^+(\boldsymbol{f}_\mathrm{d})\boldsymbol{e}(\boldsymbol{f})$ 的控制效果最差，但实际中最易实现；使用 $\boldsymbol{u}=\boldsymbol{K}[\boldsymbol{J}_v(\boldsymbol{f})+\boldsymbol{J}_v(\boldsymbol{f}_\mathrm{d})]^+\boldsymbol{e}(\boldsymbol{f})$ 的控制效果则略差于图 8-16，但远优于图 8-15，同时具有较好的鲁棒性，因此在实际中可接受。

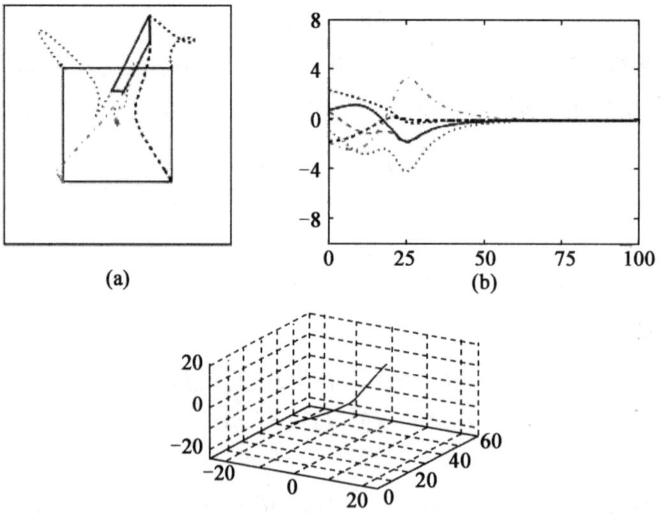

(a) (b) (c)

图 8-15 基于图像的视觉伺服任务示例（$\boldsymbol{u}=\boldsymbol{K}\boldsymbol{J}_v^+(\boldsymbol{f}_\mathrm{d})\boldsymbol{e}(\boldsymbol{f})$）

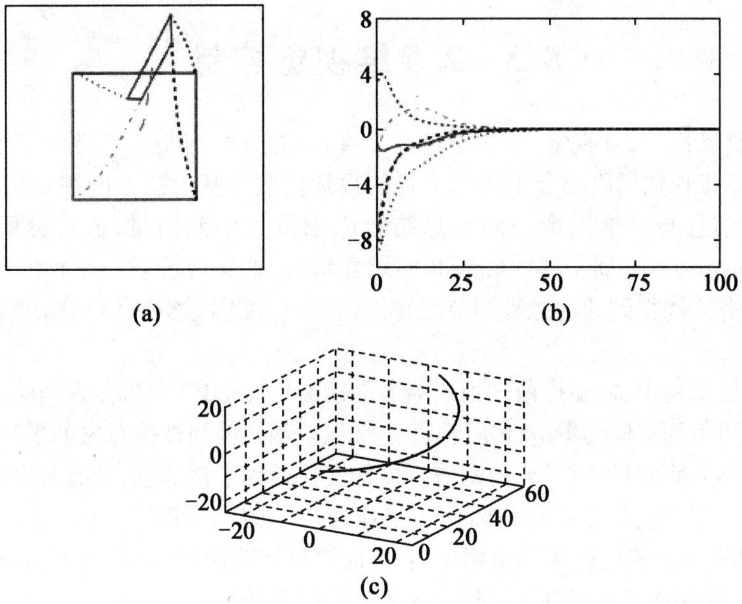

图 8-16　基于图像的视觉伺服任务示例（$u=KJ_v^+(f)e(f)$）

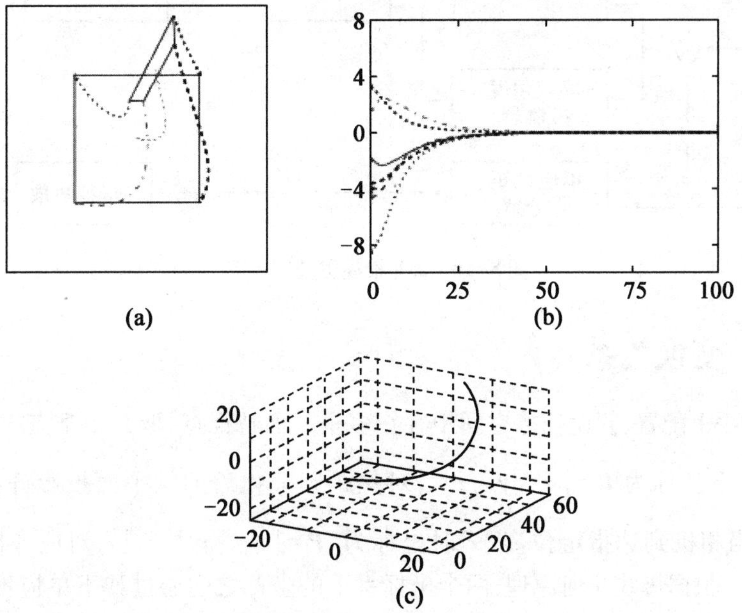

图 8-17　基于图像的视觉伺服任务示例（$u=K[J_v(f)+J_v(f_d)]^+e(f)$）

8.5 2.5 维视觉控制

2.5 维视觉又称 2.5D 视觉，它并不是一个真正的维度，而是将二维与三维信息融合的一种方法。2.5 维视觉伺服结合了基于位置的视觉伺服和基于图像的视觉伺服的特点，将三维任务空间信息与二维图像空间信息结合起来得到误差向量，通过分解单应性矩阵（homography matrix）来减弱平移和旋转间的相互影响，即实现旋转与平移的解耦。该算法利用从三维任务空间得到的信息来调节旋转误差，而二维图像空间信息则用来调节平移误差。

在这种伺服结构中，需要提前知道机器人的期望位姿信息，由机器人当前位姿与期望位姿之间的关系可得到对应的单应性矩阵，并定义误差函数控制被控对象的平动和转动，通过这个矩阵对机器人旋转操作控制，由图像特征的变化得到平移信息，从而对机器人平移操作控制。因此混合视觉伺服方法也称为基于单应性矩阵的伺服控制方法。其控制框图如图 8-18 所示。和基于位置的视觉伺服相比，它不需要目标的任何 3D 几何模型；和基于图像的视觉伺服相比，它保证了控制算法在整个任务空间的收敛性。

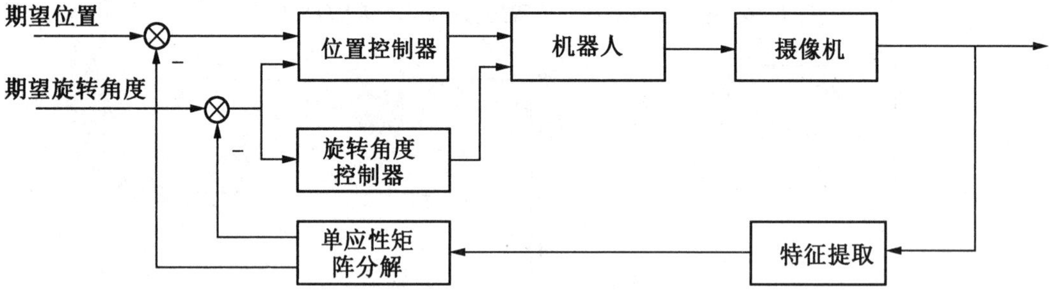

图 8-18 2.5 维视觉控制框图

8.5.1 变换关系

考虑眼在手上配置，假设任务空间中存在多个共面特征点，取其中某点 $\boldsymbol{P}$，在当前观测相机坐标系 ${}^{c}\mathcal{F}$ 下坐标为 ${}^{c}\boldsymbol{P}=[x \quad y \quad z]^{\mathrm{T}}$，对焦距归一化后的像平面投影齐次坐标为 $\tilde{\boldsymbol{f}}=[u \quad v \quad 1]^{\mathrm{T}}$，当相机到达指定位姿 ${}^{cd}\mathcal{F}$ 时坐标为 ${}^{cd}\boldsymbol{P}=[x_{\mathrm{d}} \quad y_{\mathrm{d}} \quad z_{\mathrm{d}}]^{\mathrm{T}}$，对应齐次坐标为 $\tilde{\boldsymbol{f}}_{\mathrm{d}}=[u_{\mathrm{d}} \quad v_{\mathrm{d}} \quad 1]^{\mathrm{T}}$。根据极线几何原理，两个坐标系下的坐标之间通过如下单应性变换矩阵 $\boldsymbol{H}$ 相关联：

$$ {}^{c}\boldsymbol{P}=\boldsymbol{H}\,{}^{cd}\boldsymbol{P} \tag{8-46} $$

根据透视变换性质，3×3 单应矩阵 $\boldsymbol{H}$ 可以分解为两个矩阵之和，即

$$ \boldsymbol{H}=\boldsymbol{R}+\frac{1}{d_{\mathrm{d}}}\boldsymbol{b}\boldsymbol{m}_{\mathrm{d}}^{\mathrm{T}} \tag{8-47} $$

式中，$\boldsymbol{R}$ 为旋转变换矩阵；$\boldsymbol{b}=[b_x \quad b_y \quad b_z]^{\mathrm{T}}$ 为 ${}^{cd}\mathcal{F}$ 与 ${}^{c}\mathcal{F}$ 之间的位移向量，即 ${}^{cd}\mathcal{F}$ 的原点在 ${}^{c}\mathcal{F}$ 坐标系下的位置向量；d_{d} 为 ${}^{cd}\mathcal{F}$ 的坐标原点 O_{cd} 到平面 Π 的距离；$\boldsymbol{m}_{\mathrm{d}}=[m_{\mathrm{d}x} \quad m_{\mathrm{d}y} \quad m_{\mathrm{d}z}]^{\mathrm{T}}$ 为

在${}^{cd}\mathcal{F}$坐标系下,O_{cd} 的原点到平面 Π 的垂线方向的单位向量,即平面 Π 的法向量的单位向量。

进一步令 d 为${}^{c}\mathcal{F}$的坐标原点 O_c 到平面 Π 的距离,则根据透视变换几何关系及式(8-47),有

$$d=d_d+\boldsymbol{m}^T\boldsymbol{b} \tag{8-48}$$

式中,$\boldsymbol{m}=[m_x \quad m_y \quad m_z]^T$ 为在${}^{c}\mathcal{F}$坐标系下,坐标原点 O_c 到平面 Π 的垂线方向的单位向量,即平面 Π 的法向量的单位向量。

上述几何关系如图 8-19 所示。

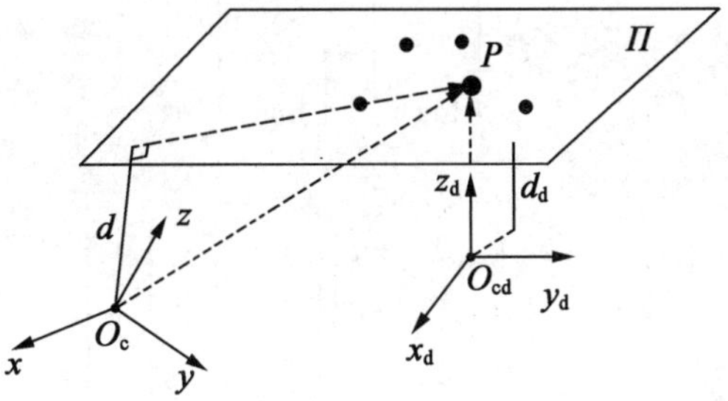

图 8-19　任务空间点与变换关系

进一步,可以得到 d 与 d_d 之间的比率 γ 为

$$\gamma=\frac{d}{d_d}=1+\boldsymbol{m}^T\tilde{\boldsymbol{f}}=\det(\boldsymbol{H}) \tag{8-49}$$

式中,$\tilde{\boldsymbol{f}}$ 为图像特征向量。

注意到

$$\frac{z}{d_d}=\frac{\gamma}{\boldsymbol{m}^T\tilde{\boldsymbol{f}}} \tag{8-50}$$

以及

$$d_d=z_d\boldsymbol{m}_d^T\tilde{\boldsymbol{f}}_d \tag{8-51}$$

令

$$\rho=\frac{z}{z_d} \tag{8-52}$$

则有

$$\rho=\frac{d\boldsymbol{m}_d^T\tilde{\boldsymbol{f}}_d}{d_d\boldsymbol{m}^T\tilde{\boldsymbol{f}}}=\gamma\frac{\boldsymbol{m}_d^T\tilde{\boldsymbol{f}}_d}{\boldsymbol{m}^T\tilde{\boldsymbol{f}}} \tag{8-53}$$

实际中,如果利用单目相机,则深度信息 z 无法解算。但此时可利用极线几何原理,通过平面多个特征点直接计算 $\boldsymbol{H}$,进一步可分解得到式(8-47)中的 $\boldsymbol{R}$ 和 $\boldsymbol{m}$,同时利用已知参数 $\boldsymbol{m}_d^T$、$\tilde{\boldsymbol{f}}_d$,最终求得参数 ρ。

8.5.2 控制方案

下面推导混合视觉伺服算法。由式(8-5),同时根据眼在手上配置,此时${}^{c}\boldsymbol{P}=[x \quad y \quad z]^{T}$对时间的导数与运动旋量位置分量的符号相反,因此有

$$ {}^{c}\boldsymbol{P}=[-\boldsymbol{I}_3 \quad [{}^{c}\boldsymbol{P}]_{\times}]\,\dot{\boldsymbol{r}} \tag{8-54}$$

定义扩展图像特征向量为

$$\boldsymbol{f}=\begin{bmatrix} u \\ v \\ \log z \end{bmatrix}=\begin{bmatrix} x/z \\ y/z \\ \log z \end{bmatrix} \tag{8-55}$$

对上式两侧求导,即有

$$\dot{\boldsymbol{f}}=-\frac{1}{z}\begin{bmatrix} 1 & 0 & -u \\ 0 & 1 & -v \\ 0 & 0 & 1 \end{bmatrix}\begin{bmatrix} \dot{x} \\ \dot{y} \\ \dot{z} \end{bmatrix}=-\boldsymbol{J}_v\begin{bmatrix} \dot{x} \\ \dot{y} \\ \dot{z} \end{bmatrix} \tag{8-56}$$

式中,$\boldsymbol{J}_v$ 为扩展图像雅可比矩阵。

将式(8-52)代入,即有

$$\dot{\boldsymbol{f}}=[\boldsymbol{J}_v \quad \boldsymbol{J}_{v\omega}]\,\dot{\boldsymbol{r}} \tag{8-57}$$

式中,$\boldsymbol{J}_{v\omega}$ 是旋转分量与平移分量的耦合雅可比矩阵,有

$$\boldsymbol{J}_{vw}=\begin{bmatrix} uv & -(1+u^2) & v \\ 1+v^2 & -uv & -u \\ -v & u & 0 \end{bmatrix} \tag{8-58}$$

选取误差向量

$$\boldsymbol{e}=\begin{bmatrix} \boldsymbol{f}-\boldsymbol{f}_{\mathrm{d}} \\ \boldsymbol{\xi} \end{bmatrix} \tag{8-59}$$

式中,$\boldsymbol{\xi}=\theta\boldsymbol{n}$ 为式(8-47)中旋转矩阵对应的 Rodrigues 旋转表达,则类似 IBVS 方法,可选择比例控制律让系统稳定:

$$\boldsymbol{u}=-k\boldsymbol{J}^{-1}\boldsymbol{e} \tag{8-60}$$

其中

$$\boldsymbol{J}=\begin{bmatrix} \boldsymbol{J}_v & \boldsymbol{J}_{v\omega} \\ \boldsymbol{0}_3 & \boldsymbol{J}_{\xi} \end{bmatrix} \tag{8-61}$$

$\boldsymbol{J}_{\xi}$ 的形式参见式(8-33)。当等效转角 θ 很小时,$\theta\approx0$,$\sin c(\theta)\approx1$,所以有

$$\boldsymbol{J}_{\xi}=\boldsymbol{I}_3-\frac{\theta}{2}[\boldsymbol{n}]_{\times}+\left[1-\frac{\sin c(\theta)}{\sin c^2\left(\frac{\theta}{2}\right)}\right][\boldsymbol{n}]_{\times}^{2}\approx I_3 \tag{8-62}$$

因此 $\boldsymbol{J}_{\xi}^{-1}=\boldsymbol{I}_3$。代入式(8-61),并注意到 $\boldsymbol{J}$ 为上三角阵,则容易计算其逆为

$$\boldsymbol{J}=\begin{bmatrix} \boldsymbol{J}_v^{-1} & -\boldsymbol{J}_v^{-1}\boldsymbol{J}_{v\omega} \\ \boldsymbol{0}_3 & \boldsymbol{I}_3 \end{bmatrix} \tag{8-63}$$

对应式(8-59)中的 $\boldsymbol{f}-\boldsymbol{f}_d$ 项，有

$$\boldsymbol{f}-\boldsymbol{f}_d=\left[u-u_d \quad v-v_d \quad \log\frac{z}{z_d}\right]^T=\left[u-u_d \quad v-v_d \quad \log\rho\right]^T \tag{8-64}$$

ρ 可按式(8-53)计算。可以看到，通过引入扩展特征向量 $\boldsymbol{f}$，将原有无法计算的 z 巧妙地转化为可计算量，提高了控制算法精度。

使用 2.5 维视觉伺服方案时的系统响应如图 8-20 所示，对应控制目标与图 8-14～8-17 相同。与前述各图相比，可明显看到特征点在像平面上的运动轨迹及位姿曲线均更加平滑，同时控制精度更高，在任务空间中的三维运动轨迹也更加平稳。

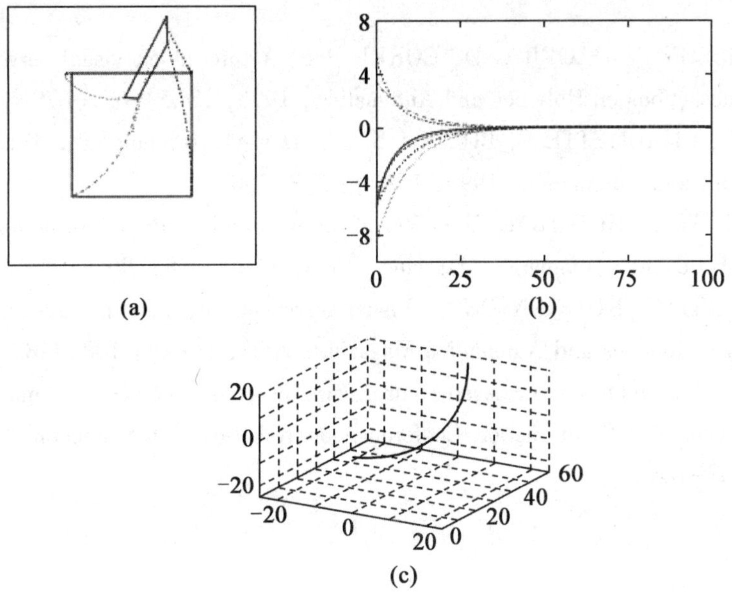

图 8-20　使用 2.5 维视觉伺服方案时的系统响应

8.6　本章小结

①基于位置和基于图像的视觉伺服是两类基本的视觉控制方法，其区别在于反馈信号在三维任务空间中定义还是使用图像特征向量定义。

②基于位置的视觉伺服将三维视觉位姿估计与控制过程解耦，更容易设计控制算法。

③基于图像的视觉伺服则将控制任务在图像特征参数空间中进行描述，控制律一般包含具有强非线性的图像雅可比矩阵，难度更高，但计算更为直接快速，同时对相机参数误差鲁棒性更强。

④2.5 维视觉伺服综合了二维图像和三维旋转变换特征，在分解单应矩阵的基础上计算误差向量，因此兼顾了基于位置和基于图像的视觉伺服方法的优点。仿真结果表明该方法控制更加平稳，精度更高。

本章参考文献

[1] 徐德,谭民,李原. 机器人视觉测量与控制[M]. 北京:国防工业出版社. 2016.

[2] LYNCHK M , PARK F C. 现代机器人学:机构、规划与控制[M]. 于靖军,译. 北京:机械工业出版社,2020.

[3] WEISS L E, SANDERSON A C, NEUMAN C P. Dynamic sensor-based control of robots with visual feedback[J]. IEEE Journal on Robotics & Automation, 1987, 7(5):404-417.

[4] HUTCHINSON S, HAGER G D, CORKE P I. A tutorial on visual servo control [J]. IEEE Tracsactions on Robotics and Automation, 1996, 12(5):651-670.

[5] MALIS E, CHAUMETTE F, BOUDET S. $2^1/_2$D visual servoing[J]. IEEE Transactions on Robotics and Automation, 1999, 15(2): 238-250.

[6] CHAUMETTE F, HUTCHINSON S. Visual servo control, Part Ⅰ: Basic approaches [J]. IEEE Robotics and Automation Magazine, 2006, 13 (4): 82-90.

[7] CHAUMETTE F, HUTCHINSON S. Visual servo control, Part Ⅱ: advanced approaches [J]. IEEE Robotics and Automation Magazine, 2007, 14(1): 108-118.

[8] MALIS E. Improving vision-based control using efficient second-order minimization techniques [C]// IEEE Internation Conference on Robotics and Automation. New Orleans, 2004:1843-1848.

第 9 章　视觉伺服应用实例

随着技术的发展，视觉伺服应用领域已从传统的工业机械臂扩展到桌面机械臂、无人机、吊舱乃至机器人自主导航等众多应用中。本章通过介绍视觉引导机械臂自动抓取系统、低成本眼在手外机械臂视觉伺服系统、陀螺稳定吊舱视觉控制系统、旋翼无人机目标跟随系统、空地无人协同导航系统几个应用实例，使读者加深对视觉伺服原理在工程中的具体方法和实施的理解，提升解决复杂应用问题的能力。

9.1　视觉引导机械臂自动抓取系统

自动抓取是机器人的典型任务之一，在分拣、装配和码垛等场合中广泛应用。传统方法需利用机器人示教方式，采用“逐点示教”的方法，根据具体任务在工作空间中设置抓取点、放置点及中间点，通过机器人控制器预先将这些点的位置示教完毕并将点位数据在内部存储。该方法需根据不同目标及任务进行不同示教，灵活度低，适应性差。将视觉传感器引入自动抓取控制，可首先通过视觉检测目标并计算目标的空间相对位置姿态，进一步经过姿态变换将位置信息传递给机器人控制器，应用基于位置的视觉伺服及机器人的轨迹规划实现对运动目标的实时自动跟踪抓取。这一方式大大提高了任务执行的灵活性。

随着深度学习技术的迅速发展，视觉成为深度学习的主要应用方向，相应技术也应用到机器人自动抓取中，如使用基于深度学习的目标识别与检测，可得到更高的准确度，同时对目标适应性更好。但得到目标检测结果后，需要进一步通知机器人“如何抓取”，因此需要目标的完整知识，如对应的 3D 模型。考虑到任务环境和目标本身的差异，要计算这些信息是一个困难的问题。近年来，使用视觉学习直接从图像预测抓取位置成为一类新的思路。该方法无须先计算目标 3D 模型而后再计算抓取位置，而是根据输入图像直接得到抓取位姿，因此也被称为端到端的控制方法。在该类方法中，如何得到充足的训练样本是关键问题。文献[1]提出了一种基于深度学习的样本训练和机器人试错抓取控制的融合方法，可将学习样本数据从几百个提升到数千个。该方法建立了端到端的自监督分阶段课程式学习系统，使用数千次试错运行样本进行深度网络学习。训练好的网络用来采集更多的正样本和硬负样本，从而加速网络学习过程。

9.1.1　问题描述

机械臂抓取问题可以描述为：对于给定目标 I 的对应图像，计算成功抓取参数(x_S, y_S, θ_S)，即抓取的位置和角度。目标抓取在图像中可使用矩形描述可视化，如图 9-1 所示。本方法中，使用卷积神经网络(CNN)预测抓取位置和角度，对应输入和输出如下。

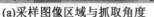

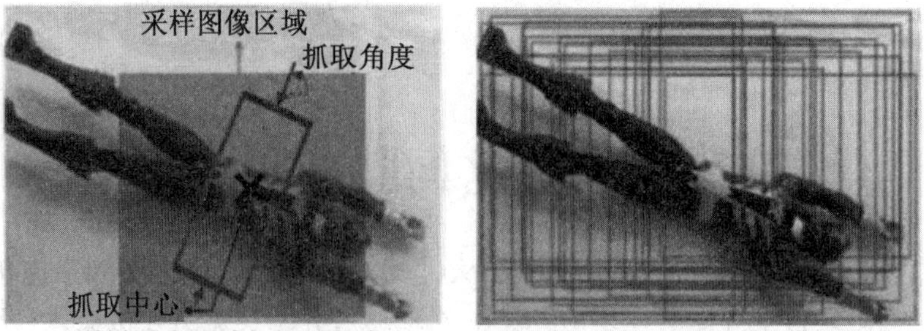

(a)采样图像区域与抓取角度 (b)在不同位置获取采样抓取角度

图 9-1 抓取图像及检测矩形

(1)输入。

CNN 输入是在抓取点附近提取的矩形图像区域。实验中使用的区域是手爪在图像上的投影区域的 1.5 倍,以更好地获取抓取目标特征,区域大小是 380×380。CNN 采用 Alex-Net 网络,为满足网络输入要求,图像大小需转换为 227×227。

(2)输出。

处理抓取问题有两种方式。一是将抓取问题作为回归问题处理,即给出输入图像的预测(x,y,θ)。该方法的问题是:每个对象有多个抓取位置,样本期望输出难以定义;对于结构化输出,CNN 更擅长做分类而非回归。另一种是将解决方法分为两步,即首先学习一个二分类模型,判断图像区域是否可抓取,对于可抓取区域再进一步计算抓取角。要注意的一点是,因为图像区域的可抓取性依赖于手爪角度,因此图像区域可被标记为可抓取和不可抓取。为此,可定义一个 18 维似然向量,分别对应图像区域的中心点在 0°,10°,…,170°处可被抓取的概率,这样就把回归问题转化为 18 通道的二分类问题。

(3)测试。

如前所述,给定图像区域,CNN 输出此物体在区域中心 18 个抓取角度的可抓取性值。机器人测试时,给出一幅图像,对抓取位置进行采样并提取区域,将区域输入 CNN。对于每个区域,输出是 18 个值,它描述了 18 个角度中每个角度的可抓取性得分。最后选择所有角度和所有区域的最大分值,并在相应的抓取位置和角度执行抓取。

9.1.2 解决方案

问题解决可分为三步。首先使用机械臂抓取系统,结合视觉和机械臂动作,采集多个数据点;其次使用这些点作为训练数据,训练卷积神经网络分类器,预测对应不同抓取方向的成功抓取概率;最后使用分阶段课程式学习框架寻找具有较大训练误差的硬负样本。

机械臂抓取实验使用 Rethink Robotics 的 Baxter 机器人系统,上层软件基于 ROS 开发。Baxter 是一类新型的机器人,如图 9-2 所示,包含两个七自由度的双机械臂,同时装有视觉等传感器和二指手爪,可方便地完成抓取和双臂协作等任务。机械臂工作半径为 1 040 mm,负载可达 2.3 kg,具有开放灵活的接口。

图 9-2　Baxter 协作机器人

为进行抓取实验，在机器人头部安装了 Kinect v2 摄像机，可输出 1 920×1 280 分辨率的高清彩色图像。此外，在两个机械臂的末端手爪上装有 1 280×720 分辨率的相机，以在手爪和抓取对象交互时提供更为清晰的图像。使用机器人自带手爪实现抓取，最大宽度（打开状态）为 75 mm，最小宽度（关闭状态）为 37 mm。实验中双臂均进行抓取，以提高数据采集速度。实验中仅考虑平面抓取任务，此时仅需考虑三个抓取参数，即抓取位置(x,y)和抓取角度 θ。

1. 数据点采集

随机抓取训练演示如图 9-3 所示。不同难易程度的待抓取目标放置在白色工作台上，然后进行连续随机抓取实验。每一次随机抓取实验包含如下步骤：

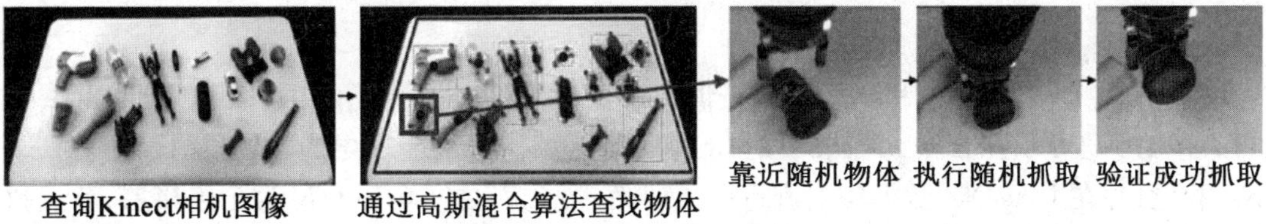

图 9-3　随机抓取训练演示

（1）感兴趣区域（ROI）采样。

首先，使用头部安装的 Kinect 相机，基于成熟的混合高斯模型（MOG）算法从背景中提取待检测目标区域作为感兴趣区域集。这一步骤可大幅减少在空白区域的无效随机抓取实验次数。工作台上存在多个目标，因此感兴趣区域集由多个区域构成，可选定其中之一作为最终某一特定实验的感兴趣区域。

（2）抓取参数采样。

选定 ROI 后，机械臂移动到目标上方 25 cm，然后从 ROI 中通过均匀采样获取一个随机采样点，并以此点坐标作为机械臂的抓取点坐标。为完成机器人的参数配置，随机选定$(0,\pi)$之间的数作为抓取角度（由于采用二指对称手爪，因此角度在$(0,\pi)$之间）。

（3）执行抓取操作。

在步骤（2）中，确定了抓取位置(x,y)和角度 θ 等参数，机械臂即按照这一参数执行抓取操作。抓取后再将机械臂升高 20 cm，并读取手爪力反馈数据，以确定目标是否已成功抓取。

上述运行过程中所有相机、机械臂轨迹和抓取参数均在实验时完整记录到硬盘中。

2. 神经网络训练

(1)数据准备。

给定实验数据点(x_i,y_i,θ_i),以(x_i,y_i)为中心,截取大小为380×380的图像区域。为增加神经网络训练样本,使用旋转变换,即将截取区域旋转θ_{rand},并将旋转后的对应抓取方向标签取为$\{\theta_i+\theta_{rand}\}$。部分正负样本的示例如图9-4所示。

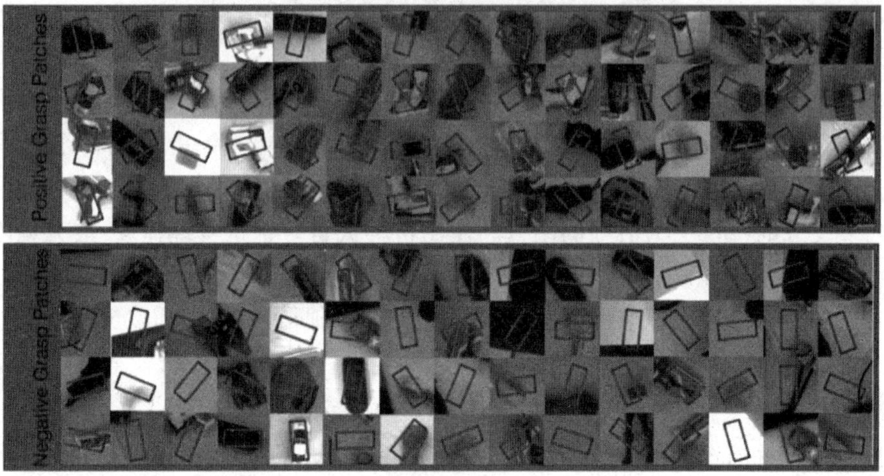

图9-4 抓取图片数据集正负样本示例

(2)神经网络设计。

采用卷积神经网络对样本数据进行训练,结构如图9-5所示,图中,conv i(i=1,2,3,4,5)表示第i层卷积;ang n(n=1,5,12,18)表示角度n。网络前5层为卷积层,设计与AlexNet相同,并在ImageNet数据集上进行了预训练;第6、7层(fc6和fc7)为全连接层,节点数量分别为4 096和1 024,对应权值采用高斯初始化进行训练。

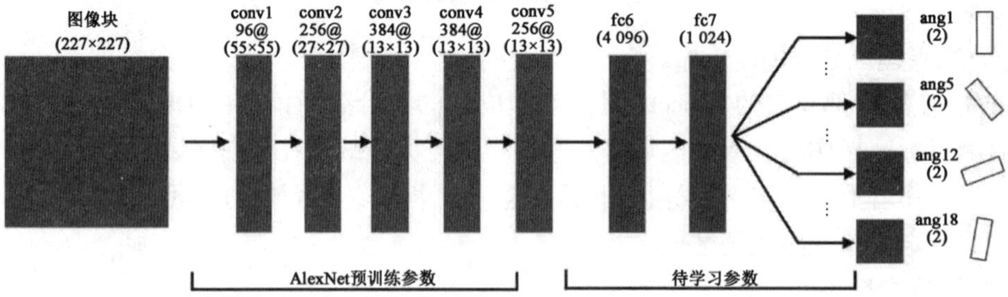

图9-5 抓取网络结构

(3)损失函数设计。

给定批数据大小B,图像区域实例P_i,与角度θ_i对应的标签定义为$l_i\in\{0,1\}$,在角度索引j上的前向通道二进激活值为A_{ji},则批量损失函数L_B可定义为如下形式:

$$L_B=\sum_{i=1}^{B}\sum_{j=1}^{N=18}\delta(j,\theta_i)\cdot\text{softmax}(A_{ji},l_i) \tag{9-1}$$

式中

$$\delta(j,\theta_i)=\begin{cases}1, & \text{当 } \theta_i \text{ 对应于角度索引 } j \text{ 时}\\0, & \text{其他}\end{cases}$$

注意，网络的最后一层包含 18 个二进子网络而非采用多分类层来预测最终的可抓取分值。因此，对于单个区域，只有与实验抓取角度索引 j 对应的损失被反向传播。

(4)多阶段学习。

在前述随机抓取实验得到的数据集上完成网络训练后，使用该模型作为实际抓取的先验模型。在数据采集阶段，同时使用之前实验看过的目标和新目标，以保证在下一轮学习中，机器人可纠正不正确的抓取，同时强化正确抓取。图 9-6 显示出，已训练模型中排名靠前的区域比随机区域与视觉目标关注点更加吻合。同时使用新目标让模型适应性更强，避免过拟合。在该阶段的每次目标抓取实验，使用 800 个随机采样的图像区域，输入上一阶段得到的深度网络完成推理计算，得到输出为 800×18 的抓取能力先验矩阵，其中(i,j)对应网络对于第 i 个区域的第 j 个抓取角度。最终抓取参数通过在该矩阵中使用重要性采样获得。该过程迭代多次直到数据采集完成。

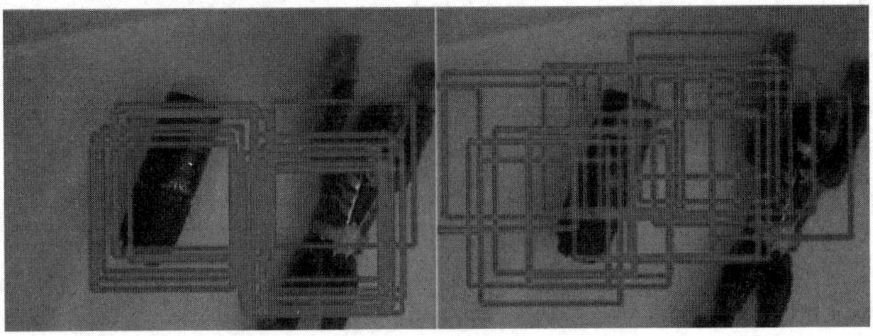

图 9-6　已训练模型和随机区域比较

数据采集采用数据聚合技术，在第 k 次迭代过程中，数据集$\{D_k\}=\{D_{k-1},\Gamma d_k\}$，其中 d_k 为在第 $k-1$ 次迭代中得到的模型，重要性系数 Γ 取为 3，D_0 为随机抓取数据集。第 k 次迭代中，使用的网络在之前训练得到网络的基础上使用训练集 D_k 进行进一步训练。第 0 次迭代的学习速率取为 0.01，使用 20 次数据迭代。

9.1.3　实验结果与分析

1. 训练数据集

训练数据集采集了 150 多个具有不同可抓取性的对象，部分对象如图 9-7 所示，从图中可以看到这些对象的子集。在数据采集阶段，散落的对象被放在一张桌子上而非单独放置。通过前述的数据采集和学习方法，得到 5 万个抓取经验交互数据，抓取数据集摘要统计见表 9-1。

图 9-7 抓取对象训练数据集

表 9-1 抓取数据集摘要统计

数据采集方式	正样本	负样本	总数	抓取率
随机试错	3 245	37 042	40 287	8.05%
多阶段	2 807	4 500	7 307	38.41%
测试集	214	2 759	2 973	7.19%
合计	6 266	44 301	50 567	—

2. 测试结果

测试使用两类数据，即训练集中未出现的新目标和已出现的部分目标，如图 9-8 所示。

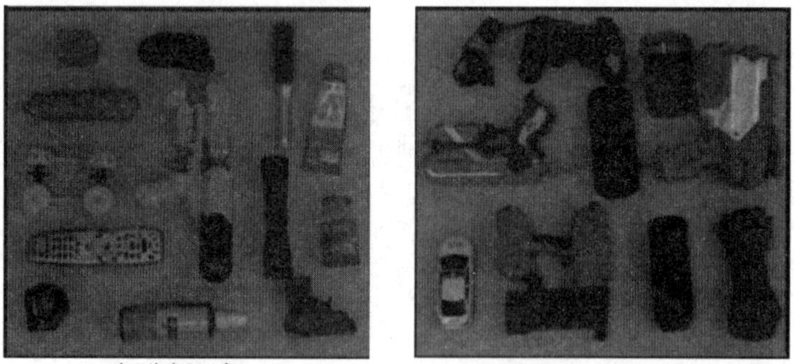

(a)部分新目标　　(b)部分已出现目标

图 9-8 机器人训练数据

测试中需要关注的一个问题是机器人的运动精度。由于 Baxter 机械臂精度有限，测试中需要进行处理。首先取抓取率前十的抓取点，然后使用邻域分析按如下方式重排序：

(1)给定最高抓取率的抓取实例($P^i_{topK}, \theta^i_{topK}$)，在 P^i_{topK} 邻域采样 10 个抓取区域。

(2)上述区域的最佳角度分值的均值作为抓取参数($P^i_{topK}, \theta^i_{topK}$)对应的新抓取区域分值 R^i_{topK}。

(3)使用最大分值 R_{topK}^{i} 对应的抓取参数执行机器人抓取。

上述步骤可很大程度上改善在机器人存在数毫米精度误差时的抓取成功率。

在不同位姿下,在新目标和训练集目标集上分别对学习抓取模型进行了测试,抓取成功和失败的部分实例如图 9-9 所示。注意,有时抓取参数没有问题,仅因为手爪尺寸与目标宽度不匹配而导致抓取失败,如图中红玩具枪所示;有时抓取已成功,但因抓取上升过程打滑而失败,如图中绿玩具枪所示;有时因为 Baxter 机械臂的精度误差而失败。在总体 150 次尝试中,完成抓取并提起 20 cm 高的成功率为 66%;对于训练集中已出现但在不同条件下的目标抓取成功率为 73%。作为对比,传统方法仅能达到 60%左右。测试结果验证了提出方法的有效性。

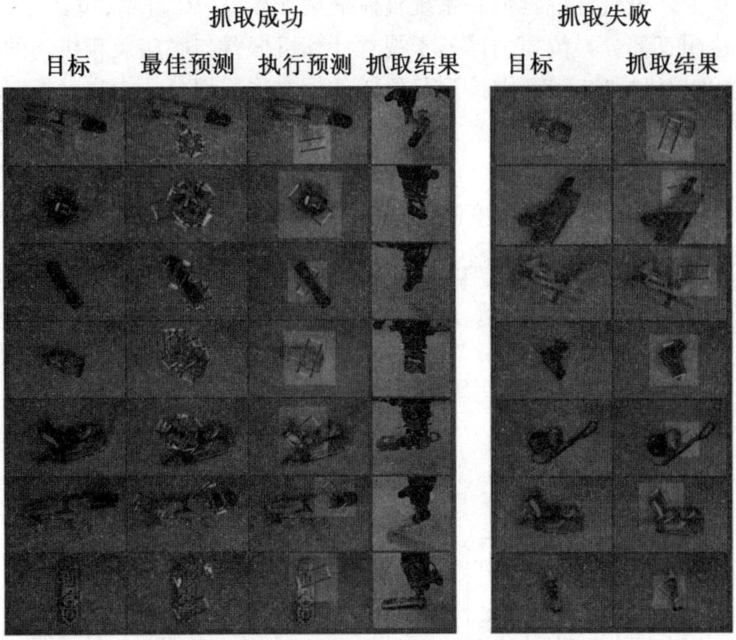

图 9-9　机器人抓取测试结果(彩图见附录)

9.2　低成本眼在手外机械臂视觉伺服系统

上一节讨论了一类典型的视觉引导自动抓取系统,系统采用眼在手上的视觉伺服方式,同时执行机构采用准工业六自由度机械臂。与之相对,另一类系统采用眼在手外的配置,同时,被控对象可采用低成本的桌面控制器。与第一类系统相比,此类系统的优势为:

(1)成本低廉。

由于使用低成本的机械臂,相比一般工业机械臂价格差别可达 10 倍以上,因此更易部署和应用,特别适合在教育、演示、家庭等场合使用。同时机械臂体积小,可桌面安装,不受场地和安全性限制。

(2)可以同时看到机器人本体和目标,视野更大,因此任务执行具有更高的灵活性。

当然,这一结构也会产生新的问题。低成本机械臂一般不包含整体控制器,无法解算机器人运动学,同时也无法提供准确杆件参数。因此,如何估计手端和基座的相对位姿,并进一步结合视觉输入实现机器人控制是系统的核心问题。传统算法需进行离线参数标定,进一步采用直接关节控制方法进行伺服控制,步骤复杂,控制难度大。而深度学习图像识别方法和基于深度强化学习的控制技术则给这一问题带来了新的思路。本节将围绕这一思路开展研究,包括系统整体设计,基于视觉的相对位姿估计,以及机械臂末端控制算法研究和实验验证。

9.2.1 系统设计

1. 系统整体框架

低成本眼在手外机械臂视觉伺服系统整体框架如图 9-10 所示,包括位姿估计、控制算法和目标图像检测三部分。位姿估计基于视觉计算机械臂与底座及相机间的相对位姿变换关系,该部分涉及相机标定、特征点检测及位姿估计方法三部分的内容。控制算法计算机械臂的控制律,即如何抓取图像,输入是计算得到的待抓取目标的位姿和机械臂的实时位姿,输出是机械臂关节电机的控制信号。该系统主要采用基于深度强化学习的 DDPG 算法与 PID 控制相结合的方法。目标图像检测部分负责目标物体的检测,并将结果转换为待抓取目标在机械臂坐标系下的坐标,因此包含基于深度学习的目标检测算法和坐标转换两部分。

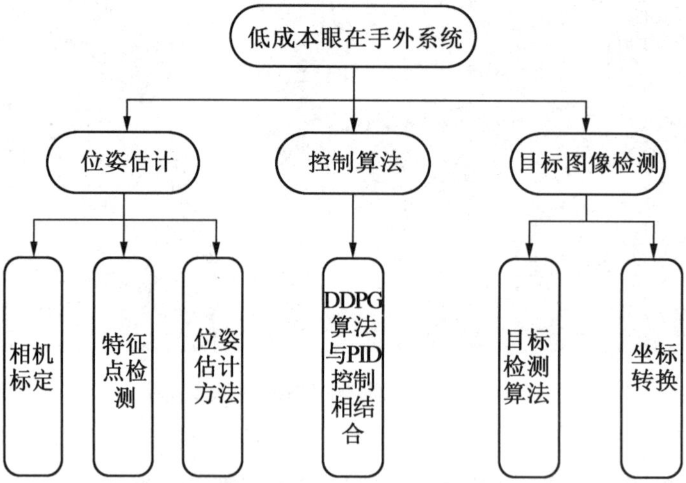

图 9-10 低成本眼在手外机械臂视觉伺服系统整体框架

系统整体工作流程如图 9-11 所示,构成一个视觉伺服闭环回路。目标检测部分是系统的反馈环节,输入是包含待抓取目标的图像,输出是待抓取目标在机械臂坐标系下的三维坐标。训练好的神经网络对待抓取目标进行识别和检测,然后进行坐标转换,将检测到的二维目标转化为机械臂坐标系下三维坐标以便于机械臂抓取。智能目标检测的输出作为控制器部分的输入,即机械臂的对应位姿。由于在真实场景下,低成本机械臂没有关节传感器,因此各关节转角需要通过位姿估计模块计算,进一步转化为机械臂末端的坐标,因此机械臂的给定位姿以三维末端坐标的形式给出。位姿估计部分输入是包含机械臂的图像,输出是机械臂的相对位姿。训练好的关键点检测网络检测输入图像中机械臂各关节的关键点,进一步将关键点的二维图像坐标和机械臂坐标系下的三维坐标进行拟合,重构出机械臂的位姿。位姿估计部分输出作为控制器部分的另一个输入,供控制输出结果进行位姿转换并发送电机控制指令。如机械臂的当前位姿和目标位姿差值小于阈值则执行抓取动作,否则控制器继续驱动电机运动,相机重复采集图像,位姿估计部分的输入发生改变,再次检测机械臂的当前位姿,这一过程不断重复,直至系统误差满足控制精度要求。

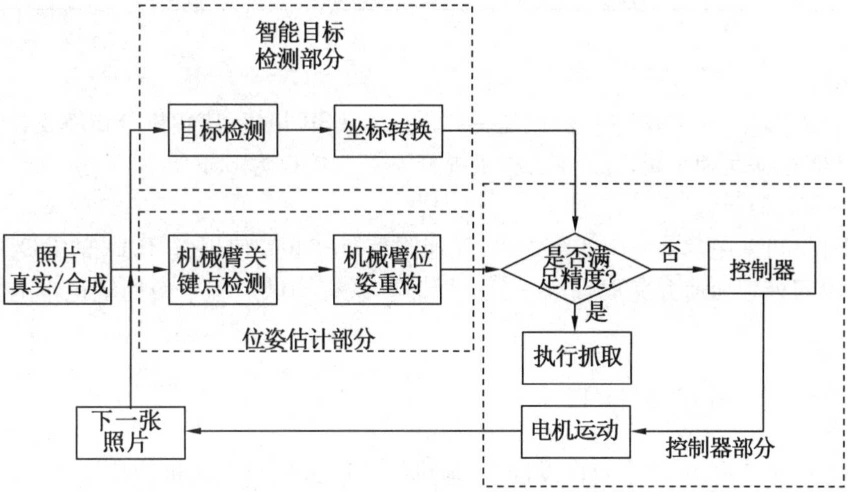

图 9-11　系统整体工作流程

2. 硬件平台

系统的硬件平台主要包括机械臂、相机和处理计算机三部分。下面分别对其进行介绍。

(1)机械臂。

系统选用低成本桌面机械臂 OWI-535,这是一套较流行的五自由度桌面机械臂套件,包括基座、肩、肘、腕和手爪五个关节。其中手爪开合与机械臂本体运动学无关,因此仅需四个运动自由度。机械臂自身不具备关节传感器和中央控制器,但可通过 USB 和计算进行通信,以实现上位机解算和关节控制。该机械臂需要手动组装,机械臂组装前后如图 9-12 所示。

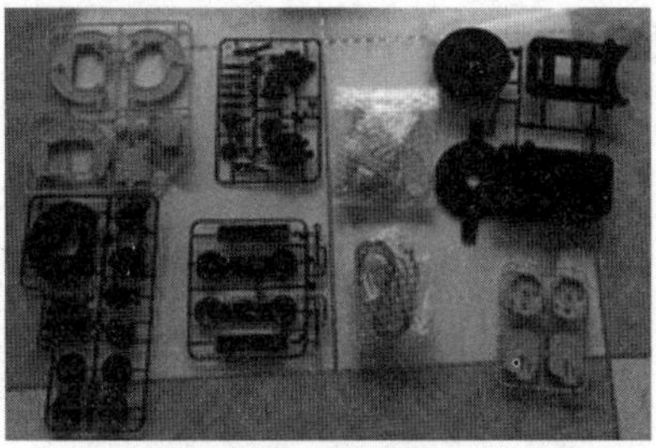

(a)机械臂组装前

(b)机械臂组装后

图 9-12　OWI-535 机械臂组装前后示意图

因为数据集对机械臂的各个关节的电机角度有要求,因此机械臂组装后对四个关节角度范围进行测试,满足数据集要求,机械臂电机角度范围见表 9-2。

表 9-2 机械臂电机角度范围

数据类别	基座/(°)	肩/(°)	肘/(°)	腕/(°)
测试数据	-130~130	-90~90	-60~90	-50~75
数据集要求	-130~130	-90~60	-60~90	-130~70

(2)相机。

相机选取 Logitech C920 相机,这是一款低成本 USB 相机,该相机分辨率支持 1 080 p、720 p 和 480 p,采集速率可达 30 Hz,相机视野为 78°,接口为 USB。

(3)处理计算机。

处理计算机采用日常使用的台式机,处理器为 i5-8400,使用 NVIDIA 的 GTX1080 显卡实现深度学习处理加速并完成训练任务。同时在系统调试过程中使用笔记本电脑辅助调试。

9.2.2 视觉位姿估计

机械臂的位姿可由 10 个自由度确定,即机械臂底座相对于相机的位姿,共包含六个自由度;以及机械臂末端相对于机械臂底座的位姿,由四个关节角决定。机械臂位姿估计即根据输入图像确定输出的机械臂位姿,或记为

$$\mathcal{F}: o=f(I;\theta) \tag{9-2}$$

式中,I 为输入图片;θ 为参数;o 为位姿。

由于该系统中机器人运动学具有确定参数,因此上述模型可分解为两部分,即二维关键点检测和三维位姿重构,如下式所示:

$$\begin{cases}\mathcal{F}_1: o_1=f_1(I;\theta)\\ \mathcal{F}_2: o_2=f_2(o_1;c)\end{cases} \tag{9-3}$$

在$\mathcal{F}_1$ 中,关键点检测使用卷积神经网络实现,因此 θ 为神经网络参数,o_1 为输出的 2D 关键点坐标。在$\mathcal{F}_2$ 中,c 为几何约束,o_2 是输出的 3D 位姿。上述模型中的$\mathcal{F}_1$ 和$\mathcal{F}_2$ 即为对应的关键点检测部分和 3D 位姿重构部分。

1. 关键点检测训练数据集

关键点检测采用基于监督学习的卷积神经网络实现,为此需要构建训练数据集。根据机械臂构型特点,共在臂上选取关键点 17 个,按其位置分为四类,用不同颜色进行区分,如图 9-13 所示。

为进行网络训练,共构建了四个数据集,如图 9-14 所示。其中 9-14(a)、(b)为训练数据集,图 9-14(c)、(d)为测试数据集。在训练数据集中,与之前需要大量手动标注的数据集不同,本节使用的数据集大大降低了图片的标注量。此外,数据集的制作具有可迁移性,仅需机械臂的三维 CAD 模型即可。训练集基于机械臂的三维 CAD 模型,通过 UnrealCV 和 Unreal Engine4 重新构建,并在虚拟环境中拍照和标注来生成训练样本。

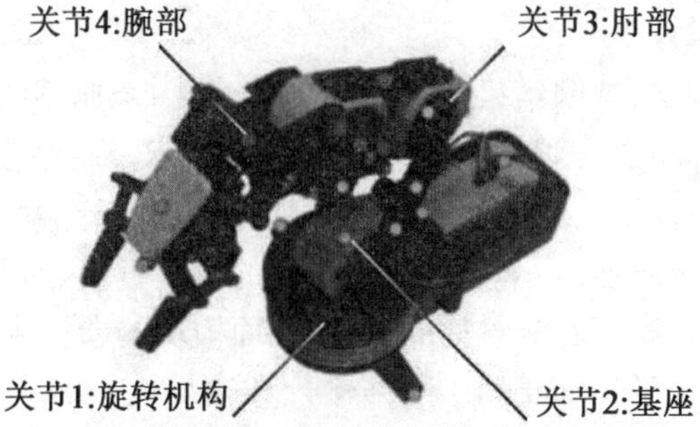

图 9-13　机械臂构型和关键点示意图(彩图见附录)

图 9-14(a)中的虚拟数据集是随机化相机参数、光照和机械臂位姿等生成的合成图像,共 5 000 幅,其中训练集 4 500 幅,验证集 500 幅,标签是机械臂的关键点 3D 和 2D 坐标。图 9-14(b)为微调数据集,共 2 855 幅图像,采用半监督学习方法,使用真实照片,结合机械臂的几何约束生成 2D 坐标,用来对网络进行微调。测试数据集中两个数据集均为真实照片,测试数据集图 9-14(c)是将真实机械臂和第一个数据集中机械臂放置同一位姿进行 3D 标注后得到,共 428 幅图像。图 9-14(d)所示测试数据集由 Youtube 上选取的 252 幅图像构成,标签为手动添加的 2D 坐标。

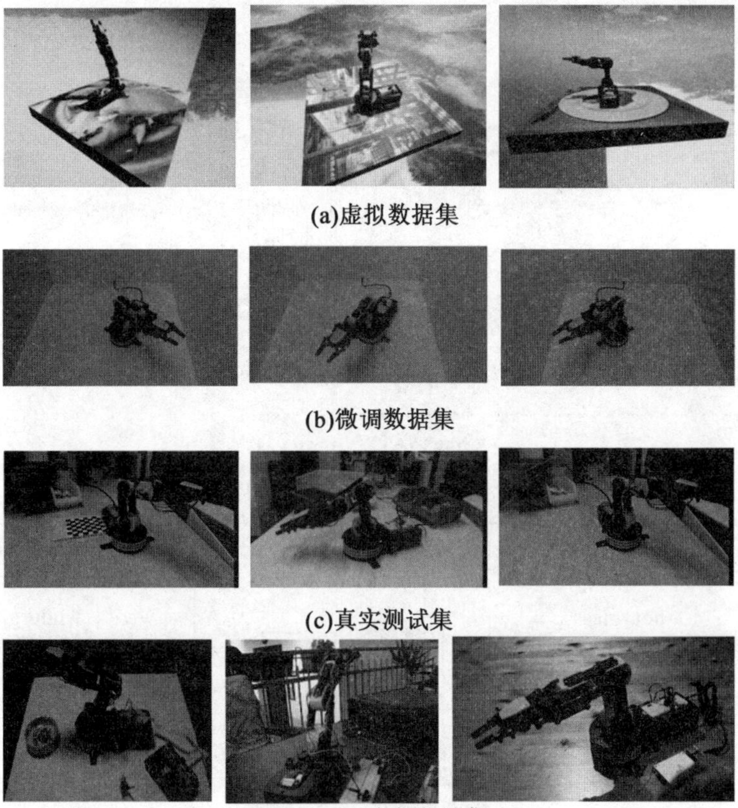

(a)虚拟数据集

(b)微调数据集

(c)真实测试集

(d)Youtube上的测试集

图 9-14　数据集示意

2. 关键点检测网络设计

检测利用卷积神经网络，基网络采用 hourglass，这是一个典型的关键点检测网络，核心模块由多个相同架构的 hourglass 模块构成，如图 9-15 所示。每组模块有三个相同的模块，即左中右三个模块。每组模块的处理相同。输入从左向右传递，每组模块中用左边模块对输入进行卷积，输出有两个通道，一个输出通过上边的模块直接卷积，另一个输出进行 2 * 2 的下采样，继续从左向右。到了右侧对称的位置，上面模块的卷积输出和网络从左向右的输出求和再进行 2 * 2 的上采样。hourglass 网络输入和输出大小相同。hourglass 块之间连接方式如图 9-16 所示，前一个 hourglass 的输出进行卷积后有两个相同的输出，一个输出卷积成对应 17 个关键点的 17 个特征图(heatmaps)，对 17 个特征图采用中间监督，加入损失函数。中间监督处理后 17 个特征图再卷积，输出通道变成 256，直接进入下一个 hourglass。另一个输出通过卷积直接进入下一个 hourglass，由图 9-16 可以看出，下一个 houglass 的输入一共有三部分，即前一个 houglass 的输入、前一个 hourglass 的直接卷积输出和前一个 houglass 经过中间监督的输出。网络各层具体结构参阅文献[3]。

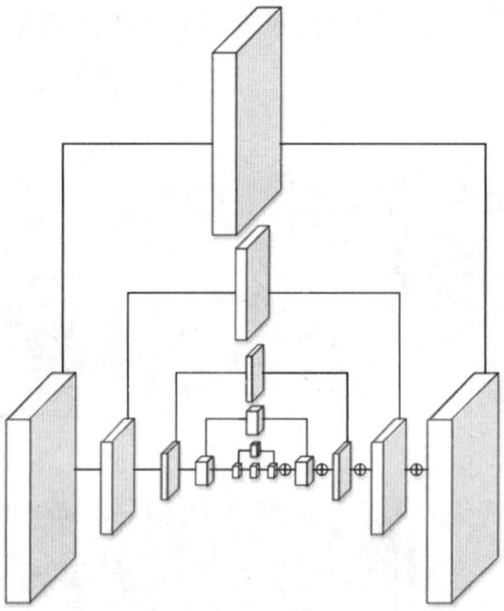

图 9-15 hourglass 模块示意图

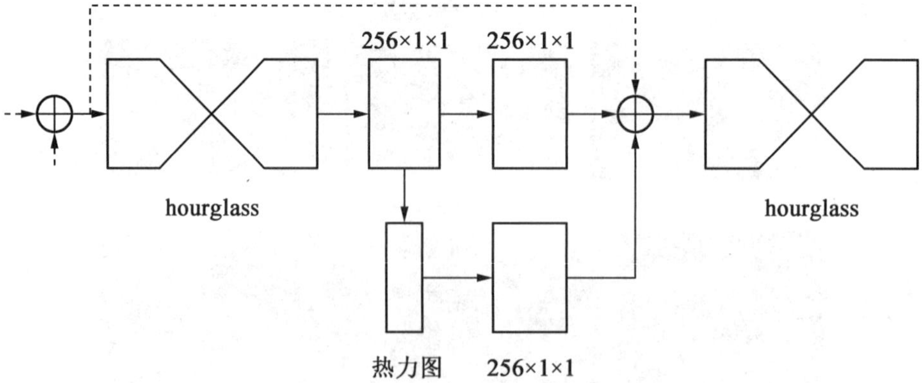

图 9-16 两个 hourglass 连接部分示意图

3. 三维位姿重构设计

关键点坐标从像素坐标系中的 2D 坐标转换到机械臂坐标系下的 3D 坐标决定了三维位姿变换关系。根据线性成像模型，有

$$[\boldsymbol{o}_1|\mathbf{1}]^{\mathrm{T}}\cdot\hat{\boldsymbol{S}}=\boldsymbol{K}\cdot[\boldsymbol{R}|\boldsymbol{T}]\cdot[\boldsymbol{o}_2|\mathbf{1}]^{\mathrm{T}} \tag{9-4}$$

式中，$\boldsymbol{o}_1\in\mathbf{R}^{N\times2}$ 为关键点的 2D 坐标矩阵，每一行对应一个关键点的二维坐标；$\boldsymbol{o}_2\in\mathbf{R}^{N\times3}$ 为关键点的 3D 坐标矩阵，同样每一行对应一个关键点的三维坐标；$\mathbf{1}\in\mathbf{R}^{N\times1}$ 为全 **1** 向量；$\boldsymbol{K}\in\mathbf{R}^{3\times3}$ 是相机内参矩阵；$\hat{\boldsymbol{S}}\in\mathbf{R}^{N\times N}$ 是放缩矩阵；$\boldsymbol{R}\in\mathbf{R}^{3\times3}$ 为旋转矩阵；$\boldsymbol{T}\in\mathbf{R}^{3\times1}$ 为平移向量。其中 $\hat{\boldsymbol{S}}$、$\boldsymbol{R}$、$\boldsymbol{T}$ 均由位姿 $\boldsymbol{o}$ 决定，N 是关键点的个数，每个关键点的 3D 坐标满足

$$\boldsymbol{o}_2^n=\boldsymbol{o}_{20}^{\ n}\cdot\boldsymbol{W}^n \tag{9-5}$$

式中，$\boldsymbol{o}_{20}^{\ n}\in\mathbf{R}^{n\times3}$ 是机械臂电机角度均为 0°时的关键点的 3D 坐标矩阵；$\boldsymbol{W}^n\in\mathbf{R}^{3\times3}$ 是第 n 个关键点的电机转换矩阵，由位姿 $\boldsymbol{o}$ 决定。由于相机存在畸变和特征提取可能存在误差，因此定义如下重投影损失函数：

$$L(\boldsymbol{o},\boldsymbol{o}_2|\boldsymbol{o}_1)=\|[\boldsymbol{o}_1|\mathbf{1}]^{\mathrm{T}}\cdot\hat{\boldsymbol{S}}-\boldsymbol{K}\cdot[\boldsymbol{R}|\boldsymbol{T}]\cdot[\boldsymbol{o}_2|\mathbf{1}]^{\mathrm{T}}\|^2 \tag{9-6}$$

对上式最小化即可求解相对位姿 $\boldsymbol{o}$。

9.2.3　机械臂控制算法设计

机械臂控制采用基于深度强化学习的 DDPG 控制方法。强化学习控制策略为

$$a_t=\pi(s_t,g_t) \tag{9-7}$$

式中，s_t 表示系统 t 时刻的状态，此处为机械臂的位姿 $\boldsymbol{o}$；g_t 表示最终目标，对应系统中目标位置；a_t 为执行机构动作，即电机的运动信号。

常规强化学习控制基于离散状态空间，为满足连续动作的控制，同时提高网络的稳定性和收敛性，引入 DDPG 算法，其网络结构示意图如图 9-17 所示，核心包括行动者（actor）和评价者（critic）两个模块，其中行动者模块负责动作的输出，评价者模块负责动作的评价。

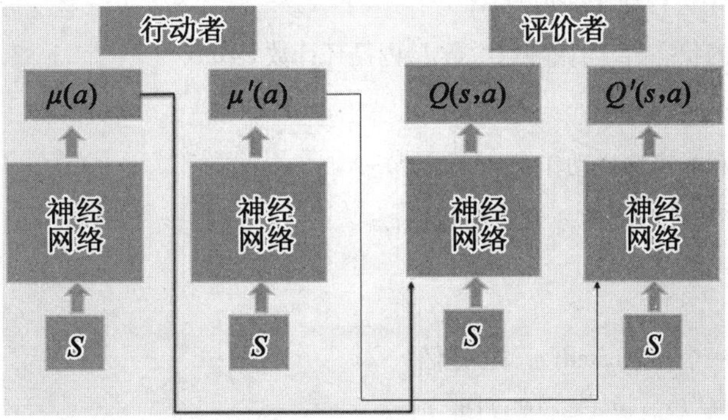

图 9-17　DDPG 网络结构示意图

评价者模块具有两个结构相同的网络，$Q(s,a)$ 表示 Q 值估计网络，该网络及时更新；$Q'(s,a)$ 表示 Q 值目标网络，该网络延迟更新。

评价者网络的更新规则是

$$L = \frac{1}{m}\sum_{i=1}^{m}[y_i - Q(s_i,a_i)]^2 \tag{9-8}$$

式中，y_i 满足

$$y_i = r_i + \gamma * Q'(s_{i+1},\mu'(s_{i+1})) \tag{9-9}$$

行动者模块与评价者模块类似，也具有两个结构相同的网络，$\mu(s)$表示 μ 估计网络，该网络及时更新；$\mu'(s)$表示 μ 目标网络，该网络延迟更新。行动者网络更新规则是

$$\frac{\Delta J}{\Delta \mu} \approx \frac{1}{m}\sum_{i=1}^{m}\frac{\Delta Q}{\Delta a}(s,a)\big|_{s=s_i,a=\mu(s_i)} * \frac{\Delta \mu}{\Delta w}(s)\big|_{s=s_i} \tag{9-10}$$

由上述更新规则可知，评价者网络影响行动者网络的反向传播，网络是向获取更大的 Q 值的方向更新网络参数。

DDPG 的奖励函数为

$$r_t = \begin{cases} -10, & \text{超出机械臂运动范围或检测到碰撞} \\ (-0.01)\times \text{distance}, & \text{distance} \geqslant 20\ \text{mm} \\ 1-0.1\times \text{distance}, & \text{distance}<20\ \text{mm}, \text{reach\_counts}<5 \\ (1-0.05\times \text{distance})\times 100, & \text{distance}<20\ \text{mm}, \text{reach\_counts} \geqslant 5 \end{cases} \tag{9-11}$$

式中，distance 指每个回合(episode)结束(强化学习中回合指智能体从开始到结束的一个回合)机械臂末端到目标位置的距离；reach_counts 指每个回合结束时，机械臂末端到目标位置的距离小于 20 mm 的次数。

DDPG 控制算法伪代码如下所示。

DDPG 控制训练算法

使用权重 θ^Q 和 θ^μ 参数随机初始化评价者估计网络 $Q(s,a|\theta^Q)$和演员估计网络 $\mu(s|\theta^\mu)$

将 $\theta^Q \to \theta^{Q'}$，$\theta^\mu \to \theta^{\mu'}$ 初始化评价者目标网络和行动者目标网络

初始化记忆库 R，外循环总次数 M，外循环计数 $m=0$

while　$m<M$：

　　初始化随机过程 N 进行动作探索

　　收到智能体初始的状态 s_1，内循环总次数 L，内循环计数 $l=0$

　　while　$l<L$：

　　根据当前的策略和噪声选择动作 $a_t=\mu(s_t|\theta^\mu)+N_t$

　　执行动作 a_t，从环境获取奖赏 r_t 和新的状态 s_{t+1}

　　存储记忆(s_t,a_t,r_t,s_{t+1})

　　从记忆库中采样一个 minibatch(m 个)记忆

　　　使 $y_i=r_i+\gamma * Q'(s_{i+1},\mu'(s_{i+1}|\theta^{\mu'})|\theta^{Q'})$

　　更新评价者估计网络 $L = \frac{1}{m}\sum_{i=1}^{m}(y_i - Q(s_i,a_i))^2$

　　　使用采样梯度策略更新演员估计网络：$\frac{\Delta J}{\Delta \theta^\mu} \approx \frac{1}{m}\sum_{i=1}^{m}\frac{\Delta Q}{\Delta a}(s,a|\theta^Q)|_{s=s_i,a=\mu(s_i)} * \frac{\Delta \mu}{\Delta \theta^\mu}(s|\theta^\mu)|_{s=s_i}$

更新目标网络：

$$\theta^{Q'} \leftarrow \tau\theta^{Q} + (1-\tau)\theta^{Q'}$$

$$\theta^{\mu'} \leftarrow \tau\theta^{\mu} + (1-\tau)\theta^{\mu'}$$

累加：$l=l+1$

End

累加：$m=m+1$

End

DDPG 算法需要数据进行训练学习。训练在虚拟环境 UnrealCV 和 UE4 中实现，如图 9-18 所示。训练记忆库尺寸为 20 000 个记忆，从第 10 000 步开始学习，批处理大小是 16，评价者网络的学习率是 0.001，行动者网络的学习率是 0.000 1，评价者网络优先于行动者网络变化，故评价者网络的学习率较大，衰减因子 γ 为 0.95。动作探索时，噪音值比例因子 1 逐渐衰减至 0.1，策略比例因子从 0 逐渐增加到 0.9。

图 9-18　虚拟环境下 DDPG 算法训练示意图

9.2.4　系统实验

对使用前述算法的控制结果进行比较，每次运动都是机械臂位姿从[0°,0°,0°,0°]运动到[10°,5°,5°,5°]。一共记录十组数据，每组数据包括系统的输入、系统的输出、手动测量的实际测量值和控制算法的速度。系统的输入、系统的输出和手动测量的实际测量值都是 x、y、z 三个维度的坐标值。为了便于分析，将三个坐标轴单独绘图，每个坐标轴内绘制系统的输入、系统的输出和实际测量值，如图 9-19 所示。从图可看出，各轴产生的运动误差最大在 25 mm 左右，同时每次实验最终误差随机变化。同时多次重复实验发现，使用 DDPG 控制可能出现在某个位置左右来回摆动的情况，其原因在于，强化学习控制本质上是离散的动作决策过程，因此在连续控制中难以保证较高精度，同时在决策切换时产生输出摆动。尽管如此，与传统 PID 控制算法相比，DDPG 实现了端到端的学习，无须进行复杂的拟运动学解算和控制算法设计，因此在对象模型复杂或参数难以获取时具有不可替代的意义。

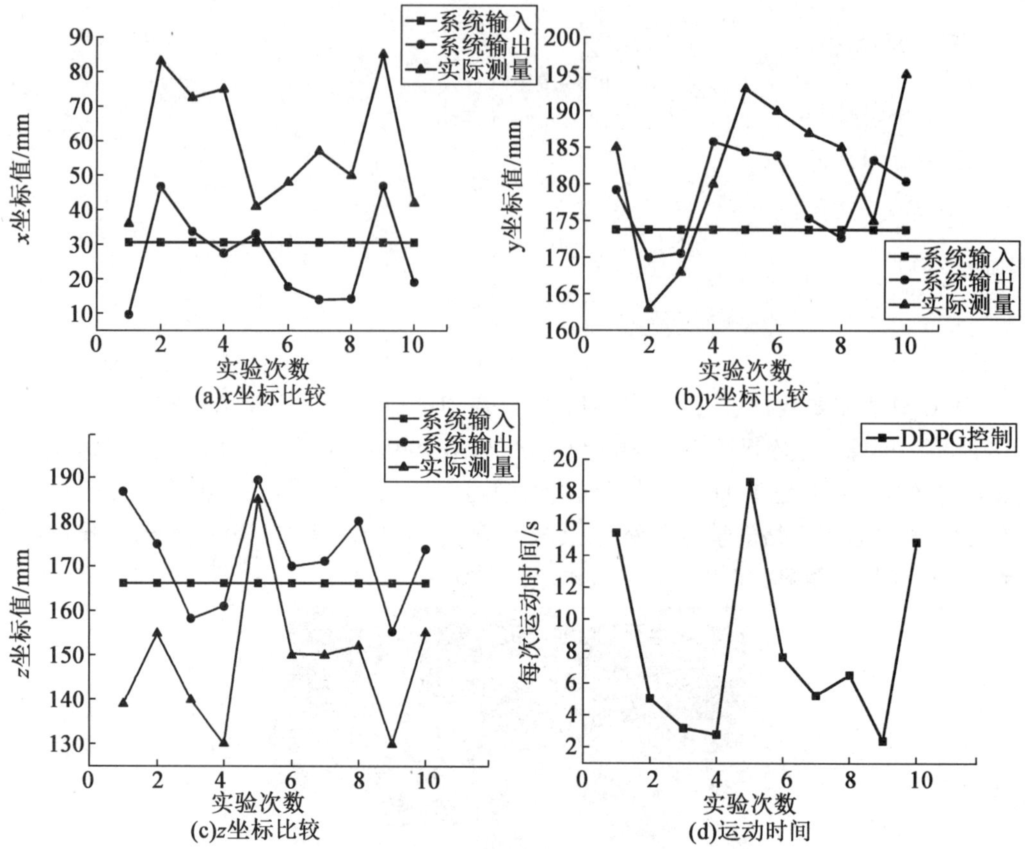

图 9-19　实验结果比较

9.2.5　目标检测算法

系统采用眼在手外方案,需在图像中实时检测机械臂和待抓取目标。基于深度学习的目标检测方法准确率高,适应性好,在近年得到广泛应用,已在很大程度上取代了传统检测算法。本系统中使用基于 Faster-RCNN 的目标检测算法,随着技术的进步,也可使用速度更快、准确度更高的 YOLO v3/v4 等网络。

深度学习的数据集主要包括机械臂和目标数据。为达到较好的训练效果,需在多个角度、不同光照、不同背景等条件下拍摄机械臂和检测目标以获取训练图像。实际中样本图像如图 9-20 所示,其中骰子为待抓取的演示目标。实验中共采集 360 幅图像并进行标注,其中训练集 300 幅,测试集 60 幅。数据集采用 LabelMe 软件进行标注。

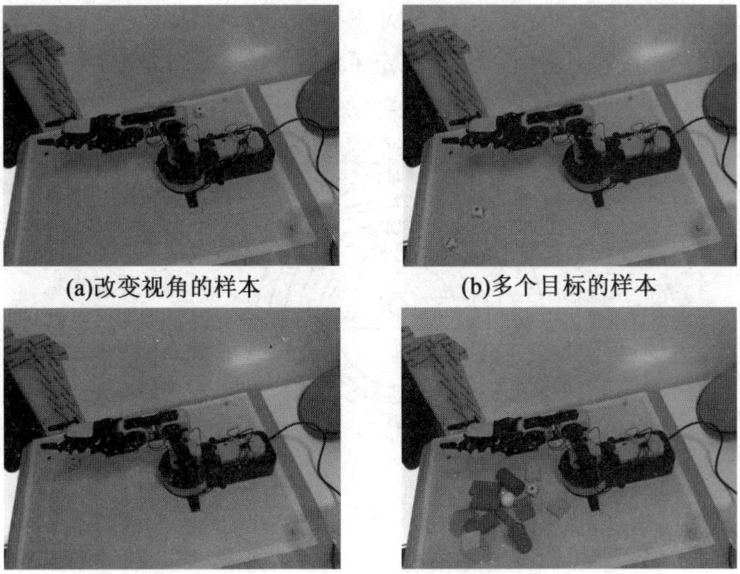

(a)改变视角的样本　(b)多个目标的样本

(c)灯光变化的样本　(d)包含干扰物的样本

图 9-20　数据集样本示意图

9.3　陀螺稳定吊舱视觉控制系统

陀螺稳定平台又称惯性稳定平台(ISP),广泛应用于观测相机、天线、武器系统的稳定和跟踪中。稳定跟踪平台能够测量、调整平台姿态变化,隔离载体运动干扰,使平台相对惯性空间保持稳定,并实现对动态目标的捕获与跟踪,因此得到广泛应用。陀螺稳定吊舱是运用于飞行载体的、基于陀螺稳定视轴跟踪方法的稳定跟踪平台,配置摄像机等光电传感器,通过陀螺敏感平台相对惯性空间的角运动并在相应运动轴上做出姿态补偿,实现平台光电负载视轴线(LOS)的相对稳定。如何根据系统需求进行陀螺稳定吊舱平台总体设计,并进一步设计视觉伺服控制算法,是系统中的核心技术,也是本节要讨论的内容。

9.3.1　系统设计

1. 系统整体框架

系统整体采用二轴四框架复合结构,包括俯仰和方位两个转轴,每个轴向上对应着内外两个旋转框架,框架彼此之间独立进行控制,形成外粗内精的跟踪模式,如图 9-21 和图 9-22 所示。其中 A、E、a、e 环分别表示吊舱的外方位、外俯仰、内方位、内俯仰框架。e 环中包含待稳定探测器及两个陀螺仪。当载体等产生干扰作用时,稳定平台在方位轴和俯仰轴方向发生的干扰运动被两个陀螺所检测,并传送到稳定内方位、内俯仰稳定控制器,由此分别向内方位电机和内俯仰电机产生相应控制作用来抵消两个方向的干扰运动。同时,为了保证内框架的垂直,安装于内框架轴上的测角元件对 a、e 环和 E、a 环之间的相对角度进行测量并反馈到外俯仰随动回路和外方位随动回路中,使外框架电机产生相应的转动,保证了内方位框架与内俯仰框架之间始终垂直,减小载体扰动对视轴线的几何耦合。由此可以看出,内外框架之间构成了相互独立的粗精稳定系统,内框架控制等效为一个两轴两框架的陀螺稳定跟踪控制,而外框架则为简单的位置随动控制。

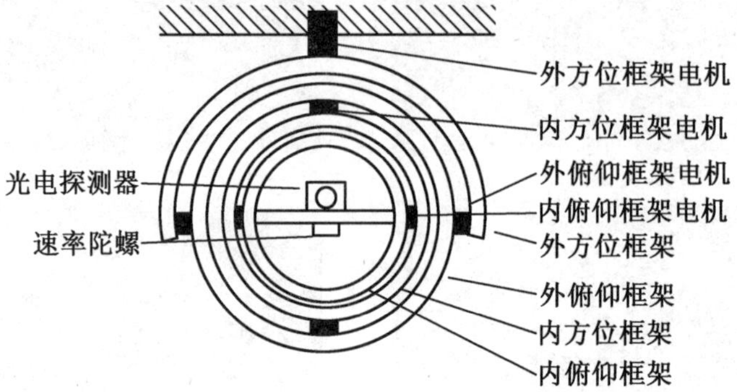

图 9-21 二轴四框架吊舱结构示意图

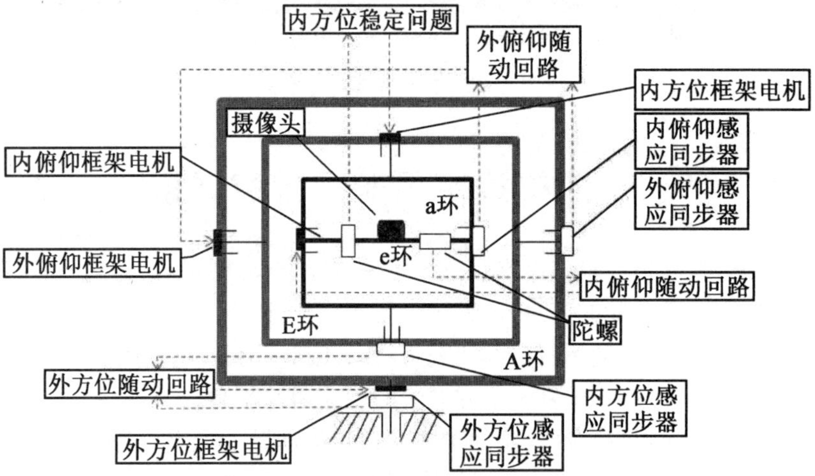

图 9-22 二轴四框架吊舱结构详图

2. 控制回路建模

根据上述整体设计,系统控制回路主要包括实现目标捕获的位置扫描回路以及实现目标自动跟踪的随动跟踪回路,吊舱系统整体控制回路原理框图如图 9-23 所示。其中,ω_i 为输入角速度;$M_{f内}$、$M_{f外}$ 分别为内外框架的干扰力矩;ω_d 为载体扰动角速度;ω_0'、ω_0 分别为内框架电机角速度和相对惯性空间角速度;θ_{LOS} 为输出视线角位置。

(1)位置扫描回路。

位置扫描对位置控制器发送规律性的位置指令,如三角波或正弦波信号,完成周期性的回扫巡视,一般用于目标的捕获搜索阶段。

(2)内框架视轴稳定回路。

视轴稳定回路主要用于对载体扰动的隔离,由稳定控制器、功率放大器、直流电机、待稳定负载和速率陀螺构成闭环回路。当载体发生扰动时,该运动由速率陀螺所敏感并反馈到稳定控制器,再由稳定控制器产生相应的控制量,驱动电机对稳定负载产生对应的补偿力矩,从而实现视线角位置相对惯性空间的稳定。

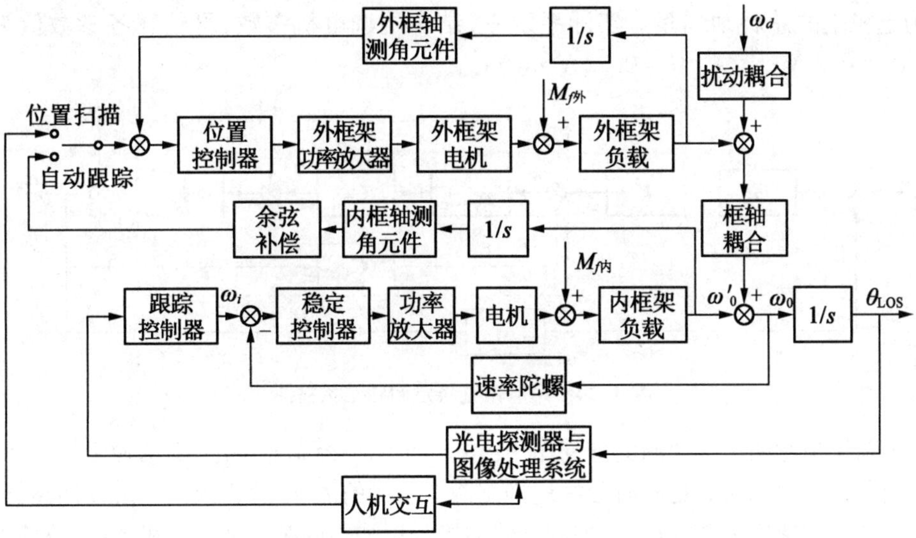

图 9-23　吊舱系统整体控制回路原理框图

(3)内框架自动跟踪回路。

自动跟踪回路以视轴稳定回路作为内回路,形成包括位置跟踪控制器、稳定内回路,以及光电探测设备和图像处理系统构成的光电测量反馈回路。光电探测器在视轴稳定的基础上,将摄取的图像信息传递到图像处理系统,产生跟踪目标对应的视线角偏差作为位置跟踪控制器的输入,再由控制器输出相应的控制量作为稳定内回路的速率指令,来控制电机进行相应转动,不断减小角度偏差,从而实现视轴线对目标的精确跟踪。

(4)外框架位置随动回路。

外框架位置随动回路保证内框架始终垂直并处于零位附近,从而提高内框架稳定跟踪性能。回路主要由外方位框架负载、轴电机、功率放大器、位置控制器以及外方位轴圆感应同步器组成。在内框架的稳定跟踪过程中,当内方位框架发生相对外俯仰框架的转动后,相对转动角度由该轴上的测角元件测量并传递到外方位框架的位置控制器,作为随动回路的输入信号,控制外方位框架进行转动,从而在由外方位轴测角元件构成的闭环回路中实现外方位框架对内方位框架的位置随动。

根据之前的总体框架设计,上述控制回路均包括方位扫描回路和俯仰扫描回路两个自由度的运动,两者控制结构完全相同,相互独立。

9.3.2　控制系统设计

1. 系统稳定回路

系统稳定回路用于稳定回转速度,实现视线角在扰动的影响下相对惯性空间保持稳定,进一步保障图像处理的精度和位置外环的跟踪精度。吊舱系统稳定回路结构框图如图 9-24 所示,其中,G_1 为稳定回路控制器;M_f 为稳定回路干扰力矩;ω_d 为载体耦合干扰角速度；K 为功率放大器比例系数；K_g 为陀螺及其滤波电路等效比例系数。虚框部分为电机级负载对应结构，其中 R 为电枢绕组电阻，L 为电枢电感值，C_m 为转矩系数，C_e 为反电动势系数，J 为电机上的总转动惯量。实际系统中，结合所选电机参数，可估算各参数值为：$R = 11\ \Omega$，$C_m = 0.2\ \text{N}\cdot\text{m/A}$，$C_e = 0.22\ \text{V}\cdot\text{s/rad}$。

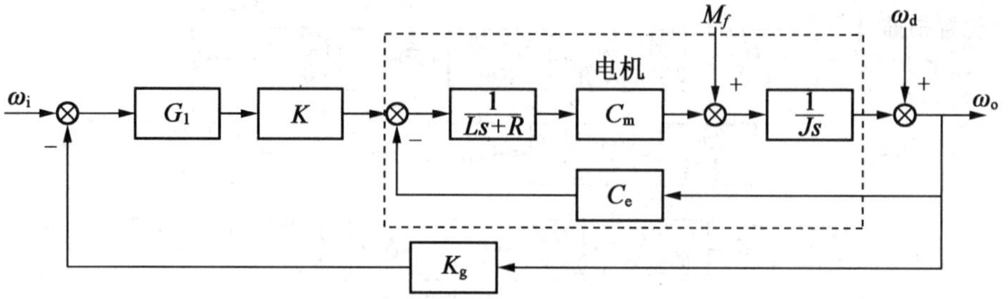

图 9-24 吊舱系统稳定回路结构框图

由于系统中对两个扰动源的抑制作用由同一个闭环控制器决定，而两种干扰特性不同，因此利用单控制器无法满足同时很好地抑制两个干扰的需求，故引入内环反馈回路，通过电机测速元件构成速度内环，以更好抑制干扰力矩的影响。同时为减少电机死区，改善电机输出力矩的线性度和低速平稳性，高精度伺服系统通常在速度环中引入电流反馈。速度内环和电流反馈回路如图 9-25 所示，其中 G_2 和 G_i 分别为内环和电流环控制器，β 为电流反馈系数。

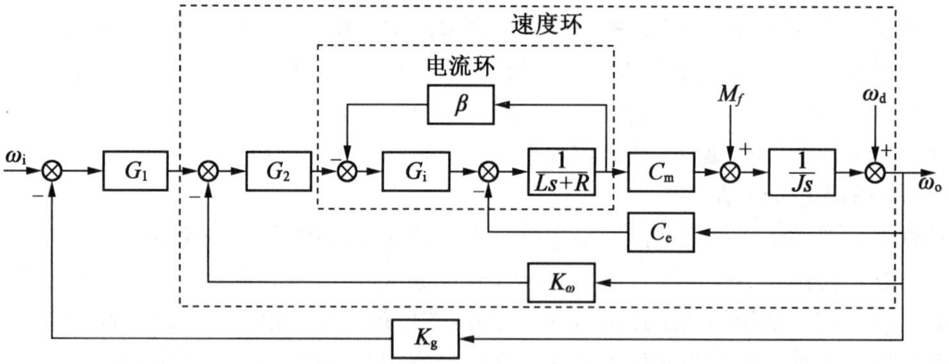

图 9-25 加入速度环和电流环的吊舱系统稳定回路结构框图

进一步，根据系统指标需求，设计电流环控制器、内环（速度环）控制器和稳定环控制器分别为

$$G_i = K_i = 1\,000 \tag{9-12}$$

$$G_2(s) = \frac{600\times(0.045s+1)}{s(0.002s+1)} \tag{9-13}$$

$$G_1(s) = \frac{600\times(0.031s+1)}{s(0.21s+1)} \tag{9-14}$$

各控制回路时域响应或开环 Bode 图如图 9-26 所示，可以满足系统指标要求。

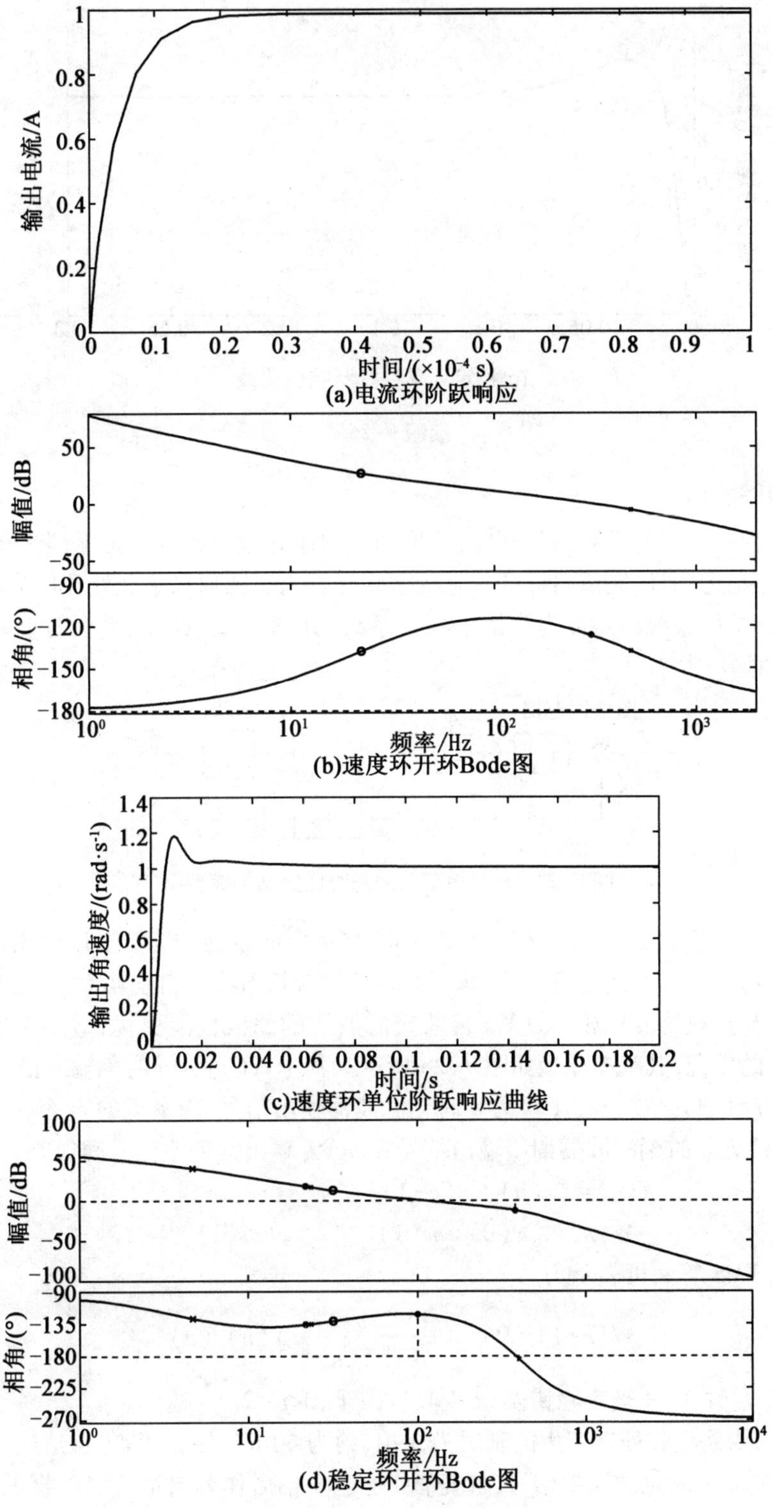

(a)电流环阶跃响应

(b)速度环开环Bode图

(c)速度环单位阶跃响应曲线

(d)稳定环开环Bode图

图 9-26　各控制回路时/频响应

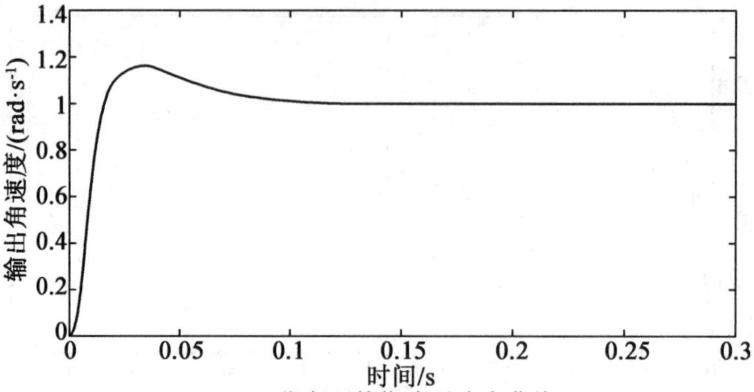

(e)稳定环单位阶跃响应曲线

续图 9-26

2. **目标跟踪控制**

系统跟踪控制为吊舱系统的外回路，根据输入图像处理得到目标位置，进一步根据控制律，发送指令至稳定内环，完成目标的视觉伺服跟踪。由于图像采集及处理环节不可避免地存在较大延时，整体跟踪回路成为非最小相位系统，如图 9-27 所示，此时延时环节降低了系统的跟踪性能。

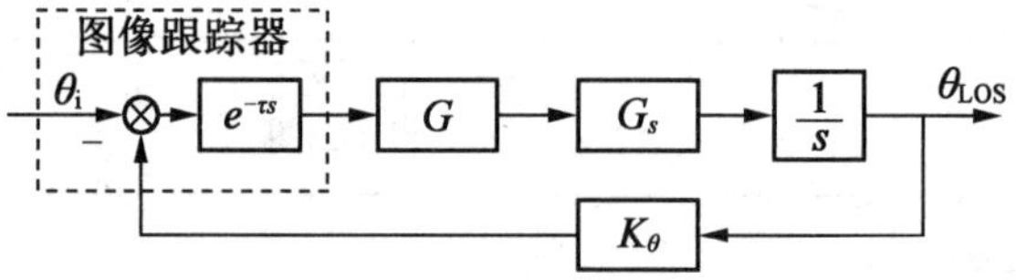

图 9-27 含延时环节的跟踪回路结构模型

为改善延时环节的影响，在系统中引入 LMS 自适应滤波器。滤波器以输出信号与期望信号的误差的均方值作为优化指标，对滤波器线性组合权值进行自动调节，完成对延时环节的补偿预测。与常规滤波器相比，LMS 自适应滤波器的滤波性能更优，适用于信号和噪声统计特性未知的场合，其基本原理如图 9-28 所示。其中，$x(n)$ 为 n 时刻输入信号；$w(i)$ 为 $x(n-i)$ 的权值，$i=0,1,\cdots,m-1$；$y(n)$ 为 n 时刻滤波器输出信号，由最近的 m 个输入信号线性组合而成；$d(n)$ 为 n 时刻滤波器期望输出信号；$e(n)$ 为输出与期望信号间误差。定义：

$$\boldsymbol{X}(n)=[x(n) \quad x(n-1) \quad \cdots \quad x(n-m+1)]^{\mathrm{T}} \tag{9-15}$$

$$\boldsymbol{W}(n)=[w(0) \quad w(1) \quad \cdots \quad w(m-1)]^{\mathrm{T}} \tag{9-16}$$

则归一化后的 LMS 算法可表示为

$$\boldsymbol{W}(n+1)=\boldsymbol{W}(n)+\frac{\mu}{\alpha+\|\boldsymbol{X}(n)\|^2}\boldsymbol{X}(n)e(n) \tag{9-17}$$

式中，α 为小正常数，防止被零除错误；μ 为收敛因子，$0<\mu<2$。

系统中，图像采集和处理产生的延时为 3 拍，约为 60 ms，根据 LMS 自适应滤波器的工作原理，将当前 m 个时刻的误差信号(脱靶量)延迟 3 拍后作为自适应滤波器的输入信号，同时以 3 拍后的输入信号作为期望信号，将滤波器输出与期望信号进行对比，并根据误差均方值最小(LMS)的原则，根据式(9-17)对权值 $\boldsymbol{W}$ 进行自动调整，最后利用新的权值对预测器参数进行更新,使得预测器始终能够根据前面 m 个时刻延时信号的变化规律对 3 帧后的信号进行准确预测,达到延时补偿的目的。引入 LMS 自适应滤波器后的跟踪回路结构如图 9.29 所示。

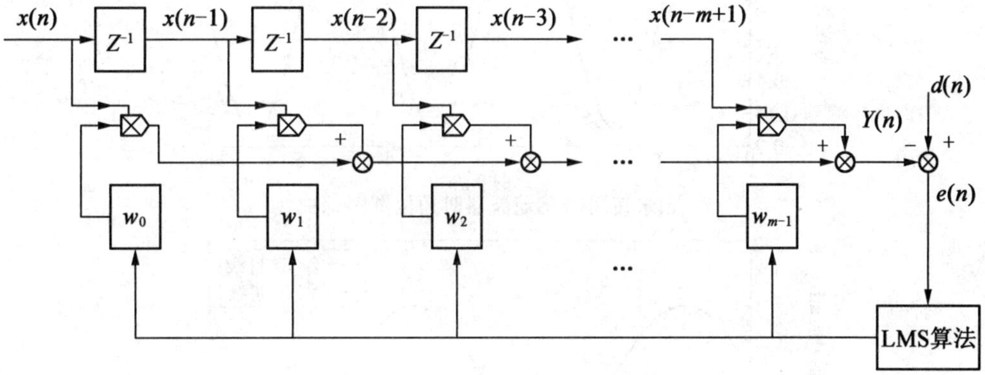

图 9-28　LMS 自适应滤波器结构示意图

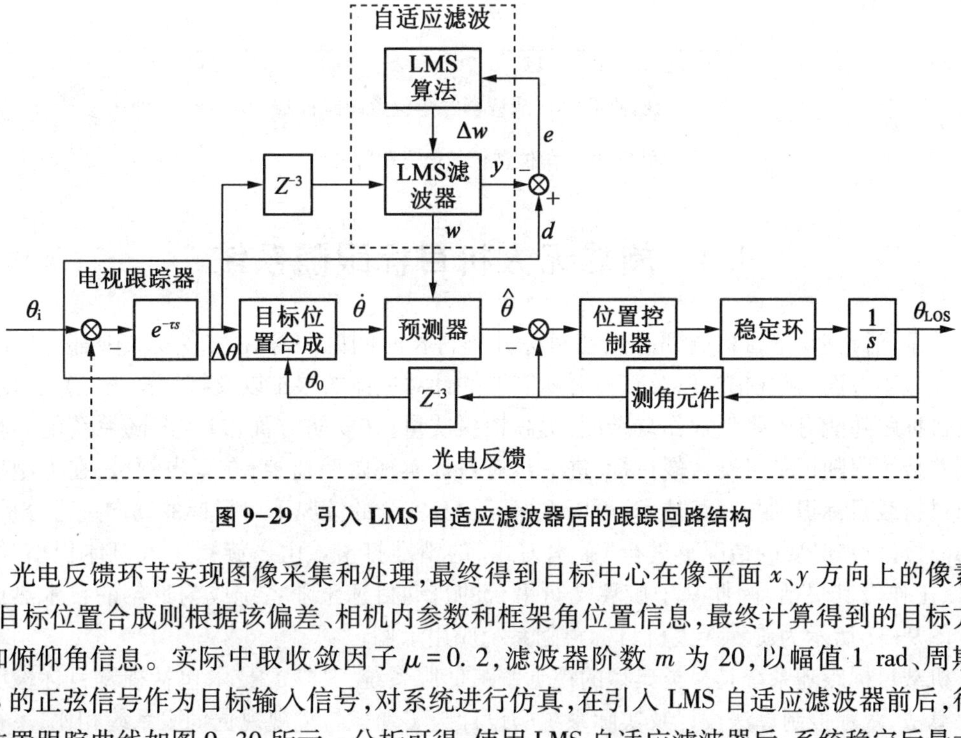

图 9-29　引入 LMS 自适应滤波器后的跟踪回路结构

光电反馈环节实现图像采集和处理,最终得到目标中心在像平面 x、y 方向上的像素偏差;目标位置合成则根据该偏差、相机内参数和框架角位置信息,最终计算得到的目标方位角和俯仰角信息。实际中取收敛因子 $\mu=0.2$,滤波器阶数 m 为 20,以幅值 1 rad、周期为 20 s 的正弦信号作为目标输入信号,对系统进行仿真,在引入 LMS 自适应滤波器前后,得到角位置跟踪曲线如图 9-30 所示。分析可得,使用 LMS 自适应滤波器后,系统稳定后最大误差从原有的 0.06 rad 降低到 0.01 rad,显著提升了跟踪精度。

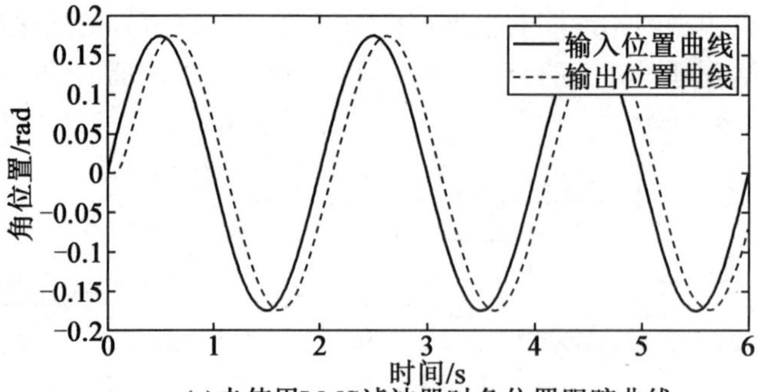

(a)未使用LMS滤波器时角位置跟踪曲线

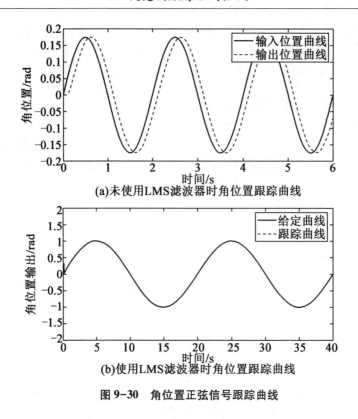

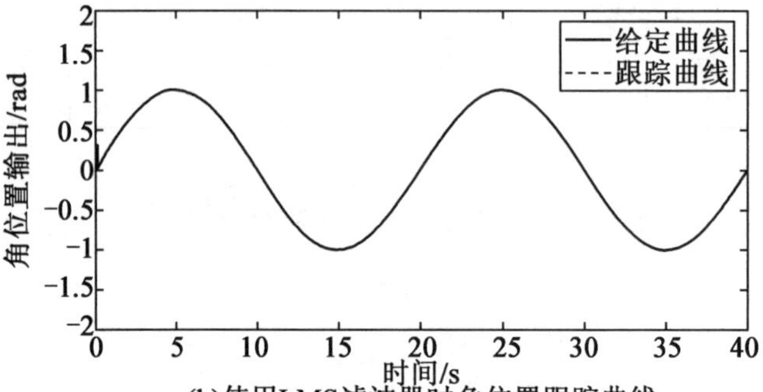

(b)使用LMS滤波器时角位置跟踪曲线

图 9-30 角位置正弦信号跟踪曲线

9.4 旋翼无人机目标跟随系统

基于飞行移动平台检测到感兴趣目标并进行长时间的跟踪在众多领域中都有广泛应用。在摄影方面,影视拍摄以及直播时所需要的针对主体的跟拍以及特写镜头,通过自动检测及目标跟随能有效降低操作复杂度,提高拍摄质量;在安防方面,自主跟随系统能够自动识别并持续跟随记录可疑入侵目标,进一步对目标实现跟踪监控;在军事领域,在大型战场中通过机载目标识别与跟踪技术,可以在保证自身安全的情况下对目标的动向进行分析、跟拍,并且可以在必要的情况下进行“手术刀式”的精准打击。由于旋翼无人机体积小、便于携带、工作极其灵活,因此基于旋翼飞行平台的自动目标跟随系统成为近年的技术热点之一。图 9-31 所示为旋翼无人机目标跟随系统应用示例。

机载目标跟随系统是一类典型的视觉跟踪伺服系统,其核心技术包括视觉目标检测与跟踪算法、跟踪控制算法设计及实际系统的设计与实现。与常规视觉伺服系统相比,飞行机载平台因其自身高机动会对图像造成像模糊或扰动,同时背景变化剧烈,室外光线明暗变化范围较大。此外,飞行跟踪目标一般具有的较强机动性,要求伺服系统带宽高、延迟低,这些都对视觉目标检测跟踪算法精度和控制系统设计提出了更高的要求。下面将结合某具体旋翼无人机目标跟随系统,对相关内容进行阐述。

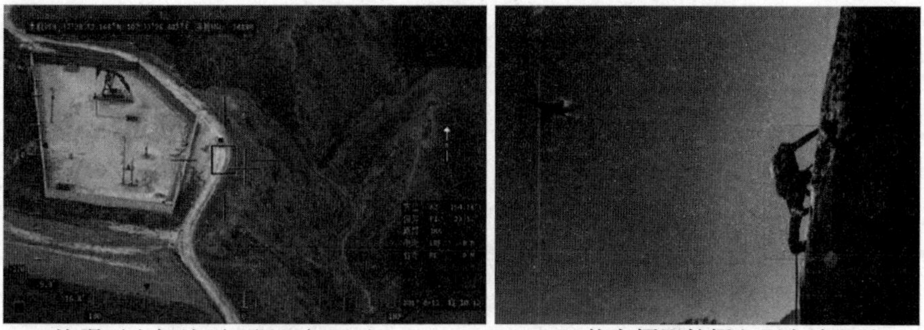

(a)旋翼无人机地面可疑目标跟随　　(b)体育摄影拍摄主题自动跟随

图 9-31　旋翼无人机目标跟随系统应用示例

9.4.1　目标检测技术

目标检测对图像中的目标特征进行提取并分类，进一步将特征的位置进行定位。传统目标检测技术基于特征提取与机器学习方法；随着技术的发展，基于深度学习的目标检测技术由于精度高、适应性好，在无人机视觉目标检测领域已逐步取代传统方法。此处采用基于 YOLO v4 的目标检测。该方法于 2020 年提出，是一类典型的将目标分类和检测过程融为一体的一步法（one-stage）目标检测。与其他此类方法相比，YOLO v4 的检测精度更高、检测时间更短。

YOLO v4 的网络结构比较复杂，如图 9-32 所示，使用了多层卷积网络分类器、多分辨率网络构建、特征融合、注意力机制等多种技术。整体而言，网络主要分为特征提取主干网络、特征融合网络、检测头三个部分，首先图像通过深层主干网络提取目标的高维语义信息，接着将高维信息送入空间金字塔池化网络中对高维信息进行池化，在提升感受野的同时过滤冗余信息，最后将池化结果与主干网络提取的目标低维的颜色、形状信息在特征融合网络中进行融合，融合的结果用于进行分类和边界框的回归。上述结构及基本关系如图 9-33 所示。

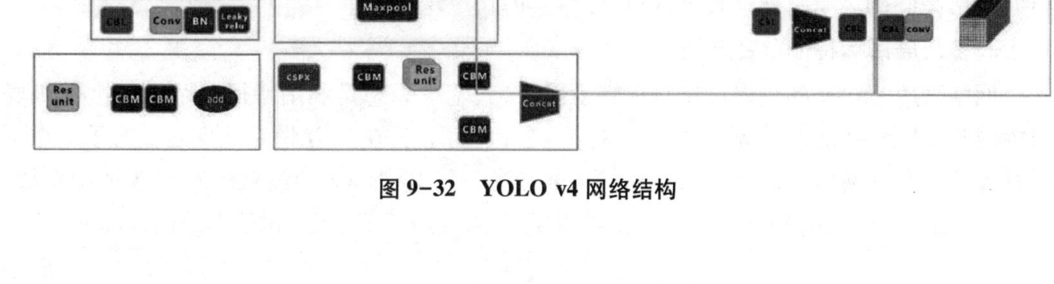

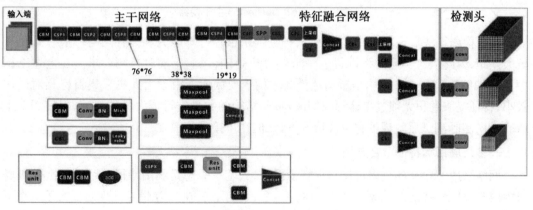

图 9-32　YOLO v4 网络结构

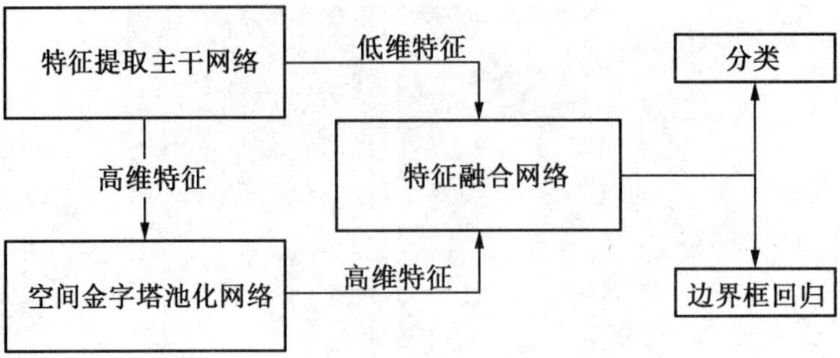

图 9-33 YOLO v4 整体结构与相互关系

1. 特征提取主干网络

YOLO v4 检测主干网络采用 CSP Darknet53。该结构基于 YOLO v3 中的 darknet53 基网络,同时借鉴了 CSPNet 的经验。主干网络包含 5 个 CSP 模块,如图 9-34 所示。每个 CSP 模块卷积核的大小是 3×3,步长为 2,输入图像大小为 608×608×3,根据卷积和下采样运算,每个 CSP 模块输出的特征图尺寸为:304→152→76→38→19,因此最终网络输出为 19×19。使用 CSP Darknet53,可使网络在提高检测精度的同时,保证网络计算量不过大,从而减少计算瓶颈,降低网络使用内存。

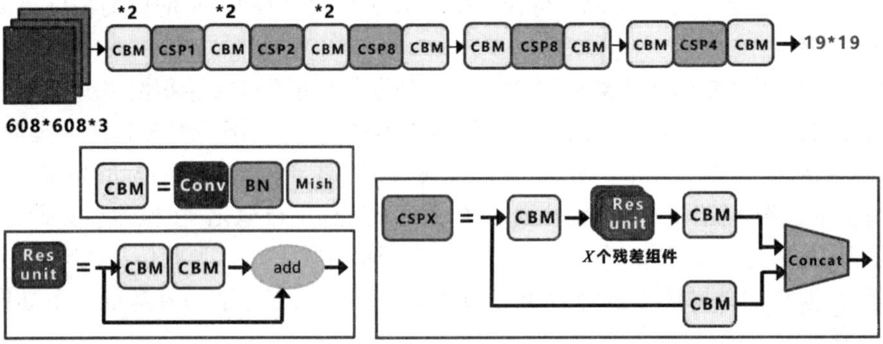

图 9-34 CSP Darknet53 主干网络

实际检测算法实现基于嵌入式平台,神经网络推理计算能力和显存均与一般台式机有较大差距,因此需对上述网络进行进一步轻量化处理,以满足实时检测要求。在上述结构中,使用 19 个 CSP-Res 结构是影响计算效率的重要因素。由于无人机采集目标相对成像较小,特征提取卷积无须过深,因此对 Resblock 结构的数量进行了大量的削减,仅使用 3 个 Resblock,实际测试后发现虽有少许精度下降,但在可接受范围。

2. 多尺度目标特征融合方法

网络采用 PANet 实现多尺度目标特征融合,其基本思想是利用特征金字塔的上下级联对深层与浅层的特征进行融合。其主体为一个 FPN 网络,在 FPN 做完处理后加入了一个下采样操作。在本网络中抽取第二层 Resblock 和第三层 Resblock 的输出作为 FPN 的前两层,将 SPP 结构的输出作为 FPN 的最底层,再进行上采样做特征融合,其基本结构如图 9-35 所示。

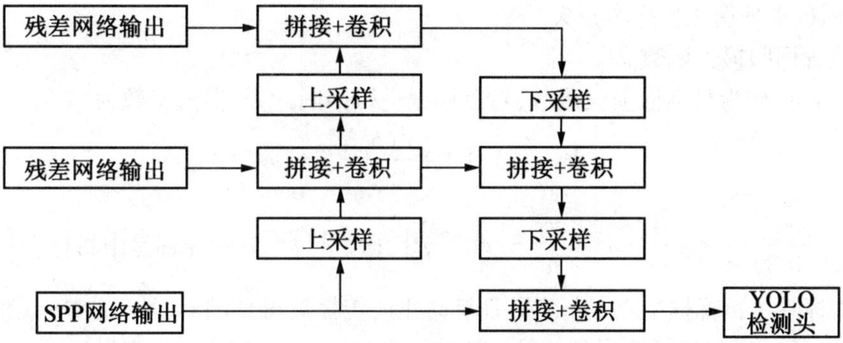

图 9-35　PANet 基本结构

可以看到,PANet 结构将 SPP 输出的特征图在进行了一次上采样后,与骨干网络第五个残差的卷积输出进行拼接,再进行五次卷积,卷积后的特征通道数减半,将拼接融合卷积后的特征图再次与骨干网络中的第三个残差重复以上操作,FPN 部分完成。在使用 FPN 对特征进行融合后,将融合后的最上层输出再次进行两次下采样并与刚开始进行上采样的 SPP 模块以及残差的输出进行特征融合,最后输出的特征图融合了三个尺度上的特征信息,将融合后的特征图送入 YOLO 检测头中,完成对目标的边界框回归以及分类。

3. 损失函数及优化算法

网络损失函数包括三部分,即类别损失函数、置信度损失函数和位置回归损失函数,分别表征目标分类误差、目标是否识别到以及检测位置误差。

(1)类别损失函数。

类别损失函数解决目标的正确分类问题。一般使用的类别损失为二元交叉熵损失,其对每个类别的交叉熵损失进行计算,最后进行求和,对 K 个分类而言,其类别损失函数为

$$l(\varphi) = -\frac{1}{N}\sum_{i=1}^{N}\sum_{k=1}^{K} y_{i,k}\log \varphi_{i,k} \tag{9-18}$$

式中,y 为模型的期望输出;φ 为模型的实际输出;N 为样本数。

在本网络的训练中则使用了均方差损失,设网络在图像上生成了 n 个 anchor,每个 anchor 要进行 k 个分类,则分类损失如下:

$$L_{cls} = \sum_{i=0}^{n}\lambda_{ij}^{obj}\cdot\sum_{k\in class}[P_i(k) - \hat{P}_i(k)]^2 \tag{9-19}$$

式中,$P_i(k)$ 为网络正向传播输出的第 i 类的置信度;$\hat{P}_i(k)$ 是标签中该类的期望置信度。

(2)置信度损失函数。

置信度损失包括有目标的置信度损失和无目标的置信度损失,有目标的置信度损失与(1)中的分类损失计算相同,而无目标的置信度损失函数为

$$L_{no\_obj} = \lambda_{no\_obj}\sum_{i=0}^{S^2}\sum_{j=0}^{B}(C_i - \hat{C}_i)^2 \tag{9-20}$$

式中,C_i 和 $\hat{C}_i$ 分别为期望输出类别置信度与实际输出类别置信度;λ_{no_obj} 为无目标置信度损失函数权重;S^2 为图像像素大小。在目标分类器训练中,非目标(即负样本)占大多数,因

此需要使用权重平衡正负样本损失。

(3)位置回归损失函数。

引入 CIOU 作为目标框损失函数,对目标框进行回归计算,损失函数为

$$L_{\mathrm{CIOU}}=1-\mathrm{IoU}+\frac{\rho^2(b,b^{gt})}{c^2}+\alpha v \tag{9-21}$$

式中,$\alpha=\frac{v}{(1-\mathrm{IoU})+v}$;$v=\frac{4}{\pi^2}\left(\arctan\frac{w^{gt}}{h^{gt}}-\arctan\frac{w}{h}\right)^2$;$w^{gt}$ 与 h^{gt} 分别为标签中目标框的宽和高;$\rho(b,b^{gt})$为标签中目标框中心点与实际训练时正向传播后得到的 anchor 的中心点的欧氏距离;c 为由 anchor 框和目标框得到的最小外接矩形的对角线距离;IoU 为目标框与 anchor 的面积交并比,对于二目标框 A 与锚框(anchor box),其交并比为

$$\mathrm{IoU}=\frac{A\cap B}{A\cup B} \tag{9-22}$$

9.4.2 目标跟踪与 ReID 技术

在当前帧图像检测到目标后,需要在随后各帧中对选定目标进行持续跟踪。传统方法(如均值漂移(meanshift)、核相关滤波器(KCF)等)计算速度快,可满足实时跟踪需求,但对复杂场景下的运动目标跟踪,以及遮挡、目标特征变化等问题无法很好解决。基于深度学习的方法则准确性高、适应度好,但计算效率依赖于加速硬件,在嵌入式系统上工作很难满足实时跟踪的要求。基于这一现状,系统中采用基于深度学习的跟踪方法,同时对现有跟踪网络进行简化,以解决实时性问题。同时,采用 ReID 技术,实现目标遮挡后的重新定位跟踪。

1. 基于 AlexNet 的骨干网络设计

考虑嵌入式系统上网络部署的要求,首先对常用的轻量级骨干网络进行网络参数量的评估,主流轻型网络的参数量对比见表 9-3。由于只需要特征提取网络,因此此处仅统计特征提取部分的卷积神经网络模块总参数量。由表中数据可见,AlexNet 的特征提取层在参数量上远远小于其他的轻型网络,且由于实际跟踪目标特征并没有特别复杂,不需要很深的网络,因此骨干网络整体采用 AlexNet 结构。网络包含 8 层卷积层和 3 层最大化池化层,如图 9-36 所示。

表 9-3 主流轻型网络的参数量对比

网络类型	参数量/byte
AlexNet	2 333 984
Mobilenetv2	4 106 688
Shuffle-Net	4 100 000
Resnet10	14 356 544

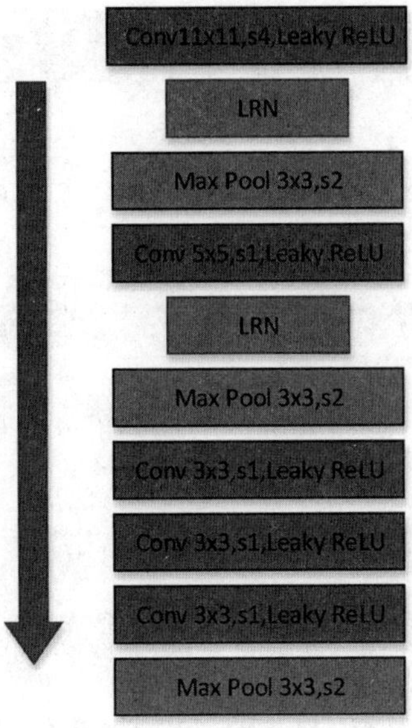

图 9-36　AlexNet 基本结构

2. SiameseRPN-block 目标特征判别网络

骨干网络将目标模板与实时视频图像进行卷积后，分别取 AlexNet 的第三和第五个卷积输出并且送入 SiameseRPN-block 中进行目标特征的判别，在获得了所有 SiamRPN-block 的输出后对获得的输出进行线性的加权融合，其基本原理如下式所述：

$$S_{\text{all}} = \sum_{i=1}^{n} \alpha_i * S_{il} B_{\text{all}} = \sum_{i=1}^{n} \beta_i * B_{il} \tag{9-23}$$

式中，B 是边界回归输出；S 是分类输出；i 为第 i 个 SiamRPN-block 的输出；n 为 SiamRPN-block 的个数。

SiamRPNese-block 的基本结构如图 9-37 所示。首先对输入的特征图进行 1×1 卷积以调整特征图的通道数，进一步将模板作为卷积核与待判别的特征图进行 DW 卷积以计算模板与待判别特征图的相似度。DW 卷积是一种卷积核与图像的通道数一一对应的卷积形式，对于一张三通道彩色图像而言，对图像进行 DW 卷积后，三个通道每个通道对应一个卷积核分别进行卷积，计算后得三通道的图像最终输出 3 个 Feature map，详情参阅文献[7]。卷积后的结果送入头部分别进行分类和边界框的回归。将所有的 SiamRPN-block 输出进行线性加权融合后，最终得到图像中的跟踪目标的位置和其分类得分。

3. 基于孪生网络的重识别方法

在目标跟踪领域，目前大多使用检测跟踪（Tracking by Detection，TBD）方法，即实时检测目标位置，再与 Kalman 滤波相结合实现目标的实时跟踪。该类算法的主要问题是检测计算成本过高，不适合嵌入式平台上部署应用。ReID 问题又称重识别问题，主要解决目标在丢失、遮挡或切换视野时的重新搜索问题，为跟踪问题提供了更稳健的解决方案。可以使用基于度量学习的方法构建 ReID 方法。

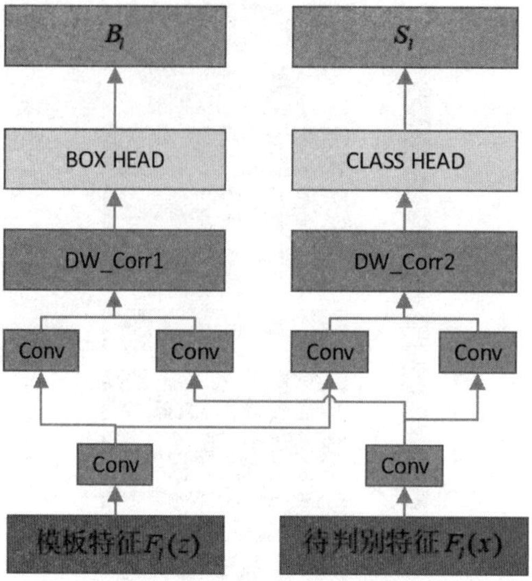

图 9-37 SiamPN-block 的基本结构

度量学习又称为相似度学习,在跟踪领域一般理解为学习跟踪目标与样本的相似度,使得相似度最为接近的目标之间的损失最为接近。通过孪生网络,将两者的相似度以目标模板的特征向量为卷积核对视频图像的特征向量进行卷积将两者的相似度通过得到响应图的形式表现出来。对于单帧(one-shot)检测,任务是学习一个参数 W,使得预测函数 $\psi(x;W)$ 的平均损失 L 最小。对于给定的 n 个样本 $x^{(i)}$ 以及样本标签 $l^{(i)}$,任务可以描述为以下形式:

$$\min_{W}\frac{1}{n}\sum_{i=1}^{n}L[\psi(x^{(i)};W),l^{(i)}] \tag{9-24}$$

针对跟踪问题,假设前向传播函数 ω 将 $(z;W')$ 映射到 W,其中 z 是模板帧,上述公式可以变成如下公式,表示用模板帧图像学习用于跟踪的参数:

$$\min_{W'}\frac{1}{n}\sum_{i=1}^{n}L\{\psi[x^{(i)};\omega(z,W')],l^{(i)}\} \tag{9-25}$$

本系统中该损失函数为二元交叉熵函数,度量学习就是将该函数最小化,即训练出一个 W 使响应图中目标的响应与背景的响应区分度最大即可。

上一节跟踪方法采用基于孪生网络的方法对对象相似度进行计算,因此这里使用基于度量学习的 ReID 方法,可适配孪生网络。当目标被遮挡时,ReID 方法能有效地在目标重新出现在视野中后对目标进行重新跟踪,该方法在孪生网络中表现为在孪生网络对相似度进行计算后对相似度的响应图进行一次二分类,将背景和最高响应的特征进行区分,在目标丢失后,目标框将固定在目标消失位置,此时网络会继续对图像进行计算和匹配,在目标再次出现后,网络会再次出现响应,且在经过分类后将目标作为正样本输出,边界框再次进行回归,目标的重识别完成。

9.4.3 目标伺服跟踪控制方法研究

为设计目标跟踪控制器,首先须知无人机对象模型。此处采用线性系统辨识的方法,设计开环阶跃指令，令无人机以目标速度 1 m/s 在定高的 x、y 平面上进行平动。在进行开环的自主飞行后，对无人机在任务规划软件上读取飞行数据，可以绘图得到一段开环的阶跃响应图像，如图 9-38 所示。

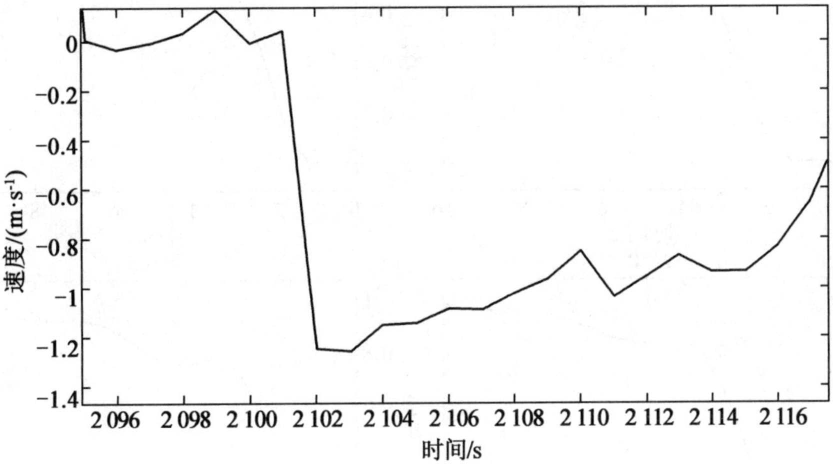

图 9-38　无人机开环阶跃响应曲线

进一步假设无人机为二阶线性系统，则由超调量可以推断出系统的大致阻尼比 $\xi=0.4$，由时间与速度的相关曲线得到其上升时间为 1.773 9 s，进一步得到系统的 $\omega_n=1.705\,4$，则旋翼无人机系统的传递函数可近似为

$$W(s)=\frac{\omega_n^2}{s^2+2\xi\omega_n s+\omega_n^2}=\frac{2.908\,4}{s^2+1.364\,3s+2.908\,4} \tag{9-26}$$

1. 单回路 PD 控制器设计

首先设计基本的单回路 PD 跟踪控制器进行速度控制。

系统阶跃响应模型如图 9-39 所示。由目标跟踪算法可计算像平面中目标中心点相对于像平面中心的距离，进一步可估算目标在机体坐标系下与无人机轴的垂直距离，该距离即为模型的输入。模型输出为根据无人机飞行速度估算的飞行距离。由于无人机需要行人目标的实时画面对行人进行目标跟踪，因此无人机跟随时需要保持行人在无人机的视野内，这就需要无人机首先保证超调量不会过大，因此对 PD 控制而言，首要的任务即控制系统的超调量。经过多次调试，确定 $P=0.45$，$D=0.1$，此时系统基本达到要求，对应阶跃响应如图 9-40 所示。

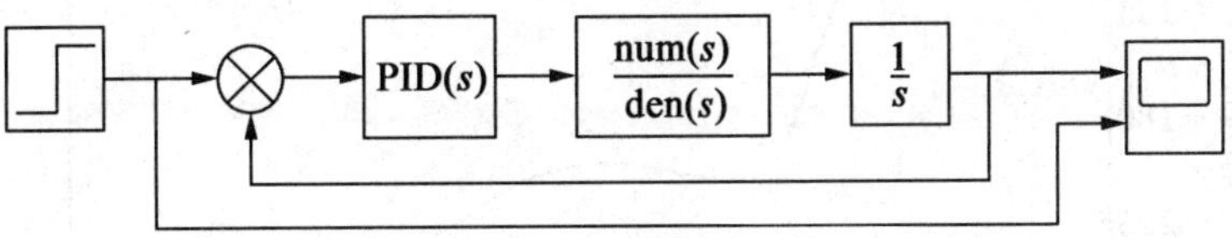

图 9-39　系统阶跃响应模型

但进一步利用 Bode 图进行分析发现，对应相位裕度为 82.51°，如图 9-41 所示，对应系统带宽过低，快速性严重不足，因此在仿真中对正弦波等发生快速变化的信号的跟踪能力不足，无法满足实际控制要求。

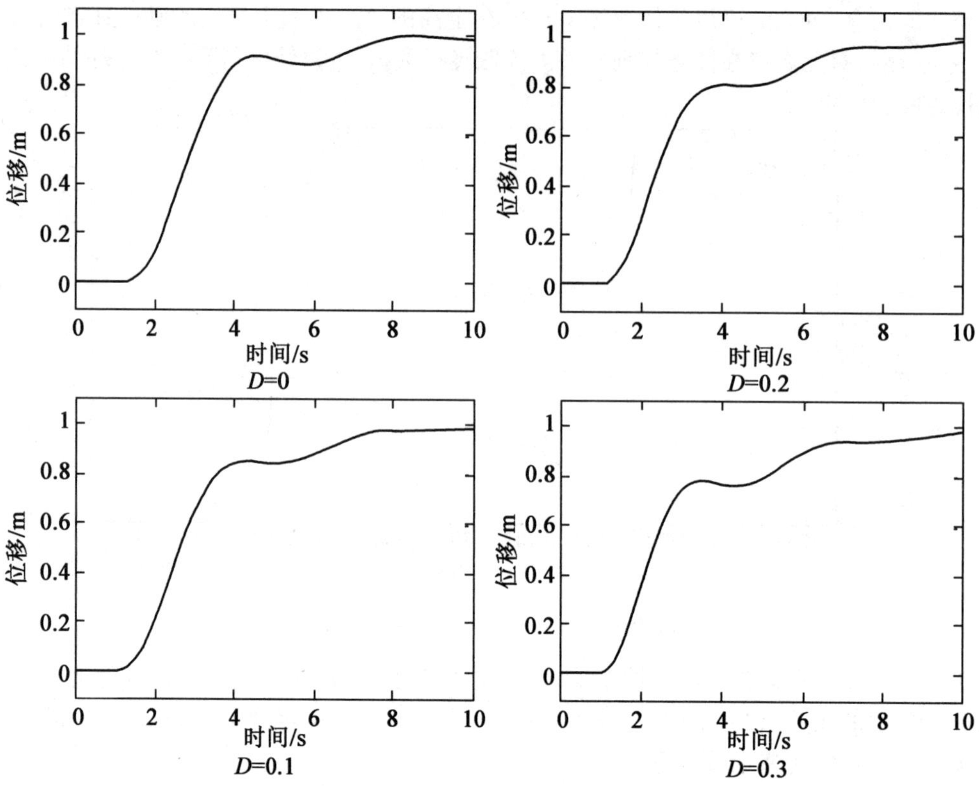

图 9-40 旋翼无人机系统阶跃响应仿真

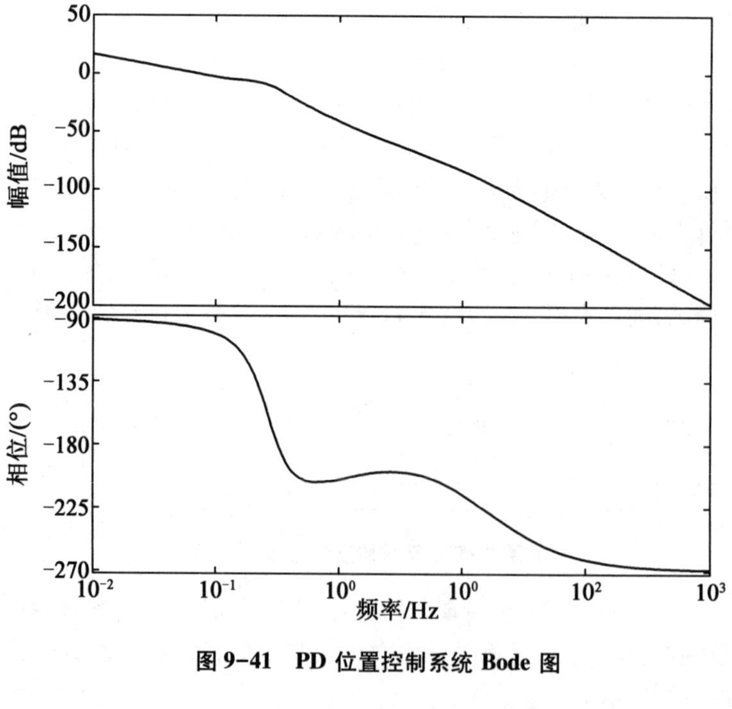

图 9-41 PD 位置控制系统 Bode 图

2. 双回路跟踪控制

为改善跟踪效果，使用双回路控制结构，内环为速度环，外环为位置环，其控制系统框图如图 9-42 所示。

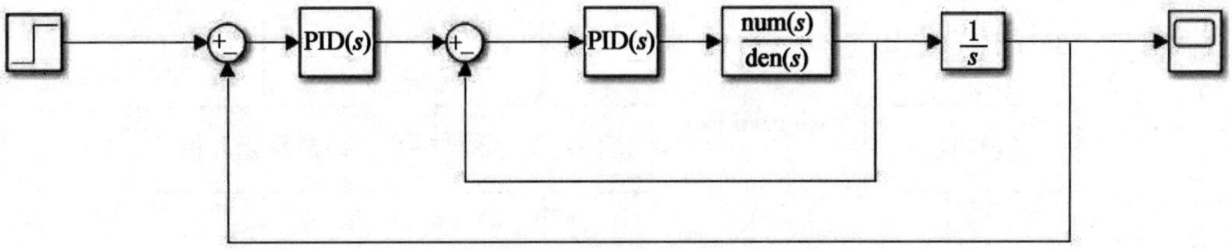

图 9-42　双回路控制系统框图

然后对其参数通过临界比例度法进行整定，得到其外环参数为 $K_{Po}=1.3$，$K_{Do}=0.24$，内环参数为 $K_{Pi}=4.02$，$K_{Di}=5.04$。双回路控制系统 Bode 图如图 9-43 所示，由图可得系统的相位裕度为 48°，其稳定性以及带宽得到了有效的提高，目标跟随的快速性得到了提高，对比原 PD 位置控制，其性能有了明显提高。

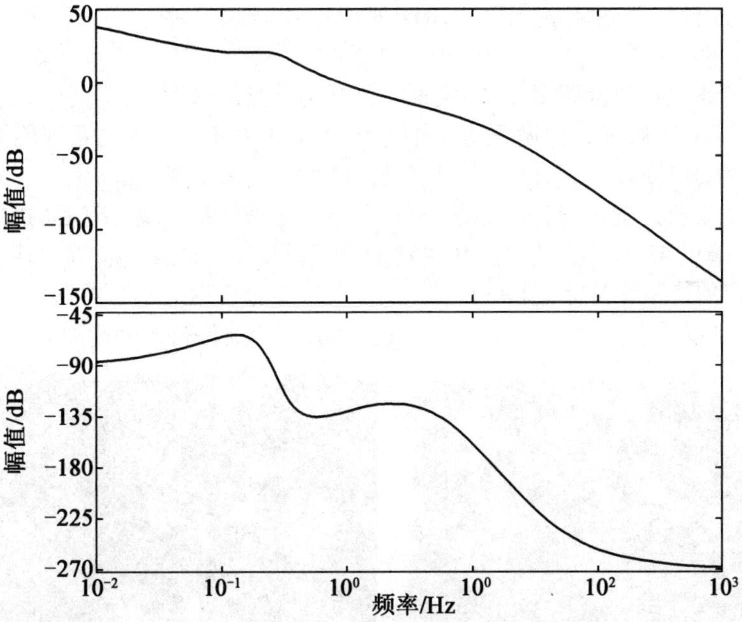

图 9-43　双回路控制系统 Bode 图

9.4.4　系统设计与实验分析

系统基于四旋翼无人机飞行平台，其最大速度为 12 m/s，且配备开源自动架驶系统（APM）飞控，提供速度控制接口，在给出速度指令后能够对四旋翼无人机进行稳定的速度控制。视觉目标检测、跟踪及控制输出计算基于嵌入式边缘计算设备，采用 NVIDIDA 的 Jetson TX2，具备神经网络加速计算能力，单精度算力为 0.63 TFLOPS。图像采集采用 Go Pro 相机。系统硬件架构如图 9-44 所示。

为测试系统跟踪性能，分别对行人目标和车辆目标进行了跟踪实验。

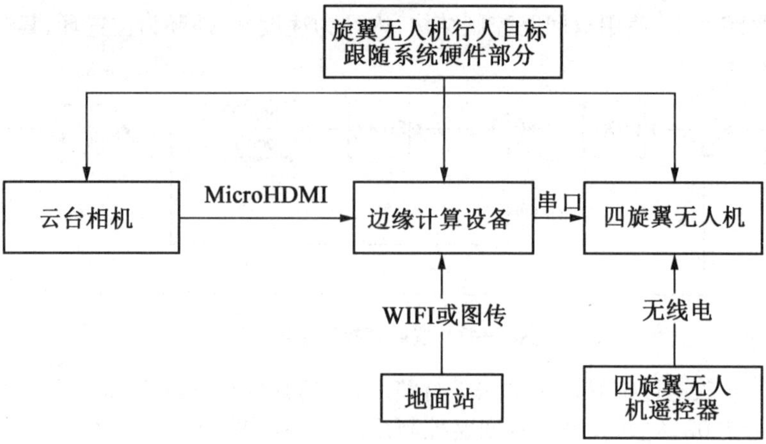

图 9-44　系统硬件架构

1. 行人目标跟随实验

首先进行行人目标跟随实验。取实验场地为一片开阔的停车场，现场风力约为 2～3 级，实验步骤如下：

(1)远程打开无人机目标跟踪系统，实现对目标的检测与识别。

(2)选定行人目标，行人目标做跑动动作，验证无人机对跑动行人的跟随能力。

(3)行人目标做转弯动作，验证无人机对行人转弯后的跟随能力。

(4)行人目标做折返动作，验证无人机对行人目标运动状态出现突变后的跟随能力。

实验结果如图 9-45 所示。其中图 9-45(a)为行人目标初始化帧，方框代表检测到目标，红色代表选定的待跟踪目标；图 9-45(b)为行人目标做折返运动时的跟踪结果，绿色为跟踪框。从图中可以看出，当行人目标存在折返机动时，仍能保持准确跟踪。

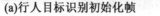

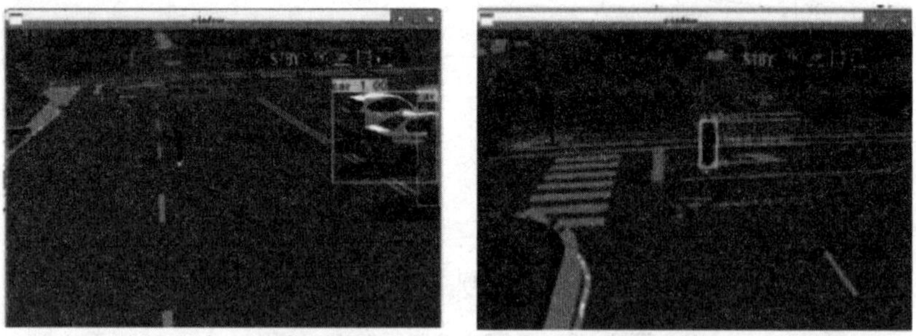

(a)行人目标识别初始化帧　　(b)行人目标做折返运动的跟踪效果

图 9-45　无遮挡条件下的行人目标跟踪实验结果(彩图见附录)

进一步，对目标存在短时遮挡及相似目标条件下的跟踪效果进行分析。此时在初始帧中存在多个相似目标，同时目标在运动过程中可能短暂被其他目标干扰。实验结果如图 9-46 所示。其中图 9-46(a)为初始化帧，穿白色上衣行人为设定待跟踪目标，附近黑色上衣行人为干扰目标。选定白衣行人跟踪后，二人在画面中进行行走机动，期间发生多次重叠交叉，跟踪效果如图 9-46(b)所示。实验结果表明，此时依然可以准确地实现对设定目标的跟踪，不受干扰目标及短时遮挡、重叠的影响。

(a)行人目标识别初始化帧　(b)目标重叠交叉后的跟踪效果

图 9-46　目标多次重叠遮挡时的跟踪实验结果

2. 车辆目标跟踪实验

进一步,使用车辆作为目标,对其跟踪能力进行实验,步骤如下:

(1)首先车辆在起始位置停车,令无人机起飞,两者有一初始位置的阶跃输入,将飞行模式切换至自动飞行,无人机开始对阶跃信号产生响应。

(2)在无人机对阶跃信号的响应达到稳态后,车向前做近似 2 m/s 的匀速运动,令无人机对其进行稳定跟随。

(3)在无人机跟随一段时间后汽车进行减速转弯,无人机向前速度减少为 0,开始向汽车转弯方向进行平动。

(4)汽车转弯后匀速运动一段时间,然后停止运动,令无人机对其做稳定的跟踪。

车辆目标跟踪实验结果如图 9-47 所示。其中图 9-47(a)为初始帧目标检测结果,选定框中车目标进行跟踪;图 9-47(b)为通过对无人机进行跟踪控制到达稳态后的跟踪画面;图 9-47(c)为车辆进行匀速运动时的跟踪效果;图 9-47(d)为车辆进行转弯时的跟踪结果。由图可见,无人机在车辆匀速运动、减速及转弯过程中,均可对车辆进行稳定、准确的跟踪。

(a)车辆目标初始化　(b)无人机初始位置调整

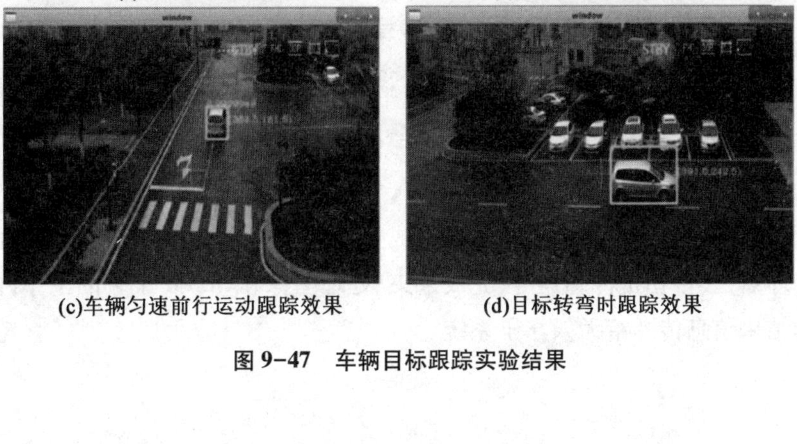

(c)车辆匀速前行运动跟踪效果　(d)目标转弯时跟踪效果

图 9-47　车辆目标跟踪实验结果

9.5 空地无人协同导航系统

导航是机器人自主能力的重要体现之一,它包含了三部分技术,即确定自身位置(定位),确定环境地图信息(建图)和规划通往某个目标位置的路径(规划)。GPS 及其他卫星定位系统可方便地提供个体在惯性空间的位置,但受到电磁干扰、遮挡等诸多因素影响,其在城市、室内、地下等空间中使用受限,此时基于视觉、惯性等传感信息的全自主导航技术提供了有效的解决方案。

实现自主导航可使用单机或多机技术。与单个机器人相比,多机器系统凭借信息共享、分工协作的特性,可更加高效、可靠地完成复杂任务。通过空中无人机和地面机器人的协同运动和探索导航,结合无人机的全局视角优势及无人车的局部精准定位特点,可实现多机器人系统的协同导航与定位,完成灾难救援、安全防空等任务。

9.5.1 系统整体设计

从视觉伺服回路角度,系统整体可分为三部分:定位与建图(SLAM)、轨迹规划及机器人控制,分别对应视觉伺服系统中的视觉反馈回路、伺服控制及被控对象,如图 9-48 所示。其中 SLAM 模块用于感知环境并实时定位机器人自身,视觉是实现 SLAM 的一类主要手段。轨迹规划根据机器人当前位置和目标位置规划计算行动轨迹,并将轨迹点发送至各机器人,控制其按指定路径行走,直至到达目标。

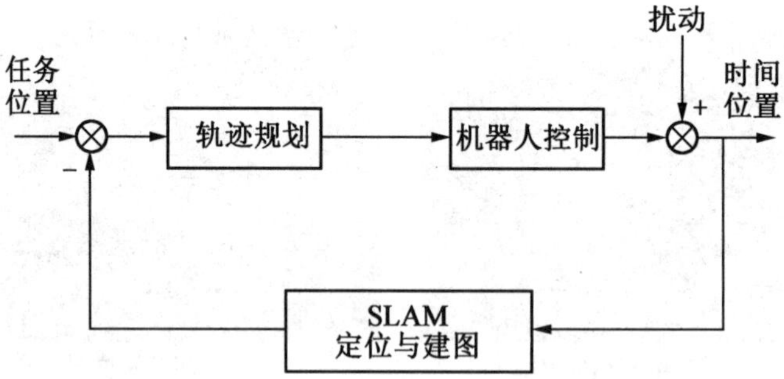

图 9-48 空地无人协同导航系统视觉伺服回路

系统硬件整体包含无人车子系统、无人机子系统及地面监控站,三个子系统之间通过通信模块进行信息传递,如图 9-49 所示。各子系统主要功能如下。

(1)无人机子系统。

无人机子系统在整个导航系统中主要完成全局地图构建、目标识别定位等任务。无人机上搭载处理器、云台相机传感器等,完成采集、处理图像和 SLAM 子端的工作,再通过通信模块将处理结果信息传递给无人车子系统。

(2)无人车子系统。

无人车子系统完成全局路径规划的任务。使用通信模块接收无人机的全局信息,再规划全局最优路径并完成局部避障。

(3)地面监控站。

地面监控站完成监控及远程操作的功能。通过通信模块与无人机子系统和无人车子系统产生连接,可以实时观测工作状态,并可对各无人机和无人车进行远程操作。

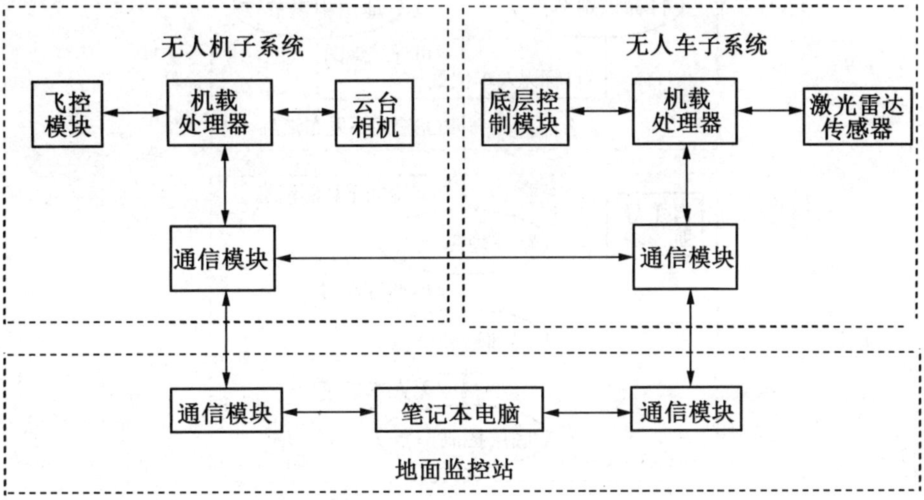

图 9-49　空地无人协同导航系统硬件架构图

系统软件基于 ROS 框架实现。ROS 是运行在 LINUX 系统之上的机器人软件平台,用于各机器人以及机器人各部分之间的通信、控制和信息交互。ROS 最初由斯坦福大学人工智能实验室提出,经历了十余年的发展,已成为应用最为广泛的机器人底层操作中间件。ROS 的核心通信架构为发布-订阅模式,其工作方式为:发送端先将所要发送的信息生成话题,然后将该话题发布出去;接收端不断在 ROS 空间中查询该话题,查询到后进入回调函数,对该话题内容进行解析利用,实现信息传递。一个节点既可同时发布多个话题,也可同时订阅多个话题。这一机制很好地实现了信息发布和处理节点之间的隔离解耦。

基于该模式,系统的整体软件模块及接口设计如图 9-50 所示。整个系统的软件框架主要由图像采集模块、图像处理模块以及自主导航模块共同组成。各个模块之间借助 ROS 的通信机制来互相传递消息,共同实现由图像序列作为输入、无人车速度控制指令作为输出的一整套软件功能包,最终完成无人机引导无人车协同搜索目标的任务。

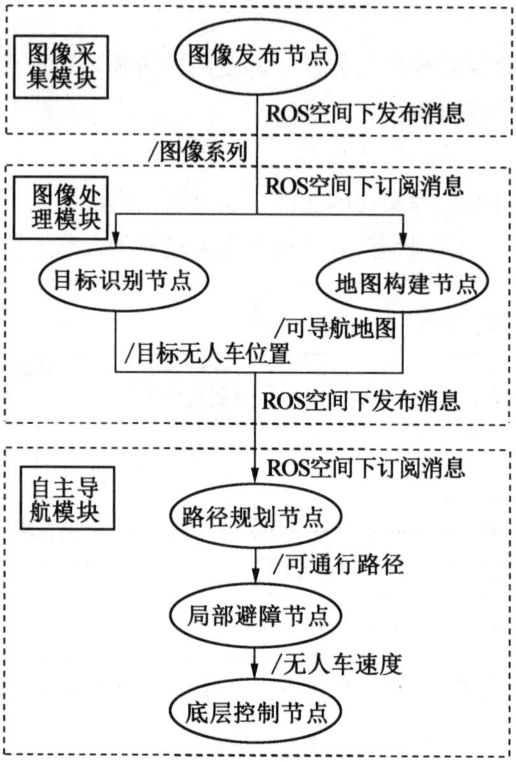

图 9-50 系统软件模块及接口设计图

9.5.2 视觉 SLAM 与栅格地图构建

利用无人机的全局视角优势，可构建全局地图。首先通过对相机采集的图片进行特征提取、特征匹配；其次通过特征匹配结果估计自身位姿并建立全局的三维点云地图；最后借助八叉树模型将三维点云地图转换为二维栅格地图，生成可用于导航的全局地图。

1. **视觉** SLAM

视觉 SLAM 是指系统通过相机获得的图像信息来估计自身运动并重建周围环境。视觉 SLAM 系统框图如图 9-51 所示。

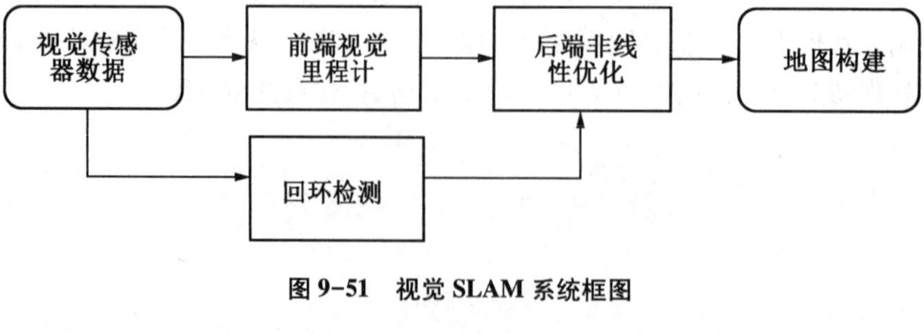

图 9-51 视觉 SLAM 系统框图

(1)首先要对视觉传感器得到的图像数据进行预处理，包括灰度处理、图像的畸变处理等;然后需要根据视觉里程计使用特征点法或直接法确定是进一步进行特征点提取还是直接使用灰度图像。直接法基于灰度不变假设,受光照影响大;而特征点法在室外复杂环境运行比较稳定,且受光照和动态物体影响小,因此在视觉 SLAM 中使用更为广泛。本系统即使用特征点法 SLAM,使用 ORB 特征点作为视觉里程计和建图模块的输入。

(2)预处理后的图像输入至视觉里程计模块,也称为 SLAM 前端,其任务是通过图像信息估计当前帧相较于前一帧的位姿变化。通过累计多帧的位姿信息,可计算获得当前相机相对于世界坐标系原点的位姿,从而解决无人平台的定位问题。通过已提取的特征点,匹配相邻图像中的特征点,利用特征点之间的关联关系完成位姿的估计。估计算法可使用 DLT、EPnP 等,在前述章节已有描述。

(3)在视觉 SLAM 中,由于特征点提取的不稳定以及噪声的影响,视觉里程计往往会出现误匹配的情况,此时每一帧的位姿估计都会出现误差,随着时间的推移,误差会不断累积,最终形成的全局地图以及位姿估计就会产生较大的累积误差。回环检测是将当前图像与历史图像进行比较,通过检查两幅图像的相似性来判断系统是否回到了之前经过的地方,如果检测到了回环,就会进一步将当前帧与回环帧进行关联,并通过后端优化消除前端位姿估计时产生的累积误差。目前主要采用非线性优化方法,一般包括局部优化和全局优化。图 9-52 演示了加入回环检测如何有效消除累积误差。

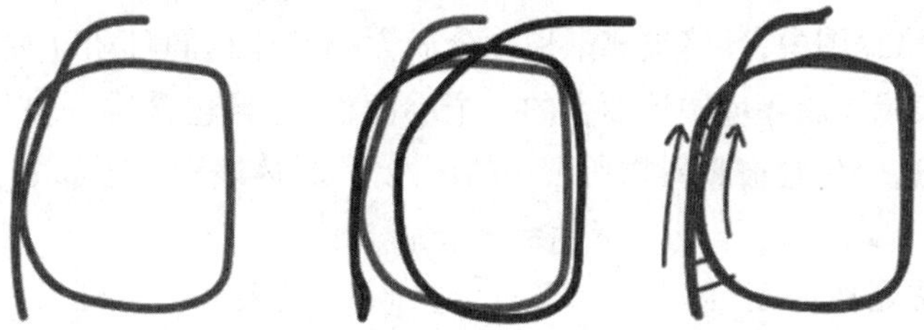

(a)真实轨迹 (b)无回环检测的轨迹 (c)有回环校正的轨迹

图 9-52 回环检测示意图

(4)地图构建模块基于提取和累积的特征点构建点云地图,并可根据需求转换为其他需要的地图类型。地图表达方式包括点云地图、栅格地图、拓扑地图以及语义地图。栅格地图是最常用的一类地图,能够以网格方式存储地图信息,同时可直接用于后续路径规划和导航。

视觉 SLAM 最终得到描述周围环境的三维点云地图,需要进一步转换为二维栅格地图后才可进一步被路径规划等模块使用。

2. 栅格地图构建

将三维稀疏点云地图转换为二维栅格地图需要借助八叉树模型,八叉树是一种树状数据结构,可用于描述三维空间,如图 9-53 所示。三维稀疏点云转换为栅格地图需要首先转换为八叉树地图,然后再将八叉树地图转换为栅格地图。

(a)八叉树地图　　　　　　　　　**(b)八叉树地图节点关系表达**

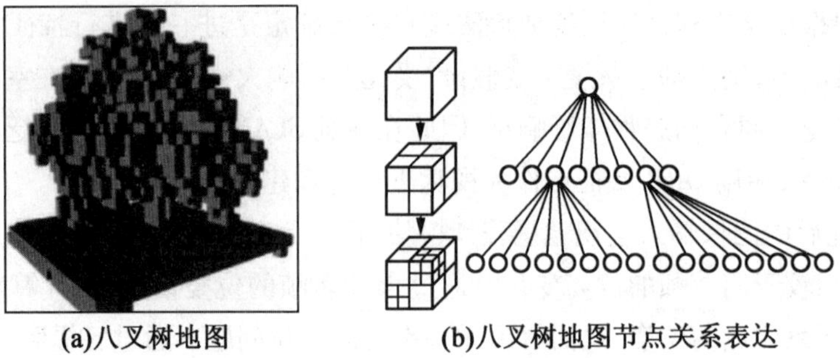

图 9-53　八叉树地图模型示意图

　　从三维点云转换为八叉树地图可通过递归原理实现,而从八叉树地图转换为二维栅格地图则可以依据斜投影原理,如图 9-54 所示。其中,P_1 点为三维坐标点;P_2 点为斜投影获得的二维坐标点;P_3 点为正交投影获得的二维坐标点。从图中可知

$$\begin{cases} L=z*\cot\alpha \\ x'=x-L*\cos\beta=x-z*\cot\alpha*\cos\beta \\ y'=y-L*\sin\beta=z-z*\cot\alpha*\sin\beta \end{cases}$$

式中,α、β 分别为三维点对应的方位及俯仰角。

　　经过坐标变换及 z 轴数据剔除,即可实现三维地图到二维地图的转换,得到可导航的二维栅格地图。在栅格地图中,环境被离散地划分成大小完全相同且相互独立的正方形单元格,每一单元格均表示周围环境中地面上的一个小面积,并且包含这一块位置的状态信息,它的状态值代表了这个位置被障碍物所占用的可能性,具体表示方法如下:

$$M_{\text{Grid}}=\{m(x,y)\}$$

式中,M_{Grid} 代表一幅栅格地图,如图 9-55 所示;(x,y) 代表地图上任意一处栅格的坐标;$m(x,y)$ 代表位于坐标(x,y)处栅格的状态值,即该区域被占有的可能性。如果 $m(x,y)$ 的值为 1,代表该处区域被占用,对应图上的黑色区域;如果 $m(x,y)$ 的值为 0,则表示该处区域未被占用,对应图上白色区域;如果 $m(x,y)$ 的值为 0.5,则代表该区域未被搜索,对应图上的灰色区域。

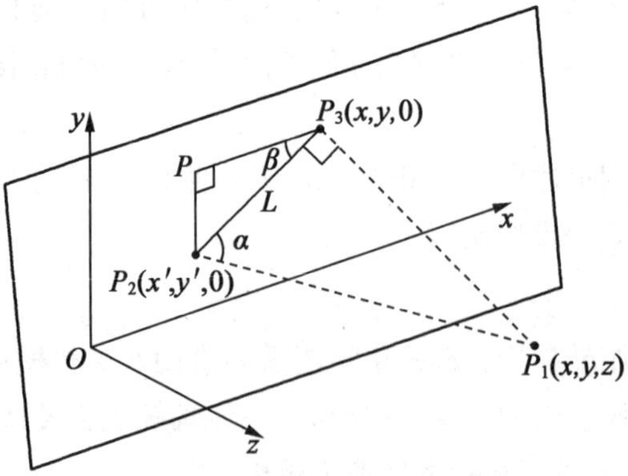

图 9-54　斜投影示意图

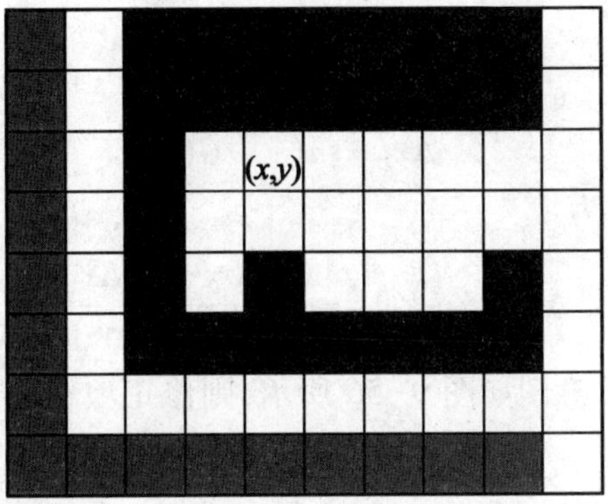

图 9-55　栅格地图表示方法

9.5.3　路径规划

建立地图后，系统需通过路径规划决定当前运动路径。路径规划指机器人在已知自身起点和目标终点的同时，能够规划出在当前环境下从起点到终点的最优路径。路径规划存在多种方法，系统中采用改进 A＊算法。

A＊算法最早由 B. Raphael 等在 1968 年提出，是一种启发式的搜索算法，在路径规划领域广为使用。它的基本思想为：首先引入一个代价函数 $f(n)$，用来描述一个点对于最优轨迹的影响，其计算公式如下：

$$f(n)=g(n)+h(n)$$

式中，n 代表第 n 个点；$g(n)$ 表示从起始点到该点的准确距离；$h(n)$ 表示从该点到目标点的估测距离。

引入代价函数后，按照该代价函数进行路径搜索。开辟两个列表，一个作为开放列表，另一个作为封闭列表，其中开放列表中放入等待检测的点，而封闭列表中放入已经检测过的点。将初始的点放进封闭列表中，按照代价函数的计算方法，计算初始点周围点的代价函数值，然后选出与初始点相距较近的点放进封闭列表中；判断经过该点到达下一节点是否距离会更近，如果是，就将这个点标记为更近的父节点，反之，就找出比这个点距离稍大的点，放进封闭列表继续判断，以此类推，直到最终搜索到目标点结束。从目标点反向搜索寻找父节点，当搜索到初始点时，就找到了一条从初始点到达目标点的最短路径。

A＊算法中，代价函数中的估计距离函数至关重要，将直接决定最终的规划效率及成功率。欧氏距离函数和曼哈顿距离函数是两种最直接的取法。传统 A＊算法在搜索路径过程中会存在扩展许多无用节点的问题，从而导致搜索效率低且浪费存储资源。为此，系统在原有规划算法基础上进行改进。假设路径规划过程中的起点为 S，终点为 G，当前节点为 n，则启发函数 $h^*(n)$ 在曼哈顿距离函数上加入修正项。基本曼哈顿距离函数表示为

$$h(n)=|n(x)-G(x)|+|n(y)-G(y)|$$

修正项计算方法如下。首先计算连接起点 S 到终点 G 的直线斜率 k_1，有

$$k_1=\frac{\Delta y_1}{\Delta x_1}=\frac{|S(y)-G(y)|}{|S(x)-G(x)|}$$

然后计算连接当前点 n 到终点 G 的直线斜率 k_2，有

$$k_2=\frac{\Delta y_2}{\Delta x_2}=\frac{|n(y)-G(y)|}{|n(x)-G(x)|}$$

那么两者之间的斜率差 Δk 为

$$\Delta k=|k_2-k_1|=\frac{|\Delta y_1\Delta x_2-\Delta y_2\Delta x_1|}{|\Delta x_1\Delta x_2|}$$

启发函数增加偏移量示意图如图 9-56 所示，则修正项在原有启发函数上添加偏移量 Δh，有

$$\Delta h=0.01*\beta*|\Delta y_1\Delta x_2-\Delta y_2\Delta x_1|$$

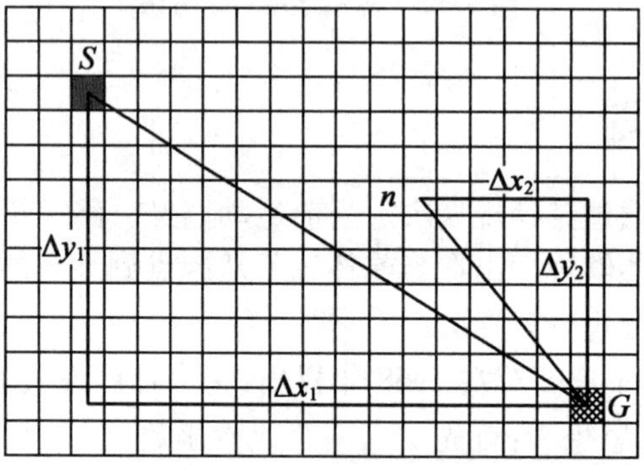

图 9-56 启发函数增加偏移量示意图

9.5.4 实验验证与结果分析

空地无人协同导航系统的简化模型如图 9-57 所示，期望实现的功能是：在具有障碍的复杂环境中，通过无人机与无人车的协同，完成对地面环境的建图及目标规划搜索，最终实现无人车能够自行越过障碍到达目标的功能。

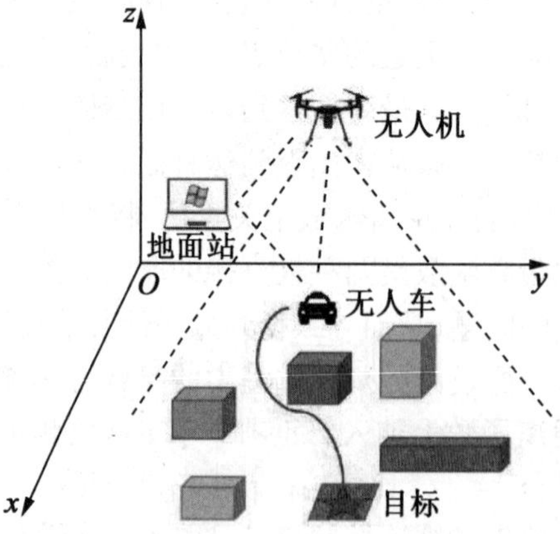

图 9-57 实验系统示意图

系统中无人机的硬件平台主要由无人机平台（机架、电调、电机及电池等）、GPS 模块、TX2 处理器、Homer 数字通信模块移动端以及云台相机构成，如图 9-58 所示。无人车的硬件平台主要由无人车的车体、控制板、GPS 模块、TX2 处理器、Homer 数字通信模块移动端以及激光雷达构成，同时车上还装有尺寸为 0.9×0.9 m，id 为 0 的 Apriltag 标志板，用于无人机定位无人车，如图 9-59 所示。

图 9-58　无人机硬件平台

搭建的实验场景如图 9-60 所示，任务目标是让图 9-60(b)中左侧的无人车通过障碍最终到达右侧的绿色标志。为此，通过无人机 SLAM 进行全局建图，在地图基础上使用无人车进行路径规划。为展示方法的有效性，分别设置了不同的无人车初始位置及障碍的不同摆放场景，形成地图及规划轨迹如图 9-61 所示。由图中可以看出，在不同情况下均可准确规划，并最终完成协同导航任务。

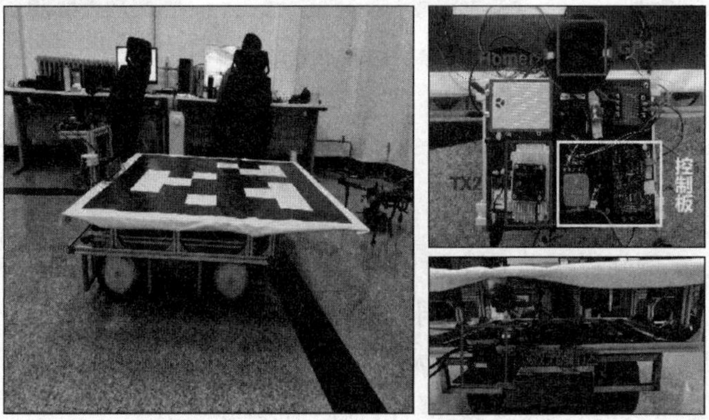

图 9-59　无人车硬件平台（彩图见附录）

(a)实验场景主视图

(b)实验场景俯视图

图 9-60 实验测试场景图(彩图见附录)

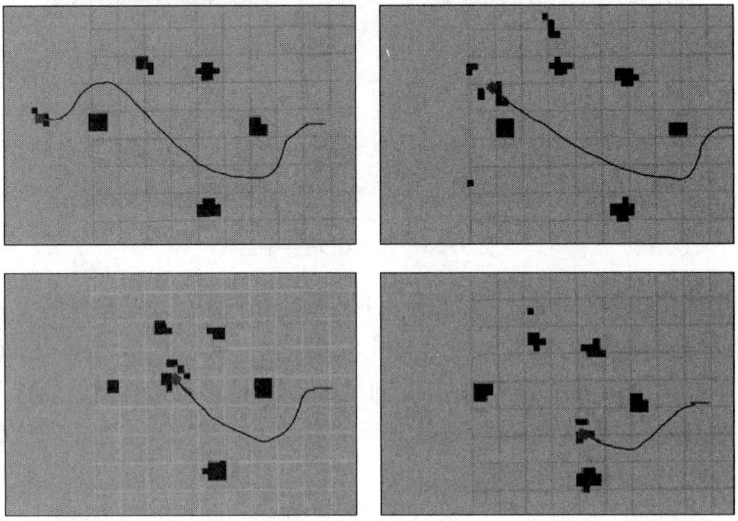

图 9-61 导航过程中全局路径规划结果

9.6 本章小结

本章通过几个实例阐释视觉伺服系统实际系统的设计与实现中的问题和解决方案。一方面,从这些应用中可以看到不同视觉伺服系统中的共性问题;另一方面,近年来深度学习、智能无人系统等技术的最新发展也给视觉伺服技术带来了新的研究进展。本章即通过自动抓取、机载目标跟踪等实例展示这些进展,内容包括:

①视觉引导机械臂自动抓取系统。通过深度学习样本示教训练方式而非经典三维视觉模型计算方式实现机械臂的引导抓取,可有效实现对不同类别目标的准确抓取。

②低成本眼在手外机械臂视觉伺服系统。采用眼在手外配置的视觉控制系统,同时配合低成本桌面型机械臂,基于深度强化学习实现机械臂各关节电机的驱动控制。

③陀螺稳定吊舱视觉控制系统。通过陀螺敏感平台构成反馈回路,通过双回路控制进行速度和位置补偿,最终实现平台光电负载的视轴线的相对稳定,满足飞行平台稳定观测的要求。

④旋翼无人机目标跟随系统。以旋翼无人机机载目标跟踪系统为例,重点展示目标检测、跟踪算法及伺服控制算法设计。

⑤空地无人协同导航系统。结合无人机的全局视角优势及无人车的局部精准定位特点,使用无人机视觉实现环境建图和无人车定位,使用无人车实现轨迹规划,协同实现开放环境的视觉控制与协同导航。

本章参考文献

[1] PINTO L, GUPTA A. Supersizing self-supervision: learning to grasp from 50K tries and 700 robot hours [C]// IEEE International Conference on Robotics and Automation. Stockholm, 2016:3406-3413.

[2] ZUO Y M, QIU W C, XIE L X, et. al. CRAVES: Controlling robotic arm with a vision-based economic system[C]// IEEE/CVF Conference on Computer Vision and Pattern Recognition. Long Beach, 2019:4209-4218.

[3] 刘永志. 眼在手外低成本机械臂智能目标抓取研究[D]. 哈尔滨:哈尔滨工业大学,2020.

[4] 钟超. 陀螺稳定吊舱控制系统设计[D]. 哈尔滨:哈尔滨工业大学,2008.

[5] 王黛后. 稳定平台跟踪瞄准系统设计与研究[D]. 哈尔滨:哈尔滨工业大学,2010.

[6] LI B, YAN J, WU W, et al. High performance visual tracking with siamese region proposal network[C]// IEEE/CVF Conference on Computer Vision and Pattern Recognition. Salt Lake City, 2018: 8971-8980.

[7] 赖劭彤. 旋翼无人机行人目标跟随系统[D]. 哈尔滨:哈尔滨工业大学,2021.

[8] 邹鹏程. 微小型空地无人系统协同导航技术研究[D]. 哈尔滨:哈尔滨工业大学,2021.

[9] 徐帆. 动态相似环境下 UAV 定位与建图方法研究[D]. 哈尔滨:哈尔滨工业大学,2021.

附录　部分彩图

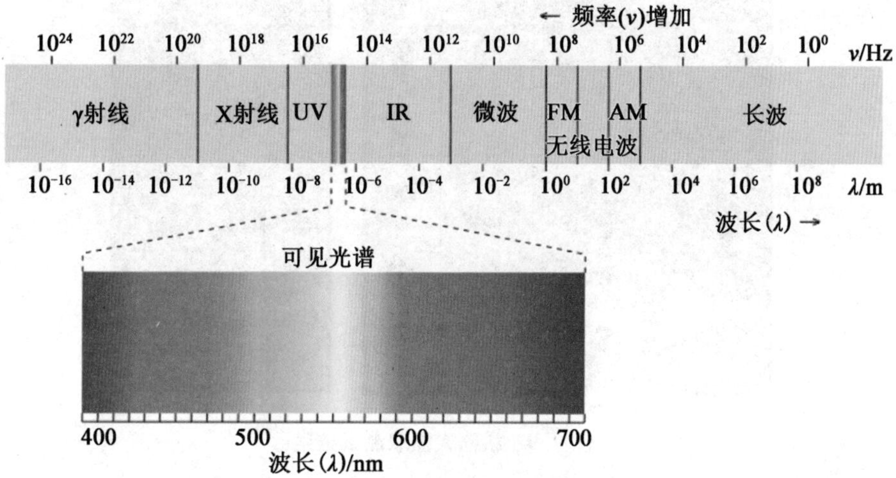

图 2-5　电磁波及可见光波段组成

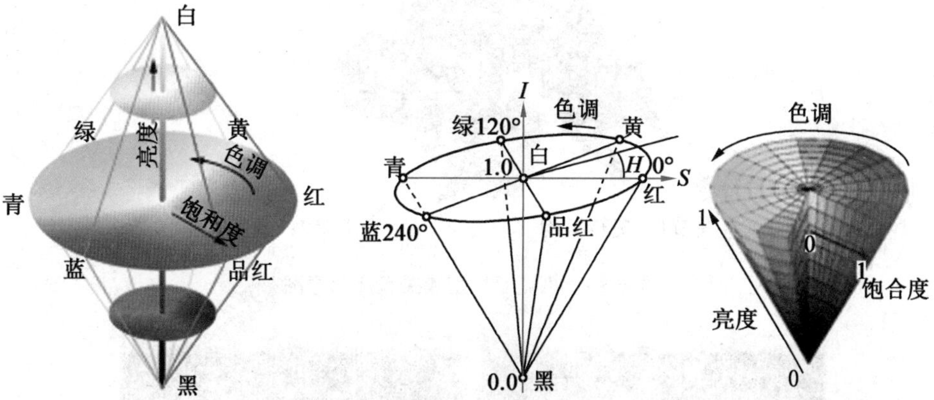

图 2-9　基于圆形彩色平面的 HSI 彩色模型

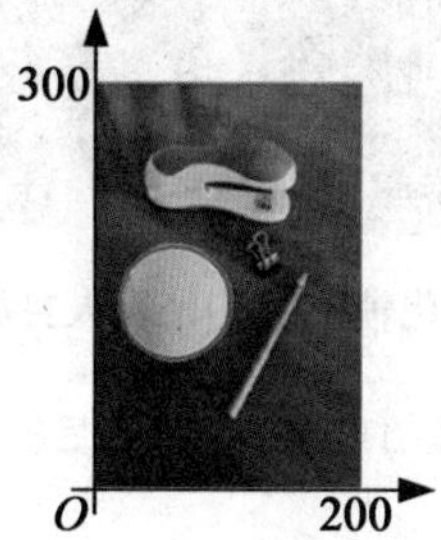

图 4-31　Hough 变换检测圆

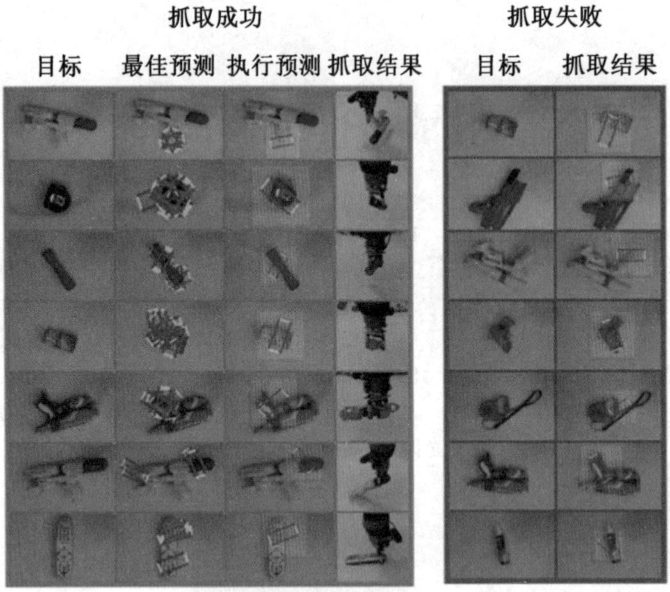

图 9-9　机器人抓取测试结果

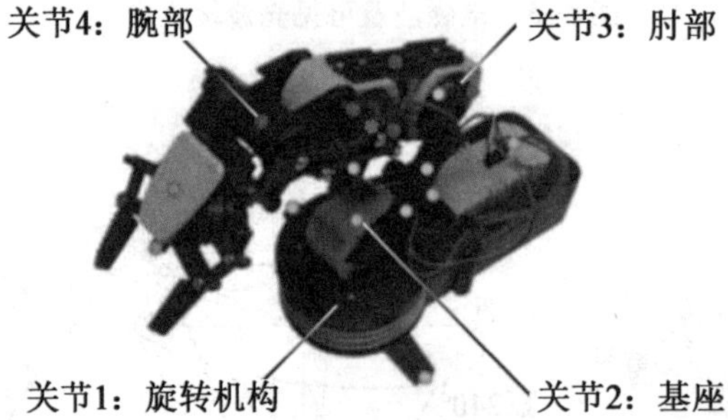

图 9-13　机械臂构型和关键点示意图

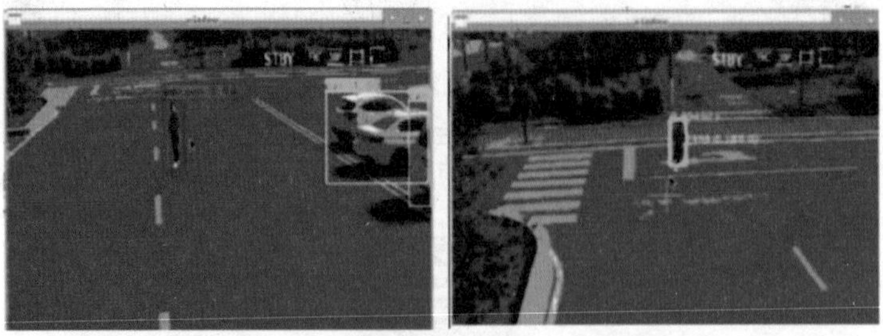

(a)行人目标识别初始化帧　　(b)行人目标做折返运动的跟踪效果

图 9-45　无遮挡条件下的行人目标跟踪实验结果

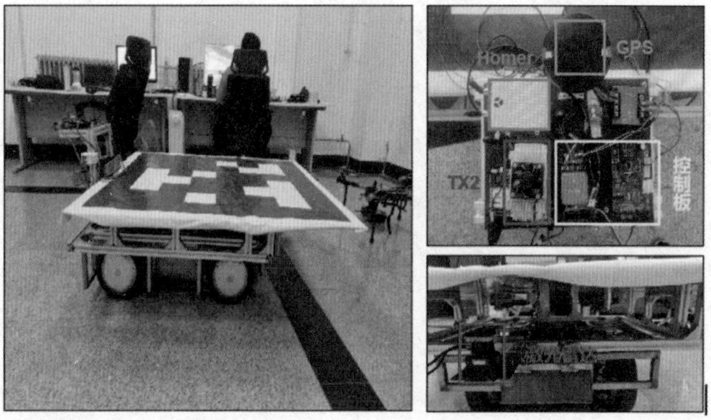

图 9-59　无人车硬件平台

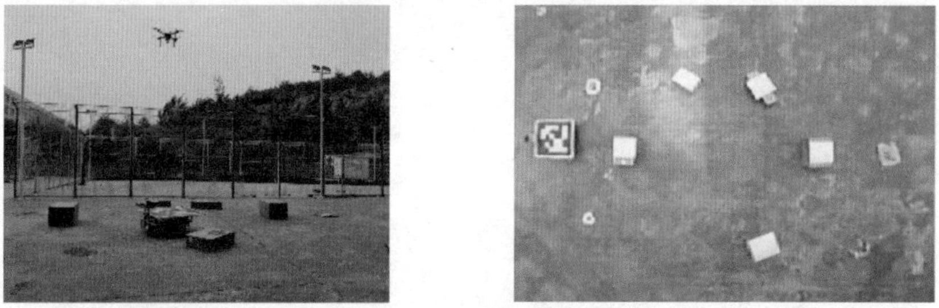

(a)实验场景主视图　(b)实验场景俯视图

图 9-60　实验测试场景图